U0386486

# 中国海相碳酸盐岩
## 沉积储层理论与关键技术进展

沈安江　乔占峰　胡安平　倪新锋　郑剑锋　等著

石油工业出版社

## 内容提要

本书以塔里木、四川和鄂尔多斯盆地为研究对象，以"十二五"国家科技重大专项和中国石油深层专项为依托，总结了碳酸盐岩储层研究的最新理论成果和技术进展，指出了中国海相碳酸盐岩储层的特殊性及其成因，介绍了碳酸盐岩储层从宏观到微观的表征技术及储层研究的思路和方法。

本书可供从事碳酸盐岩研究的油气地质人员、开发人员、油藏工程人员及相关院校师生阅读参考。

## 图书在版编目（CIP）数据

中国海相碳酸盐岩沉积储层理论与关键技术进展 /

沈安江等著 . — 北京：石油工业出版社，2019.1

ISBN 978-7-5183-2798-0

Ⅰ . ① 中… Ⅱ . ① 沈… Ⅲ . ① 海相 – 碳酸盐岩油气藏 – 储集层 – 研究 – 中国 Ⅳ . ① P618.130.2

中国版本图书馆 CIP 数据核字（2018）第 196344 号


出版发行：石油工业出版社

（北京安定门外安华里 2 区 1 号　100011）

网　　址：www. petropub. com

编辑部：（010）64523544

图书营销中心：（010）64523633

经　　销：全国新华书店

印　　刷：北京中石油彩色印刷有限责任公司

2019 年 1 月第 1 版　2019 年 1 月第 1 次印刷

787×1092 毫米　开本：1/16　印张：24.25

字数：570 千字

定价：200.00 元

# 《中国海相碳酸盐岩沉积储层理论与关键技术进展》

## 编写人员

| | | | | |
|---|---|---|---|---|
| 沈安江 | 乔占峰 | 胡安平 | 倪新锋 | 郑剑锋 |
| 张建勇 | 周进高 | 潘立银 | 佘 敏 | 常少英 |
| 李 昌 | 罗宪婴 | 张 杰 | 朱永进 | 付小东 |
| 王小芳 | 张 友 | 郝 毅 | 王永生 | 贺训云 |
| 吴兴宁 | 张天付 | 陈娅娜 | 陆俊明 | |

中国海相碳酸盐岩分布面积广,总面积约 $455 \times 10^4 km^2$,其中,陆上海相盆地 28 个,面积 $330 \times 10^4 km^2$,海域海相盆地 22 个,面积 $125 \times 10^4 km^2$。资源评价结果表明,我国陆上海相碳酸盐岩油气资源丰富,石油资源量达 $340 \times 10^8 t$,天然气资源量达 $24.30 \times 10^{12} m^3$。在渤海湾、塔里木、四川和鄂尔多斯盆地已探明石油地质储量 $15.50 \times 10^8 t$,天然气地质储量 $3.20 \times 10^{12} m^3$,探明率分别为 4.56% 和 13.17%,剩余资源丰富,勘探潜力大,是我国油气资源战略接替的重要领域,尤其是深层碳酸盐岩油气勘探领域前景更为广阔。

储层是碳酸盐岩油气勘探的核心,中国海相碳酸盐岩储层研究面临三个方面的问题:(1)碳酸盐岩储层类型和成因不清,尤其是规模储层发育的构造—沉积背景问题,制约了对储层分布规律的认识;(2)缺乏表征碳酸盐岩储层非均质性的有效手段,制约了储层评价、预测和区带目标优选;(3)中国海相碳酸盐岩复杂的叠加改造史需要一套适用的沉积储层研究方法和技术。

20 年前,立足于华北任丘、四川和鄂尔多斯盆地的勘探成果,陶洪兴、张荫本、唐泽尧等编撰了《中国油气储层研究图集(卷二)·碳酸盐岩》,系统总结了对碳酸盐岩储层的地质认识。"十一五"期间,沈安江等编撰了《中国海相碳酸盐岩储层特征、成因和分布》,详细阐述了碳酸盐岩储层类型、成因和分布规律。"十二五"期间,塔里木盆地和四川盆地碳酸盐岩油气勘探取得了重大突破,如塔里木盆地塔北哈拉哈塘油田、顺北油田的发现,四川盆地元坝气田和安岳气田的发现。勘探突破推动了碳酸盐岩储层地质认识的深化和技术进步,尤其是深层碳酸盐岩储层成因和规模发育的构造—沉积背景认识和以 $D_{47}$ 同位素温度计、同位素定年、高温高压储层模拟、多尺度储层表征和基于储层模型的地震储层预测为核心的储层研究和评价技术。同时,储层地质认识的深化又推动了三大盆地碳酸盐岩的风险勘探,如塔里木盆地寒武系盐下和塔东多层系勘探、四川盆地栖霞组—茅口组白云岩勘探、鄂尔多斯盆地西部台缘带的勘探。

本专著以塔里木、四川和鄂尔多斯盆地为重点,以"十二五"国家科技重大专项下设的"海相碳酸盐岩沉积与有效储层大型化发育机理与分布研究"课题和中国石油集团深层专项下设的"深层规模优质储层成因与有利储集区评价"课题为依托,系统总结了碳酸盐岩储层研究的最新成果,集中体现在三项理论进展和六项技术进步,尤其在深层碳酸盐岩储层成因和规模分布方面。

为了既能反映近年来碳酸盐岩沉积储层研究的最新成果，又简明扼要，起到教学和科研参考书的作用，本专著共编排了七章内容。第一章为绪论，介绍了碳酸盐岩油气勘探现状及趋势与碳酸盐岩储层研究现状及趋势。第二章系统阐述了碳酸盐岩沉积储层研究六项技术。第三章通过实例解剖，分别论述了塔里木、四川和鄂尔多斯盆地重点层系构造—岩相古地理特征，尤其是台内裂陷的刻画及对石油地质意义的认识，使勘探领域由台缘拓展到台内，代表了"十二五"以来的重要研究进展。第四章重点阐述了碳酸盐岩储层发育的主控因素，揭示了碳酸盐岩储层发育的相控性、继承性和规模性。第五章通过实例解剖，论述了碳酸盐岩储层非均质性表征、建模和评价技术，尤其是露头数字化储层地质建模和基于储层模型的地震储层预测技术，代表了碳酸盐岩研究的国际前沿技术。第六章为塔里木、四川和鄂尔多斯盆地重点层系礁滩、岩溶和白云岩储层案例解剖，有力支撑了第四章论述的碳酸盐岩储层成因和分布规律的共性认识。第七章重点阐述了碳酸盐岩规模储层类型和主控因素，指出深层发育的五类规模储层，受控于五类构造—沉积背景，尤其是台内裂陷的演化对生烃中心、规模储层的控制使勘探领域由台缘拓展到台内，对中国古老小克拉通台地勘探具有现实意义。最后，以中国海相叠合盆地碳酸盐岩储层的特殊性作为本专著的结尾。这些认识对中国海相碳酸盐岩油气勘探发挥了重要的作用。

本书提纲及各章的文字经编写组多次讨论后，形成统一的认识和观点，最后由沈安江统稿完成。其中，第一章、第四章和第七章由沈安江执笔完成，第二章由胡安平、潘立银、李昌等执笔完成，第三章由周进高、张建勇、倪新锋等执笔完成，第五章由乔占峰、郑剑锋、常少英等执笔完成，第六章由沈安江、乔占峰、佘敏等执笔完成。

在专著编撰过程中，得到了赵文智院士的悉心指导，很多认识和观点都是在他的启发下形成和升华的。同时范嘉松教授、顾家裕教授、方少仙教授和王一刚教授对本书编写提出了很好的建议，为专著水平的提高起到了关键的作用。在专著编撰过程中，还得到了澳大利亚昆士兰大学赵建新教授、美国堪萨斯大学 Robert H.Goldstein 教授、美国迈阿密大学 Gregor P.Eberli 教授的悉心指导。在此，对上述专家、教授提供的帮助表示真挚地感谢。

本书既体现了近年来碳酸盐岩储层研究的最新理论成果和技术进展，又系统介绍了碳酸盐岩沉积储层研究的思路和方法，更是一本集教学、生产和科研为一体的参考书。由于编者水平有限，错误和不当之处在所难免，希望广大读者批评指正。

# 目录 Contents

第一章　绪论·······················································································1

第一节　碳酸盐岩油气勘探现状与趋势··················································1

第二节　碳酸盐岩研究现状与趋势·························································5

第三节　关于本书···············································································8

参考文献··························································································9

第二章　海相碳酸盐岩沉积储层研究技术·············································11

第一节　以微生物岩为核心的测井岩性定量识别技术·····························11

第二节　以 $D_{47}$ 同位素测温和定年为核心的微区检测技术····················20

第三节　以温压场和流体场恢复为核心的储层模拟技术··························27

第四节　多尺度储层地质建模与评价技术·············································35

第五节　以礁滩识别为核心的地震岩相识别技术····································55

第六节　基于储层地质模型的地震储层预测技术····································64

参考文献·························································································76

第三章　海相碳酸盐岩构造—岩相古地理·············································80

第一节　概述····················································································80

第二节　四川盆地重点层系构造—岩相古地理·······································85

第三节　塔里木盆地重点层系构造—岩相古地理····································99

第四节　鄂尔多斯盆地重点层系构造—岩相古地理·······························118

第五节　四川盆地德阳—安岳台内裂陷解剖···········································123

第六节　碳酸盐岩沉积模式································································140

参考文献·························································································146

**第四章　海相碳酸盐岩储层成因和分布** ················· 149

第一节　概述 ······················································ 149

第二节　碳酸盐岩储层成因 ··································· 156

第三节　碳酸盐岩储层分布规律 ····························· 184

参考文献 ···························································· 186

**第五章　海相碳酸盐岩储层表征、建模和评价** ········· 189

第一节　塔里木盆地肖尔布拉克组储层表征、建模和评价 ·········· 189

第二节　四川盆地寒武系龙王庙组储层孔喉结构表征 ··········· 220

参考文献 ···························································· 260

**第六章　海相碳酸盐岩储层实例解剖** ···················· 261

第一节　礁滩储层 ················································ 261

第二节　白云岩储层 ············································· 308

第三节　岩溶储层 ················································ 330

参考文献 ···························································· 340

**第七章　海相碳酸盐岩规模储层与勘探领域** ············ 346

第一节　规模储层类型、特征和分布 ························· 346

第二节　高石梯—磨溪地区台内裂陷勘探实践与启示 ·········· 360

参考文献 ···························································· 371

**结束语** ······························································ 374

# 第一章　绪论

据不完全统计,海相碳酸盐岩分布面积占全球沉积岩总面积的20%,所蕴藏的油气资源量占全球总资源量的70%,可采储量占全球总可采储量的50%,产量占全球总产量的63%,分别为$6200 \times 10^8$t油当量、$2050 \times 10^8$t油当量和$44.10 \times 10^8$t油当量(赵文智等,2016),其中,70%来自中东、中亚—里海、亚洲、非洲、欧洲、北美和南美7大油气区,并以特提斯构造域和墨西哥湾最为富集,在全球油气储量、产量中占据极为重要的地位。中国海相碳酸盐岩油气资源丰富,探明率低,是潜在的接替领域,尤其在深层,近期不断获得重大突破,如四川盆地高石梯—磨溪地区安岳大气田、川东北元坝气田和普光气田,塔北哈拉哈塘油田和顺北油田,鄂尔多斯盆地马家沟组中组合气田的发现,均展示出良好的勘探前景。储层是碳酸盐岩油气藏勘探与研究的核心问题,油藏描述的核心是储层描述,尤其是储层成因、分布规律和储层非均质性表征。碳酸盐岩储层研究和认识程度的提高加速了碳酸盐岩油气储量的发现,反之,碳酸盐岩油气勘探的新发现又促进了储层研究和认识程度的提高。

## 第一节　碳酸盐岩油气勘探现状与趋势

### 一、碳酸盐岩油气勘探现状

#### 1. 全球海相碳酸盐岩油气勘探现状

碳酸盐岩油气勘探可以追溯到19世纪80年代。1884年,在美国密歇根盆地俄亥俄州西北部中奥陶统Trenton组和Black River组白云岩(储层顶部埋深348.00～402.30m)中发现了第一个碳酸盐岩大油田——Lima-Indiana大油田(Coogan和Parker,1984)。之后,碳酸盐岩大油气田的发现个数和规模均平稳增长,1930—1939年为发现的高峰期,共计发现10个,全部分布在美国。20世纪60年代起,共深点(CDP)地震勘探技术诞生后,碳酸盐岩大气田的发现迅速增长;至70年代,共发现13个大气田,主要分布在中东和苏联地区,特别是1971年,在阿拉伯盆地卡塔尔隆起上发现了世界最大的North Field气田,使得该时期发现的天然气可采储量大大超过石油储量。在北美,大多数碳酸盐岩油气藏发现于20世纪50—60年代,70年代开始下降;在中东,从20世纪20年代开始,碳酸盐岩油气储量稳步增长,60年代达到高峰,70年代和80年代由于油气工业的国有化而使储量增长速度锐减;世界上其余地区的碳酸盐岩油气藏大多发现于70年代。

据IHS(2016)统计,全球有碳酸盐岩大型油气田399个,其中,油田48个,油气田264个,气田87个。全球海相碳酸盐岩探明可采储量油$682.16 \times 10^8$t,气$805602.32 \times 10^8$m³,分别占全球探明油气可采储量总量的37.90%和46.66%,碳酸盐岩油气产量约占全球油气总产量的 60%。近 20 年来,全球海相碳酸盐岩大型油气田仍不断有重大发现,如滨里海盆地的 Kashagan、Rakushechnoye 和 Aktote 油气田,中东的 Kushk、Umm Niqa 和 Karan 油气田,扎格罗斯的 Yadavaran、Kish 和 Yadavaran 油气田,总探明可采储量 $92.63 \times 10^8$t。

碳酸盐岩油气藏储量规模大,如阿拉伯盆地 North Field 气田可采储量达 $220.10 \times 10^8$t 油当量,Ghawar 油田可采储量 $133.10 \times 10^8$t。目前已确认的全球 10 口日产量 $1 \times 10^4$t 以上的油井都来自碳酸盐岩油气田,而日产量稳定在千吨以上的油井,绝大多数分布在碳酸盐岩油气田中。

进入 21 世纪,随着国际能源供需矛盾的日益突出,碳酸盐岩油气勘探聚集了世界的目光,勘探开发投入也随之增大,深层碳酸盐岩已成为全球油气勘探开发的热点。对全球发现的碳酸盐岩大油气田主力产层埋深变化的统计表明(赵文智等,2014),2000 年以前全球主力产层埋深大于 4000m 的大型油气田占总数的 14.8%;2000 年以后,这一数据已经上升到 58.6%。深层碳酸盐岩已成为全球发现大型油气田的重要领域,特别是近期勘探的一些热点地区,如拉美和远东地区近期发现的碳酸盐岩油气田,主力产层一般都在 4000m 以深。部分大型油气田主力产层埋深超过 5000m,例如 2004 年土库曼斯坦发现的 Yoloten-Osman 巨型气田和 2005 年伊朗发现的 Kish 巨型气田等。

## 2. 中国海相碳酸盐岩油气勘探现状

中国的海相碳酸盐岩勘探从早期的四川盆地下三叠统嘉陵江组起步,到渤海湾盆地的古潜山、鄂尔多斯盆地靖边气田的发现,以及塔里木盆地轮南—塔河油田的发现,经历了复杂、艰辛的探索历程,可划分为 4 个阶段。

(1)1953—1977 年,勘探领域主要集中在四川盆地和渤海湾盆地,四川盆地在川南、川西南地区发现了一批碳酸盐岩缝洞型气藏,以卧龙河、威远、中坝等裂缝—孔隙型整装气藏为代表,渤海湾盆地发现了任丘奥陶系—元古宇潜山油藏,这一时期的适用勘探技术有地面构造调查、地面油苗显示、重磁电勘探和少量二维模拟地震勘探。

(2)1978—1994 年,四川盆地勘探发生重大转变,以大中型气田为目标,以裂缝—孔隙型储层为主要勘探对象,在山地地震勘探技术和高陡构造变形机理研究取得突破的基础上,发现了大池干井、五百梯和相国寺等一批大中型整装气藏,鄂尔多斯盆地勘探取得重大突破,发现了靖边气田,这一时期的适用勘探技术有二维高精度地震勘探技术。

(3)1995—2004 年,四川盆地打破了以石炭系为主的勘探思路,川东北地区飞仙关组鲕滩气藏的勘探取得重要进展,相继发现了罗家寨、铁山坡等一批高含硫大中型整装气藏,渤海湾盆地大港千米桥潜山油藏勘探取得重大发现,塔里木盆地成为碳酸盐岩油气勘探的重要战场,相继发现了和田河气藏、塔河—轮南潜山油藏,这一时期的适用勘探技术有三维地震技术和酸化压裂技术等。

(4)2005 年至今,环开江—梁平海槽周缘长兴组—飞仙关组和德阳—安岳台内裂陷周缘灯影组—龙王庙组礁滩气藏勘探取得重要进展,相继发现了以普光、元坝、安岳为代表的大型整装气藏,四川盆地进入了储量增长高峰期,塔里木盆地碳酸盐岩油气勘探也进入了新的历史时期,发现了塔中良里塔格组和鹰山组、塔北南缘围斜区奥陶系大型整装油气藏,这一时期的适用勘探技术有高精度三维地震技术、大型酸化压裂技术、成像测井技术和水平井技术等。

中国海相碳酸盐岩油气勘探正在逐步由中深层向深层—超深层扩展。2000年以前，中国海相碳酸盐岩勘探的深度一般小于4500m，如渤海湾盆地碳酸盐岩潜山勘探发现的任丘油田、鄂尔多斯盆地碳酸盐岩风化壳储层勘探发现的靖边大气田，储层埋藏深度不超过4500m。近年来，随着碳酸盐岩研究工作的深入和勘探技术的进步，勘探深度明显增加。四川盆地碳酸盐岩的勘探深度已突破5000m，最大勘探深度达到7000m；塔里木盆地碳酸盐岩的勘探深度普遍大于6000m，最大勘探深度达到8000m。深层已经成为中国陆上碳酸盐岩油气勘探突破发现的重点领域。得益于深层地质认识的深化和勘探技术的进步，近年来中国深层碳酸盐岩油气勘探取得了一系列重大突破：（1）在塔北隆起南缘斜坡哈拉哈塘地区发现了奥陶系鹰山组岩溶缝洞型大油田，塔中断裂带北斜坡奥陶系良里塔格组礁滩、鹰山组岩溶等多目的层获得重大突破；（2）围绕四川盆地开江—梁平海槽长兴组—飞仙关组台缘带礁滩体勘探，发现了铁山坡、罗家寨、普光、龙岗、元坝等一批大气田，加强川中古隆起及斜坡区下古生界—震旦系碳酸盐岩勘探，获得战略性突破，发现安岳特大型整装气田；（3）强化对鄂尔多斯盆地碳酸盐岩风化壳岩溶储层的勘探，于靖边气田西部岩溶带获得新突破，新发现奥陶系马五$_4^{10}$新的含气层系。从近期油气勘探发现看，含油气层系埋深普遍大于4500m，塔里木盆地甚至超过7000m，显示出深层碳酸盐岩具有良好的油气勘探前景。

## 二、碳酸盐岩油气勘探趋势

虽然全球海相碳酸盐岩油气勘探潜力巨大，但储量增长高峰期主要分布在20世纪50—70年代，这反映自此以后碳酸盐岩油气勘探进入成熟期，容易发现的油气藏多数被探明，而难以发现的油气藏的勘探主要依赖于勘探技术进步及勘探领域的拓展，并将在21世纪形成全球第二个碳酸盐岩油气储量增长高峰期。就勘探领域拓展而言，主要表现为以下4大趋势：由台缘向台内拓展、由浅层向深层拓展、由构造向岩性拓展、由陆地向海洋拓展。

### 1. 由台缘向台内拓展

据全球399个碳酸盐岩油气藏储层类型统计，礁滩及碳酸盐岩建隆储层约占50%，勘探领域集中在台缘带，台内勘探程度低。如四川盆地二叠系—三叠系礁滩储层的勘探主要集中在环开江—梁平海槽两侧的台地边缘地区，塔里木盆地奥陶系良里塔格组礁滩储层的勘探主要集中在塔中北斜坡的台缘带。

然而，由于碳酸盐台地的分异作用，台地内部裂陷或洼地周缘也可发育规模礁滩储层，如四川盆地德阳—安岳灯四段台内裂陷周缘的微生物白云岩储层，碳酸盐缓坡可发育大面积层状分布的泛滩储层，如四川盆地龙王庙组和塔里木盆地肖尔布拉克组滩相白云岩储层。由于中国古老小克拉通台地的特殊性，台地边缘礁滩储层大多俯冲到造山带之下，埋藏深度大，地质构造复杂，勘探难度大，台内才是更为现实的勘探领域。

### 2. 由浅层向深层拓展

据全球399个碳酸盐岩油气藏储层类型统计，大约72%的碳酸盐岩油气藏埋藏深度小于3000m,埋藏深度大于4000m的仅占11%,这主要是受勘探成本、勘探技术及深层石油地质条件认识程度不足等因素制约。

储层成因研究揭示,深层存在规模碳酸盐岩储层发育的条件,包括:(1)同生期沉积—成岩环境控制早期孔隙发育,并为深层成岩流体的活动提供了通道;(2)多旋回构造运动控制多期次岩溶孔洞、溶洞和裂缝的发育;(3)流体—岩石相互作用控制深部溶蚀与孔洞发育。因此,碳酸盐岩储层的发育不受深度制约,例如塔里木盆地轮东1井埋深6800m仍发育高4.50m的大型洞穴,塔深1井在6000～7000m深度大型溶洞仍保存完好,8000m以深白云岩中仍存在溶蚀孔洞。勘探实践证实,深层碳酸盐岩油气藏是客观存在的,如美国阿纳达科盆地志留系碳酸盐岩气藏埋深为8000～9000m,可采储量$792.87 \times 10^8 m^3$,岩性为不整合面之下的石灰岩和白云岩,孔隙类型有粒内溶孔、粒间孔和溶蚀孔洞、溶蚀扩大的裂缝。四川盆地元坝气田气藏埋深为6240～6950m,安岳气田和普光气田的埋藏深度大于5000m,塔里木盆地一间房组—鹰山组油气藏的埋藏深度5000～7000m。随着勘探技术的进步及深层油气富集规律认识的深化,勘探由浅层向深层拓展不但是形势所趋,而且已逐步成为现实。

### 3. 由构造向岩性拓展

由于碳酸盐岩储层具有强烈的非均质性,储层侧向连续性差,油气主要通过断层运移,而碳酸盐岩地层比碎屑岩地层具有更为发育和复杂的断裂系统,所以,油气运移要比碎屑岩地层远得多,古隆起是油气由低势区向高势区长期长距离运移的指向区,在烃源充足的条件下可以充注古隆起的高部位及斜坡区,塔北古隆起就是典型的实例,高部位的潜山区及围斜部位的顺层岩溶储层发育区均是油气的有利富集区。

四川盆地加里东期乐山—龙女寺古隆起控制了震旦系—奥陶系天然气的富集,开江、泸州两个印支期古隆起控制了石炭系—中三叠统天然气的富集,三个古隆起控制了四川盆地81.75%的天然气探明储量。塔里木盆地碳酸盐岩油气也主要分布在塔中和塔北两个古隆起上,几乎控制了90%以上的油气探明储量。

事实上,古隆起及斜坡部位控制了碳酸盐岩油气的富集,但由于碳酸盐岩储层强烈的非均质性,单个的碳酸盐岩油气藏基本上为岩性或地层圈闭,探井打的高点并不代表构造高点,而是地貌高点,所以,古隆起及斜坡部位的储层发育区不管是在地貌高点还是斜坡或谷地上,皆为有利勘探目标。

### 4. 由陆地向海洋拓展

目前,陆上及浅海地区获得大量碳酸盐岩油气勘探发现,易于发现的碳酸盐岩油气藏大多被探明。在陆上碳酸盐岩油气勘探难度越来越大和油气资源日渐枯竭的情况下,近年来巴西海洋深水碳酸盐岩油气勘探取得的重大突破又给我们揭示了一个更有远景的勘探领域——海洋深水。

巴西深水碳酸盐岩油气勘探主要集中在桑托斯盆地。2006年发现了Tupi油气田,面积为900km²,所处海域水深2126m,油藏距海底深度3831m,探明可采储量$9.10 \times 10^8 t$油当量;2007年发现Carioca油气田,所处海域水深2140m,探明可采储量$0.462 \times 10^8 t$油当量;

2008 年发现 Jupiter 油气田,所处海域水深 2187m,油藏距海底深度 3065m,探明可采储量
$6.02 \times 10^8$t 油当量;2010 年发现 Libra 油田,油田面积 1547 $km^2$,为目前全球最大的海上油田,
所处海域水深 2000~2200m,油藏距海底深度 3000~3500m,发现地质储量规模有望超过
$10 \times 10^8$t。上述油气田的储层皆为盐下碳酸盐岩(藻丘灰岩、球粒和介壳灰岩)。

桑托斯盆地接连获得的勘探突破表明,深水碳酸盐岩具有巨大的油气勘探前景。随着
深水勘探技术的进步,深水必将成为继陆地和浅海之后的重要勘探接替领域。

# 第二节　碳酸盐岩研究现状与趋势

## 一、碳酸盐岩沉积储层研究现状

### 1. 碳酸盐岩沉积储层研究历史

碳酸盐岩沉积储层的研究历史可以划分为以下 3 个阶段。

(1)20 世纪 50 年代碳酸盐岩的研究工作主要集中在岩石类型和沉积相认识上,为当时
碳酸盐岩油气藏的大发现发挥了重要的作用。

50 年代,Ginsburg 发表的关于南佛罗里达和巴哈马碳酸盐沉积作用的论文(Ginsburg,
1956;Ginsburg 和 Lowenstam,1958)点燃了全球海相碳酸盐岩沉积学研究的兴趣,促进了
碳酸盐岩沉积环境模型的建立。Robin Bathurst(1958)关于 Dinantion 石灰岩成岩作用的
论文具里程碑式的意义,它使当时的沉积岩石学家对碳酸盐岩的组构和结构有了更好的理
解。Folk 于 1959 年发表了碳酸盐岩分类的论文,阐明了结构、组构和组分可以用于解释沉
积环境。

(2)20 世纪 60—80 年代是碳酸盐岩研究的黄金时期,尤其是成岩作用研究,为当时的
碳酸盐岩油气藏的大发现发挥了重要的作用。

通过对现代海洋和淡水体系碳酸盐组分大量而深入的研究,获得了许多关于地质和地
球化学条件对复杂成岩作用控制的基本认识,使碳酸盐岩成岩作用研究得到飞速发展。岩
石地球化学分析(如微量元素、同位素和流体包裹体等)在沉积环境恢复、成岩作用研究中
发挥了重要作用,为 70 年代碳酸盐岩油气储量增长高峰期的到来提供了技术支撑。

20 世纪 80 年代末至 90 年代初,层序地层理论的应用给碳酸盐岩研究工作带来了革新。
Sarg(1988)、Schlager(1989)和 Tucker(1993)在这方面做了很多开创性工作。而此时,层
序地层理论作为一种储层预测工具主要集中在碳酸盐岩的早期成岩作用和孔隙演化上。

(3)20 世纪 90 年代出现了通过露头层序地层解释和追踪进行储层地质建模工作的高
潮,目的是表征储层非均质性和预测有效储层分布。

通过露头层序地层解释和追踪进行储层地质建模的代表作有 Tinker(1996)和 Kerans
等(1994)的著作。这些储层建模工作对基于工程/地质为目的的碳酸盐岩孔隙分类方案的
出台十分必要,Lucia(1995)最先提出了碳酸盐岩孔隙分类方案。这一时期的其他重要进
展还有 Folk(1993)、Chafetz 和 Buczynski(1992)系统阐述了生物活动对碳酸盐岩成岩作

用和孔隙改造的重要性。James 等（1992）揭示了温带冷的海水中碳酸盐岩早期改造孔隙成岩作用的重要性。海水成岩环境中微生物作用可能被夸大,微生物在成岩过程中可能扮演重要角色,但主要在深海环境的深水灰泥丘中起作用。

### 2. 碳酸盐岩沉积储层研究现状

进入 21 世纪,碳酸盐岩储层研究的方法和手段更为综合,认识进一步深化,同时,更加强调对油气勘探和开发的应用效果。

（1）层序地层理论为碳酸盐岩储层成因和预测研究提供了可行的格架,尤其在预测早期成岩环境和改造孔隙的成岩作用方面十分有用,短期和长期的气候变化及海平面变化在恢复古代碳酸盐岩储层成岩作用和孔隙演化中具重要作用。

（2）基于构造发育史、水文地质、岩石基本特征、层序地层的综合分析和碳酸盐岩地球化学特征的综合应用（Montanez,1994）,晚期埋藏成岩作用和在埋藏条件下储层孔隙演化特征的认识更为深刻。新一代分析测试仪器的出现,地球化学方法和手段越来越多地被应用于碳酸盐岩研究中。

（3）白云石成因的争论仍将继续,似乎每个月都会产生一种新的成因模式来解释古代白云石的成因,但没有一个能适合所有环境的全能模式,古代白云石成因模式的选择应该充分考虑地质和水文地质背景,而不是目前的白云石化学特征。蒸发背景下的渗透回流白云石化再次引起了人们的研究兴趣,而混合水白云石化模式越来越受到质疑,台地范围的受地热对流驱动的海水白云石化作用似乎仍然是一个可以被人们所接受的白云石化模式。

关于白云石化作用对孔隙发育所起的作用仍存在争议。Weyl（1960）发表了题为《通过白云石化作用形成的孔隙—质量守恒的需要》的论文,提出了石灰岩完全白云石化将导致增孔 13% 的观点。进入 21 世纪,有学者认为白云石化作用基本上是一种胶结现象,其结果是导致孔隙的破坏,而不是孔隙的形成,白云岩中的孔隙是遗留和继承的,而不是通过白云石化作用新形成的。

（4）地质、录井、试油、测井和地震资料的综合利用,尤其是成像测井和三维地震资料的利用,使得碳酸盐岩储层特征研究更加深入,成因解释更加合理,在更精细的层面上表征储层的非均质性和预测有效储层分布。

成像测井和三维地震储层预测技术精细雕刻岩溶缝洞储层及礁滩储层的技术已趋成熟,并在塔里木盆地复杂岩溶缝洞储层和四川盆地礁滩白云岩储层油气勘探和开发中发挥了重要的作用。

## 二、碳酸盐岩沉积储层研究趋势

### 1. 研究领域

近期碳酸盐岩沉积储层研究,有 5 个值得关注的领域。

（1）基于露头数字化的储层地质建模及地震储层预测。

这已经成为近几年碳酸盐岩储层研究的热点领域,核心是层序地层理论指导下的露头储层精细地质建模和数字化，从三维的角度表征储层特征、成因、分布规律和储层非均质性。基于露头储层地质模型的地震响应特征正演模型的建立，预测井下有效储层的分布，提高探井和高效开发井成功率。

（2）层序地层理论指导下的储层成因和分布规律。

从 20 世纪 90 年代以来，层序地层一直是碳酸盐岩沉积储层研究的热点。层序地层理论提供了更为符合地质实际的地层对比方法和更为精确的等时地层格架，为层序格架中沉积相、储层成因和分布规律分析奠定了基础，尤其是层序界面对储层发育的控制。最新研究成果证实，沉积原生孔、准同生期沉积物暴露溶蚀形成的组构选择性溶孔、表生期岩溶缝洞构成储集空间的主体，而且均与不同层级的层序界面相关，埋藏环境是先存孔隙保存和调整的场所。

（3）近代与地质历史时期碳酸盐岩沉积体系对比研究。

"将今论古"是地质学研究的基本原理，现代或近代沉积物的沉积环境和早成岩作用研究和类比，有助于古代经历长期成岩改造的岩石形成环境和成岩演化的理解。在 20 世纪 50 年代至 70 年代，地质学家对现代碳酸盐沉积物的沉积特征和沉积环境开展了大量的研究工作，如美国佛罗里达、巴哈马台地、波斯湾、太平洋环礁及澳大利亚大堡礁等的现代碳酸盐沉积，建立了大量现代沉积环境及早期成岩作用的模式，目的是为了更好地理解古代碳酸盐岩地层。尤其是近年来的研究成果揭示，除礁滩储层外，白云岩储层和岩溶储层同样具有相控性，礁滩沉积是岩溶储层和白云岩储层发育非常重要的物质基础，台内裂陷或洼地周缘、碳酸盐缓坡可以发育规模礁滩储层，这就对地质历史时期沉积相的恢复提出了更高的要求，现代碳酸盐岩沉积体系的认识无疑对地质历史时期沉积相的恢复具有重要的类比作用。

（4）储层地球化学特征和成因分析。

碳酸盐岩结构组分的地球化学特征研究已经成为成岩产物成因分析的重要工具，尤其是氧碳稳定同位素、锶同位素、包裹体等的地球化学特征研究，并呈现两大趋势。一是结构组分的微区分析和在线检测；二是分析测试技术的创新解决更多的地质问题，如 $D_{47}$ 同位素温度计及同位素定年技术的创新。微区取样技术和微量分析技术的进步使碳酸盐岩结构组分的微区分析成为可能。不同温压条件下溶解动力学物理模拟技术的进步将会成为 21 世纪地质学家理解碳酸盐岩成岩—孔隙演化过程的重要手段，尤其是深层白云岩储层的孔隙形成机理和分布规律问题、热液作用对储集空间的贡献问题。

（5）三维可视化技术和有效储层预测。

地震储层预测技术，预测孔隙度在三维空间的分布，包括裂缝、岩溶缝洞及基质孔，呈现的新趋势是地质和地球物理结合更为紧密，尤其是基于露头数字化的储层地质建模，为井下地震储层预测提供标定，使储层预测更为准确。

## 2. 研究重点

近期碳酸盐岩沉积储层研究将定位在综合分析和应用研究上，研究重点主要有以下三个方面，它将影响我们对碳酸盐岩油气藏勘探和开发的潜能。

（1）碳酸盐岩储层主控因素和成因机理的深化研究，建立储层发育分布模型，解决储层宏观分布规律问题,为领域和区带评价提供支撑。

更为精细的层序地层研究及基于层序地层理论的成岩作用模式的建立,不同地质背景下白云石化机理及模式的建立,通过地质、地球化学和水文地质的综合研究来更好地理解白云石化作用及其对孔隙演化的影响;古气候方面的基础研究,探索旋回性气候变化对碳酸盐的生产、碳酸盐矿物相及碳酸盐成岩作用的影响;同位素和两相流体包裹体分析解决古代碳酸盐岩地层中白云石和方解石重结晶的控制因素和识别标志;热液作用的类型、特征及对储层叠加改造的影响;各种成岩环境不同成岩产物(结构组分)地球化学特征及识别图版的建立。

(2)建立露头区精细的层序地层模型和储层空间结构模型,表征储层非均质性,如礁/滩储层野外储层地质建模、岩溶缝洞的野外储层地质建模、埋藏白云岩野外储层地质建模和蒸发白云岩野外储层地质建模。

(3)深部碳酸盐岩属性的精细地震成像,尤其是孔隙度属性,建立基于野外储层地质模型的地震正演模型,如礁/滩储层地震正演模型、岩溶缝洞储层地震正演模型、埋藏白云岩储层地震正演模型和蒸发白云岩储层地震正演模型,预测地下有效储层分布,提高探井和高效开发井部署的成功率。

# 第三节 关于本书

本书是"十二五"国家油气重大专项"海相碳酸盐岩沉积与有效储层大型化发育机理与分布研究"课题(2011ZX05004-002)成果的系统总结。围绕近期碳酸盐岩沉积储层的研发趋势和热点问题,依托中国石油天然气集团公司碳酸盐岩储层重点实验室和国际合作平台,站在国际前沿的高度开展了大量的研究工作,在理论和技术上均取得了创新成果,主要表现在以下几个方面。

一是形成了碳酸盐岩沉积储层研究六项创新技术,分别为:碳酸盐岩结构组分测井定量识别技术、碳酸盐岩岩相地震识别技术、多尺度储层地质建模与评价技术、碳酸盐岩微区检测技术、碳酸盐岩溶解动力学储层模拟技术、基于储层地质模型的地震储层预测技术。这些技术为碳酸盐岩沉积相恢复和礁滩体刻画、碳酸盐岩储层非均质性表征、碳酸盐岩储层成因和分布规律研究、碳酸盐岩储层分布预测提供了技术保障,将在第二章详细阐述。

二是指出中国古老海相小克拉通台内裂陷普遍发育,裂陷周缘发育高能滩沉积,为规模储层发育奠定物质基础,裂陷内泥质烃源岩与裂陷周缘礁滩沉积构成很好的生储配置关系,拓展了台内勘探领域,同时,裂陷演化末期的缓坡台地控制了台内颗粒滩储层的规模发育,将在第三章和第七章详细阐述。

三是通过大量的案例解剖,指出礁滩沉积是礁滩、岩溶和白云岩储层发育的物质基础,储集空间主要形成于沉积、准同生和表生环境,同沉积暴露面、层间岩溶面和潜山岩溶面及断裂系统控制了原生孔、准同生组构选择性溶孔和表生岩溶缝洞的发育,埋藏环境是先存孔隙保存和调整的场所,白云岩储层中的孔隙主要是对原岩孔隙的继承和调整,白云石化对储层的贡献主要体现在有利于孔隙的保存上,而不是增孔,热液作用与其说是孔隙的建造者不如说是先存孔隙的指示者。这些认识提升了碳酸盐岩储层成因和分布规律的认识,改变储层预测理念,储层分布有规律可预测,将在第四章和第六章详细阐述。

四是形成了碳酸盐岩储层从宏观到微观的表征技术。露头储层地质建模揭示了储层宏观非均质性、储层分布样式和主控因素问题,基于工业 CT、场发射扫描电镜、偏光显微镜、压汞和激光共聚焦检测的微观孔喉结构表征揭示了储层孔喉结构特征、组合、连通性及与产能的关系问题,将在第五章详细阐述。

五是指出深层发育大面积层状礁滩(白云岩)、大面积准层状沉积型膏云岩、大面积准层状岩溶(风化壳)、厚层栅状“断溶体”、准层状—栅状白云岩五类规模储层,受控于镶边台缘、缓坡台地、蒸发台地、大型古隆起—不整合和断裂系统五类构造—沉积背景,将在第四章和第七章详细阐述。

# 参 考 文 献

赵文智,胡素云,等. 2016. 中国海相碳酸盐岩油气勘探开发理论与关键技术概论[M]. 北京:石油工业出版社.

赵文智,胡素云,刘伟,等. 2014. 再论中国陆上深层海相碳酸盐岩油气地质特征与勘探前景[J]. 天然气工业,34(4):1-9.

Bathurst R G C. 1958. Diagenetic fabrics in some British Dinantian limestones, Liverpool and Manchester[J]. Geological Journal,2:11-36.

Chafetz H S, Buczynski C. 1992. Bacterially induced lithification of microbialmats[J]. Palaios,7:277-293.

Coogan A H, Parker M M. 1984. Six potential trapping plays in Ordovician Trenton Limestone, Northwestern Ohio[J]. Oil and Gas Journal,82(48):121-126.

Folk R L. 1959. Practical petrographic classification of limestone[J]. AAPG Bulletin,43:1-38.

Folk R L. 1993. Dolomite and dwarf bacteria(nannobacteria)[J]. Geological Society of America Abstracts with Programs,25(6):394-397.

Ginsburg R N, Lowenstam H A. 1958. The influence of marine bottom communities on the depositional Environments of sediments[J]. Journal of Geology,66(3):310-318.

Ginsburg R N. 1956. Environmental relationships of grain size and constituent particles in some south Florida carbonate sediments[J]. AAPG Bulletin,40(10):2384-2427.

James N P, Bone Y, vonder Borch C C, et al. 1992. Modem carbonate and terrigenous clastic sediments on a cool water, high energy, mid-latitude shelf: Lacepede, southern Australia[J]. Sedimentology,39(5):877-903.

Kerans C, Lucia F J, Senger R K. 1994. Integrated characterization carbonate ramp reservoirs using Permian San Andres Formation outcrop analogs[J]. AAPG Bulletin,78(2):181-216.

Lucia F J. 1995. Rock-fabric / petrophysical classification of carbonate pore space for reservoir characterization[J]. AAPG Bulletin,79(9):1275-1300.

Montanez I P. 1994. Late diagenetic dolomitization of Lower Ordovician, Upper Knox Carbonates: A record of the hydrodynamic evolution of the southern Appalachian Basin[J]. AAPG Bulletin,78(8):1210-1239.

Sarg J F. 1988. Carbonate sequence stratigraphy[C]. In: Wilgus C K, Hastings B S, Kendall C G St C, et al(eds). Sea Level Changes—An Integrated Approach. SEPM Special Publication,42:155-181.

Schlager W. 1989. Drowning unconformities on carbonate platforms ［C］. In：Crevello P D，Wilson J L，Sarg J F，et al（eds）. Controls on Carbonate Platform and Basin Development. SEPM Special Publication，44：15-25.

Tinker S W. 1996. Building the 3-D jigsaw puzzle：applications of sequence stratigraphy to 3-D reservoir characterization，Permian Basin ［J］. AAPG Bulletin，80（4）：460-485.

Tucker M E. 1993. Carbonate diagenesis and sequence stratigraphy ［M］. Spring - Verlag.

Weyl P K. 1960. Porosity through dolomitization：Conservation-of-mass requirement ［J］. Journal of Sedimentary Research，30（1）：85-90.

# 第二章　海相碳酸盐岩沉积储层研究技术

露头地质调查、岩心和薄片观察是碳酸盐岩沉积储层研究最为传统的方法,从20世纪70年代起,各种实验分析技术引入碳酸盐岩沉积储层研究中,主要用于成岩作用和储层成因研究上。随着碳酸盐岩沉积储层由基础研究向应用研究的拓展,测井和地震技术被广泛应用于碳酸盐岩沉积相和储层识别、预测上。近年来,随着勘探深度越来越大,勘探对象越来越复杂,对碳酸盐岩沉积相和礁滩体刻画的精度要求、储层成因和预测的精度要求越来越高,需要开展相应配套技术的攻关来解决这些问题。本章重点介绍六项碳酸盐岩沉积储层研究特色技术,其中,以微生物岩为核心的测井岩性定量识别技术和以礁滩识别为核心的地震岩相识别技术对沉积相和礁滩体精细刻画发挥了重要的作用,以$D_{47}$、同位素定年为核心的微区检测技术和以温压场和流体场恢复为核心的储层模拟技术对碳酸盐岩储层成因和分布规律研究发挥了重要的作用,多尺度储层地质建模与评价技术和基于储层地质模型的地震储层预测技术对碳酸盐岩储层非均质性表征和有效储层预测发挥了重要的作用。

## 第一节　以微生物岩为核心的测井岩性定量识别技术

前期研发的碳酸盐岩结构组分测井定量识别技术(李昌等,2015,2017)以测井解释模块为依托,利用岩心、薄片、物性资料对测井的标定,定量识别基于Dunham(1962)岩石分类的碳酸盐岩岩性,应用于塔里木盆地良里塔格组和蓬莱坝组、四川盆地嘉陵江组和龙王庙组、鄂尔多斯盆地马家沟组,均取得较好效果,岩心验证识别符合率在70%以上。然而,该技术主要适用于原始结构组分未被粘结在一起的碳酸盐岩,对原始结构组分被粘结在一起的微生物岩,如四川盆地震旦系灯影组微生物白云岩,该技术的应用效果不理想。微生物岩的特殊性造成其测井情况非常复杂,导致定量识别效果不理想。本书提出了新的测井图版识别方法,形成以微生物岩为核心的测井岩性定量识别技术,在四川盆地震旦系灯影组开展应用并取得良好效果,识别符合率75%以上。

### 一、技术需求和技术现状

四川盆地震旦系灯影组白云岩储层的相控性明显,颗粒滩相和藻丘相储层物性好,尤其是两者叠合形成的丘滩复合体,因此,沉积微相的精细刻画对于储层分布预测具有重要意义。由于取心资料相对较少,难以满足沉积微相精细刻化的需求,测井识别颗粒白云岩和藻丘白云岩至关重要。

目前碳酸盐岩岩相测井识别方法,主要分为定性和定量两类方法,包括定性交会图版识别法(Stowe.L.等,1988)、定性电成像图版法(Basu T等,2002;Da-Li Wang等,2008),定量的神经网络(王硕儒等,1996;张志国等,2005;Stundner M 等,2004;Qi 等,2006;Perrin C 等,2007;Tang H 等,2009)、支持向量机(张翔等,2010)及模糊理论(Cuddy,2000;Jong_se 等,2004;范翔宇等,2005)等方法。在此基础上,通过数学算法的改进(罗伟平等,2008;钟仪华等,2009;Treerattanapitak 等,2013),或通过建立合成测井参数(Lucia,2007;Tang H 等,2009;王瑞等,2012),进一步提高符合率。

针对微生物碳酸盐岩测井识别,由于藻丘白云岩发育叠层和纹层构造,在电成像测井图像上特征明显而容易识别(陈志勇等,2005,李潮流等,2006),但由于电成像资料相对较少,主要依靠常规测井识别藻丘白云岩。对于单一测井交会图版,常规测井不能较好识别藻丘白云岩,提出组合交会图版方法。先用 $\Delta GR$ 和 $\Delta RT$ 区分出泥岩类和藻灰岩(藻丘白云岩)类,然后用 $\Delta RT$ 和 $M$ 参数区分砂岩类和泥晶灰岩类,在柴达木盆地小梁山地区狮子沟组和上油砂山组应用并有效区分了藻灰岩、泥晶灰岩、泥岩和砂岩(彭晓群等,2012)。花土沟地区下油砂山组和上干柴沟组藻灰岩在常规测井曲线上具有不同于其他岩性的特征,据此,确定了 7 种测井参数,并利用 F-Means 快速聚类迭代算法优选样本,利用判别分析方法对花土沟油田某井段进行藻灰岩识别(孙振城等,2005)。针对南翼山地区藻灰岩层多而薄,粉砂岩和藻灰岩混合沉积导致在测井上难以识别藻灰岩的问题,利用电成像图版、旋回分析、聚类分析等多种方法综合识别薄层藻灰岩(李昌等,2013)。上述方法在实际应用中均取得较好效果。

与柴达木盆地藻灰岩不同,四川盆地灯影组藻丘白云岩受成岩作用改造强烈,藻纹层及叠层特征在电成像测井上不明显,造成了电成像测井不能有效识别。另外微生物白云岩岩石类型多达 8 种以上,其中藻类成因白云岩岩石类型多达 5 种以上。由于岩石类型多样,且岩—电关系复杂,造成不同岩性测井特征难以定量化,因此,迫切需要新的技术方法,能够有效地识别微生物白云岩岩石类型,尤其是对藻丘白云岩和颗粒白云岩岩相的识别。

## 二、技术内涵和创新点

与传统的测井识别图版不同,新的识别图版方法充分利用多条测井曲线在纵向上和横向上的二维信息,直观反映不同微生物岩的测井特征。传统方法仅考虑单条测井曲线特征纵向上的相对变化,并未考虑不同测井曲线之间的内在联系。例如描述一种岩性测井特征,仅描述其纵向上变化,自然伽马相对低值,声波时差高值及电阻率较低等,对于每条曲线都是一维描述,实际上不同曲线之间在横向上也有相对变化,而且这种变化与岩石类型密切相关。

基于取心井岩心资料,分析不同类型微生物岩测井特征,优选对于岩性特征最为敏感的测井曲线,并将数据归一化组成二维数字矩阵,然后绘制均方根振幅图和色彩图,在岩心标定下分析不同岩石类型均方根振幅图像和色彩图像的差异,观察表明不同类型微生物岩的图像特征具有明显不同。据此,本书提出了一种新的测井图版识别方法,并在四川盆地高石梯—磨溪地区震旦系灯影组开展实际应用,经取心井证实,符合率在 75% 以上。与聚类分析和神经网络等方法对比,显示出优越性,满足了深层古老碳酸盐岩岩性定量识别的需求。

该技术主要包括4个组成部分:岩相类型划分、岩相测井特征分析、数据标准化和岩心标定建立识别图版。

## 1. 岩相类型划分

灯影组微生物岩岩石类型多样,有泥质白云岩、粉—细晶白云岩、泥微晶白云岩、颗粒白云岩及与藻类微生物相关的白云岩等,岩石类型达到8种以上。储集岩性主要以藻类(蓝细菌)参与的白云岩为主。藻类成因白云岩储层的主要岩性有藻叠层白云岩、藻纹层白云岩、藻砂屑白云岩、核形石白云岩、藻凝块白云岩。藻类成因白云岩岩石类型复杂多样,测井无法区分每一种类的藻白云岩,因此,需对各种类型的白云岩作归一化处理,归一为藻云岩相。

根据不同岩性的储层物性特征,同时参考 Dunham(1962)岩性划分方案,对灯影组微生物白岩划分为4大类,即藻云岩相、颗粒云岩相、泥晶云岩相和泥质泥晶云岩相,具体详见表2-1。

**表 2-1 灯影组微生物岩的岩相类型及对应的岩性**

| 岩相类型 | 岩性 |
| --- | --- |
| 藻云岩相 | 纹层云岩、叠层状云岩、泡沫状云岩、核形石云岩、凝块云岩,藻砂屑云岩等 |
| 颗粒云岩相 | 细晶云岩、颗粒云岩、鲕粒云岩等 |
| 泥晶云岩相 | 泥质泥晶云岩、泥晶云岩、粉晶云岩等 |
| 泥质泥晶云岩相 | 泥质泥晶云岩等 |

## 2. 岩相测井特征分析

岩相测井特征分析的目的在于优选出能够区分不同岩相最为敏感的测井曲线,主要通过岩心标定,观察和分析岩心与测井特征的关系(图2-1)。经过观察分析,总结不同岩相的测井特征如下:(1)藻云岩相往往具有孔隙性,表现为声波时差增大,密度降低和中子孔隙度增大,电阻率相对降低。(2)颗粒云岩相存在两种情况,一种是致密不发育孔隙,表现为极高电阻率;另外一种是具有孔隙性,与孔隙性藻云岩相测井特征相似,声波时差增大,密度降低和中子孔隙度增大,但自然伽马值更低一些。(3)泥晶云岩相为非储层,孔隙不发育,低声波时差,低中子孔隙度和中高密度,高电阻率。(4)泥质泥晶云岩相,最为显著特征为自然伽马极高。

从上述岩相测井特征观察发现藻云岩相、颗粒云岩相与泥晶云岩相、泥质泥晶云岩相能够较好区分,难区分的是孔隙均发育的颗粒云岩相和藻云岩相。通过观察分析,确定最为敏感的测井曲线优选为自然伽马、声波时差和深电阻率曲线。

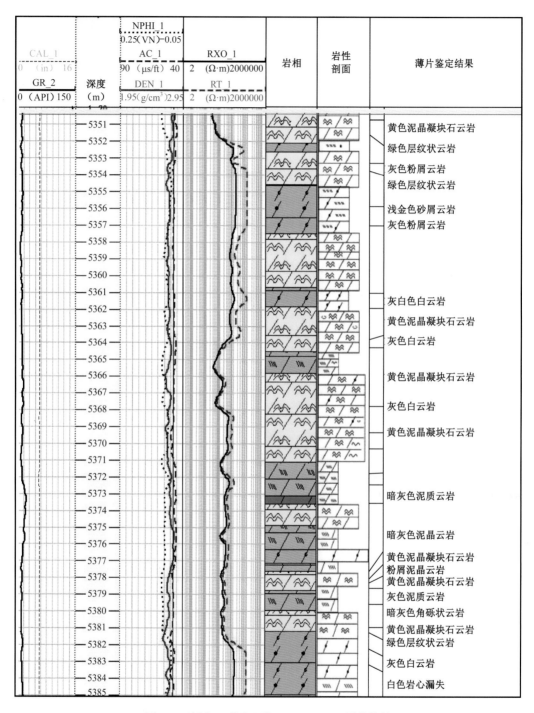

图 2-1　磨溪 51 井取心段 5351～5385m 测井特征

### 3. 数据标准化

基于岩相测井特征认识,对自然伽马、声波时差和深电阻率曲线进行数据标准化,将数值统一在范围 0～1,并组成二维数组。具体步骤和公式如下:

首先对于测井数据预处理,去除异常值,然后利用下列公式对单个曲线进行归一化处理。

$$b1 = \frac{GR - GR_{min}}{GR_{max} - GR_{min}}$$

$$b2 = \frac{DT - DT_{min}}{DT_{max} - DT_{min}}$$

$$b3 = \frac{RD - RD_{min}}{RD_{max} - RD_{min}}$$

在横向上组合 $b1$,$b2$,$b3$,组成二维数组 $\boldsymbol{B}$,如下:

$$\boldsymbol{B} = \begin{bmatrix} b1 & b2 & b3 \end{bmatrix}$$

然后计算均方根振幅 RMS1,RMS2,RMS3,组成二维数组 $\boldsymbol{C}$,如下:

$$RMS1 = \sqrt{\frac{1}{N}\sum_{i=1}^{N}GR_i^2}$$

$$RMS2 = \sqrt{\frac{1}{N}\sum_{i=1}^{N}DT_i^2}$$

$$RMS3 = \sqrt{\frac{1}{N}\sum_{i=1}^{N}RD_i^2}$$

$$\boldsymbol{C} = \begin{bmatrix} RMS1 & RMS2 & RMS3 \end{bmatrix}$$

### 4. 岩心标定建立识别图版

首先绘制色彩图,在取心井磨溪 51 井的岩心标定下,定义不同数值范围对应于不同的颜色,依次为绿色代表数值 0.75～1.0,橙色代表数值 0.50～0.75,黄色代表数值 0.25～0.5,蓝色代表数值 0～0.25。对二维数组 $\boldsymbol{B}$ 绘制色彩图,然后对二维数组 $\boldsymbol{C}$ 绘制均方根振幅图,定义显示高度为 0.50,基线为 0.20,振幅幅度越大代表数值越高,表现为颜色越黑(图 2-2、图 2-3)。

在岩心标定下,综合均方根振幅图和色彩图,可以看出不同岩相类型呈现出不同图像特征,据此建立 5 种典型的岩相识别图版。

藻云岩相 A(图 2-2),均方根振幅图表现为中心高能量区(黑色),周围为弱能量区,呈现低能区环带包围高能区。在色彩图像上表现为中心绿色或橙色、黄色,两边为蓝色。

颗粒云岩相 B(图 2-3),均方根振幅图表现为最右侧高能量区(黑色),中间和左侧为弱能量区,且高能量区无环带包围。在色彩图上表现为最右侧为绿色,中间和左侧均为低值,为蓝色。

颗粒云岩相(溶孔发育)C(图 2-2),均方根振幅图表现为最右侧高能量区(黑色),中间和左侧为弱能量区,且高能量区无环带包围。在色彩图上表现为最右侧为高值,显绿色;中间为中高值,显黄色或橙色;最左侧为低值,显蓝色。

泥质泥晶云岩相 D(图 2-2),均方根振幅图表现为最左侧高能量区(黑色),中间和右侧

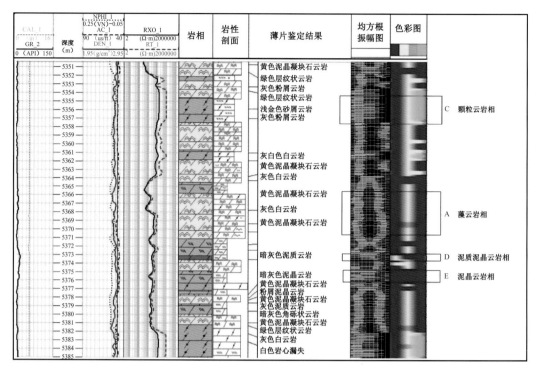

图 2-2　磨溪 51 井取心段均方根振幅和色彩图测井典型岩相识别图版

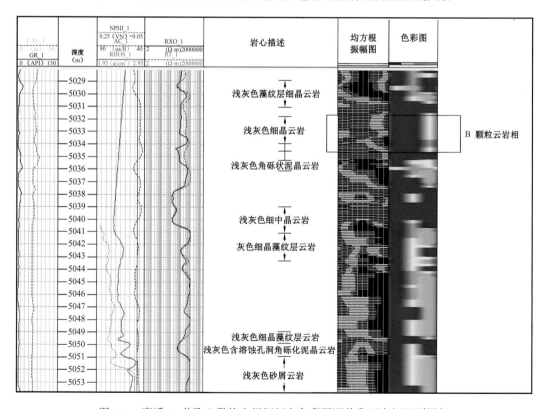

图 2-3　磨溪 13 井取心段均方根振幅和色彩图测井典型岩相识别图版

为弱能量区,且高能量区无环带包围。在色彩图上表现为最左侧为高值,显绿色或黄色、橙色,中间和右侧均为低值,显蓝色。

泥晶云岩相 E(图 2-2),均方根振幅图表现为无高能量区,没有黑色团块。在色彩图上表现为单一,均为低值,显蓝色。

## 三、技术应用实效

基于上述图版对高石梯—磨溪地区灯影组灯四段进行测井识别,并与取心井磨溪 108 井岩心进行对比,验证识别效果。从图 2-4 中可以看出,识别符合率在 75% 以上。

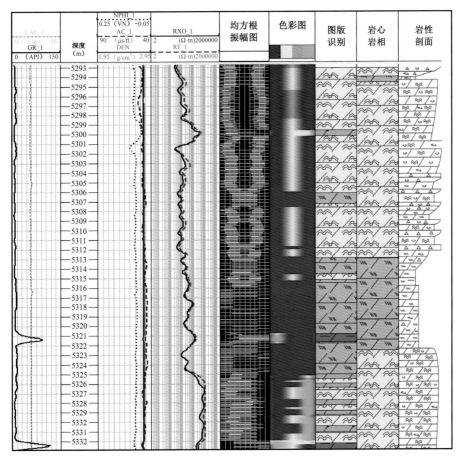

图 2-4　磨溪 108 井取心段岩相识别

新的识别图版在识别藻丘和颗粒滩方面优于聚类分析方法和神经网络方法,以台内磨溪 11 井为例,对比识别结果如图 2-5 所示,神经网络和聚类分析识别的藻云岩相和颗粒云岩相较多而且厚度较大,在台内实际地质情况是水动力较弱,颗粒云岩相和藻云岩相并不发育,以泥晶云岩为主,夹薄层的藻丘和颗粒滩。利用新的图版识别,其结果更符合地质规律(图 2-5),旋回特征更明显,识别的藻云岩相和颗粒云岩相的厚度和分布特征更合理。

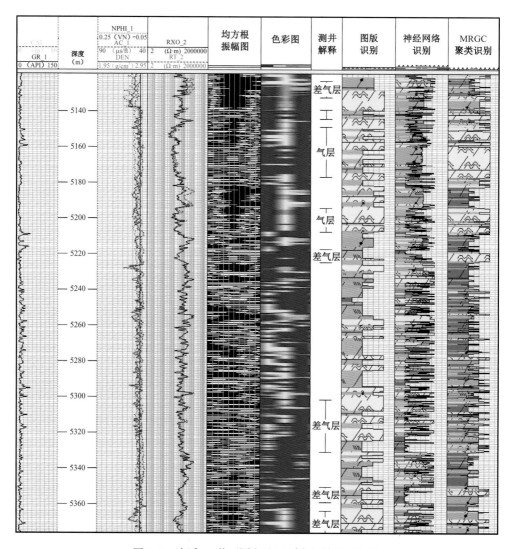

图 2-5　磨溪 11 井不同方法识别岩相结果对比图

　　应用该技术取得的单井岩相识别成果,对从台缘带到台内的磨溪 22 井—磨溪 108 井—磨溪 12 井—磨溪 17 井—磨溪 18 井—磨溪 39 井进行连井对比,精细刻画了微生物丘、丘滩复合体及滩的分布(图 2-6)。砂屑云岩代表高能颗粒滩相,泥晶云岩代表浅水低能环境生物欠发育,位于两个亚相之间的沉积环境正是微生物较为发育的藻丘相,这三类岩相所代表的沉积环境是相邻的,并受控于海平面的升降而发生侧向上的迁移。从图 2-6 中可以看出,受海平面升降的影响,颗粒滩频繁迁移并侵蚀前期沉积的藻丘,致使藻丘的丘盖欠发育,在纵向上形成了颗粒滩与丘核不等厚互层,即丘滩复合体。从连井剖面看,从台内磨溪 39 井—磨溪 17 井—磨溪 18 井到台缘磨溪 12 井—磨溪 108 井—磨溪 22 井,藻丘、颗粒滩及丘滩复合体整体规模变大,层多且厚度变大,反映从台内到台缘带水动力强度变大,与实际地质情况相符。基于识别结果,纵向上精细刻画出藻丘及丘滩复合体的发育层段,结合地震资料预测了平面上沉积微相分布(图 2-7)。

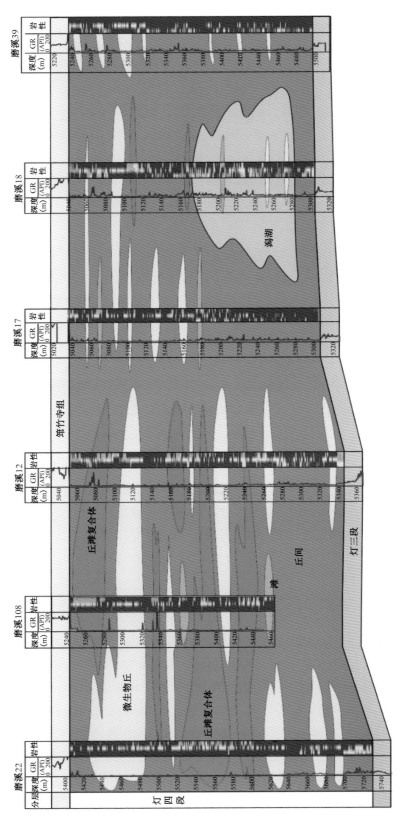

图 2-6　磨溪 22 井—磨溪 108 井—磨溪 12 井—磨溪 17 井—磨溪 18 井—磨溪 39 井沉积相剖面图

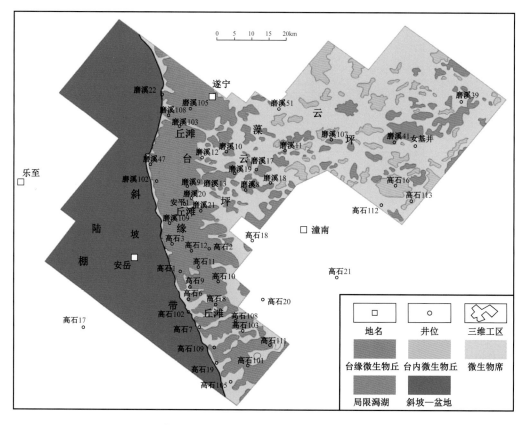

图 2-7　高石梯—磨溪三维区灯影组灯四段沉积相平面图

与传统的测井定性交会图版方法不同,新的测井图版识别方法通过分析多条测井曲线在纵向和横向上的变化特征,将多条曲线组成二维数组,绘制均方根振幅图和色彩图,并基于岩心标定,建立了微生物白云岩岩相测井定性识别技术。该技术在四川盆地磨溪地区震旦系灯影组应用取得很好效果,取心井验证,符合率 75% 以上,证实该方法简单有效,具有很强的实用性和推广性。

## 第二节　以 $D_{47}$ 同位素测温和定年为核心的微区检测技术

"微区"是指碳酸盐岩同期成岩作用事件中形成的同类成岩矿物,即具相同成因的碳酸盐岩结构组分,"微区"检测的目的在于对碳酸盐岩经历的成岩事件进行分期次的研究,弥补了全岩分析或混合样分析无法区分不同成因和期次成岩产物的成因缺陷;"多参数"指对同期次的成岩产物开展多种地球化学分析,其目的是通过多种数据联合分析、相互佐证,以求得最合理的解释,从而克服地球化学数据的多解性。微钻取样技术、激光取样技术、检测技术的进步(对样品用量的减少和精度的提高)和检测流程的优化使微区多参数检测成为可能。前期已经建立了微区多参数实验分析技术(赵文智,2012),实现了从岩石学、元素—同位素地球化学、流体包裹体等多参数对碳酸盐岩结构组分的成岩环境、成岩作用进行重建。

近几年,胡安平等(2014)引入了国际上兴起的二元同位素测温和同位素定年技术,使微区多参数实验分析技术得到完善和发展。

## 一、技术需求和技术现状

深层碳酸盐岩经历了复杂成岩作用,发育多期成岩矿物,且多为微米级,因此,成岩矿物微区取样是一切基于同位素—元素地球化学分析开展储层成因研究的关键。现有的微区取样技术可分为两类:一是借助牙钻、微钻等进行机械取样,然后将样品进行化学处理后送至质谱仪进行检测,该类方法的优点是装置简单易操作,缺点是空间分辨率不高,往往要毫米级以上的成岩矿物才能达到要求,否则取样过程中会混入其他期次的成岩矿物;二是借助激光装置进行取样,该类方法比微钻复杂,但空间分辨率高,成岩矿物只要大于 $30\mu m$ 即可满足要求。基于激光取样的地球化学分析有两类:一是将激光取样装置与电感耦合等离子质谱仪联合(LA–ICP–MS),开展碳酸盐矿物的微量元素微区、原位分析,该项技术目前已基本成熟;二是将激光取样装置与同位素比质谱仪联合,开展碳酸盐矿物的碳氧同位素分析。Jones 等(1986)从理论上提出了利用激光技术将碳酸盐矿物转化为 $CO_2$ 并将其收集起来送至质谱仪进行碳氧同位素分析的设想;20 世纪 90 年代强子同等(1996)研制出可用作碳酸盐微矿物微区组构碳氧同位素分析的激光取样装置,其基本原理是:在真空达到约 $10^{-5}Pa$ 的条件下,用氦氖激光器(红光)引导,在显微镜下找到样品盒中待分析目标,启动钇铝石榴石激光,使碳酸盐矿物在热作用下分解产生 $CO_2$ 气体;用冷阱原理在真空净化系统中将 $CO_2$ 气体纯化,然后人工收集 $CO_2$ 气体并将其送入质谱仪进行同位素测定。目前国内的实验室基本上都采用上述装置,由于激光取样装置未跟质谱仪连接,而是需要人工收集 $CO_2$ 气体再送至质谱仪进行检测,因此称为"离线取样"。离线取样由于采用抽真空的纯化设备,抽真空所需时间较长,取样手续烦琐,取一个样品需要两小时左右,效率低下;同时,需要使用收集瓶对 $CO_2$ 进行转移,转移过程中气体进一步稀释,因此,有时收集到的 $CO_2$ 数量不能满足测试要求,导致测试成功率不高。

成岩矿物的形成温度是进行储层成岩作用和孔隙演化研究的关键参数。确定形成温度后,与其他岩石学和地球化学参数(如微量元素、同位素)结合,可对成岩作用发生的深度、成岩流体性质和来源进行更好的约束。目前常用的碳酸盐矿物测温方法有两种:一是流体包裹体显微测温,流体包裹体作为古流体的唯一样本,凭借其独特的优势在成岩作用研究中已得到广泛应用,但并非所有样品中都可找到包裹体,另外,流体包裹体可能会因后期受到高温作用发生拉伸、泄露和颈缩而失去代表性,对于深层碳酸盐岩来说,情况更是如此;另一种方法是通过氧同位素分馏方程进行温度计算,该方法的前提是成岩矿物和成岩流体的 $\delta^{18}O$ 值已知,然而成岩流体的 $\delta^{18}O$ 值通常很难获得。近年来,国际上兴起了碳酸盐岩二元同位素技术,是一种新型的地质温度计,在深层碳酸盐岩成岩作用研究中具有一定的潜力。

成岩矿物的形成时间是将成岩作用纳入盆地构造框架,从盆地构造演化角度认识储层成岩作用和孔隙演化的重要指标。对于新生界碳酸盐岩,可采用锶同位素地层学和同位素定年技术开展年代学研究,国内外已有不少成功的案例。但是,古老深层碳酸盐岩定年是国际难题,这是因为:(1)样品中可供定年的矿物类型少(通常情况下只有方解石或白云石);(2)可供选择的等时线少(只有 U—Pb 等时线或 Sm—Nd 等时线对碳酸盐岩可能具有潜力);(3)碳酸盐矿物中微量和稀土元素含量低,有时难以进行准确测定。目前对于古老碳酸盐岩成岩产物定年仅有零星报道。

## 二、技术内涵和创新点

针对上述存在的技术需求和现状,开展了相应的技术研发,对激光碳氧同位素取样技术进行了改进,并引进了二元同位素测温和碳酸盐胶结物同位素定年技术。

### 1. 碳氧稳定同位素在线取样技术

针对离线法取样存在的弊端,对激光取样装置的前置系统、$CO_2$ 净化系统和 $CO_2$ 收集传输系统进行了改造(图 2-8),形成在线取样技术,基本原理是:在密闭系统中,用氦氖激光器在显微镜下找到样品盒中待分析目标,启动钇铝石榴石激光,使碳酸盐矿物在高温作用下发生分解产生 $CO_2$ 气体,用载气(氦气)将 $CO_2$ 依次通过冷阱、水阱、石英毛细管进行提纯后,最终至质谱仪进行测试。整个过程实时在线。

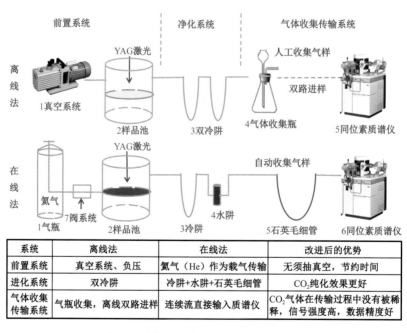

| 系统 | 离线法 | 在线法 | 改进后的优势 |
|---|---|---|---|
| 前置系统 | 真空系统、负压 | 氦气(He)作为载气传输 | 无须抽真空,节约时间 |
| 进化系统 | 双冷阱 | 冷阱+水阱+石英毛细管 | $CO_2$ 纯化效果更好 |
| 气体收集传输系统 | 气瓶收集,离线双路进样 | 连续流直接输入质谱仪 | $CO_2$ 气体在传输过程中没有被稀释,信号强度高,数据精度好 |

图 2-8　在线取样的主要系统改造及其与离线取样的主要区别

在线取样技术的创新点在于将激光取样装置与质谱仪连在一起,无须人工收集 $CO_2$ 气体。与离线取样相比,在线取样技术主要有以下改进和优势:(1)在线取样装置和同位素比质谱仪是连接在一起的,$CO_2$ 气体产生、传输、分离和同位素测定均为实时在线;(2)离线取样需要抽真空,从常压至 $10^{-5}Pa$ 真空需 1.5 小时左右,极其耗时;而在线取样无须抽真空,大大节省时间(效率提高 10 倍以上);(3)离线取样产生的 $CO_2$ 气体通过双冷阱实现纯化,纯化后的用收集瓶进行收集,两个步骤均需手工操作;而在线取样 $CO_2$ 气体的纯化通过含高氯酸镁试剂的装置实现,杂气分离通过石英毛细管来完成,两个步骤均自动完成,无须人工干预;(4)离线取样由于采用收集瓶收集和双路进样方式, $CO_2$ 气体进一步被稀释,致使信号强度很低;而在线取样采用连续流进样, $CO_2$ 气体无须收集, $CO_2$ 气体产生、传输、纯化和测定均为实时在线,信号强度未被稀释。

### 2. 二元同位素测温技术

碳酸盐岩二元同位素(Carbonate Clumped Isotope, $D_{47}$)是美国加州理工大学 John Eiler 研究组倡导发展起来的的开创性工作,标志着二元同位素定量重建古温度时代的开始(Eiler 和 Schauble,2004;Eiler,2006;Schauble 等,2006;Eiler,2007;Came 等,2007)。碳酸盐岩二元同位素温度计基于碳酸盐矿物中 $^{13}C$—$^{18}O$ 化学键的浓度只取决于温度,而与流体的 $\delta^{13}C$ 和 $\delta^{18}O$ 无关,因此可根据 $^{13}C$—$^{18}O$ 化学键的浓度( $CO_2$ 相对分子质量 47 的同位素的浓度)求解出温度(Ghosh 等,2006;Ghosh 等,2007)。二元同位素 $D_{47}$ 的计算公式为:

$$D_{47}= \left[ (R^{47}/R^{47*}-1) - (R^{46}/R^{46*}-1) - (R^{45}/R^{45*}-1) \right] \times 1000$$

式中, $R^{47}$ 、 $R^{46}$ 、 $R^{45}$ 分别指样品中测得的 $CO_2$ 相对分子质量为 47、46、45 成分与相对分子质量为 44 成分的比值; $R^{47*}$ 、 $R^{46*}$ 、 $R^{45*}$ 分别指随机分布的相对分子质量为 47、46、45 成分与相对分子质量为 44 成分的比值(Eiler 等,2007;Came 等,2007)。

与传统的氧同位素温度计相比,二元同位素温度计的创新性或优势主要体现在:(1)指标意义明确,为温度指示参数;(2)不需同时测定母体的同位素信号(母体的同位素信号往往很难获得);(3)只受碳酸盐矿物生长温度的影响,不受成岩流体影响,因此能更明确地限定成岩温度。同时,二元同位素也提供了一种碳酸盐岩成岩作用研究新思路(图 2-9),即通过 $D_{47}$ 温度和测定得到的矿物 $\delta^{18}O$ 值进行成岩流体的氧同位素值计算,进而判断成岩流体的性质。

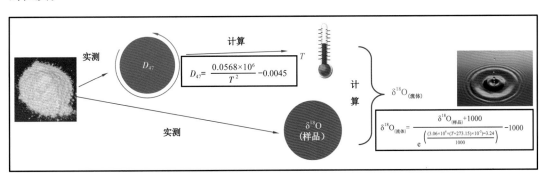

图 2-9　碳酸盐岩成岩温度和流体氧同位素计算思路

### 3. 碳酸盐胶结物定年技术

同位素定年已在金属矿床、岩浆岩和变质岩成因研究中得到广泛应用,其基本原理是:假设岩石形成时,含有一定量的具放射性的母体同位素,随时间的流逝,该母体同位素蜕变,其含量逐渐减少,蜕变后形成的子体同位素则逐渐增多,只要测定母体同位素与子体同位素之比,则该比值就可作为岩石形成以来的时间的尺度。因此,测定地质年代的同位素须满足两个基本条件:(1)母体同位素在岩石中分布较普遍,并能测定其含量;(2)其子体同位素能在岩石中保存下来,并可测定其含量。

目前,同位素定年包括 U—Pb、K—Ar、Ar—Ar、Rb—Sr、Sm—Nd、裂变径迹、放射性碳等多种方法,然而对于深层碳酸盐岩来说,可供选择的方法较少,理论上只有 U—Pb 和 Sm—Nd 具有潜力。选择四川盆地西南部栖霞组白云岩孔洞和裂缝中的鞍状白云石胶结物(图 2-10a)进行了试验,目的是对 U—Pb 和 Sm—Nd 在深层碳酸盐岩成岩作用研究中的应用潜力进行验证。结果表明这些样品 Sm—Nd 比值变化不明显,且不具线性关系,不适合 Sm—Nd 定年(图 2-10b);而 U—Pb 比值变化明显,且存在线性关系,可用于 U—Pb 定年,并成功获得一组年代学数据(图 2-10c)。

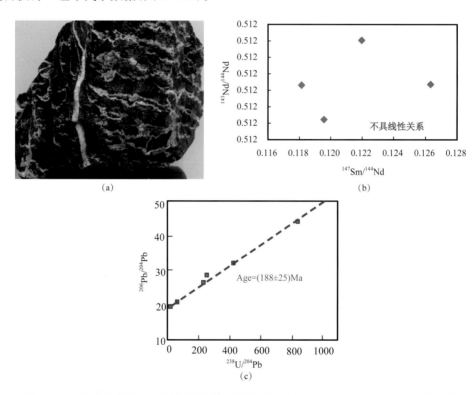

图 2-10　四川盆地西南部栖霞组鞍状白云石胶结物及其 Sm—Nd 法和 U—Pb 法等时线

## 三、技术应用实效

(1)在线取样技术使激光微区碳氧同位素分析精度和测试效率大幅提高。

在线取样方法在碳酸盐矿物激光微区碳氧同位素测定上取得 3 项效果,为研究深层碳酸盐岩成岩作用和孔隙演化提供了实验技术保障:① 分析强度显著提高。$100\mu m \times 100\mu m$

范围,在线激光熔蚀产生的 $CO_2$ 气体强度均值达 300VS,而离线激光熔蚀产生的 $CO_2$ 气体强度均值仅为 30VS,也就是说,对于相同激光熔蚀面积,在线取样获得的信号强度可提高 10 倍(图 2-11);② 分析精度显著提高。由于信号强度提高,可减小激光熔蚀面积,从而有效避免其他期次胶结物的混入,提高数据精度(图 2-12);③ 分析效率大大提高。离线取样法每天可测试 2~3 点,在线取样法省去了抽真空和人工收集 $CO_2$ 气体环节,大大降低时间消耗,每天可测试 20~30 点。

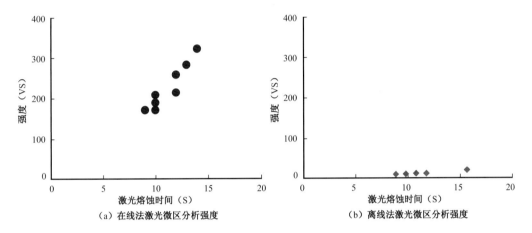

（a）在线法激光微区分析强度　　　　　（b）离线法激光微区分析强度

图 2-11　激光微区取样在线法和离线法分析强度对比

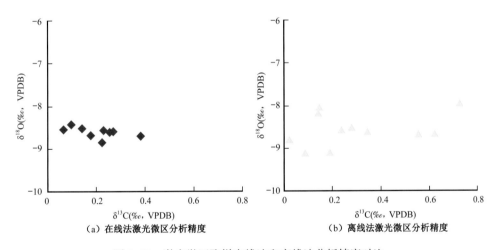

（a）在线法激光微区分析精度　　　　　（b）离线法激光微区分析精度

图 2-12　激光微区取样在线法和离线法分析精度对比

（2）二元同位素测温为四川盆地长兴组礁灰岩孔洞充填环境提供重要参考。

对于四川盆地长兴组礁灰岩已有一些相关研究,早期有研究认为礁灰岩中缺乏大规模白云石化作用的原因是早成岩阶段强烈的海水胶结作用使孔隙被充填,导致后期白云石化流体无法进入(雷卞军等,1991)。潘立银等(2015)、Pan 等(2016)认为生物礁灰岩中块状亮晶方解石为埋藏成岩作用的产物,且对孔隙的最终丧失起决定性作用。

Pan 等(2016)从二元同位素出发来分析礁灰岩中块状亮晶方解石的形成环境。从

图 2-13 可以看出围岩和块状亮晶方解石的氧和锶同位素比较接近,从这两个地球化学指标无法很好区分两种组构的成因。但 $D_{47}$ 值则可以很好区分两种组构的特征,围岩的 $D_{47}$ 值为 0.547,计算其温度为 66.20℃,流体氧同位素值为 1.9‰。而块状亮晶方解石 $D_{47}$ 值为 0.419~0.431,计算其温度为 109.10~114.20℃,流体氧同位素为 7.5‰~8‰。根据这两组数据的分析,认为围岩为海水成岩环境中形成,由于受到后期埋藏阶段高温影响而使 $D_{47}$ 温度偏高,成岩流体为弱咸化海水;而块状亮晶方解石形成温度高,$D_{47}$ 温度与包裹体测温结果接近,指示埋藏环境下形成,通过 $D_{47}$ 值还可进一步揭示其成岩流体氧同位素较重 7.5‰~8‰(SMOW),指示地层卤水性质,因此块状亮晶方解石胶结物为埋藏环境下地层卤水作用的结果。

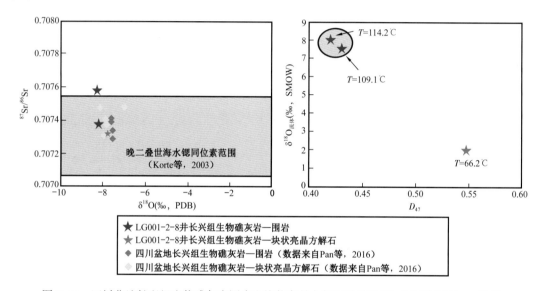

图 2-13　四川盆地长兴组生物礁灰岩围岩和块状亮晶方解石胶结物氧、锶同位素和 $D_{47}$ 特征

(3)二元同位素测温和胶结物定年为川西南栖霞组热液活动提供关键信息。

四川盆地栖霞组近年取得了勘探突破,暗示了较大的前景。在盆地西南部,栖霞组发育一套与北美地区类似的斑马状白云岩(图 2-10a),其围岩为深灰色致密粉晶白云岩,但孔洞、裂缝发育,其中充填乳白色的鞍状白云石胶结物。目前的一个共识是,斑马状白云岩为热液改造成因。但对于该地区热液流体的性质、活动时间及其与盆地构造演化的关系,尚缺乏确凿的证据。前人主要根据该地区中二叠统顶部大规模发育峨眉山玄武岩,推测热液活动与峨眉山地幔柱有关。

对斑马状白云岩中的围岩和鞍状白云岩胶结物进行二元同位素、胶结物定年、锶同位素和碳氧同位素研究。从图 2-14 中可见两种组构的氧同位素都非常轻,明显受到高温影响,但两者值比较接近,因此氧同位素无法指示两种组构的成因区别。锶同位素均明显高于同期海水锶同位素值,判断可能由于受到热液流体影响,其中鞍状白云石胶结物的锶同位素值更高。通过对两种组构 $D_{47}$ 值特征的分析(图 2-14),可以看出围岩 $D_{47}$ 值明显高于鞍状白云石胶结物,通过 $D_{47}$ 值计算的鞍状白云石胶结物形成温度为 199.30~210.10℃,流体氧同位素值为 7.80‰～8.60‰（SMOW），为典型的热液卤水特征。围岩的成岩温度为 165.50℃，流体氧同位素为 4.80‰（SMOW），均低于鞍状白云石胶结物，因此推测围岩为早期交代成因，而后受到热液流体发生改造重结晶。这一特征也与锶同位素一致，围岩锶同位素值介于同期海水与鞍状白云石之间（图 2-14）。

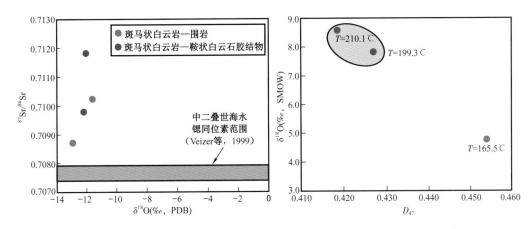

图 2-14　四川盆地张村剖面茅口组斑马状白云岩围岩和鞍状白云石胶结物氧、锶同位素和 $D_{47}$ 特征

对于鞍状白云石胶结物，其同位素定年结果为 188Ma±25Ma（图 2-10c），对应的时代为早侏罗世。因此，四川盆地西南部栖霞组的热液改造显然与峨眉山地幔柱无关，后者活动时间应为中二叠世晚期。鞍状白云石胶结物定年结果说明热液活动可能与晚三叠世以来发育的龙门山冲断带有关。

# 第三节　以温压场和流体场恢复为核心的储层模拟技术

碳酸盐岩溶蚀模拟实验技术是在实验室模拟地层环境下的碳酸盐岩溶蚀作用，提供地质研究可参照的现象、过程和分析数据。为了理解碳酸盐岩溶蚀的控制因素与溶蚀效应，自 20 世纪初，国内外学者陆续开展了碳酸盐岩溶蚀模拟实验，在岩性、温度、压力、流体属性、流速、物性等对碳酸盐岩溶蚀控制及溶蚀效应方面取得了大量的成果认识（佘敏等，2013，2014a，2014b，2016）。本书采用的溶蚀模拟实验思路为岩石内部溶蚀，即模拟流体在岩石孔隙中渗流并溶蚀的过程，实现逼近真实成岩环境下岩石和酸性流体的溶蚀模拟，同时通过恢复地层实际经历的埋藏史、温压史和流体史，解决碳酸盐岩规模溶蚀控制因素和溶蚀孔洞形成机理、规模及分布规律问题，为储层预测和评价提供依据。

## 一、技术需求和技术现状

古老深层海相碳酸盐岩经受长期深埋成岩改造，岩石中的原生孔隙已大多消失或经历溶蚀改造（赵雪凤等，2007；马永生等，2011；朱光有等，2012），故流体对岩石溶蚀形成的孔洞是十分重要的储集空间（赵文智等，2012；丁雄等，2013）。碳酸盐岩溶蚀作用是指流动的侵蚀性流体与碳酸盐岩之间相互作用的过程及由此产生的结果，从地表到深埋藏均可发生流体与岩石的相互作用。但在成岩演化过程中，由于流体活动和构造运动的多旋回性，各期次溶蚀作用发生相互叠加改造，使得不同阶段的溶蚀作用难以区分，不同期次的流体活动对溶蚀孔洞贡献难以定量描述。

模拟实验主要是通过高温高压溶蚀装置模拟地层环境下的碳酸盐岩溶蚀作用过程，分析碳酸盐岩溶蚀的控制因素及溶蚀效益。早期碳酸盐岩溶蚀实验主要模拟近地表常温常压环境，模拟实验装置包括旋转盘、金刚石压腔装置、液相流动反应釜和静态高压釜等，采用流体与岩石颗粒或块体之间的表面反应方式，将其统称为碳酸盐岩表面溶蚀实验，认识矿物成分和岩石结构对碳酸盐岩溶蚀速率的影响，并建立方解石和白云石的溶解动力学方程。

自20世纪80年代，随着大量深层碳酸盐岩油气储层的发现，深埋环境下碳酸盐岩溶蚀的控制因素研究成为模拟实验的主要内容。杨俊杰等（1995）以油田水中最常见的有机酸类型——乙酸作为溶解介质，模拟不同温度与压力的埋藏成岩过程，进行不同组分碳酸盐岩的溶蚀实验，分析深层孔隙发育的主控因素和分布规律，并为深埋藏白云岩油气储层评价提供有用的参数。Pokrovsky等（2005）介绍了方解石和白云石在pH值为3～6的酸性到近中性溶液中，温度为25～150℃，$CO_2$分压（$p_{CO_2}$）在1～55atm条件下的溶解动力学效应。方解石的溶解速率随着$p_{CO_2}$的增加而增加，然而，当将其溶解速率标准化到恒定pH=4时，溶解速率在25℃、60℃、100℃和150℃条件下与$p_{CO_2}$只有微弱的相关性。在3.1≤pH≤4.2溶液中，白云石的溶解速率在1atm≤$p_{CO_2}$≤10atm范围内随着$p_{CO_2}$的增加而增大，当$p_{CO_2}$继续增加时，其溶解速率保持恒定。然而，这些实验大部分是基于远离平衡的扩散模型设计的。此外，对于实际成岩作用来说，酸性流体是在碳酸盐岩内部孔隙中运移并发生反应，且岩石内部孔隙具有比表面积大和孔隙比较狭窄的特点，这些都是岩石表面反应所无法模拟的。

随着流体—岩石溶蚀模拟实验技术和CT岩心扫描技术的发展，研究者逐渐利用耐高温高压岩心夹持器作为反应釜，采用岩石柱塞样进行高温高压下碳酸盐岩溶蚀模拟实验，称之为碳酸盐岩内部溶蚀实验。Luquou and Gouze（2009）进行了碳酸盐岩内部溶蚀的模拟实验，他们基于CT扫描的三维孔隙结构表征技术，对比了溶蚀前后鲕粒灰岩内部孔隙的变化，并初步建立石灰岩溶蚀过程中孔隙度和渗透率演化的数值模型。在国内，中国石油集团碳酸盐岩储层重点实验室较早开展岩石内部溶蚀实验，采用碳酸盐岩柱塞样，岩样直径为25mm，进行高温高压下碳酸盐岩的溶蚀模拟实验，得出温度、压力、流体属性、流速、物性和矿物成分对溶蚀速率的影响，为深层碳酸盐岩孔隙形成机理、规模、分布规律和发育样式的理解提供了依据。

总之，碳酸盐岩溶蚀实验已经由表面溶蚀向内部溶蚀方向发展，由近地表常温常压溶蚀向深层高温高压溶蚀方向发展，由静态—封闭体系模拟向连续流—开放体系模拟方向发展，更为逼真地模拟埋藏环境下流体—岩石的相互作用、溶蚀主控因素和溶蚀效应。

## 二、技术内涵和创新点

### 1. 技术内涵

碳酸盐岩溶蚀模拟实验技术是在实验室模拟地层环境下的碳酸盐岩溶蚀作用，提供地质研究可参照的现象、过程和分析数据。模拟实验为岩石内部溶蚀，即模拟流体在岩石孔隙中渗流并溶蚀的过程,实现逼近真实成岩环境下岩石和酸性流体的溶蚀模拟,解决碳酸盐岩规模溶蚀控制因素和溶蚀孔洞形成机理、规模及分布规律问题。其技术内涵包括两个方面:一是溶蚀模拟实验仪器,二是溶蚀模拟实验技术。

1)溶蚀模拟实验仪器

碳酸盐岩溶蚀模拟实验采用自主研制的高温高压溶解动力学模拟装置,主要由高温高压岩心夹持器、双柱塞泵、围压泵、回压控制器、回压泵和压力容器组成,并通过计算机、恒温控制仪、压力控制仪和压差传感器控制温度、压力等实验条件,实验装置见图2-15。通过该装置可实现流体—岩石在开放—封闭体系、动态—静态环境和不同温压和流速条件下,逼近真实成岩背景定量模拟岩石内部的岩石—流体化学反应,原位分析反应后流体的组分与含量,实时检测渗透率。

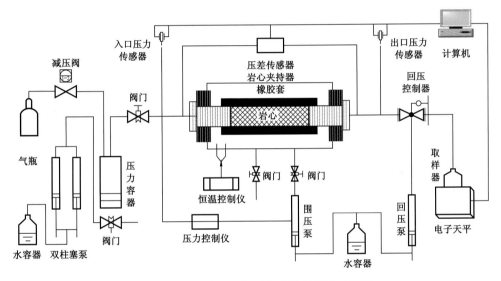

图2-15　高温高压溶解动力学模拟装置示意图

高温高压岩心夹持器是模拟流体与岩石相互作用的高温高压反应釜,岩心夹持器外部金属腔的材料为316L合金,并具备电加热功能,实现模拟高温环境。岩心夹持器内部包裹岩心胶套为耐高温高压橡胶套,通过围压泵自动跟踪岩心夹持器入口流体压力,实现围压比夹持器上游压力恒定大于2.50MPa,确保流体在岩石样品内部孔隙中渗流与反应。双柱塞泵采用高精度高压柱塞泵,用于驱动系统内溶液流动,实现高温高压下流体恒速流动。模拟实验温度由连接岩心夹持器的恒温控制仪设定与控制,模拟实验压力通过回压控制器和回压泵控制。

高温高压溶解动力学模拟实验装置具体技术指标如下。

温度范围:常温至250℃。

压力范围:常压至68MPa。

流体流速:0.10~10ml/L。

岩样样品:直径约为2.50cm的岩心柱塞样。

流体类型:有机酸、饱和$CO_2$溶液、地层卤水等。

### 2）溶蚀模拟实验技术

碳酸盐岩溶蚀模拟实验采用高温高压溶解动力学模拟装置,对比实验前后碳酸盐岩的孔隙度、渗透率、岩石内部孔隙结构特征,以及对应温度和压力条件下碳酸盐岩中方解石和白云石的溶蚀量,实现定量评价碳酸盐岩在经历不同成岩环境下的溶蚀量与溶蚀效应,具体实验步骤如下。

（1）实验用岩石样品的挑选:根据实验目的,挑选目的层段不同岩性、物性和孔喉结构样品,主要依据薄片鉴定确定样品。

（2）模拟实验前岩石样品的表征:矿物成分、岩石物理和矿物形态表征。

（3）模拟样品采集地的"三史"分析:埋藏史、温压场和流体场分析。关键是温压场和流体场的设定。模拟实验的目的是要解决特定地区和层位的碳酸盐岩地层在整个埋藏史过程中的流体—岩石相互作用和孔隙效应,模拟实验的温压和流体的选择要尽可能与该套地层所经历的埋藏史、温压场和流体场相符。通过恢复四川盆地川中地区灯影组、龙王庙组和川西地区栖霞组、茅口组温压场和流体场,为模拟实验温压和流体的选择提供了依据,为模拟实验成果的解释提供了地质背景。

（4）模拟方案的确定及模拟实验的实施。

（5）模拟实验后岩石样品的表征:矿物成分、岩石物理和矿物形态表征。

（6）模拟数据结合地质背景的解释,解决深层碳酸盐岩储层孔隙成因、规模、发育样式和分布规律问题。

与烃源岩的生烃窗口相似,埋藏过程中孔隙的生成并不是一个连续的过程,而是呈事件式发生,在特定的深度段和岩性、温压、流体条件的匹配下可以形成大量的孔隙,是孔隙发育的主要时期,通过模拟实验明确"成孔窗口"特定的匹配条件,就可以通过埋藏史、温压史和流体史的恢复,预测储层的发育与分布。

## 2. 技术创新点

针对"碳酸盐岩埋藏溶蚀窗口条件及其储层改善效果"这一科学问题,以川中古隆起龙王庙组碳酸盐岩储层为研究对象,通过以地质背景(温压场和流体场恢复)为约束条件下的碳酸盐岩溶蚀模拟实验,揭示碳酸盐岩埋藏溶蚀发生的窗口条件,包括有机酸浓度、温度、压力和离子成分的控制作用。

### 1）实验方法的改进

图 2-16 是采用自主设计的高温高压溶解动力学模拟装置中的连续流动柱塞反应系统。装置中高压流体泵恒速驱动系统内流体流动,反应釜出口端通过管线连接回压阀,回压阀控制系统的流体压力并确保高压流体保持恒定压力值。柱塞管式反应釜内部的入口和出口两端分别安装 100 目过滤器,既可让流体流入,也可阻止反应釜中颗粒样品进入管线。反应釜、压力容器、阀门和管线的材料均采用具有较强抗酸碱腐蚀的 Inconel625 合金。整个系统模拟地下流动—开放环境。为确保每个实验数据为该温度、压力、流体和岩石条件下的饱和溶蚀量,即模拟埋藏环境下碳酸盐岩与流体反应至平衡,一要采用粒径变化范围小的颗粒

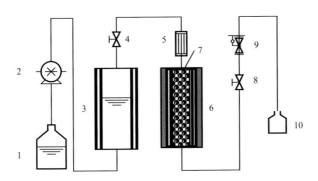

图 2-16  连续流动柱塞反应装置示意图

1—水溶液；2—高压流体泵；3—装反应溶液的高压缓冲容器；4、8—截止阀；5—预热器；
6—反应釜（两端装有 100 目过滤器）；7—样品；9—回压阀；10—采样瓶

（粒径 0.90～1.18mm）；二要样品量足够充分（装满反应釜，样品量统一为 120g）；三要实验流速足够缓慢（实验证实 0.20mL/min 满足研究需求）。

2）流体和温压条件的改进

早期的模拟实验，流体类型和温压点的设定具有随机性，不一定符合地质实际。

由于不同时期、不同地区的地层水属性存在差异，而现今地层水为埋藏成岩改造的产物，另外，考虑到直接按海水盐度配制实验流体，过高盐度的反应生成液需要先稀释再测试，会导致分析误差大。因此，模拟流体采用去离子水加盐配制而成（硫酸钠 4.012g/L，氯化钙 1.143g/L，氯化镁 5.133g/L）。根据研究，进入埋藏期后，龙王庙组储层经受了有机酸埋藏溶蚀作用，使其物性进一步改善，故本次实验的酸性流体采用有机酸。与前人实验有机酸浓度是人为设定不同，实验有机酸浓度依据全球地层水中有机酸浓度与地层温度的统计结果来确定（图 2-17）。考虑到地层水有机酸浓度因埋藏深度变化而存在差异，油气储层地层水中有机酸是以乙酸为主，故用乙酸代表有机酸。

温度和压力随埋藏深度的增加而逐渐增加。每个沉积盆地都有自己特有的热史和压力演化特征。按照川中古隆起龙王庙组的地层温度梯度（27℃/km）、地表温度（23℃）和恢复的埋藏史—温压史曲线上读取。考虑到温度对地层水中有机酸浓度有着重要控制作用，且温度因素控制碳酸盐岩埋藏溶蚀是研究焦点，为避免压力因素影响，模拟实验温度选定 50℃、60℃、80℃、100℃、120℃、140℃和 160℃，压力统一为 10MPa。

温压场和流体场恢复、"成孔窗口"的提出使得本次的模拟实验有别于以往的任何储层模拟实验，对深层储层研究具有更强的针对性和适用性。

## 三、技术应用实效

为了明确碳酸盐岩埋藏溶蚀的窗口条件，重点讨论有机酸浓度和温度两个因素。依据全球地层水中有机酸浓度与地层温度的统计结果，实验有机酸浓度包括 2g/L、4g/L、5g/L、6g/L 和 8g/L，实验温度为 50℃、60℃、80℃、100℃、120℃、140℃和 160℃，模拟浅埋藏—中埋藏—深埋

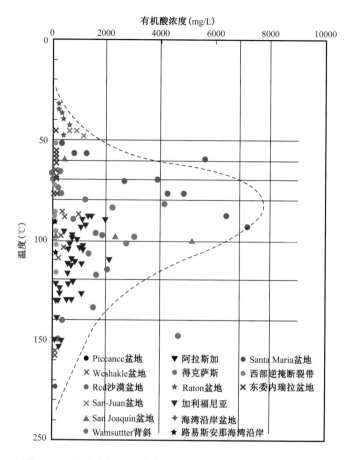

图 2-17　全球有机酸浓度与地层温度的统计（据远光辉等，2013）

藏的溶蚀作用序列。实验样品为灰质云岩（方解石含量 49.70%，白云石含量 49.20%）。实验采用连续流—开放体系，流速恒定为 0.20mL/min。为确保每个实验数据为该温度、压力和流体下的饱和溶蚀量，流动状态下碳酸盐岩与流体反应直至平衡后采集反应生成液。

## 1. 碳酸盐岩埋藏溶蚀的有机酸浓度窗口

目前，有机质热成熟降解过程会产生侵蚀性孔隙流体的认识达成共识（Surdam 等，1989；Surdam 等，1993；蔡春芳等，1997；肖礼军等，2011），但是，以往实验较少关注流体属性对碳酸盐岩埋藏溶蚀的控制机制，尤其对有机酸浓度如何控制碳酸盐岩溶蚀量方面缺乏认识。通过开展相同温度和压力下，同一碳酸盐岩样品在含不同浓度有机酸地层水中的溶蚀实验，获得了模拟温度在 50～120℃，地层水中含有机酸浓度在 2～8g/L 范围内，碳酸盐岩的溶蚀量（溶蚀释放出的 $Ca^{2+}$、$Mg^{2+}$ 合量）在 18.53～68.33mmol/L 之间。实验结果揭示：埋藏成岩环境下，含有一定浓度有机酸的高盐度地层水可以溶蚀碳酸盐岩，原因是高盐度地层水中乙酸是一元弱酸，电离产生的 $H^+$ 对碳酸盐矿物具有侵蚀性，可以克服高盐度地层水中 $Ca^{2+}$、$Mg^{2+}$ 离子的阻碍，使碳酸盐矿物发生溶解。数据表明，随着地层水中有机酸浓度增加，碳酸盐岩的饱和溶蚀量相应增加（图2-18）。通过对比碳酸盐岩在含有不同浓度有机酸地层水中的溶蚀量数据，认识到当地层水中有机酸浓度等量增加时，碳酸盐岩溶蚀量的增加量逐渐加大。以50℃的模拟实验数据为例（表2-2），当地层水中有机酸浓度由2g/L增加到4g/L时，碳酸盐岩饱和溶蚀量的增加量为7.75mmol/L；当地层水中有机酸浓度由6g/L增加到8g/L时，碳酸盐岩饱和溶蚀量的增加量达到19.81mmol/L。由此可见，在埋藏成岩背景下，为克服地层水—碳酸盐岩体系的缓冲效应，地层水酸度是埋藏溶蚀的关键，有机酸浓度增加会带来碳酸盐岩溶蚀量的突破，并呈指数增加。

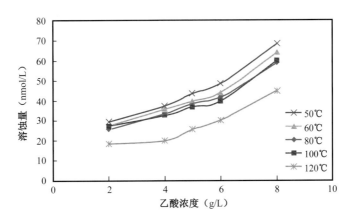

图2-18　碳酸盐岩饱和溶蚀量与有机酸浓度关系

**表2-2　50℃、10MPa条件下碳酸盐岩在含不同浓度乙酸地层水中的溶蚀量**

| 乙酸浓度（g/L） | 碳酸盐岩溶蚀量（mmol/L） | 碳酸盐岩溶蚀增加量（mmol/L） |
| --- | --- | --- |
| 2 | 29.48 | — |
| 4 | 37.23 | 7.75 |
| 6 | 48.52 | 11.29 |
| 8 | 68.33 | 19.81 |

### 2. 碳酸盐岩埋藏溶蚀的温度窗口

在埋藏背景下，温度对碳酸盐岩埋藏溶蚀具有重要而复杂的控制作用。温度升高加速化学反应和离子扩散的速度。然而，由于碳酸盐体系中 $CO_2$ 的影响，温度升高会降低碳酸盐矿物的溶解度。地层水中复杂的离子成分又会加剧碳酸盐岩溶蚀的复杂性。一方面，地层水中 $Na^+$、$K^+$、$Cl^-$ 等中性离子会产生离子强度效应，以及 $SO_4^{2-}$ 产生的离子对效应，均会提高碳酸盐矿物的溶解度；另一方面，地层水中的 $Ca^{2+}$、$Mg^{2+}$ 会产生同离子效应，导致碳酸盐矿物溶解度的减小。为了明确温度对碳酸盐岩埋藏溶蚀的控制作用，开展了相同高盐度地层水和压力下，同一碳酸盐岩样品在不同温度下的溶蚀实验。

实验结果表明：在50~160℃范围内，当流体和压力等条件相同时，随温度升高，碳酸

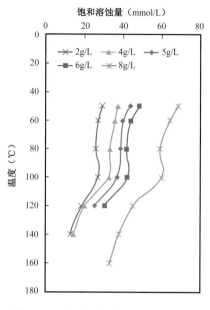

图 2-19　碳酸盐岩溶蚀量在含有机酸地层水下与温度关系的曲线

盐岩在含有机酸地层水中的饱和溶蚀量总体呈下降趋势(图 2-19),该实验结果与前期开展的模拟实验结果(实验溶液由纯水加酸配制而成)基本一致。不同的是,高盐度地层水中碳酸盐岩的溶蚀量与温度关系具有缓慢下降—缓慢上升—快速下降的特征,而前期实验是持续稳定下降。实验中碳酸盐岩溶蚀量在 80~100℃范围内出现明显增加,或许由于碳酸盐溶解度随温度增加而降低,而高盐度地层水中盐效应和离子对效应引起碳酸盐矿物溶解度增加,两种作用的相互叠加效应导致碳酸盐溶解度与温度的复杂关系。该曲线表明,在埋藏成岩流体背景下,随着埋藏深度增加,升高的地层温度会导致碳酸盐岩埋藏溶蚀量的降低,但在 80~100℃范围内形成一个保持溶蚀能力的温度窗口,这或许是碳酸盐岩埋藏溶蚀规模发生的有利温度条件。

### 3. 碳酸盐岩埋藏溶蚀的"成孔高峰期"

针对碳酸盐岩埋藏溶蚀的有利窗口条件,以往实验较多讨论温度和压力因素,较少考虑地层水中流体酸度因素。然而,有机酸浓度窗口实验表明,流体酸度才是碳酸盐岩埋藏溶蚀发生的关键,有机酸浓度的增加会促使碳酸盐岩溶蚀量呈指数增加。在埋藏成岩流体背景下,一方面,地层温度增加会导致碳酸盐岩溶蚀量的下降,但在 80~100℃范围内具有一个保持碳酸盐岩溶蚀量的温度窗口;另一方面,地层温度对地层水中有机酸浓度有着重要的控制作用,80~120℃为有机酸的有利保存区,其最高浓度可达 10g/L,低于 80℃由于细菌的分解作用、高于 120℃由于有机酸脱羧作用均使有机酸的浓度呈减少趋势。碳酸盐岩在埋深不断增加的过程中,流体性质、环境温度和压力均发生改变。为获取更加符合地质条件下的埋藏溶蚀窗口条件,需要建立碳酸盐岩溶蚀量随有机酸浓度和地层温度的关系曲线。根据全球地层水中有机酸浓度与地层温度统计结果,确定了不同地层温度及对应的有机酸浓度,由于该统计未考虑压力因素,故实验将压力统一设定为 10MPa,结果如图 2-20 和表 2-3 所示。

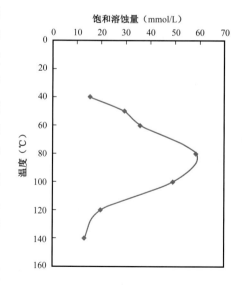

图 2-20　碳酸盐岩溶蚀量与地层温度的关系

表 2-3　不同温度和含不同浓度乙酸地层水条件下的碳酸盐岩溶蚀量

| 温度(℃) | 酸性地层水参数 | 碳酸盐岩溶蚀量(mmol/L) |
|---|---|---|
| 50 | 2g/L 乙酸的模拟地层水 | 29.48 |
| 60 | 4g/L 乙酸的模拟地层水 | 35.84 |
| 80 | 8g/L 乙酸的模拟地层水 | 58.57 |
| 100 | 7g/L 乙酸的模拟地层水 | 49.20 |
| 120 | 4g/L 乙酸的模拟地层水 | 19.88 |
| 140 | 2g/L 乙酸的模拟地层水 | 13.07 |

实验结果表明:在 50~140℃范围内,地层水中有机酸浓度由 2g/L 上升至 8g/L 再降到 2g/L,对应的碳酸盐岩溶蚀量由 29.48mmol/L 上升至 58.57mmol/L 再降到 13.07mmol/L。碳酸盐岩溶蚀量与地层温度的关系具有先增后降的特征。在 70~120℃(相当于龙王庙组埋深 1740~3590m)形成一个溶蚀有利窗口。该曲线表明,在一定深度范围内,含有机酸的地层水对碳酸盐岩的溶蚀能力保存在较高的水平。原因是在该深度范围内,地层水中有机酸浓度高以及正好处于碳酸盐岩溶蚀能力保存的温度窗口。

碳酸盐岩埋藏过程中,如果没有抬升至地表接受大气淡水淋滤而直接埋藏,那么处于浅埋藏阶段时,由于地层水中有机酸浓度低,并不能发生大规模溶蚀,只有埋藏至 1740m(对应 70℃)左右时,才能形成大量溶蚀孔隙。当碳酸盐岩处于 1740~3590m(对应于 70~120℃)的埋深时,由于地层水中具备有机酸浓度高的条件,以及处于碳酸盐岩溶蚀能力有利保存的温度窗口,就有可能通过大规模的埋藏溶蚀而形成优质储层。随着埋深的加大,由于有机酸浓度快速降低以及温度导致碳酸盐矿物溶解度快速下降,碳酸盐岩埋藏溶蚀能力也快速下降。

总之,模拟试验发现埋藏过程中孔隙的生成不是一个连续的过程,呈事件式发生,在特定的深度段和岩性、温压、流体等条件的匹配下可以形成大量的孔隙,是孔隙发育的主要时期,明确了“成孔高峰期”的地质条件,为通过埋藏史、温压史和流体史的恢复,预测埋藏溶孔的富集程度提供了理论依据。

# 第四节　多尺度储层地质建模与评价技术

碳酸盐岩储层非均质性表征可分为三个尺度。一是基于储层地质体与非储层地质体分布规律理解的大尺度储层地质建模与分布预测,揭示层序格架中储层分布规律,为地震储层预测提供露头储层地质模型;二是基于单个储层地质体非均质性及主控因素理解的小尺度储层地质建模与非均质性表征,揭示流动单元和隔挡层的分布样式;三是微尺度储层孔喉结构表征与评价,揭示孔喉结构的差异和对储层流动单元渗流机制的控制。不同尺度的储层非均质性表征在勘探开发的不同阶段有不同的作用,大尺度储层地质建模与分布预测主要在勘探早期的储层预测和区带评价上发挥作用;小尺度储层地质建模与非均质性表征主要在有效储层预测、油气分布特征分析、探井和开发井部署上发挥作用;微尺度储层孔喉结构表征与评价主要在油气开发上发挥作用,孔喉结构不仅影响流体的渗流特征,还控制油气产能和采收率。

# 一、大尺度储层地质建模与分布预测

## 1. 技术内涵和创新点

以礁滩储层露头地质建模为例。碳酸盐岩礁滩储层表现出强烈的相控特点,不同沉积背景下岩相的类型、规模、接触关系和分布在空间上具有较强的规律性,因此,可以通过露头地质信息为控制数据,地质研究与地质统计学相结合,开展储层地质建模,较好地刻画储层的宏观非均质性,进而指导地下储层预测。

基于研究实践中的总结和提炼,建立了更为适合我国复杂地形的露头储层建模技术,包括5个方面的内涵,即建模露头剖面筛选、露头剖面地质研究、建立数字露头模型、建立露头储层地质模型和井下类比研究(乔占峰等,2015)。

### 1)建模露头剖面筛选

露头剖面筛选是整个建模过程的第一步也是非常重要的一步。

(1)所选露头储层地质体要与地下储层地质体具有可类比性,保证模型的井下适用性。

(2)露头出露条件决定模型质量,理想的露头建模剖面应:① 垂直相带方向,涵盖不同相带;② 剖面长度以1~2km效果最好;③ 尽量有多条剖面纵横交错,形成的三维模型更接近真实。

(3)做好露头数字化方案。

### 2)露头剖面地质研究

储层建模以地质认识为基础,露头地质研究至关重要。以传统露头研究方法为基础,对露头所观察到的岩性和物性的二维时空变化作客观真实的描述,对沉积相模式、储层的成因机理和分布规律有合理的理解,为基于数字化露头三维建模提供标定。研究内容包括:(1)露头实测与采样,详细描述岩性、岩相和物性的垂向变化,采样间隔根据岩性和物性的变化确定;(2)对关键层面和地质体进行横向追踪,如高频层序界面、典型岩相界面、关键地质体尖灭点等,以能够将地质体结构进行合理划分和真实刻画为原则;(3)对采集样品进行薄片磨制和物性测定,进行岩相类型划分校正并分析岩相与物性以及速度之间的关系。基于若干条二维剖面的研究,形成沉积相模式、储层成因机理和分布规律的认识,作为建立岩相、孔隙度、渗透率模型的控制参数。

### 3)建立数字露头模型

该步骤是利用先进的仪器和技术手段将露头剖面数字化,与地质信息和研究成果相结合,进而在三维空间中分析地质信息。

(1)露头数字化。

采用的露头数字化仪有 Lidar、RTK-GPS、GPR、Gigapan 和 UAV 等(图 2-21),根据仪器特点、露头条件不同,选取的数字化仪器不同。近直立露头面的数字化仪器可采用 Lidar、GPR、Gigapan;近平躺的露头面可采用 RTK-GPS、GPR 和 UAV。通常情况下,要对某一露头进行所有这些仪器的操作是不现实的,只能选取尽可能多的仪器来丰富露头数据体。

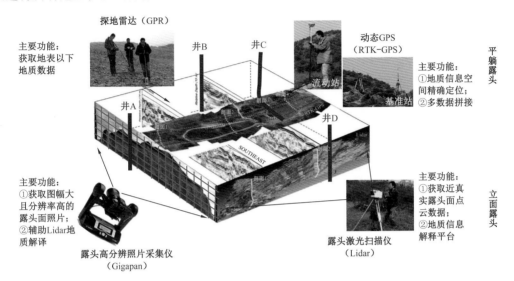

图 2-21 数字露头采集系统示意图(据乔占峰等,2015)

(2)数字露头与地质信息结合。

Lidar 和 RTK-GPS 获取的数据只是空间上的一系列点,不具任何地质意义,需将其与地质信息结合。流程如下:通过比对高分辨率照片,将实测剖面和取样点在 Lidar 数据体上标定,以一系列点表示;然后利用软件(Polywork)将它们进行连线并加密内插,生成虚拟井;然后根据取样点和岩相厚度,将地质信息(包括岩相、孔隙度、渗透率等)加载到井轨迹上;最后以虚拟井关键层面点为限定,在数字露头面上进行岩相和层面的追踪解释,实现数字露头的地质解译。

与地质信息相结合的露头数字化体称之为数字露头模型(DOM),构成了三维储层地质建模的输入数据。

4)建立露头储层地质模型

储层地质模型建立在建模软件中进行,如 GoCad 或 Petrel 等软件,包括三个步骤。(1)建立三维地层格架,以 DOM 中的层界线为出发点选取合适的算法进行外推,得到三维空间上的层面。然后在三维层面间建立恰当的网格,形成三维地元体。(2)建立岩相模型,在所建立的三维地层格架内,以虚拟井携带的岩相信息作为输入数据,以每个小层内各岩相类型的分布概率作为控制信息,选择合适的变差函数和算法,在全部网格中进行岩相模拟。(3)建立物性模型,以实测孔隙度和渗透率数据作为输入数据,以岩相模型为控制参数,选取合适的算法,对孔隙度和渗透率在全部网格中进行模拟。

需要指出的是,软件模拟只反映数学结果。对模型质量的控制需要充分结合露头地质认识,对迭代次数、内插方法、参数选取和属性控制等进行必要的调整,使三维储层地质模型与露头尽可能一致。

5)井下类比研究

三维露头地质模型对露头地质体宏观非均质性的表征,可以对地下储层研究提供重要信息:(1)基于数字露头的储层地质模型对地质体的岩相类型、展布和相关关系认识更逼近真实情况,更符合地下地质实际,可作为地下井资料和地震资料解释的概念模型;(2)大尺度露头模型适用于建立地震正演模型,分析不同地震参数对岩相(或孔隙度)特征在地震剖面表现的控制,从而对地下地震资料解释、地震储层预测提供参数选择依据,提高地震储层预测的可靠性。

由于国内外露头条件的差异,对引进的国外技术做了改进,主要体现在以下三个方面。(1)国外基本都是直立露头,出露好且连续,用激光扫描仪(Lidar)即可完成露头剖面的数字化,而国内露头大多为平躺露头,且连续性差,单用 Lidar 无法对露头剖面进行数字化,因而引入了动态 GPS(RTK-GPS),对平躺露头的关键地质信息进行数字化,实现对全地形露头的地质信息采集;(2)国外若干交叉的露头剖面可较好地构成三维地质信息,故只需采集露头剖面的地质信息即可,而国内很难找到能体现三维立体形态的交叉露头剖面,故引入了探地雷达(GPR)采集地表浅层的地质信息,尽可能与露头剖面一起构成三维地质信息;(3)加强露头储层综合地质研究,包括层序追踪和地层格架的建立、层序格架中沉积相和分布规律分析、层序格架中储层成因和分布规律分析。

## 2. 技术应用实效

选取川东—鄂西齐岳山剖面三叠系飞仙关组鲕粒滩为解剖实例,利用以上技术刻画四川盆地飞仙关组层序地层格架中鲕粒滩储层的发育分布规律(Qiao 等,2017)。

1)露头基本情况与储层地质建模方法

露头区位于四川盆地东部湖北境内齐岳山山顶。露头区地形较平坦,出露飞仙关组地层倾角约45°,于核桃园附近2000m×200m范围内出露良好,作为重点建模区,飞仙关组顶面以下70m范围为建模主体。针对露头特点,本次储层建模开展了以下三方面的工作。

(1)露头地质研究:一是实测8条剖面,剖面间隔50~200m;二是剖面间横向追踪,搞清岩相的展布特征、接触关系、发育尺度,确定对比标志层;三是取柱塞样420件,取样间隔10~100cm,以岩性变化为准,用以磨制岩石薄片、实测孔隙度和渗透率,分析储层特征。

(2)露头数字化方法:由于露头面平坦且地层倾角大,采用动态 GPS(RTK-GPS)进行露头数字化,对露头实测剖面、采样点、岩相界面、尖灭点等地质信息进行空间定位(数字化),共 2040 个数据点。

（3）储层地质建模：应用 Petrel 软件，RTK-GPS 获取的含有空间信息的采样点和岩相界面点构成虚拟井，RTK-GPS 解释得到的层序界面和岩相界面作为不同级别的层面。根据不同级别层面开展确定性与随机模拟相结合的地质建模，剖面追踪得到的岩相尺度、接触关系、发育频率等为控制参数，开展储层模拟。

2）缓坡颗粒滩体系结构特征

（1）相与岩相特征：剖面实测及薄片观察识别出 13 种岩相类型，其中鲕滩主要发育在中缓坡潮间带下部—潮下带上部(图 2-22 )。

| 相 | 内缓坡 | | | 中缓坡 | 外缓坡 |
|---|---|---|---|---|---|
| 亚相 | 潮坪 | | 滩后潟湖 | 鲕粒滩 | 潮下带 |
| 微相 | 潮上带 | 潮间带 | | | |
| 典型岩相 | 泥晶云岩LF-12；藻纹层云岩LF-13 | 鲕粒泥粒云岩LF-10 | 葡萄石泥粒灰岩LF-9；球粒灰岩LF-11 | 鲕粒颗粒灰岩LF-8；鲕粒泥粒灰岩LF-7 | 叠层石LF-6；晶粒云岩LF-5；含砾砂屑泥粒灰岩（LF-4）；砂屑灰岩LF-3；砂屑粘结岩LF-2；泥晶灰岩LF-1 |

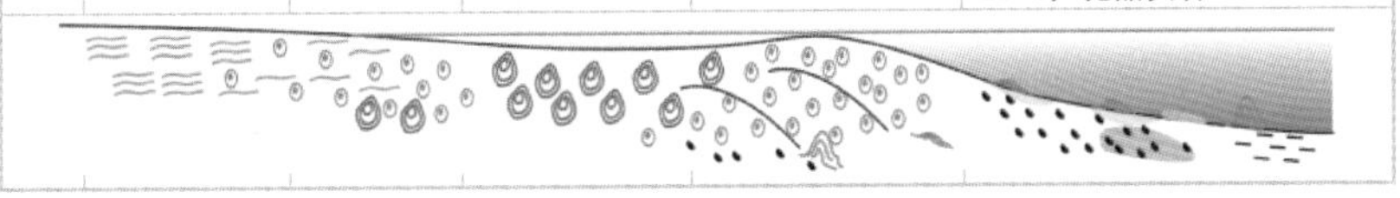

图 2-22　建模区沉积模式及岩相分布图

（2）颗粒滩结构特征：建模段位于飞仙关组上层序高位体系域中上部，相对海平面与可容纳空间的变化，导致发育三种高频旋回叠置类型，即潮下砂屑滩、潮下—潮间鲕粒滩、潮坪相(图 2-23 )。

潮下带砂屑滩旋回：潮下砂屑滩由岩相 LF-1、LF-2、LF-3、LF-4 和 LF-5 构成，主要发育向上变浅、变粗的旋回，构成 LF-2 → LF-3 或 LF-4 → LF-3 的次级变浅旋回。横向上岩相变化明显，剖面 9—剖面 5 之间以发育砂屑泥粒—颗粒灰岩为主，夹含砾屑砂屑泥粒灰岩。剖面 8 则只发育泥晶灰岩，剖面 7—剖面 1 之间该旋回顶部发育砂屑粘结岩和晶粒状白云岩。

潮下带—潮间带鲕粒滩旋回：该旋回由岩相 LF-2、LF-3、LF-4、LF-6、LF-7、LF-8、LF-9、LF-10 构成，发育向上变浅旋回。受古地形差异控制，旋回叠置结构存在差异。工区西南侧古地形较高，旋回厚度偏小，为 15～20m，旋回底部为含砾屑砂屑颗粒灰岩或砂屑颗粒灰岩，向上发育葡萄石泥粒灰岩，顶部为云化鲕粒泥粒灰岩或泥晶白云岩，横向连续性好，延伸达 300m。向北东方向，旋回厚度逐渐变大至 40m，旋回底部发育叠层石或砂屑粘结岩，向上发育潮下带下部的差分选鲕粒泥粒灰岩，到分选良好的鲕粒灰岩。侧向表现出鲕粒灰岩明显前积生长。

潮坪旋回：主要发育 LF-8、LF-11、LF-12、LF-13 等，旋回厚度稳定，约 20m。该旋回底部发育含核形石鲕粒灰岩，或鲕粒灰岩与球粒灰岩互层，向上发育泥晶白云岩或藻纹层白云岩，泥晶白云岩和藻纹层白云岩所占比例较大。更大范围的追踪显示，白云岩向北东方向发育减弱，并于建模区北东 2km 处尖灭在鲕滩之上，反映在稳定可容纳空间条件下，随台缘前积，潟湖和潮坪相的伴生迁移。

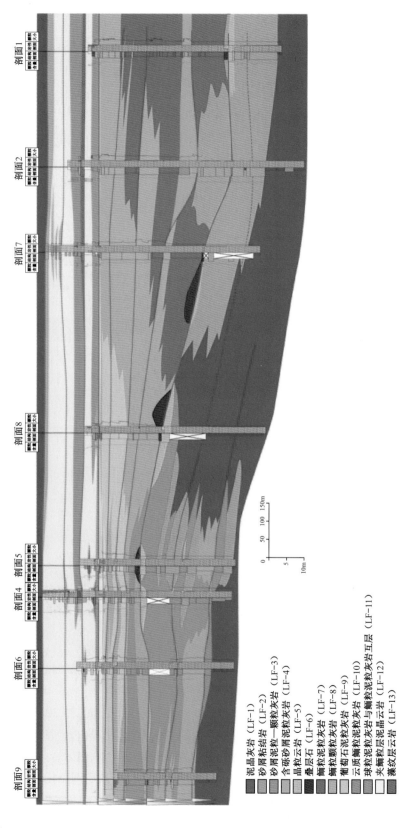

图 2-23　建模区岩相横向对比图（据 Qiao 等，2017）

泥晶灰岩（LF-1）
砂屑粘结岩（LF-2）
砂屑泥粒—颗粒灰岩（LF-3）
含砾砂屑泥粒灰岩（LF-4）
晶粒云岩（LF-5）
叠层石（LF-6）
鲕粒泥粒灰岩（LF-7）
鲕粒颗粒灰岩（LF-8）
葡萄石泥粒灰岩（LF-9）
云质鲕粒泥粒灰岩（LF-10）
球粒泥粒灰岩与鲕粒颗粒泥灰岩互层（LF-11）
夹粒层泥晶云岩（LF-12）
藻纹层云岩（LF-13）

3）缓坡型颗粒滩储层表征

（1）储层类型与特征：发育4类储层，即砂屑粘结（云质）灰岩储层、晶粒白云岩储层、（含膏）云质鲕粒灰岩储层和泥晶白云岩储层（图2-24）。

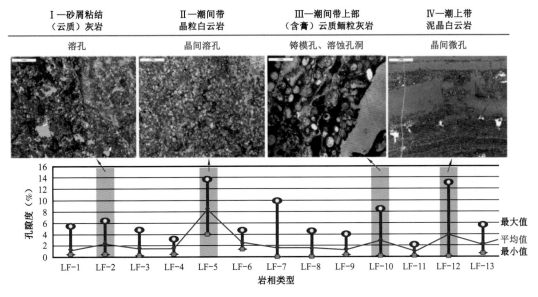

图2-24　建模区飞仙关组储层类型与特征

潮下带砂屑粘结（云质）灰岩储层以晶间溶孔为主要储集空间，孔隙度大于2%且渗透率大于0.01mD的样品占57.5%，是有效储层（图2-24）。潮间带晶粒白云岩储层、潮间带上部（含膏）云质鲕粒灰岩和潮上带泥晶白云岩储层分别以晶间溶孔、鲕粒铸模孔和溶蚀孔洞、晶间微孔为主要储集空间（图2-24）。其中，潮间带晶粒白云岩的储层物性最好，孔隙度可达14%，且孔渗相关性好。（含膏）云质鲕粒灰岩储层孔隙类型多样，孔渗条件变化较大，部分样品的孔隙度和渗透率分别可大于5%和0.1mD，储层性质较好。泥晶白云岩储层以晶间微孔为主，孔隙度可高达14%，但渗透率偏低，大部分小于0.01mD。

（2）储层发育规律：潮下带砂屑粘结（云质）灰岩储层表现出与云化程度的相关性，云化程度越高孔渗条件越好，主要位于斜坡部位（图2-25）。晶粒白云岩、（含膏）云质鲕粒灰岩和泥晶白云岩储层的岩相和孔隙特征揭示孔隙主要形成于准同生期白云石化作用和溶蚀作用，储层主要发育于高频旋回的上部，平面上发育于潮坪相。空间上，潮上带泥晶白云岩和潮间上部（含膏）云质鲕粒灰岩储层主要发育在台缘鲕滩后侧，而晶粒白云岩和潮下带砂屑粘结（云质）灰岩储层发育在台缘鲕滩下方，构成台缘鲕滩上下两个储层组合，随台缘迁移，呈前积叠置发育。

4）储层地质模型

在岩相模型的基础上，结合白云石含量模型的约束，建立了孔隙度和渗透率模型，构成了三维储层地质模型，更清晰地展现了各岩相及储层的发育分布、尺度规模、接触关系及演化规律（图2-26）。为解释地下颗粒滩相关沉积体系和储层特征提供了重要的类比依据。

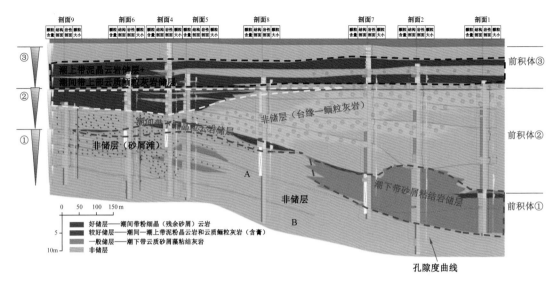

图 2-25　缓坡颗粒滩体系储层发育分布图（据 Qiao 等，2017）

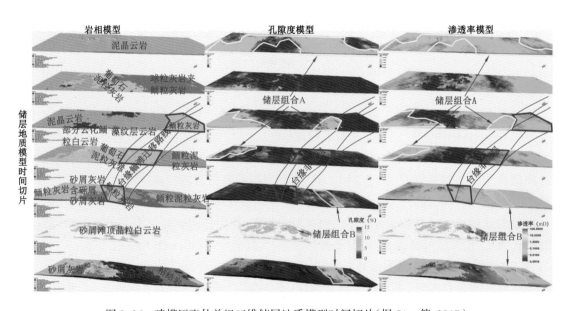

图 2-26　建模区飞仙关组三维储层地质模型时间切片（据 Qiao 等，2017）

所建立储层地质模型揭示储层发育具三方面的规律：一是礁滩相对储层发育具有明显的相控性，仅 4 种岩相可构成储层，且分别发育于台缘滩侧后方和前下方；二是层序界面控制储层形成和发育，储层主要发育于四级层序界面之下，在潮坪相环境，五级层序控制作用明显；三是虽然白云石化作用对储层形成不起决定性作用，但是目前的表现是白云石化作用与储层发育关系密切。因此，储层建模应在层序格架下，岩相和云化程度控制的基础上，开展储层模拟，相应地，储层预测应在层序地层格架下，以滩体预测→云化范围预测的思路展开。

5）地下应用效果

基于露头建模的认识,以露头储层地质模型为基础开展地震正演模拟(图 2-27),可见前积滩体在低频条件下表现为空白反射,而高频条件才显示出前积形态。目前的地下地震资料主频均偏低,低于 60Hz,故无法表现出前积形态,以空白反射为主。对川东地区的地震资料进行重新分析发现,对应层位确实为空白反射,根据露头模型类比,认为代表前积滩体,指出该区的储层预测应围绕该颗粒滩带寻找相关的云化滩储层。其中,露头地质模型一方面起到了岩相和储层发育规律的类比作用,另一方面作为地震正演模型的地质基础,起到了地震资料解释的桥梁作用。

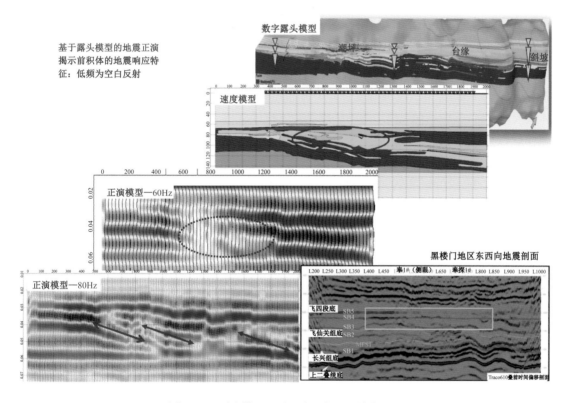

图 2-27　露头模型地震正演及与地下资料对比

## 二、小尺度储层地质建模与非均质性表征

小尺度储层地质建模的目的是揭示单个储集体流动单元和隔挡层的分布样式,为地下有效储层分布预测提供储层地质模型,指导探井和开发井部署。建模是基于露头储集体的精细解剖(包括储集体的类型、特征、成因和分布等)展开的。以塔里木盆地巴楚地区一间房组单点礁滩储层为例,综合传统地质建模和数字露头三维建模手段,阐述小尺度储层地质建模技术。

## 1. 研究区一间房组特征

塔里木盆地巴楚地区一间房剖面位于盆地西缘,出露的地层自下而上主要为中—下奥陶统鹰山组(未见底)、中奥陶统一间房组与图木舒克组和上奥陶统良里塔格组(未见顶)。中奥陶世,一间房地区构造稳定,在海侵背景下形成了相对低能的、呈北东—南西走向的台地边缘。

巴楚地区一间房剖面一间房组自下而上可划分为三段,顶底界清楚、地层序列特征明显。一段主要由灰黑色薄层藻泥晶灰岩、藻纹层灰岩和灰白色中厚层状亮晶砂屑灰岩构成4个向上变浅的高频旋回,平均厚度为12m,代表潮下中低能带和潮间高能带的间互沉积;二段是礁滩复合体发育段,主要由亮晶棘屑灰岩夹托盘—海绵类生物与灰质和泥质组成的障积礁构成3期礁滩复合体,平均厚度为29m,代表障积礁与棘屑滩的间互沉积;三段主要由生屑、藻屑泥晶灰岩及泥—亮晶生屑、棘屑灰岩构成3个旋回,平均厚度为8.50m,代表滩间海—中低能滩—中高能滩的间互沉积。

平面上,一间房组二段礁滩复合体的分布可分为3个带(图2-28):台缘带为礁滩复合体规模发育区,其中发现规模不等的礁滩复合体超过90个,规模较大(>10m×5m)的20个,障积礁数量多、规模大,导致礁基和台缘滩具有厚度大、延伸远和侧向连续性好的特征;紧邻台缘的台内带礁滩复合体发育较差,障积礁数量少、规模小,呈零星分布,导致礁基和台内滩具有厚度小、延伸短和侧向连续性较差的特征;而远离台缘的台内带则礁滩复合体基本不发育。建模研究对象(8号礁滩复合体)就位于台缘带。

## 2. 礁滩复合体发育特征解剖

解剖点8号礁滩复合体整体处于一间房组二段—三段,其下部主体主要为亮晶棘屑灰岩,并发育两期透镜状障积礁,代表台地边缘相沉积的产物;上部不发育障积礁,由5个向上变浅的高频旋回组成,每个旋回自下而上由成层性好的颗粒泥晶灰岩、泥晶颗粒灰岩和亮晶颗粒灰岩构成,代表开阔海台地沉积的产物。它的外形为一个"U"形陡崖,表面覆盖物少,在空间上可近似为一个三维面,并且其长度与高度规模约为100m×20m,因此8号礁滩复合体是理想的小尺度三维地质建模对象。

为了精细解剖8号礁滩复合体,测制了9条测线(图2-29),并对每条测线按岩相的变化进行了系统采样,共采集166块样品;根据其岩石类型、在礁滩复合体中的位置、颗粒含量及粒度、沉积结构和构造特征等因素,识别出台缘滩、礁基、礁基(特粗滩)、礁核、礁坪、礁翼、礁盖、台内中高能滩、台内中低能滩和滩间海共10种沉积微相(图2-30)。

台缘滩分布最广泛,岩性主要为亮晶棘屑灰岩,呈厚层状分布,棘屑粒径一般为1~2mm;礁基拓殖于台缘滩之上,呈厚层透镜状分布,岩性主要为亮晶棘屑灰岩,棘屑粒径一般为2~3mm;礁基(特粗滩)介于礁基和礁核之间,呈中层透镜状分布,规模较礁基小,但棘屑颗粒的粒径却达到3~5mm;礁核位于礁基之上,为明显的丘状透镜体建隆,厚度为5~6m,岩性为托盘—海绵障积岩,托盘—海绵类生物大小不一,主体长10~20cm,障积物主要为灰质和泥质,夹少量棘屑颗粒;礁坪位于礁核顶部,呈中层透镜状分布,岩性为泥—

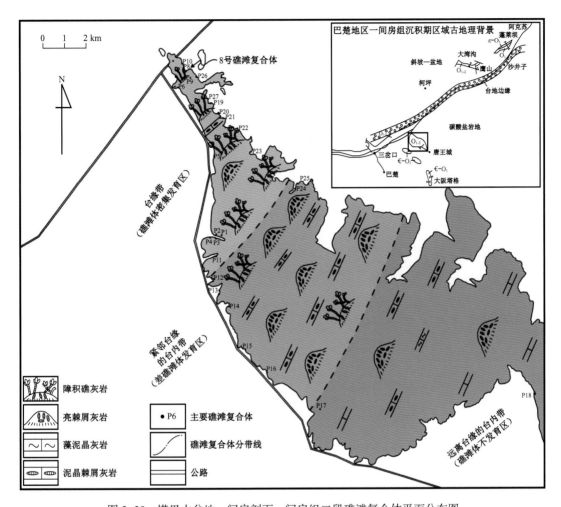

图 2-28　塔里木盆地一间房剖面一间房组二段礁滩复合体平面分布图

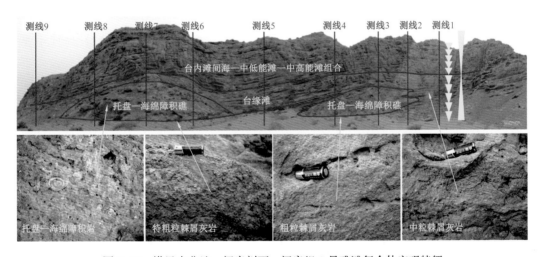

图 2-29　塔里木盆地一间房剖面一间房组 8 号礁滩复合体宏观特征

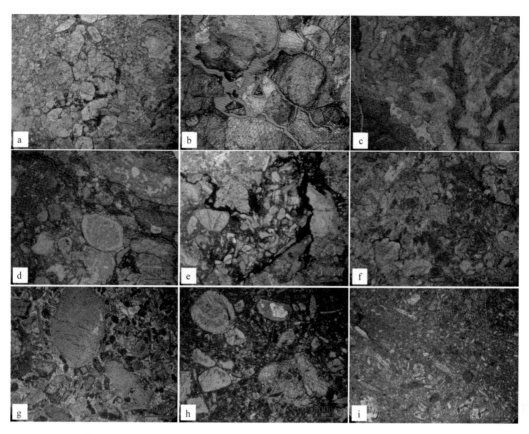

图 2-30 塔里木盆地一间房剖面一间房组 8 号礁滩复合体岩石微观照片

（a）亮晶棘屑灰岩（台缘滩），粒间溶孔发育，铸体，单偏光；（b）亮晶棘屑灰岩（礁基），粒间溶孔与溶蚀缝均较发育，铸体，单偏光；（c）托盘—海绵类生物腔体（礁核），泥晶充填，红色铸体，单偏光；（d）亮晶棘屑灰岩（礁坪），发育少量溶孔及裂缝，铸体，单偏光；（e）亮晶棘屑灰岩（礁翼），含角砾碎屑，砾间充填灰质与泥质，发育溶孔及溶缝，铸体，单偏光；（f）泥晶棘屑灰岩（礁盖），孔隙少，偶见微裂缝，铸体，单偏光；（g）亮晶生屑、棘屑灰岩（台内中高能滩），铸体，单偏光；（h）泥晶生屑、棘屑灰岩（台内中低能滩），铸体，单偏光；（i）生屑泥晶灰岩（滩间海），铸体，单偏光

亮晶棘屑灰岩，棘屑粒径一般为 1～2mm；礁翼位于礁核的两翼，与礁基接触，岩性主要为泥—亮晶棘屑灰岩，棘屑粒径一般为 1～2mm；含少量托盘—海绵类生物个体；礁盖位于生物礁建隆的顶部，呈中层状连续分布，岩性主要为泥晶棘屑灰岩，棘屑粒径为 1～1.50mm；台内中高能滩主要由泥—亮晶棘屑、生屑灰岩组成，台内中低能滩主要由泥晶棘屑、生屑灰岩或棘屑、生屑泥晶灰岩组成，而滩间海则主要由含生屑、棘屑的泥晶灰岩组成，单层厚度较前两者薄。

通过宏观与微观综合分析，并对 9 条测线进行精细刻画，建立了沉积微相对比剖面（图 2-31）。剖面的下部为台缘礁滩相，发育两期大型礁滩建隆，每个建隆都有 3 条测线控制；剖面的上部为开阔海台地相，5 个高频旋回的变化特征非常明显。对比剖面清晰地展示了各沉积微相的发育规律及其接触关系，真实地显示了剖面"小礁大滩"的沉积特征。

对 166 块样品分别进行宏观与微观岩性分析及常规物性分析，并研究沉积微相与物性的

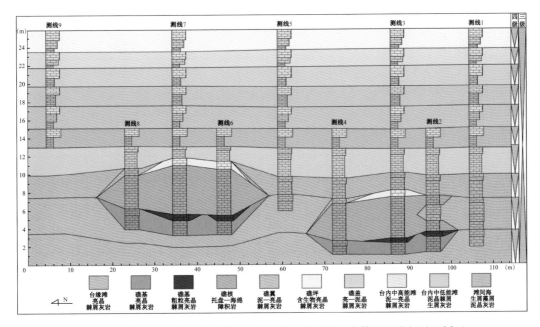

图 2-31　塔里木盆地一间房剖面一间房组 8 号礁滩复合体沉积微相对比剖面

相关性。结果表明,不但储层的孔隙度和渗透率具有较好的相关性,而且它们还与沉积微相有明显的关系(图 2-32、表 2-4):礁基与礁基(特粗滩)的物性均较好,可评价为Ⅰ类好储层;台缘滩、礁坪和礁翼均次之,可评价为Ⅱ类较好储层;局部的礁核、礁盖和台内中高能滩均可评价为Ⅲ类较差储层;而台内中低能滩和滩间海的物性差,为非储层。由此可以看出,塔里木盆地巴楚地区一间房组礁滩复合体储层的发育是受沉积微相控制的,具有非均质性。究其原因,礁基、礁坪、礁翼和台缘滩微相的棘屑灰岩,其形成时的地貌比礁盖、礁核微相的障积岩、棘屑灰岩高,更容易因相对海平面下降接受大气淡水的淋溶作用,使粒间的可溶物质被溶解。棘屑周缘藻泥晶套的溶蚀、灰泥的溶蚀、渗流粉砂沉积均为准同生期大气淡水淋溶作用的标志。

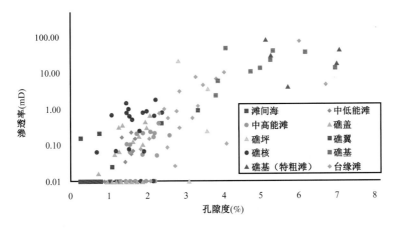

图 2-32　塔里木盆地一间房剖面 8 号礁滩复合体孔隙度—渗透率交会图

表 2-4　一间房剖面 8 号礁滩复合体不同沉积微相物性统计表

| 微相类型 | 孔隙度（%） | | | 渗透率（mD） | | |
|---|---|---|---|---|---|---|
| | 最小值 | 最大值 | 平均值 | 最小值 | 最大值 | 平均值 |
| 台缘滩 | 1.81 | 6.72 | 3.18 | 0.010 | 73.00 | 5.520 |
| 礁基 | 3.80 | 6.97 | 5.02 | 2.400 | 47.90 | 21.530 |
| 礁基（特粗滩） | 5.14 | 7.07 | 6.05 | 4.200 | 82.40 | 35.670 |
| 礁核 | 0.67 | 2.37 | 1.68 | 0.067 | 1.87 | 0.641 |
| 礁坪 | 2.81 | 3.60 | 3.27 | 0.250 | 22.34 | 6.570 |
| 礁翼 | 2.37 | 3.33 | 2.85 | 0.400 | 0.90 | 0.430 |
| 礁盖 | 0.72 | 2.07 | 1.49 | 0.010 | 0.88 | 0.160 |
| 台内中高能滩 | 1.29 | 2.58 | 1.81 | 0.010 | 0.41 | 0.075 |
| 台内中低能滩 | 0.88 | 1.74 | 1.34 | 0.010 | 0.23 | 0.054 |
| 滩间海 | 0.25 | 1.23 | 0.6 | 0.010 | 0.21 | 0.021 |

### 3. 基于数字露头的三维地质建模

在二维地质建模的基础上，应用基于数字露头的地质建模技术，可以建立三维地质模型，从而得到礁滩储层在三维空间的分布规律。

#### 1）构建数字露头

应用 ILRIS-3D 型激光雷达对 8 号礁滩复合体进行扫描，同时，在仪器所处位置，利用高分辨率数码相机进行拍照，获取大量与扫描图像具有相同视角的高清照片，为后期地层追踪与解释提供宏观依据。

激光雷达数据采集完成后，数据体在 PolyWorks 软件中以三维激光点云形式表现出来。通过对图像预处理与拼接，形成 8 号礁滩复合体完整的激光点云图（图 2-33a、b、c），其分辨率达到 2cm，可清晰地展示礁滩复合体的宏观特征。

完成 8 号礁滩复合体的三维点云成像后，就可以在其中进行地层追踪、解释，并标记采样位置、特殊沉积与构造现象。其方法与地震解释中沿地震体的某个切面追踪地层面相似，根据露头上的一些特殊地层标记，结合数据采集时得到的高清照片，在三维激光点云图中沿着地质体的边界刻画地层单元和沉积微相单元。针对 8 号礁滩复合体的激光点云图，共解释出 10 个地层单元，29 个（10 种）沉积微相单元，后续建模中的地层格架就是根据这些地质体的三维边界线搭建的；同时将 9 条测线的采样点位置（166 个）也标定到三维激光点云图中。与地震解释中的单井测井资料一样，可以把 9 条测线视为露头中的 9 口虚拟井，每条测线中的采样点视为虚拟井中不同深度的测量点，每个测量点的地质信息（岩相与物性）也可以在后续的地质建模中加载进来。加载完所有的信息后，一个完整的三维数字露头就建立完成了（图 2-33d）。

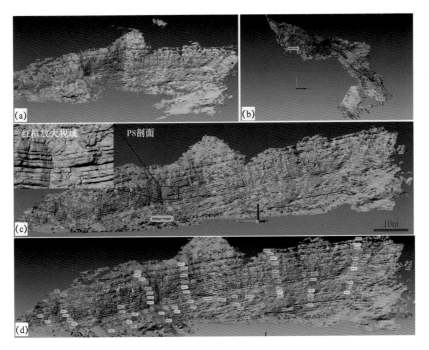

图2-33　塔里木一间房剖面一间房组8号礁滩复合体三维激光点云图

（a）三维激光点云（直视）；（b）三维激光点云（俯视）；（c）三维激光点云（优化处理）；

（d）包含地层、采样点信息的三维数字露头

## 2）基于数字露头的三维地质建模

基于数字露头的三维地质建模就是应用三维数字露头，综合地质背景、岩性及物性等资料，进行三维定量随机建模，最后得到一个最佳模型。由于该礁滩复合体储层的发育具有明显的相控性，因此研究采用相控储层建模思路，其过程可以分为三步：（1）模拟地层面，建立三维地层结构模型；（2）模拟地层单元控制的三维沉积微相模型；（3）模拟沉积微相控制的三维储层模型。本次建模研究采用 Paradigm 公司 GoCAD 三维建模软件。

（1）建立三维地层结构模型。

在三维地层结构模型的建立过程中，地层界面在三维空间中展布的准确性是建立逼真地层结构模型的基础，其中两期礁的发育面的建立是重点。由于礁核、礁坪、礁翼属于一个礁体建隆，因此可以把它们整体作为一个地层单元，通过高斯数值模拟方法反复计算，最终得到两期礁的形态与规模均接近实际情况（图2-34a、b）。完成所有地层面的建立后，就完成了地层结构模型的建立（图2-34c），模型中每个地层单元的三维空间厚度及两期障积礁的发育关系与实际地质情况均相符。为了使模型精度更高、更准确，根据实际地质情况，纵向上选取的网格步长为0.10m，横向上选取的网格步长为0.50m。这样就能识别0.50m×0.50m×0.10m 单元内的沉积微相和储层物性，从而满足小尺度高精度地质建模的需要（图2-34d）。

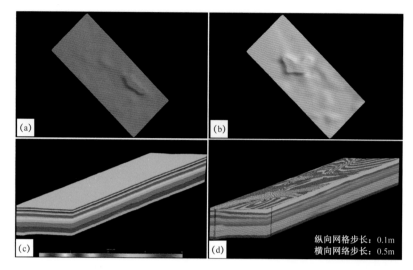

图 2-34　塔里木盆地一间房剖面一间房组 8 号礁滩复合体三维结构模型
（a）第 1 期障积礁 3D 趋势面；（b）第 2 期障积礁 3D 趋势面；（c）三维结构模型；（d）三维结构模型网格化

（2）建立三维沉积相模型。

进行沉积微相建模时，把 9 条测线作为虚拟井，以虚拟井中的岩相信息为约束，分别对每个地层单元进行数值模拟，得到不同地层单元的沉积微相模型。由于每一个地层单元所包含的岩相类型及其比例不同，模拟时需进行人工干预，如第一期障积礁的主体部分，包含有 3 种沉积微相单元，根据实际情况，设置 3 种沉积微相所占的百分比：礁核为 93%，礁坪为 3%，礁翼为 4%。人工干预后数值模拟能更准确地模拟出不同沉积微相在三维空间中的展布特征。对所有地层单元模拟完成后，就得到 8 号礁滩复合体的三维沉积微相模型（图 2-35a、d），很好地显现出"小礁大滩"的特征。其切片（图 2-36a、d）直观地展现了平面上不同沉积微相的组合关系，结果符合礁滩复合体沉积微相组合的理论模式。

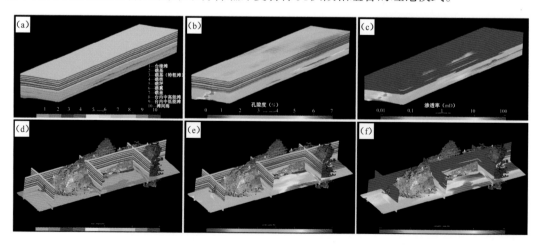

图 2-35　塔里木盆地一间房剖面一间房组 8 号礁滩复合体三维地质模型
（a）三维沉积微相模型；（b）三维孔隙度模型；三维渗透率模型（c）三维沉积微相模型栅状图；
（d）三维孔隙度模型栅状图；（e）三维渗透率模型栅状图

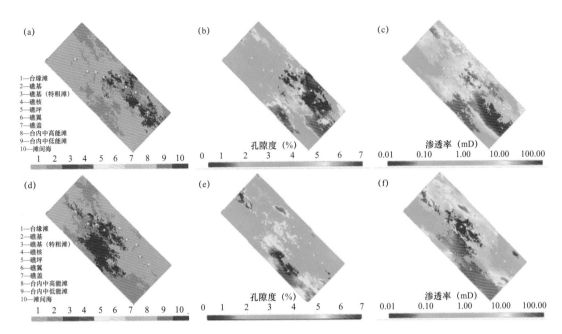

图 2-36 塔里木盆地一间房剖面一间房组 8 号礁滩复合体三维地质模型切片
（a）沉积微相模型切片（第 1 期礁底部）；（b）孔隙度模型切片（第 1 期礁底部）；（c）渗透率模型切片（第 1 期礁底部）；
（d）沉积微相模型切片（第 2 期礁底部）；（e）孔隙度模型切片（第 2 期礁底部）；（f）渗透率模型切片（第 2 期礁底部）

（3）建立三维孔隙度与渗透率模型。

前已述及，8 号礁滩复合体储层的发育具有相控性，因此，当建立好 8 号礁滩复合体的沉积微相模型后，就可以建立沉积微相控制下的孔隙度与渗透率模型了。与建立沉积微相模型相似，以虚拟井中的孔隙度和渗透率数据为约束，分别对每个沉积微相单元进行数值模拟。由于孔隙度和渗透率是连续性属性参数，因此在进行数值模拟时，也需进行人工干预，根据不同沉积微相的实测物性数据分别设置其孔隙度和渗透率的最大值及最小值。对所有沉积微相单元模拟完成后，就得到了 8 号礁滩复合体的孔隙度与渗透率模型（图 2-35b、c、e、f）。模型切片（图 2-36b、c、e、f）直观地表现了平面上不同位置储层物性的差异性，而三维孔隙度与渗透率模型则更直观、定量地表现了储层在三维空间的发育规律，其真实性和实用性较二维模型有明显提高。

### 4. 模型的应用

基于数字露头的小尺度三维地质模型是据真实地层建立的，可适用于井下，可为井下礁滩复合体储层的形态标定、层序地层划分、数值模拟方法及参数选取等提供依据。TZ62 井区礁滩复合体的沉积微相模型（图 2-37）是以露头模型理念为指导建立的，其清晰地展示了 3 期礁滩复合体在平面上的展布特征及在垂向上的叠置关系。因此，基于数字露头的三维地质模型具有实用性，可以较好地服务于塔里木盆地塔中地区良里塔格组礁滩复合体储层的勘探与开发，尤其可应用于开发井的部署上。

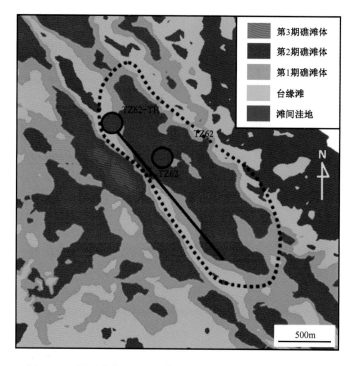

图 2-37　塔里木盆地 TZ62 井区良里塔格组礁滩复合体展布

## 三、微尺度储层孔喉结构表征与评价

近年来。碳酸盐岩微尺度储层孔喉结构表征与评价不断创新,如刻画孔喉连通性的核磁共振法、利用孔隙介质中有机质发光特性识别孔隙和有机质分布状态的激光共聚焦法、量化表征孔隙和喉道在三维空间展布特征的 CT 扫描法、研究纳米级孔喉系统的场发射扫描电镜法和氮气吸附法等。储层微观孔喉结构表征是在小尺度储层地质模型的基础上展开的,小尺度储层地质模型较客观细致地刻画了储集体的岩石类型、储集空间类型、储层非均质性和分布样式。

微观孔喉结构表征主要指孔喉类型、特征、丰度及组合的表征,分析孔喉结构及组合的控制因素,建立孔喉结构与产能及采收率的关系,常用的方法有井震资料分析、岩心观察、铸体薄片鉴定、压汞数据分析、激光共聚焦薄片、扫描电镜和工业 CT 检测数据分析等,尤其是基于工业 CT 技术的储层孔喉结构表征,可以对岩石进行三维可视化刻画,并定量计算微观孔喉结构参数。

### 1. 储层孔喉结构类型及组合

碳酸盐岩储集空间按大小可划分为微孔隙(孔径<0.01mm )、孔隙(孔径 0.01~2mm )、孔洞(孔径 2~100mm )、洞穴(孔径>100mm )4 种类型,连通储集空间的喉道半径总是小于被连通的储集空间的半径,也可以由微裂缝、裂缝和断裂系统连通孔隙,如大型的岩溶洞穴往往由断裂系统连通,孔隙和孔洞往往由裂缝连通,微孔隙往往由微裂缝连通。

储层可以由单孔喉介质组成,如微孔型、孔隙型、孔洞型、洞穴型,并可能被相应的微裂缝、裂缝和断裂系统连通,也可以由多重孔喉介质组合而成,如孔隙—孔洞型、孔洞—洞穴型、孔隙—洞穴型、孔隙—孔洞型、洞穴型等,同样会被相应的微裂缝、裂缝和断裂系统连通。事实上,碳酸盐岩的微裂缝、裂缝和断裂系统是非常发育的,储集空间也往往由多重孔喉介质组合而成。

### 2. 储层孔喉结构类型主控因素

储层储集空间类型及组合研究揭示,塔里木、四川和鄂尔多斯盆地重点层系碳酸盐岩主要发育洞穴、溶蚀孔洞、孔隙、微孔隙 4 类储集空间类型和喉道、断裂、裂缝、微裂缝 4 类连通通道,构成微孔型、孔隙型、孔隙—孔洞型、孔洞型、洞穴型、孔洞—洞穴型 6 类储集空间组合(表 2-5),岩相、表生溶蚀作用、埋藏溶蚀作用控制储集空间类型及组合。岩相控制原生孔隙的类型,以建造孔隙型储层为主,表生溶蚀作用以建造溶蚀孔洞和洞穴为主,埋藏溶蚀作用以建造溶蚀孔洞为主,特定岩相经历不同的成岩环境和成岩史可以形成不同的储集空间类型和组合类型。一般而言,岩溶储层以孔洞—洞穴型、洞穴型为主,少量孔洞型;白云岩储层和礁滩储层以孔隙型、孔洞型、孔隙—孔洞型为主;膏云岩储层以微孔型、孔洞型储层为主。

**表 2-5　深层重点层系碳酸盐岩储层发育的储集空间类型及组合**

| 盆地及层位 | | 主要储集空间类型 | 主要连通喉道类型 | 主要孔喉组合类型 | 主控因素 |
|---|---|---|---|---|---|
| 塔里木盆地 | 肖尔布拉克组礁滩白云岩储层 | 孔隙+孔洞为主 | 喉道及裂缝 | 孔隙型、孔隙—孔洞型 | 岩相+表生溶蚀 |
| | 中—下寒武统(膏)泥晶白云岩储层 | 微孔隙 | 喉道及微裂缝 | 微孔隙型 | 岩相 |
| | 上寒武统—蓬莱坝组白云岩储层 | 孔隙(晶间孔等)+孔洞 | 喉道及裂缝 | 孔隙型、孔隙—孔洞型 | 岩相+埋藏溶蚀 |
| | 鹰山组下段白云岩储层 | 孔隙(晶间孔) | 喉道及裂缝 | 孔隙型 | 岩相 |
| | 一间房组—鹰山组岩溶储层 | 孔洞+洞穴 | 断裂及裂缝 | 孔洞—洞穴型、洞穴型、孔洞型 | 岩相+表生溶蚀 |
| 四川盆地 | 灯影组礁滩白云岩储层 | 孔隙+孔洞 | 喉道及裂缝 | 孔隙型、孔隙—孔洞型 | 岩相+表生溶蚀 |
| | 龙王庙组颗粒滩白云岩储层 | 孔隙+孔洞 | 喉道及裂缝 | 孔隙型、孔隙—孔洞型 | 岩相+表生溶蚀+埋藏溶蚀 |
| | 长兴组礁滩白云岩储层 | 孔隙+孔洞 | 喉道及裂缝 | 孔隙型、孔隙—孔洞型 | 岩相+表生溶蚀+埋藏溶蚀 |
| | 飞仙关组鲕滩白云岩储层 | 孔隙+孔洞 | 喉道及裂缝 | 孔隙型、孔隙—孔洞型 | 岩相+表生溶蚀+埋藏溶蚀 |

续表

| 盆地及层位 | | 主要储集空间类型 | 主要连通喉道类型 | 主要孔喉组合类型 | 主控因素 |
|---|---|---|---|---|---|
| 四川盆地 | 栖霞组—茅口组白云岩储层 | 孔隙+孔洞 | 喉道及裂缝 | 孔隙型、孔隙—孔洞型 | 岩相+埋藏溶蚀 |
| | 茅口组岩溶储层 | 孔洞+洞穴 | 断层及裂缝 | 孔洞型、孔洞—洞穴型 | 岩相+表生溶蚀 |
| | 黄龙组颗粒滩白云岩储层 | 孔隙 | 喉道 | 孔隙型 | 岩相+表生溶蚀 |
| 鄂尔多斯盆地 | 马家沟组上组合白云岩风化壳储层 | 孔洞(膏模孔) | 裂(溶)缝 | 孔洞型 | 岩相+表生溶蚀 |
| | 马家沟组中组合颗粒滩白云岩储层 | 孔隙 | 喉道 | 孔隙型 | 岩相 |
| | 马家沟组下组合白云岩储层 | 孔隙(晶间孔) | 喉道 | 孔隙型 | 岩相 |

塔里木盆地鹰山组下段白云岩储层主要表现为孔隙型,一间房组主要表现为孔洞型及孔洞—洞穴型,而寒武系肖尔布拉克组主要表现为孔隙型及孔隙—孔洞型;四川盆地灯影组和龙王庙组主要表现为孔隙型、孔隙—孔洞型,茅口组主要表现为孔洞型及孔洞—洞穴型,长兴组—飞仙关组主要表现为孔隙型及孔隙—孔洞型;鄂尔多斯盆地马家沟组上组合主要表现为孔洞型,中组合主要表现为孔隙型。

白云岩储层和礁滩储层往往表现为孔隙型及孔隙—孔洞型组合,岩溶储层往往表现为孔洞型及孔洞—洞穴型组合。膏云岩、泥晶白云岩、泥晶灰岩及粒泥灰岩等往往含有大量的微孔隙,构成非常规储层。孔隙型、孔隙—孔洞型是最为常见最为优质和高产稳产的规模储层类型之一。

### 3. 储层孔喉结构表征流程

由于碳酸盐岩强烈的储层非均质性,不同岩相甚至同一岩相的不同部位,由于经历的成岩环境和成岩史的不同,都会形成不同的储集空间类型及组合,所以储层表征要从以下两个层面进行。

一是储层宏观层面的非均质性表征,可以是露头尺度或岩心尺度的非均质性表征,目的是识别和划分相对均一的储层单元。如图2-38所示,即使是岩心尺度,受岩相和后期成岩改造的控制,也可能存在致密层、孔隙型、孔洞型和孔隙—孔洞型储集空间类型和组合的差异,地质家的主要任务是要通过露头和岩心的详细观察,将非均质储层单元划分成若干个相对均一的储层单元,建立露头或岩心级别的储层非均质性表征定量模型,分析非均质性的主控因素。

二是对相对均一的储层单元开展孔喉结构表征。不同尺度的储集空间类型及组合有不同的表征技术和手段。对于大的岩溶洞穴及断裂,利用井筒和地震资料就可以进行识别和表征,地震剖面上的串珠状反射、钻具放空和钻井液漏失、常规或成像测井揭示的大段泥质或碎屑充填物等都指示了岩溶洞穴及断裂的发育,这类储层具有极强的非均质性,围岩致密,不能

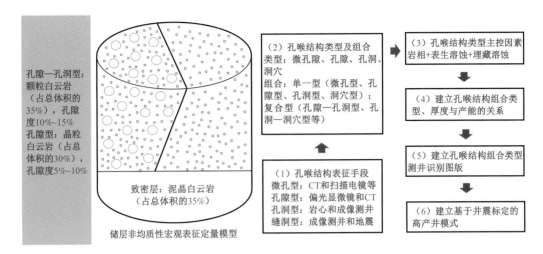

图 2-38　露头或岩心尺度的储层非均质性表征定量模型及以 CT 为核心的孔喉结构微观表征技术流程

代表岩溶储层的真实物性,缝洞率是表征储层物性的最佳参数。岩心级别的孔洞及裂缝,通过肉眼就可以进行识别和表征,成像测井也可以对孔洞及裂缝进行识别和表征。岩石薄片在显微镜下的观察是识别和表征孔隙最有效的方法,同时辅以扫描电镜和工业 CT 等手段,可以精细表征孔隙的大小、形态、充填物特征及相关的孔喉结构参数。微孔隙则可以通过扫描电镜、工业 CT、激光共聚焦等手段进行识别和表征,但存在仪器检测精度的限制。压汞分析是获得孔隙型、孔隙—孔洞型储层各类孔喉结构参数非常重要的手段,虽然工业 CT 扫描也能计算孔喉结构参数,但其精度远不如压汞分析,工业 CT 的优点是孔喉结构的三维可视化。

储层孔喉结构表征的目的是建立产层段储层非均质性表征定量模型,建立储层孔喉结构类型与产能的关系。储层微观表征技术内涵及流程见图 2-38。

# 第五节　以礁滩识别为核心的地震岩相识别技术

碳酸盐岩岩相地震识别技术是指识别地震可分辨尺度的碳酸盐岩沉积单元,该沉积单元由岩性、地层结构(大规模互层或进积、退积、加积等沉积特征)、岩石特征(颗粒大小、溶蚀及胶结程度)和地震特征(纵波速度、横波速度和密度)来定义和描述(刘力辉等,2013)。利用地震数据识别岩相有以下两个关键点:一是岩相的分析尺度是宏观的,地震是可分辨的;二是考虑了单井岩相和地震弹性相关联的观点,使其可以通过地震弹性参数识别与预测。地震岩相识别能够提供具有不同储层特征的岩相分布信息,对岩相识别的不确定性开展半定量—定量评价分析,可降低勘探、储层评价乃至后期油藏建模的风险。

## 一、技术需求和技术现状

在以"相控论"为主导、以地层及岩性等隐蔽型油气藏为主要目标的勘探阶段,沉积相研究极为重要。然而,由于目的层深埋于地下,因此,所采用的研究手段和方法与露头区的沉积相研究相比有很大不同。

在井下相分析中,只有通过岩心才能够观察到目的层的沉积相标志,而钻井取心一般都不是连续的,而且碳酸盐岩探井的全井取心率往往只有百分之几到百分之十几,这给沉积相研究造成很大困难。利用电测井资料进行测井相分析虽可对全井做出连续的沉积相解释,但所得到的只是一部分信息,即使解释完全正确,但毕竟只是"一孔之见",而如地层叠置样式、沉积体外形等重要信息,并没有得到必要的表征。要想进一步掌握沉积相的平面展布特征就必须有大量的足够密集的钻孔,而这在勘探阶段恰恰难以满足。因此迫切需要一种仅用少量钻孔资料就能较好地掌握沉积相平面变化特征的新手段、新方法。地震资料在勘探阶段一般都能覆盖整个盆地,其中具有极为丰富的地层、构造和沉积相信息,所以岩相地震识别技术正是为满足上述迫切需要而产生的。

国内碳酸盐岩由于年代古老,经历多期次成岩叠加改造,尤其是强烈的胶结作用,给岩相地震识别带来困难,目前利用地震数据分析沉积相主要有三种方法。

(1)地震剖面"相面法",即在地震反射时间剖面上所表现出来的反射波的面貌特征进行沉积相的解释推断,可以得到的信息包括地震反射基本属性和结构、内部反射构造、外部几何形态、边界关系(包括反射终止型和横向变化型)。尽管三维地震数据的分辨率已经可以直接识别出一定规模的滩相单元的形态,但是在缺乏地质信息标定的情况下,由于地震波有效反射能量弱,地震反射多解性强,地质特征解译不够清晰,地震资料品质往往满足不了岩性识别的要求,尤其是深层颗粒滩储层多以白云岩和与薄层泥灰岩互层为主,各反射界面之间反射波彼此干涉,在地震剖面上很难识别出优势颗粒滩相边界,因此,仅仅应用常规地震解释方法很难直接对滩体的岩相进行描述。

(2)地震属性聚类的岩相分析方法,首先通过地震属性提取、优化和聚类分析得到地震相图;然后结合地质基础资料赋予每种地震相准确的岩相意义;最后检验结果的准确性并分析岩相展布规律。然而,当岩性组合复杂造成地震属性难以和地震相建立较为匹配的相关关系时,地震属性聚类法地震相分析就存在着较强的不确定性和多解性。

(3)地震波形分类技术,这是一门基于地震波振幅、频率、相位、时间厚度特征对比的时间域地震解释技术,不同的岩相在地震振幅、频率、相位、时间厚度上存在差异性是正确应用波形分类方法的前提。但实际研究中发现,碳酸盐岩沉积岩相变化快,储层薄和非均质性强,地震波形与岩性并非一一对应,岩相间的地震响应差别不明显,或者由于相序不同,同一岩相横向波形也不一样,无法建立统一的岩相地震波形特征时,同样存在较强的不确定性和多解性,波形分类方法的结果不能作为唯一的信息来准确识别岩相。

因此,在目前的地质条件和资料品质下,有必要探索碳酸盐岩岩相地震识别技术,将地震信息转化为岩相信息,解决常规地震属性分析遇到的多解性较强及地质意义不明确的难题,为相控储层预测提供一种行之有效的方法。

## 二、技术内涵和创新点

在等时地震层序格架内,从古地貌、沉积参数、地震相特征三个方面在沉积模式约束下识别碳酸盐岩岩相。首先基于邓哈姆岩石结构分类方法利用测井数据计算单井的岩石的颗粒含量等沉积参数,在地震数据上提取颗粒含量等沉积参数的敏感地震属性,进而预测各沉积参数的平面分布;其次,依据地层岩相组合特征,对地震反射特征通过主成分分析进行地震相的划分;最后结合古地貌和沉积模式约束,利用神经网络、多数据体融合等技术手段综合识别岩相平面展布。

## 1.技术内涵

包含4项技术,分别为地震地层格架构建技术、古地貌恢复技术、地震波形分类地震相识别技术、沉积参数平面预测技术。

### 1)地震地层格架构建

依据"不同地震频率可以表征不同的地层厚度及沉积结构"的地震沉积学原理,首先在单井层序地层划分与对比的基础上,建立连井等时地层格架;其次应用分频地震正演方法确定能表征等时地层格架需要的优势地震频率;最后提取优势频率地震数据体,此时的地震同相轴更能代表等时的沉积界面。利用分频后的地震数据体可以更好地进行地震地层解释:(1)地质时代对比;(2)确定沉积层系、厚度和沉积结构;(3)不整合面的起伏;(4)与地质资料结合解释古地理和演化。

### 2)古地貌恢复技术

古地貌是控制碳酸盐岩沉积的重要因素,决定了沉积体发育的规模与特征。运用印模法与层序地层原理相结合的方法,通过残余厚度求取、真厚度校正、压实恢复、剥蚀区确定和古水深恢复等步骤,恢复地质体沉积时期的古地貌,据此分析研究区古地貌对沉积的控制作用。

### 3)地震波形分类

地震波形分类是从地震波动力学的一个方面来反映沉积的变化,是一门基于地震波振幅、频率、相位、时间厚度特征对比的时间域地震解释技术。采用了神经网络技术对地震道形状进行分类,以地震道的波形特征为基础,可以把地震波形的细微差异表现出来,建立地震信号的变化规律与沉积相带的对应关系。

主要原理是地下地质体物理性质的任何变化总会反映在地震波形状的变化上。具体操作需要在地震反射层序分析所得沉积层序的基础上进行,根据地震波形曲线特征进行分类,可以将一个沉积层序进一步划分为几个地震相单元,相邻地震单元对应着不同的沉积单元。相同类的地震波形用同一种颜色表示,可得到一张反映沉积现象的层属性,即一张细致刻画地震信号横向变化的地震波形分类图。地震波形分类图是沉积岩相划分的重要参考资料,可用于间接沉积解释,即推断沉积环境及地质演变等情况。

### 4)沉积参数平面预测技术

沉积参数是指可以有效地表征沉积体系特征和区分各沉积微相特征的地质参数。对于海相碳酸盐岩,能够有效反映岩相特征的沉积参数有颗粒含量、泥质含量、膏盐岩含量和其他岩石类型含量等。不同地区,可以根据实际的地质条件和资料情况,选择合适的沉积参数类型和个数。首先是基于岩石结构组分测井识别技术对颗粒含量、泥质含量、地层厚度等碳酸盐岩岩相参数进行计算；其次在沉积模式的指导下，结合地震相图，选取地质几何形态中心位置、边界位置等关键位置的井点作为岩相的关键分类点，提取各岩相参数敏感的多种地震属性，建立重点井处沉积参数与敏感地震属性之间的拟合关系式，预测各岩相参数的平面分布；最后将多种沉积参数平面分布作为输入，结合地质岩相沉积模式，利用主成分分析、神经网络、多数据体融合技术等手段及岩相参数特征归类标准，识别出岩相平面展布，完成目的层段的地震岩相识别。

根据以上研究思路，其数学模型可表示为：

$$S=f(Z_1, Z_2, \cdots, Z_n)$$

$$L=g(S_1, S_2, \cdots, S_n)$$

式中：$Z_1, Z_2, \cdots, Z_n$ 表示不同地震属性类型；

$S_1, S_2, \cdots, S_n$ 表示多个地震属性通过函数 $f$ 预测的不同沉积参数；

$L$ 表示多沉积参数通过函数 $g$ 综合分析预测的岩相类型。

具体实现的步骤如下：

（1）根据研究区沉积体系特征，确立合理的沉积参数，如最大滩体厚度、颗粒含量、泥质含量、膏盐含量、地层厚度等。

（2）沉积模式约束的岩相关键分类点选取，具体步骤分述如下：

首先，在三维地震数据体上追踪颗粒滩顶、底岩性边界，沿颗粒滩顶、底岩性边界，在三维地震数据体上提取对颗粒滩的几何形态和岩性特征敏感的地震属性集合，准确识别出颗粒滩的几何外形。

其次，在台内滩沉积模式指导下，选取地震相分析的关键分类点：一般将分布在地震相中心位置和边界的井点作为相的关键分类点，同时依据测井解释结果，统计这些关键分类点的沉积参数信息。

最后，统计目的层段的沉积参数值；提取目的层段的多种地震属性，包括振幅、平均频率、瞬时相位、瞬时速度、瞬时带宽、伪周期、相对声波阻抗等，尽量多地提取敏感地震属性，统计这些地震属性在重点井处的属性值。

（3）建立重点井处沉积参数与地震属性之间的拟合关系式，并且分析误差。当拟合任意一种沉积参数时，需要挑选几种最能体现这种沉积参数的地震属性来线性拟合，所挑选出来的地震属性的个数因沉积参数的不同而有所变化。

（4）通过拟合关系式，预测研究区各沉积参数的分布特征。

（5）分析不同沉积微相的沉积参数特征，建立沉积参数特征表。

（6）将多种沉积参数作为输入，依据沉积参数特征表完成目的层段的岩相分类。

## 2. 技术创新点

### 1）沉积模式约束的岩相划分

首先，在岩相识别流程中将"沉积模式"与"地震数据解释"的衔接问题转化为"关键分类点的岩性信息与地震属性间的映射"问题,分两步解决该转化:一是选取典型井,具备典型岩相特征信息,称之为关键分类点;二是合理选取量化指标与地震属性间的映射网络。针对颗粒滩的分布,需要从沉积学和波动学两个方面综合选取颗粒滩岩相量化指标。通过分析颗粒滩模式可知,颗粒滩岩相是从滩侧缘到滩中心颗粒含量逐渐变大,从旋回的底部到顶部逐渐变粗。颗粒含量的多少及颗粒粗细对地震波的传播速度具有较大影响。可以在颗粒含量与地震属性间建立一种线性或非线性映射关系,从而可量化表征颗粒滩岩相。

**2)多沉积参数量化岩相特征**

基于沉积参数的地震相分析技术,逆向思维法选择对沉积参数敏感的地震属性,然后结合重点井的岩性资料预测出地质指示意义明确的各种沉积参数,最后在沉积参数的基础上分析地震相,从而避免了只依靠地震数据划分地震相的多解性,是一种有效的地震相分析方法。实际应用中,沉积参数的选择应根据研究区的实际地质条件进行有效的选取。

**3)地质和测井资料对地震岩相的标定**

地震岩相识别技术综合了沉积模式的认识、颗粒含量等沉积参数的计算,以及地震波形等多层次、多角度的信息,克服了以往单靠地震属性或地震波形分类多解性强的弊端。

## 三、技术应用实效

以塔中1区良里塔格组良二段台内颗粒滩地震岩相识别为例。

塔中1区良里塔格组台缘带生物礁展布已经较为清楚,但台内颗粒滩相的分异急需进一步研究。应用地震岩相识别技术识别颗粒滩岩相,具有降低地球物理多解性、岩相识别更符合地质规律的优势。

通过对塔中1区良里塔格组良二段台内14口井约860m岩心的观察和统计,发育颗粒灰岩、泥粒灰岩、粒泥灰岩、泥晶灰岩4种主要岩相,储集空间类型具有明显的岩相选择性,其中,孔隙型、孔洞型、粒间溶孔型和溶蚀孔洞型储层主要发育于颗粒灰岩中,构造缝虽然在粒泥灰岩、泥粒灰岩和颗粒灰岩中均有发育,但在颗粒灰岩中发育更多,以上现象反映了岩相对储层的重要控制作用,其中颗粒岩是储层发育的优势岩相。

对于塔中1区良里塔格组,其研究思路是在地震等时层序格架内,基于测井技术对颗粒含量、地层厚度等碳酸盐岩岩相参数进行计算;提取各岩相参数敏感地震属性,结合沉积模式,建立重点井处沉积参数与敏感地震属性之间的拟合关系式,预测各岩相参数的平面分布;依据岩相参数特征归类标准,利用主成分分析、神经网络等技术手段,识别出岩相平面展布。

### 1. 根据岩相特征,选择相应的沉积参数

颗粒含量是区分颗粒灰岩、泥粒灰岩、粒泥灰岩、泥晶灰岩4类岩相的重要参数。另外,地层厚度在构造相对简单的地区可以代表沉积期的古地貌特征,而泥质含量反映礁滩与非

礁滩沉积环境,是岩相分类的重要指标。因此,颗粒含量、泥质含量、地层厚度是塔中1区良里塔格组台内滩分异的关键沉积参数。

## 2. 根据测井识别的岩石结构组分,统计目的层段的沉积参数值

依据测井数据划分不同石灰岩微相的标准,统计多口井沉积参数值:颗粒含量大于50%,泥质含量在0~10%之间,地层厚度在50~160m之间属于颗粒灰岩相;颗粒含量小于30%,泥质含量在60%~80%之间,地层厚度在30~100m之间属于含泥粒灰岩相;颗粒含量在8%~30%之间,泥质含量在50%~60%之间,地层厚度在20~80m之间属于粒泥灰岩相;颗粒含量小于10%,泥质含量大于50%,地层厚度在20~60m之间,属于泥晶灰岩相(表2-6)。

表2-6　良里塔格组良2段沉积参数及沉积岩相关系表

| 岩相分类 | | 颗粒含量(%) | 泥质含量(%) | 地层厚度(m) |
|---|---|---|---|---|
| 颗粒灰岩相 | 取值范围 | >50 | 0~10 | 50~160 |
| | 均值 | 81 | 9 | 120 |
| 泥粒灰岩相 | 取值范围 | <30 | 60~80 | 30~100 |
| | 均值 | 20 | 72 | 85 |
| 粒泥灰岩相 | 取值范围 | 8~30 | 50~60 | 20~80 |
| | 均值 | 35 | 55 | 60 |
| 泥晶灰岩相 | 取值范围 | <10 | >50 | 20~60 |
| | 均值 | 5 | 65 | 49 |

## 3. 沉积模型在岩相识别中的约束作用

(1)以现代礁滩生长发育模式为指导,通过91口井的岩心观察、测井岩相解释、测井岩相标定等手段,揭示该区良里塔格组发育5期礁滩体,其中良二段地震反射结构特征为地层由台内向台缘超覆,台缘部位地层较薄(图2-39)。良二段沉积期间,海平面发生下降,台缘礁多期暴露,台缘区以发育大量礁后滩为主要特征。根据以上认识建立了塔中良里塔格组礁滩沉积模式(图2-40)。

(2)在地震数据体上追踪出滩体发育顶、底地层界限,在顶底边界约束下,沿顶、底边界提取多种对地质体几何外形敏感的属性,包括地震波形分类,完成地震相信息分类,进而刻画地质体的几何形态(图2-41),其中4种不同的颜色表示4种不同的地震相。

(3)在台内滩沉积模式指导下,选取地震相分析的关键分类点(一般将分布在地震相中心位置和边界的井点作为相的关键分类点),同时依据测井解释结果,统计这些关键分类点的沉积参数信息。

## 4. 提取地震属性,拟合沉积参数与地震属性关系

针对目的层提取多种地震属性,包括振幅类属性、频率类属性、相位属性、阻抗属性等,

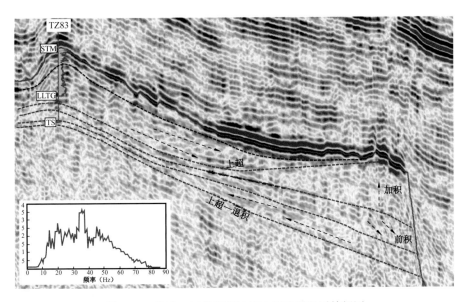

图 2-39  塔中 1 区良里塔格组二段地震地层特征图

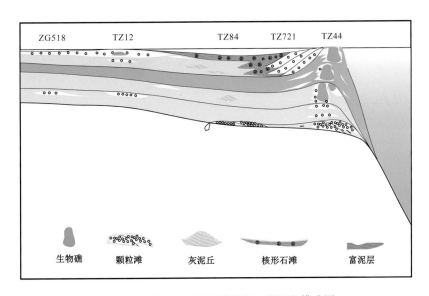

图 2-40  塔中 1 区良里塔格组二段沉积模式图

然后统计这些地震属性在井点(关键分类点)的属性值,根据井点的不同属性值及相对应的沉积参数,拟合两者关系。当拟合任意一种沉积参数时,需要挑选几种最能体现这种沉积参数的地震属性来拟合。通过各井点岩相参数及地震反射特征匹配统计,颗粒含量较高的井点位置地震振幅为中等—弱振幅、频率特征为中低频率、弧长属性值为中高值。因此,选用均方根振幅属性(RMS)、频率属性(FRE)、弧长属性(F)来对沉积参数进行拟合。所挑选出来的地震属性的个数因对沉积参数的敏感度不同而有所变化。沉积参数与地震属性拟合关系为:

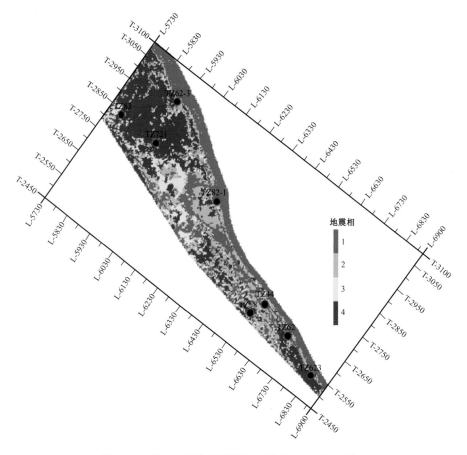

图 2-41  塔中 1 区良里塔格组二段台内地震相划分图

（1）颗粒含量 =0.96RMS+1.25FRE$^2$-0.6F；

（2）地层厚度 =0.48RMS$^2$-0.8F；

（3）泥质含量 =0.6RMS-1.7FRE$^2$-8.1F。

## 5. 综合多沉积参数信息，预测岩相平面分布

通过沉积参数与地震属性关系，获得沉积参数平面分布图。从颗粒含量图可知（图 2-42），颗粒含量较高的部分分布在 TZ721 井区，颗粒含量较低的部分分布在 TZ82-1 井附近。从地层厚度图（图 2-43）可知，整个台内区地层厚度发育较厚，与发育大量礁后滩的地质认识相吻合。从泥质含量图（图 2-44）可知，泥质含量发育较高地方分布在 TZ721 井区，TZ83 井区泥质含量发育较低。综合应用颗粒含量、地层厚度、泥质含量三个沉积参数的有效组合预测岩相如图 2-41 所示，预测的岩相与实钻结果吻合程度高，符合地质宏观分布规律。与直接使用地震属性相比，沉积模式约束下的多沉积参数地震岩相预测技术能更好地刻画沉积微相特征，可以有效降低多解性。

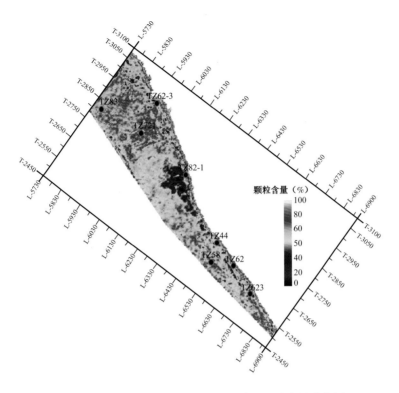

图 2-42　塔中 1 区良里塔格组二段台内颗粒含量分布图

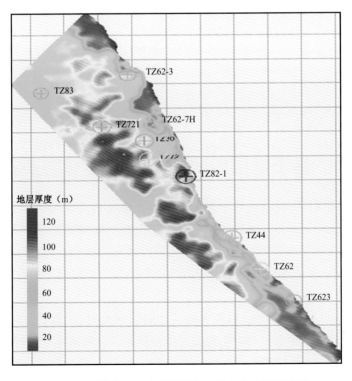

图 2-43　塔中 1 区良里塔格组二段台内地层厚度图

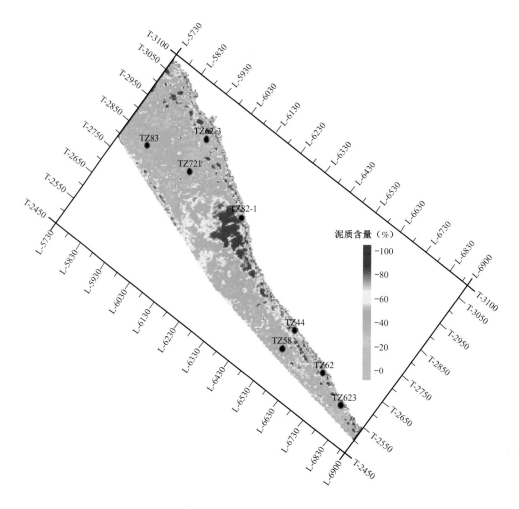

图 2-44　塔中 1 区良里塔格组二段泥质含量预测图

# 第六节　基于储层地质模型的地震储层预测技术

近年来,地震储层预测技术得到了突飞猛进的发展,但存在地球物理学家和地质学家缺乏融合的问题,地质学家所建立的储层成因和分布规律认识、储层地质模型没有成为地震储层预测的利器,在这种情况下,再先进的地球物理技术,其储层预测结果也不一定能反映地质实际。本节的重点是论述近几年地质—地球物理融合的地震储层预测技术的创新,而不是地震储层预测技术本身。

碳酸盐岩储层可划分为礁滩、岩溶和白云岩储层三大类,在储层发育主控因素和分布规律认识、露头储层地质模型指导下的地震储层预测更符合地质实际,表现在三个方面。一是基于储层分布规律和露头储层地质模型的地震正演模型,为地震资料处理和解释提供重要参数;二是提供岩相、储层发育特征参数,约束地震反演,赋予地震资料更符合地质实际的信息；三是露头和井下可类比的地质模型，有助于更真实地解释地震反演结果，最大限度地弥补地震资料的低分辨率和多解性问题，指导储层预测。

## 一、岩溶储层地震预测技术

在碳酸盐沉积过程中，特别是在高位体系域晚期，碳酸盐生长速率大于海平面上升速率，沉积物容易出露于地表遭受准同生期的大气水溶蚀改造，形成沿层序界面发育的溶蚀孔洞层，主要见于礁滩沉积中。随着构造的上升和碳酸盐岩地层的暴露，沿不整合面、断裂系统发生岩溶作用，形成准层状和栅状分布的缝洞型储层，岩溶缝洞主要富集在礁滩沉积中，地震反射呈"串珠状"。基于岩溶储层发育主控因素和分布规律认识，采用以下几项适用的储层预测技术。

### 1. 多期叠置岩溶储层地震解释技术

预测多期叠置岩溶储层分布的关键是岩溶层面和断裂系统的识别，在连井岩溶储层对比的基础上，分析不同期次岩溶缝洞的分布规律及叠置样式，约束储层反演和解释，预测储层分布。

以塔北地区轮古西奥陶系鹰山组岩溶储层为例，划分出 4 个岩溶缝洞层，然后，通过井震结合，利用缝洞储层的"串珠状"地震反射特征，把测井识别出的 4 个缝洞层标定到地震剖面上，在地震剖面上解释出这 4 个缝洞层的顶底界面，进而对每个层面上的洞穴分布作出预测。可分解为 4 个步骤：一是以等时界面"双峰"石灰岩为标志层，在连井剖面上拉平，划分缝洞层位置；二是将地震数据体沿"双峰"石灰岩拉平，恢复古地貌；三是在地震拉平数据体上，将单井分层标定在地震剖面上，然后将标志层向下漂移若干个时窗，至同一缝洞层的位置，形成地震尺度可识别的一个缝洞层面；四是对在其他水平面上的缝洞层，重复步骤三的工作，解释为不同层次的缝洞层。同一缝洞层往往具有近似的容积及较好的连通性，通过 4 个缝洞层的解释，可以理清轮古西岩溶体系。

在轮古西奥陶系岩溶储层预测中，通过缝洞储层的分层解释技术，沟谷趋势面法对油水界面进行识别，解释出 4 层洞穴（图 2-45），其中高产井主要发育在第二层洞穴上。第一层洞穴主要分布在岩溶高地上（图 2-45a），位于水系上游，水动力较弱，洞穴相对孤立，多呈零星状分布，如果洞穴位于沟谷趋势面以上，则为含油。第二层洞穴主要分布在岩溶台地及岩溶斜坡区（图 2-45b），具有较好的连通性，高产井多，而该层含水洞穴主要发育在岩溶台地上。第三层、第四层洞穴主要分布在岩溶斜坡及岩溶洼地区（图 2-45c、d），水动力较强，多发育暗河，含油洞穴主要发育在岩溶洼地上，特别是第四层普遍发育含水洞穴，钻井风险较大。

### 2. 岩溶储层有效性评价技术

在岩溶储层分层解释之后，岩溶缝洞又可分为充填洞穴（指泥质充填）、未充填洞穴两种类型。充填洞穴是指测井解释为洞穴储层，但在钻井过程中没有见到放空或漏失的现象，并具自然伽马曲线出现高值异常、井径曲线未出现明显异常的特征；未充填洞穴是指在钻井

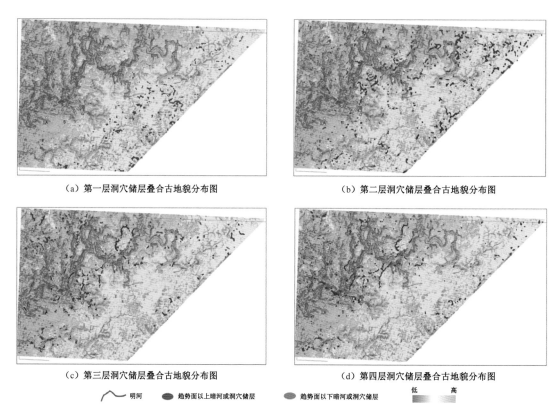

<table>
<tr><td>(a) 第一层洞穴储层叠合古地貌分布图</td><td>(b) 第二层洞穴储层叠合古地貌分布图</td></tr>
<tr><td>(c) 第三层洞穴储层叠合古地貌分布图</td><td>(d) 第四层洞穴储层叠合古地貌分布图</td></tr>
</table>

明河　　趋势面以上暗河或洞穴储层　　趋势面以下暗河或洞穴储层　　低　高

图 2-45　轮古西奥陶系 4 个洞穴层油水赋存状态预测图

过程中出现放空,并伴随大量的钻井液漏失和井径扩大的现象。为了能够通过地震反演有效识别充填洞穴,需要利用岩石物理分析技术,重构对泥质充填洞穴敏感的地震参数,从而识别出被泥质充填的洞穴。这样,在优选井位时可以规避此类洞穴,进而提高钻井的成功率。以塔北地区轮古油田为例,利用伽马曲线与不同地震参数进行交会分析(图 2-46),以优选对含泥质洞穴敏感的地震参数进行识别。从纵波波阻抗($Z_p$)与伽马曲线(GR)的交会图(图 2-46a)上可看出地震参数纵波阻抗对泥质响应并不敏感,难以区分出含泥质储层,而"纵波速度与密度平方的比值"($v_p/DEN^2$)这个地震参数能够较好的区分出含泥质储层。因此,可以通过叠前弹性反演,得到"纵波速度与密度平方的比值"作为对泥质较敏感的参数。经过单井标定,当泥质指示因子($v_p/DEN^2$)小于 650($m/s$)/($g/cm^3$)$^2$ 时,为泥质充填洞穴(图2-46b),从而识别泥质充填洞穴,达到规避风险的目的。

通过叠前泥质指示因子反演技术对储层的有效性进行评价(图 2-47)。泥质识别因子小于 $650m/s \cdot cm^6/g^2$ 时为泥质充填洞穴;泥质识别因子大于 800($m/s$)/($g/cm^3$)$^2$,并位于地貌高部位时,为低风险含油洞穴储层;泥质识别因子在 650~800($m/s$)/($g/cm^3$)$^2$,并位于地貌高部位时,则评价为中等风险含油洞穴储层;泥质识别因子在 650~800($m/s$)/($g/cm^3$)$^2$,并位于地貌低部位时,则评价为高风险含油洞穴储层。由此发现第一层洞穴由于发育在岩溶台地上,水流动力小,多位于油水界面之上,低风险含油洞穴比例较大。第二、三、四层洞穴发育在岩溶斜坡及岩溶洼地,水流动力较大,易被泥质充填,且部分洞穴位于油水界面之

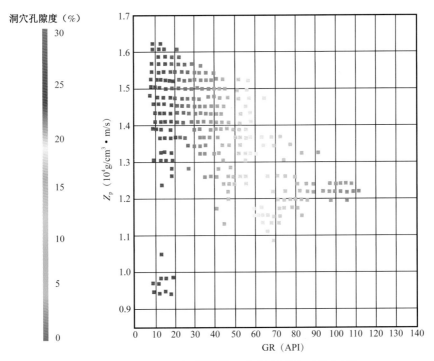

(a)纵波波阻抗($Z_p$)与伽马曲线(GR)的交会图

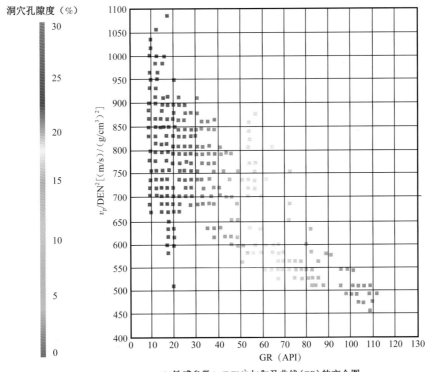

(b)敏感参数($v_p$/DEN$^2$)与伽马曲线(GR)的交会图

图 2-46 岩石物理分析图

下,因此新钻井出水或被泥质充填的风险较大。根据已知钻井情况,相连通洞穴的拐弯处容易充填泥质,而且岩溶斜坡的充填程度要高于岩溶台地。上述这些认识对轮古西岩溶储层评价具重要参考价值。

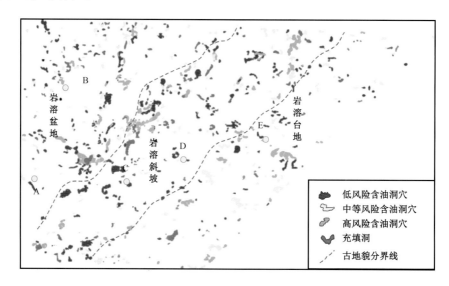

图 2-47　轮古西岩溶储层评价图

## 二、礁滩储层地震预测技术

这里定义的礁滩储层是指没有白云石化的礁滩灰岩储层及发生白云石化但仍保留原岩礁滩结构的白云岩储层,储层的发育具有明显的相控性和旋回性,向上变浅旋回的上部不但礁滩体发育,而且储层发育潜力也大,在地震剖面上往往呈碳酸盐岩建隆出现,建隆内部杂乱反射。礁滩储层除部分沉积原生孔外,大量孔隙形成于准同生期溶蚀作用和表生岩溶作用。并不是整个礁滩体都是有效储层,具有很强的非均质性,礁核相往往较致密,而伴生的滩相往往能发育成有效储层,致密层与储层在礁滩体中的分布样式受岩相和暴露面控制。

上述认识为礁滩储层地震预测提供了重要的地质约束条件。礁滩储层地震预测要着眼于礁滩期次的划分及相带控制下的储层预测理念。因此,礁滩储层地震预测应包括以下几个方面的研究。

### 1. 地震层序地层识别技术

由基准面短期旋回构成的中期旋回在地震剖面上更具有识别意义。通过井震标定,在地震剖面上识别出最大海泛面的等时反射同相轴,并将之拉平,揭示上超、顶超、底超等具标志性地质意义的地震反射结构特征。

在地震时间剖面上,碳酸盐缓坡层序界面反射结构特征通常表现为上超和顶超(图 2-48),海岸的上超特点反映了海平面的相对上升过程,如果再结合海平面的变化特点,就可以判断碳酸盐岩的生长变化和储层叠置样式。

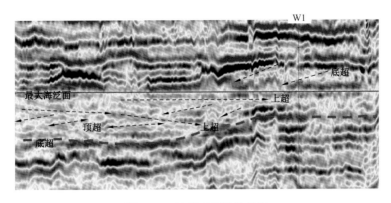

图 2-48　地震反射结构特征

　　地震反射界面基本上是等时界面或平行于地层的等时界面,而地层基准面旋回与界面均具有成因地层单元和时间界面的含义,因此,地震反射界面应平行于或相当于基准面旋回界面。据基准面的中期旋回建立高分辨率层序地层格架,对比地震反射特征往往可以较清楚地分辨出地震层序地层发育情况。

　　以川中寒武系龙王庙组为例,在地震反射界面的控制下,进行地震层序地层追踪(图 2-49a),进而进行 wheeler 域转换,并在年代地层格架内识别沉积结构(图 2-49b)。

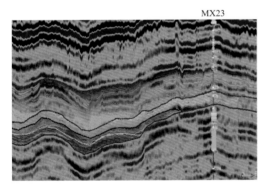

（a）地震层序地层追踪图

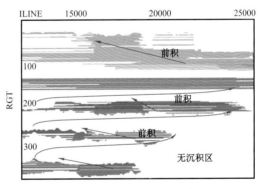

（b）（地震）年代地层图

图 2-49　川中寒武系龙王庙组地震层序地层追踪及年代地层识别

　　根据上超、底超的反射特征所反映的目的层内部沉积层序,结合海平面变化,发现沉积层序总体处于海平面相对上升阶段,期间有三个海平面下降的时期。通过地震层序地层分析,该沉积层序演化(图 2-50)具以下特征:(1)相对短时间的海平面上升,可容纳空间有较大幅度升高,$A/S$ 值升高,造成层序底部泥质发育,发育大段的泥质白云岩和泥粉晶白云岩,位于龙王庙组下部;(2)相对长时间的海平面下降,可容纳空间降低幅度较小,$A/S$ 值也有所降低,以中细晶白云岩为主、滩沉积为主,多发育在龙王庙组中下部;(3)相对短时间的海平面快速上升,可容纳空间增幅较大,$A/S$ 值增大,砂泥比含量下降,岩性多为斜坡环境中的泥岩,多发育在龙王庙组中部;(4)相对长时间海平面下降,可容纳空间降低幅度较小,$A/S$ 值也有所降低,以中细晶白云岩为主、滩沉积为主,多发育在龙王庙组上部。

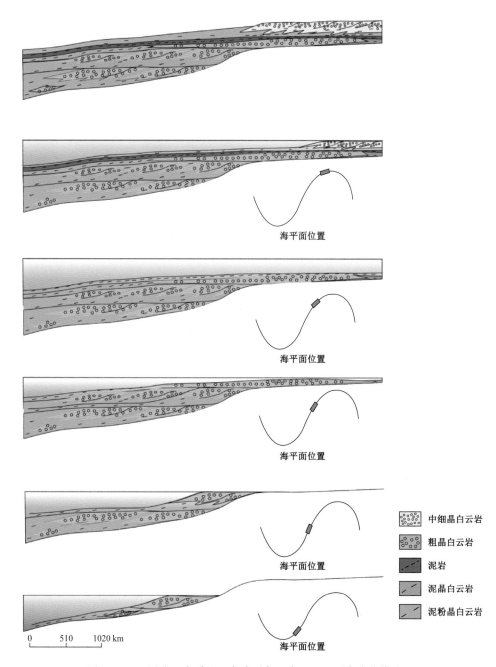

图 2-50 四川盆地磨溪地区寒武系龙王庙组沉积层序演化模式图

## 2. 相控型储层地震预测技术

### 1)建立相控初始反演模型

传统的储层井插值建模方法之所以不适用于礁滩储层预测,是因为礁滩储层具有较强的非均质性,台内岩相分异明显,利用井插值的方法很难表征储层空间分布规律。如何有效利用地震资料的空间覆盖信息及钻测井资料的纵向分辨率来表征岩相分布特征是建立初始模型进行地震储层预测的关键。

相对阻抗产生的简洁又准确的办法是颜色反演。颜色反演运算迅速,其操作的关键是寻找一个简单的操作因子 $Q$,将地震道 $S$ 直接转换为反演结果 $I$,如下式:$I=Q*S$,其中, $*$ 式为频域乘积,操作因子 $Q$ 一般在频域计算获得。以纵波相对阻抗为例,首先拟合测井资料的声波阻抗频谱指数关系特征,然后提取井旁道资料,相除后获得操作因子谱,再做 $-90°$ 相位移动即可获得操作因子,最终可以获得相对波阻抗。

2）相对波阻抗与绝对波阻抗转换

为了产生符合礁滩储层分布规律又能指导地震反演的高品质低频模型,还须将包含了储集空间非均质分布的相对波阻抗在实际测井资料的约束下转化为绝对波阻抗。而基于多属性优化的结果,相控建模技术只能产生定性模型。

图 2-51 为实际测井资料纵波阻抗与横波阻抗的交会图,颜色表示孔隙度,纵波阻抗大于 $1.77 \times 10^4 \mathrm{kg/m}^3 \cdot \mathrm{m/s}$ 的范围对应致密储层,小于 $1.77 \times 10^4 \mathrm{kg/m}^3 \cdot \mathrm{m/s}$ 的范围对应好的储层,在纵波阻抗较小的范围内,纵横波速度比较小的区域对应流体充填的储层,纵横波速度比较大的区域则对应泥质。实际上,碳酸盐岩基质速度大,而次生储集空间的速度相对比较小,两者产生的强烈阻抗差会在地震剖面上形成强的反射,这也是传统叠后手段预测储层的依据。但是泥质的可压缩性能与流体类似,即泥质与优质储层的速度差别不大,显然单纯依靠叠后响应不能予以区分。而流体充填的优质储层孔隙度相对比较大,其可剪切性能小于泥质,因而其纵横波速度比相对泥质较小,这正是叠前识别优质储层的依据。从图中可以看出,如果不考虑泥质的影响,储层性质与波阻抗数值大小基本成反比。

基于上述纵波阻抗数值识别储层的原理,将测井曲线滤波到地震频带,然后与井旁反演的相对波阻抗作交会分析,从而建立相对波阻抗与绝对波阻抗之间的联系(图 2-52),图中绝对波阻抗与相对波阻抗较大的区域主要对应碳酸盐岩基质,较小的范围可能对应流体充填的优质储层和泥质。可以看出相对波阻抗与绝对波阻抗在该区有较好的相关性,绝对波阻抗数值与相对波阻抗数值基本呈分段线性关系,绝对波阻抗数值越小,则相对波阻抗数值越小,可用直线 AB 拟合。反之亦然,可用直线 BC 拟合,换言之,相对波阻抗可以定量转化为绝对波阻抗。AB 段:PI=0.55RPI-364;BC 段:PI=1.818RPI+200(PI、RPI 分别为绝对波阻抗和相对波阻抗)。

颜色反演获得的相对波阻抗受控于地震资料的振幅,而子波旁瓣常常导致反演结果在低阻储层周围出现高阻阴影。利用准确的模型与反演结果进行低频信息合并可以适当避免这种现象。为了最大限度降低反演结果的低频阴影,可以在基质段进行大尺度滤波。获得纵波阻抗模型之后,基于图中的关系可以获得横波阻抗的模型,二者共同应用于叠前反演。

3）插值建模和相控建模方法对比

图 2-53 为插值建模方法和相控建模方法产生的纵波阻抗结果对比,可以看出,无论采用何种插值方法,插值建模的结果均会造成局部非均质性井点处的响应在空间上大面积分布,

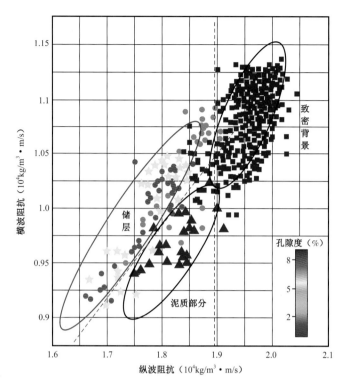

图 2-51　纵波阻抗与横波阻抗(源于测井曲线)交会图

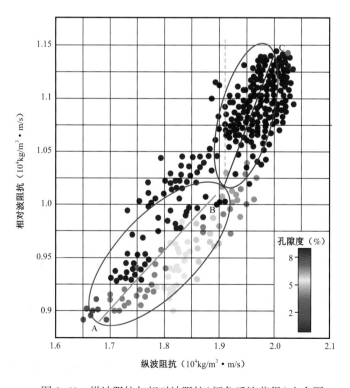

图 2-52　纵波阻抗与相对波阻抗(颜色反演获得)交会图

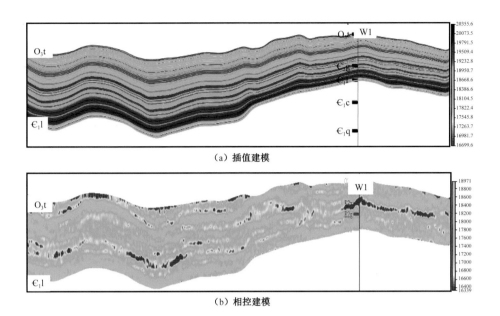

（a）插值建模

（b）相控建模

图 2-53　插值建模和相控建模产生的初始模型对比图

与实际地质特征情况不符。另外，由于钻测井深度有限，导致深部的模型难以产生具体的数值。而采用相控建模方法，在空间上最大程度地利用了地震数据的空间信息，结合了测井资料的分辨率信息，产生了能反映储层非均质分布的定量模型，可用来进行进一步的反演运算。

# 三、白云岩储层地震预测技术

白云岩储层的原岩大多为礁滩沉积，只是有的保留了原岩礁滩结构，有的没有保留原岩礁滩结构。这里定义的白云岩储层是指没有保留或残留少量原岩礁滩结构的白云岩储层，以细晶、中晶和粗晶白云岩形式出现。礁滩沉积早期白云石化往往能较好地保留原岩礁滩结构，叠加埋藏白云石化改造后可残留部分原岩礁滩结构或完全被破坏，埋藏期白云石化往往以晶粒白云岩出现，原岩结构难以保留。所以白云岩储层同样具有明显的相控性，沿层序界面、不整合面和断裂系统容易发生埋藏—热液溶蚀和白云石化作用，形成部分溶蚀孔洞，但不是白云石化作用形成孔隙，孔隙主要是对原岩孔隙（原生孔和大气淡水溶蚀孔洞）的继承和调整。这些认识为白云岩储层地震预测提供了重要的地质约束条件。

## 1. 断裂—热液改造型白云岩储层预测技术

以塔中地区鹰山组和蓬莱坝组为例，其晶粒白云岩是在埋藏—热液作用下交代和重结晶作用的产物，不但有丰富的晶间孔隙，而且还发育大量的热液溶蚀孔洞。礁滩体、暴露面和断裂是储层发育的主控因素，因此，预测礁滩体、暴露面和断裂系统的发育规律是储层预测的关键。

### 1）"成岩地震相"特征

由于成岩作用的改造使储层的沉积结构发生变化，呈现出异常的地震响应特征，比如杂乱地震相区普遍存在一种下凹或碟状反射,这种几何形态的反射是碳酸盐沉积中断的表现,可能代表沉积物的塌陷。杂乱地震相和塌陷反射叠加在原始沉积相上,暗示杂乱反射是碳酸盐岩成岩交代作用所造成的次生现象。依据成岩地震相,可以识别由断裂控制的白云岩储层特征和分布。

（1）下凹塌陷特征。

受热液改造的白云岩储层往往在地震剖面上呈下凹现象(图2-54),其原因是断裂作为热液的通道,改造储层后孔隙度增大,地震波速降低,产生下凹现象。下凹反射之下的碳酸盐岩层段常常具有杂乱反射特征,不过在没有杂乱地震相分布的区域也可见到下凹几何形态。盖在其上的岩层通常显示软沉积变形或塌陷特征,与洞穴形态相近。

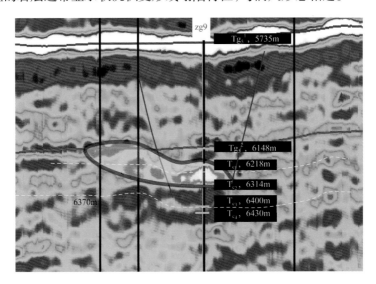

图2-54　断裂—热液改造下白云岩储层下凹塌陷特征

（2）杂乱地震相。

面状杂乱地震相由不规则的内部反射和短而不连续强振幅同相轴构成(图2-55),可能(并非绝对)与下凹反射共存。一般情况下,杂乱地震相出现在断块的上盘,与断块似乎有成因联系。

2）断裂地震几何属性识别

曲率属于地震几何属性的一种,而地震几何属性已成为检测振幅及动力学相关属性感知度甚小的微裂缝的最佳途径,通过不同方位上几何属性的计算,可以发现并检测与构造形变成因相关联的线状特征,预测微小的裂缝发育趋势带。曲率分析是裂缝分布预测中的传统方法,并在长期的应用过程中被逐步改进。研究中使用的地质曲率就是一种新的地质层面曲率算法,该方法兼具数学上的严密性和地质上的实际意义。

（1）曲面曲率。

曲率属性在20世纪90年代中期被引入解释流程中,计算方式为用层面计算。曲率是用来表征层面上某一点处变形弯曲程度的量,地震曲率就是通过计算层面曲率来研究地层

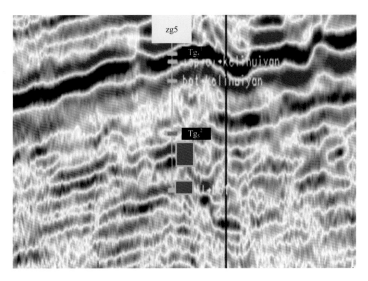

图 2-55　热液白云岩杂乱成岩地震相(红色为储层发育段)

的横向凹凸关系及其展布情况。层面变形弯曲程度越高,曲率值就越大。二维曲线的曲率半径和导数的表达形式:

$$K_{2D}=\frac{1}{R}=\frac{\dfrac{d^2z}{dx^2}}{\left[1+\left(\dfrac{dz}{dx}\right)^2\right]^{\frac{3}{2}}}$$

式中,$K_{2D}$ 为二维曲线的曲率;$R$ 为圆的曲率半径;$z=f(x)$ 为二维曲线的函数表达式。目前,大部分解释工作站上的曲率计算都是通过用最小平方法或其他最大值法把二次曲面$(z,y)$拟合到一个解释出的地层上,这样就可得到系数,再利用系数表达式就可以导出最小曲率、最大曲率、主曲率、最大正极/负极曲率、倾斜曲率、走向曲率等。系数表达式为:

$$Z(x,y)=ax^2+cxy+by^2+dx+ey+f$$

式中,$a=\dfrac{1}{2}\dfrac{d^2z}{dx^2}$;$b=\dfrac{1}{2}\dfrac{d^2z}{dy^2}$;$c=\dfrac{d^2z}{dxdy}$;$d=\dfrac{dz}{dx}$;$e=\dfrac{dy}{dx}$;$f$ 为差分系数。

（2）基于层面的地震曲率属性。

基于层面的地震曲率属性就是沿目的层面(解释的目的层位在三维空间的展布为一曲面,即层面)提取的曲率属性。基于层面提取的地震曲率属性属于层面衍生属性,是直接从拾取的层面本身计算得到的属性,而层面附近的地震数据并未参与实际运算。因此,该属性的提取对层位解释的准确度与精细度要求较高。

## 2. 塔中断裂—热液改造型白云岩储层预测

塔中地区经历了多期构造运动,导致区内断裂十分发育,鹰山组下段白云岩储层分布多受断裂控制。断裂系统为埋藏—热液成岩作用提供了成岩介质通道,导致白云岩储层沿断裂和层间不整合面呈准层状或透镜状、斑块状分布,离断裂及不整合面越近,白云石化作用和热液溶蚀作用越强烈,储层品质越好,远离断裂及不整合面则相变为石灰岩。基于上述认识,应用断裂—热液改造型白云岩储层预测技术,预测了塔中地区鹰山组下段白云岩储层的分布(图2-56)。

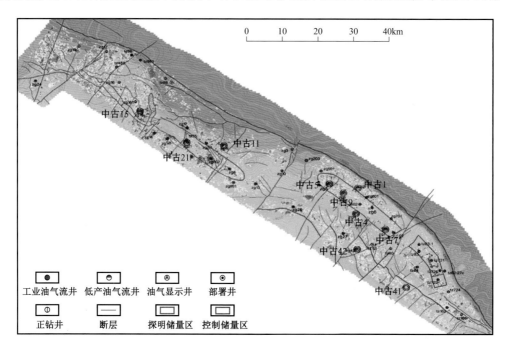

图2-56　塔中地区鹰山组下段白云岩储层与断裂分布叠合图

# 参 考 文 献

蔡春芳,梅博文,马亭,等.1997.塔里木盆地有机酸来源、分布及对成岩作用的影响[J].沉积学报,15(3):103-109.

陈志勇,霍玉雁,贾英兰.2005.FMI成像测井在柴达木盆地的应用[J].石油天然气学报(江汉石油学院学报),27(5):602-605.

丁熊,谭秀成,李凌,等.2013.四川盆地雷口坡组三段颗粒滩储层特征及成因分析[J].中国石油大学学报:自然科学版,2013,37(4):30-37.

范翔宇,夏宏泉,陈平,等.2005.钻井泥浆污染储层程度的测井评价方法研究[J].天然气工业,25(10):76-78.

胡安平,李秀芝,蒋义敏,等.2014.碳酸盐岩储层微区地球化学分析技术的发展及应用[J].天然气地球科学,25(1):116-123.

雷卞军,强子同,陈季高.1991.川东上二叠统生物礁成岩作用与孔隙演化[J].石油与天然气地质,12(4):364-375.

李昌,乔占峰,邓兴梁,等.2017.视岩石结构数技术在测井识别碳酸盐岩岩相中的应用[J].油气地球物理,15(1):29-35.

李昌,寿建峰,陈子炓,等.2013.南翼山地区藻灰岩测井识别方法及应用[J].油气地球物理,11(1):35-38.

李昌,司马立强,沈安江,等.2015.电成像测井储层非均质性评价方法在川东北 G 地区 FC 段地层的应用 [J].地球物理学进展,30(2):725–732.

李潮流,王树寅.2006.利用 FMI 成像测井识别柴西第三系藻灰岩储层[J].测井技术,30(6):523–526.

刘力辉,李建海,刘玉霞.2013.地震物相分析方法与"甜点"预测[J].石油物探,52(4):432–437.

罗伟平,范晓敏,陈军.2008.利用一种有监督模糊 ART 人工神经网络进行测井岩性识别[J].吉林大学学报(地球科学版),38(S):137–139.

马永生,蔡勋育,赵培荣.2011.深层、超深层碳酸盐岩油气储层形成机理研究综述[J].地学前缘,18(4):181–192.

潘立银,张建勇,胡安平,等.2015.四川盆地东部长兴组礁灰岩缺乏大规模白云石化作用的原因分析及启示[J].海相油气地质,20(3):28–32.

彭晓群,吴丰,张延华.2012.柴达木盆地小梁山地区混积岩储层测井评价[J].石油地球物理勘探,47(51):136–139.

强子同,马德岩,顾大铺,等.1996.激光显微取样稳定同位素分析[J].天然气工业,16(6):86–89.

乔占峰,沈安红,郑剑锋,等.2015.基于数字露头模型的碳酸盐岩储集层三维地质建模[J].石油勘探开发,42(3):328–338.

佘敏,寿建峰,贺训云,等.2013.碳酸盐岩溶蚀机制的实验探讨:表面溶蚀与内部溶蚀对比[J].海相油气地质,18(3):55–61.

佘敏,寿建峰,沈安江,等.2014a.从表生到深埋藏环境下有机酸对碳酸盐岩溶蚀的实验模拟[J].地球化学,43(3):276–286.

佘敏,寿建峰,沈安江,等.2014b.埋藏有机酸性流体对白云岩储层溶蚀作用的模拟实验[J].中国石油大学学报(自然科学版),38(3):10–17.

佘敏,寿建峰,沈安江,等.2016.碳酸盐岩溶蚀规律与孔隙演化实验研究[J].石油勘探与开发,43(4):564–572.

孙振城,孙建孟,马建海,等.2005.利用测井资料自动识别藻灰岩[J].吉林大学学报(地球科学版),35(3):382–388.

王瑞,朱筱敏,王礼常.2012.用数据挖掘方法识别碳酸盐岩岩性[J].测井技术,36(2):197–201.

王硕儒,范德江,汪丙柱.1996.岩相识别的神经网络计算[J].沉积学报,14(4):154–160.

肖礼军,汪益宁,滕蔓.2011.川东 H2S 气体分布特征及对储层的后期改造作用[J].科学技术与工程[J].11(32):7892—7898.

杨俊杰,黄思静,张文正,等.1995.表生和埋藏成岩作用的温压条件下不同组成碳酸盐岩溶蚀成岩过程的实验模拟[J].沉积学报,13(4):49–54.

远光辉,操应长,杨田,等.2013.论碎屑岩储层成岩过程中有机酸的溶蚀增孔能力[J].地学前缘,20(5):207–219.

张翔,王智,罗菊花,等.2010.基于逐步判别与支持向量机方法的沉积微相定量识别[J].测井技术,34(4):365–369.

张治国,杨毅恒,夏立显.2005.自组织特征映射神经网络在测井岩性识别中的应用[J].地球物理学进展,20(2):332–336.

赵文智,沈安江,胡素云,等.2012.中国碳酸盐岩储集层大型化发育的地质条件与分布特征[J].石油勘探与开发,39(1):1–12.

赵文智,沈安江,胡素云,等.2012.塔里木盆地寒武—奥陶系白云岩储层类型与分布特征[J].岩石学报,28

（3）：758-768.

赵雪凤,朱光有,刘钦甫,等.2007. 深部海相碳酸盐岩储层孔隙发育的主控因素研究［J］.天然气地球科学, 18（4）：514-521.

钟仪华,李榕.2009. 基于主成分分析的最小二乘支持向量机岩性识别方法［J］.测井技术,33（5）：425- 429.

朱光有,杨海军,苏劲,等.2012. 中国海相油气地质理论新进［J］.岩石学报,28（3）：722-738.

Basu T, Dennis R, Al-khobar B D, et al. 2002. Automated facies estimation from integration of core, petrophysical logs and borehole images［C］. AAPG Annual Meeting, 1-7.

Came R E, Eiler J M, Veizer J, et al. 2007. Coupling of surface temperatures and atmospheric $CO_2$ concentrations during the Palaeozoic era［J］. Nature, 449（13）：198-202.

Cuddy S J. 2000. Litho-facies and permeability prediction from electrical logs using fuzzy logic［J］. SPE Reservoir Evaluation & Engineering, 3（4）：319-324.

Da-Li W, Hans D K, Gordon C. 2008. Facies Identification and prediction based on rock texture from microesistivity images in highly hereogenerogeneous carbonates：a case study from Oman［C］. SPWLA 49rd Annual Logging Symposium, 1-24.

Dunham R J. 1962. Classification of carbonate rocks according to depositional texture［J］. AAPG Tulsa, 1：108- 121.

Eiler J M, Schauble E. 2004. $^{18}O-^{13}C-^{16}O$ in Earth's atmosphere［J］. Geochimica et Cosmochimica Acta, 68（23）： 4767-4777.

Eiler J M. 2006b. A practical guide to clumped isotope geochemistry［J］. Geochimica et Cosmochimica Acta, 70 （18）：A157.

Eiler J M. 2007. "Clumped-isotope" geochemistry——The study of naturally-occurring, multiply-substituted isotopologues［J］. Earth and Planetary Science Letters, 262（3-4）：309-327.

Eiler J M. 2006a. 'Clumped' isotope geochemistry［J］. Geochimica et Cosmochimica Acta, 70（18）：A156.

Ghosh P, Adkins J, Affek H, et al. 2006. $^{13}C-^{18}O$ bonds in carbonate minerals：A new kind of paleothermometer［J］. Geochimca et Cosmochimica Acta, 70（6）：1439-1456.

Ghosh P, Eiler J M, Campana S E, et al. 2007. Calibration of the carbonate 'clumped isotope' paleothermometer for otoliths［J］. Geochimica et Cosmochimica Acta, 71（11）：2736-2744.

Jones L M, Taylor A R, Winter D L, et al. 1986. The use of the laser microprobe for sample preparation in stable isotope mass spectrometry［J］. Terra Cognita, 6：263.

Jong-Se L, Jungwhan K. 2004. Reservoir porosity and permeability estimation from well logs using fuzzy logic and neural networks（SPE-88476）［C］. SPE Asia Pacific Oil and Gas Conference and Exhibition, 18-20.

Lucia F J. 2007. Carbonate reservoir characterization, 2nd Edition［M］. New York：Springer-Verlag.

Luquot L, Gouze P. 2009. Experimental determination of porosity and permeability changes induced by injection of $CO_2$ into carbonate rocks［J］. Chemical Geology, 265（1-2）：148-159.

Pan L, Shen A, Shou J, et al. 2016. Fluid inclusion and geochemical evidence for the origin of sparry calcite cements in Upper Permian Changxing reefal limestones, eastern Sichuan Basin（SW China）［J］. Journal of Geochemical Exploration, 171：124-132.

Perrin C. Wani M, Akbar M, 2007. Integration of borehole image log enhances conventional electrofacies analysis in dual porosity carbonate reservoirs（IPTC 11622）［C］. international petroleum technology conference, 1-10.

Pokrovsky O S, Golubev S V, Schott J. 2005. Dissolution kinetics of calcite, dolomite and magnesite at 25℃ and 0 to 50 atm pCO₂ [J]. Chemical Geology, 217（3-4）: 239-255.

Qi L S, Carr T R. 2006. Neural network prediction of carbonate lithofacies from well logs, Big Bow and Sand Arroyo Creek fields, southwest Kansas [J]. Computers and Geosciences, 32（7）: 947-964.

Qiao Z, Shen A, Zheng J, et al. 2017. Digieized cutcrop geomodeling of raucp shoals and ies reservoirs: as an exaucple of lower Triassic Feixiauguan Formation of eastem Sichuan Basin [J]. Aota Geologica Sinica（English Edition）, 91（4）: 1395-1412.

Schauble E A, Ghosh P, Eiler J M. 2006. Preferential formation of ¹³C—¹⁸O bonds in carbonate minerals, estimated using first-principle lattice dynamics [J]. Geochimica et Cosmochimica Acta, 70（10）: 2510-2529.

Stowe L, Hock M. 1988. Facies analysis and diagenesis from well logs in the Zechstein carbonates of northern Germany [C]. SPWLA 29rd Annual Logging Symposium, 1-25.

Stundner M, Oberwinkler C. 2004. Self-organizing maps for lithofacies identification and permeability prediction（SPE 90720）[C]. SPE Annual Technical conference and exhibition, 1-8.

Surdam R C. Crossey L J. Gewan M. 1993. Redox reactions involving hydrocarbons and mineral oxidants: A mechanism for significant porosity enhancement in sandstones [J]. AAPG Bulletin. 77（9）: 1509-1518.

Surdam R C. Crossey L J. Hagen E S, et al. 1989. Organic-inorganic interactions and sandstone diagenesis [J]. AAPG Bulletin. 73（1）: 1-23.

Tang H, Toomey N, Meddaugh W S. 2009. Successful carbonate well log facies prediction using an artificial neural network method: Wafra Maastrichtian reservoir, partitioned neutral zone（PNZ）, Saudi Arabia and Kuwait（SPE 123988）[C]. SPE Annual Technical conference and exhibition, 1-11.

Treerattanapitak K, Jaruskulchai C. 2013. Possibilistic Exponential Fuzzy Clustering [J]. Journal of Computer Science and Technology, 28（2）: 311-321.

# 第三章 海相碳酸盐岩构造—岩相古地理

碳酸盐台地是海相碳酸盐沉积物形成和沉积的主要场所。据 Tucker 等（1985,1990）定义,碳酸盐台地实际上是一种为浅海陆表海所淹没的相当平坦的克拉通区,水深在 5～10m,宽度很大,为 100～10000km,其向洋侧可以有缓或陡的斜坡。有关碳酸盐岩沉积相研究,Ginsburg 等（1957）、Bathurst（1958）和 Folk（1959）在 20 世纪 50 至 70 年代的研究具有里程碑意义。在随后的 60 至 80 年代,碳酸盐岩沉积环境的研究空前发展,Shaw（1964）、Irwen（1965）、Read（1985）、Willson（1974,1975）、Tucker（1981,1990）等建立起来的陆表海台地、碳酸盐缓坡、镶边和孤立台地等经典相模式至今仍被广泛引用,并对今后研究继续产生影响。碳酸盐岩沉积相及古地理演化受构造运动、古地理背景、坡度、障壁条件、水介质条件、气候、海平面升降、生物作用等因素的影响,起决定性作用的是构造、古地理背景、气候条件、海平面变化和生物作用。

本章重点讨论四川盆地重点层系(灯影组、龙王庙组、栖霞组和茅口组)、塔里木盆地重点层系(上震旦统、下寒武统肖尔布拉克组、中—上寒武统、下奥陶统蓬莱坝组)及鄂尔多斯盆地重点层系(马家沟组)构造—岩相古地理特征,尤其是台地类型(镶边台地和碳酸盐缓坡)、台内裂陷及缓坡台地对规模储层发育的控制,近年来取得了重要进展。

# 第一节　概　　述

为了便于阅读与理解文中涉及的岩石名称和沉积相术语,本节重点介绍三个方面的内容。一是 Dunham（1962）的碳酸盐岩分类,二是镶边碳酸盐台地、缓坡台地和孤立台地三种台地模式,三是沉积相控制因素。

## 一、碳酸盐岩岩石分类

碳酸盐沉积物的结构和沉积场所能量的相互依赖性这一认识已被广泛应用于两套最广为人们所接受的碳酸盐岩分类中,分别为 Folk（1959）的分类和 Dunham（1962）的分类。Folk 的分类紧紧围绕着沉积结构特征,不仅包括颗粒的大小、磨圆度、分选性和叠置样式,同时还包括颗粒成分。Folk 分类的复杂性使得它更适用于显微镜下识别碳酸盐岩的岩石类型。相反,Dunham 的分类实质上是结构分类,既简单又方便,很适于野外及井场地质学家使用该分类。

Dunham 的分类（表 3-1）主要基于生物粘结作用的有无、灰泥的有无、颗粒与基质之间的支撑关系。共分为 4 种岩石类型:泥晶灰岩、粒泥灰岩、泥粒灰岩和颗粒灰岩,代表了一个能量递变的过程。Dunham 使用这些岩石名称术语时特别强调了它们与常用的硅质碎屑岩名称术语之间的关系。术语"绑结岩"突出了碳酸盐岩中生物的粘结和格架形成的重要作用,广义上的礁灰岩(粘结岩、障积岩和格架岩)均可置于"绑结岩"中。"结晶岩"可以是结晶灰岩或结晶白云岩,它们是碳酸盐岩特有的岩石类型。同 Folk 的分类一样,岩石命名按其所含的组分及含量进行修饰(如鲕粒颗粒灰岩、球粒颗粒灰岩等),以进一步阐述沉积场所的生物和物理条件。Dunham 的碳酸盐岩分类回避了白云岩分类问题。笔者根据 Dunham 石灰岩的分类相应将白云岩划分为两大类(表 3-1)。一类是原岩结构组分是可识别的,这时,石灰岩的划分方案适用于白云岩,只要将石灰岩结构分类表中的"灰岩"改为白云岩即可,如颗粒灰岩改为颗粒白云岩即可,这类白云岩往往为同生或准同生沉积或交代成因的白云岩。另一类是原岩结构组分不可识别的,如细晶白云岩、中晶白云岩等,这类白云岩往往为次生交代或重结晶成因的,按粒度大小可分别命名为粉晶、细晶、中晶、粗晶、巨晶白云岩,与 Dunham 的结晶灰岩相对应。

**表 3-1　Dunham(1962)碳酸盐岩分类及与之相对应的白云岩分类**

| Dunham 的石灰岩分类 | 可识别的原岩结构 | | | | | 不可识别的原岩结构(粒径 mm) |
| --- | --- | --- | --- | --- | --- | --- |
| | 沉积时原始结构组分未被粘结在一起 | | | | 沉积时原始结构组分被粘结在一起 | |
| | 含灰泥(黏土或粉砂级碳酸盐) | | | 缺少灰泥,颗粒支撑 | | |
| | 灰泥支撑 | | 颗粒支撑 | | | |
| | 颗粒含量<10% | 颗粒含量>10% | | | | |
| | 泥晶灰岩 | 粒泥灰岩 | 泥粒灰岩 | 颗粒灰岩 | 粘结岩 | 结晶灰岩 |
| 与 Dunham 石灰岩分类相对应的白云岩分类 | 泥晶云岩 | 粒泥云岩 | 泥粒云岩 | 颗粒云岩 | 礁云岩藻丘云岩 | 粉晶云岩(0.03~0.1) |
| | | | | | | 细晶云岩(0.1~0.25) |
| | | | | | | 中晶云岩(0.25~0.50) |
| | | | | | | 粗晶云岩(0.50~2.0) |
| | | | | | | 巨晶云岩(>2.0) |

## 二、碳酸盐岩沉积相模式

本章重点阐述与碳酸盐岩储层发育密切相关的三种碳酸盐台地类型。

### 1. 镶边碳酸盐台地

也被称为镶边陆架或镶边陆棚,现介绍威尔逊镶边碳酸盐台地模式。

Willson(1974,1975)综合了古代及现代大量的碳酸盐沉积模式,按照沉积环境的潮汐、波浪、氧化界面、盐度、水深及水循环等因素的控制,归纳了碳酸盐台地和边缘海温暖浅水环境中碳酸盐沉积类型的地理分布,把碳酸盐沉积划分为三大沉积区、9 个相带、24 个微相(表 3-2)。该模式的特点是结合 Dunham(1962)、Embry 等(1971)、Flugel 等(1982,2004)

的微相研究成果,划分出 24 个微相并与三大沉积区、9 个相带联系在一起,使碳酸盐沉积环境分析的基本原理、方法和形式都发展到了一个新的水平,但基本格局仍然是低能—高能—低能这三个大的相带,该模式具有很高的综合性、概括性、理论性和实用性,因此,也被称为碳酸盐岩标准相带模式(图 3-1)。

**表 3-2　威尔逊 9 个标准相带识别特征**

| 相区 | | 相带 | 岩石类型 | 沉积构造 | 生物特征 | 与肖—欧文模式比较 |
|---|---|---|---|---|---|---|
| 盆地相区 | 1 | 盆地相 | 暗色泥晶灰岩、粉屑灰岩、页岩 | 薄纹层、韵律层 | 浮游生物(海绵骨针、放射虫) | 相当于 X 带 |
| | 2 | 广海陆棚相 | 生物灰岩、泥晶灰岩、粉屑灰岩 | 薄层—中层状生物扰动构造 | 正常海相生物 | |
| | 3 | 深海陆棚边缘相 | 泥晶灰岩、微角砾灰岩 | 韵律层、粒序层 | 正常海相生物,来自斜坡的生屑 | |
| 台缘相区 | 4 | 台地前缘斜坡相 | 塌积岩、礁屑灰岩、生屑灰岩 | 滑塌构造、角砾构造 | 来自斜坡上部的生屑 | 相当于 Y 带 |
| | 5 | 台地边缘生物礁相 | 骨架岩、障积岩、粘结岩 | 块状层、向上凸起的纹层 | 造礁生物(珊瑚、层孔虫等) | |
| | 6 | 台地边缘浅滩相 | 亮晶颗粒灰岩 | 交错层理 | 受磨蚀的生物介壳 | |
| 台地相区 | 7 | 开阔台地相 | 微晶颗粒灰岩、泥晶灰岩 | 中—薄层状、水平虫孔 | 正常海相生物 | 相当于 Z 带 |
| | 8 | 局限台地相 | 球粒灰岩、泥晶灰岩 | 纹层、鸟眼、斜交虫孔 | 广盐生物(介形虫、腹足等) | |
| | 9 | 蒸发台地相 | 白云岩、膏岩 | 泥裂、结核、膏盐假晶 | 蓝绿藻、介形虫 | |

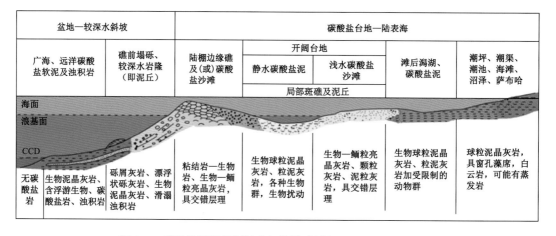

图 3-1　碳酸盐沉积理想标准相带模式(据 Willson,1974,1975)

## 2. 缓坡碳酸盐台地

基于墨西哥湾 Smackover 组、波斯湾全新统和坎佩切湾（墨西哥湾东部）更新统的研究，Ahr（1973,1998）提出碳酸盐缓坡（carbonate ramp）一词来代替碳酸盐台地（carbonate platform）以及碳酸盐陆棚（carbonate shelf）。碳酸盐缓坡是指从海岸到盆地坡度很小（一般坡度小于1°）的碳酸盐岩沉积体系。在碳酸盐缓坡上沉积的浅水碳酸盐岩顺着平缓的坡度逐渐经过外滨到达水体更深处，最终进入盆地沉积场所（Tucker,1985）（图3-2）。Wright（1992,1998）根据风暴、波浪和潮汐对缓坡的影响程度并结合前人成果，对缓坡划分出4个相带：内缓坡（浅缓坡）、中缓坡、外缓坡（深缓坡）和盆地。

内缓坡（浅缓坡）（inner ramp）：位于晴天浪底之上的区带，主要为灰砂浅滩或生物障壁、临滨沉积物和障壁后的潮缘带。

中缓坡（mid ramp）：位于晴天浪底与风暴浪底之间，该区带内受风暴浪影响，但不受晴天浪的影响。沉积物显示风暴经常改造的证据，包括多种与风暴改造有关的经典特征，如递变层理、丘状交错层理。

外缓坡（深缓坡）（outer ramp）：区带位于风暴浪底之下到盆地平原（密度跃层附近）。沉积物基本无风暴直接改造现象，但是有多种与风暴有关的沉积物，如少量具粒序层理的风暴岩末梢沉积可能在深缓坡上部出现；在较深的区域，水体密度分层造成缺氧水体，可能形成局限环境。

盆地（basin）：盆地沉积的真正定义目前仍存在困难。一方面盆地沉积物依赖于沉积环境和盆地自身的深度，另一方面可能缺乏与风暴有关的粗粒沉积物。在上部接近深缓坡的地带经常出现浊流，在盆地较深的区域可能沉积硅质，在较浅的区域可能会有生物扰动灰泥。在局限的盆地、外缓坡和盆地中心可能周期性地出现富有机质相或者普遍出现生物扰动，以致于错误地判断为潟湖相。这种简单的相带划分可能因为生物在浅水或者深水区的聚集而复杂化。

| 盆地 | 碳酸盐缓坡 | | 潮缘碳酸盐台地 | |
|---|---|---|---|---|
| | 深缓坡 | 浅缓坡 | | |
| 晴天浪底之下 | | 浪控区 | 受保护区 | 近陆地区 |
| 页岩/远洋石灰岩 | 薄层石灰岩 | 障壁岛复合体 鲕粒浅滩点礁 | 潟湖—潮坪碳酸盐岩 | 潮上带碳酸盐岩 蒸发岩 |

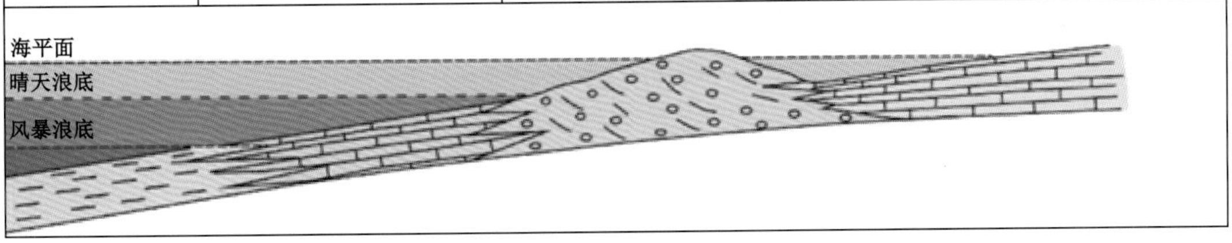

图3-2　碳酸盐缓坡沉积相模式（据 Ahr,1973；Tucker,1985）

## 3. 孤立碳酸盐台地

孤立碳酸盐台地是指远离深水大陆架孤立的浅水台地，台地边缘发育礁滩，多数边缘陡峭,由斜坡伸向深水环境,简言之就是四周由深水包围的浅水碳酸盐台地,大小从几千米到上百千米不等,孤立台地边缘陡峭,内部为潟湖。Willson(1975)提出了孤立台地的概念(图3-3),Firedman等(1978)进行了详细论述,侯方浩等(1992)在研究黔桂地区上古生界碳酸盐岩时总结的台槽沉积模式也是孤立台地模式。典型现代实例包括巴哈马台地和伯利兹台地。

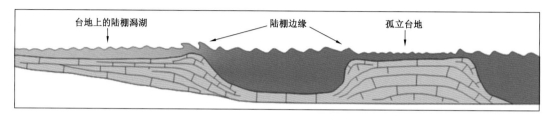

图 3-3　孤立碳酸盐台地示意图(据 Willson,1975;Lukasik 等,2000)

## 三、储层发育相带

碳酸盐岩相控性规模储层主要发育于以下4个沉积背景:蒸发台地膏云岩、镶边台缘礁滩、缓坡台地颗粒滩、斜坡—盆地相区深水重力流沉积(表3-3)。

表 3-3　相控性碳酸盐岩储层发育的有利相带和储层特征

| 储层类型 | 有利相带 | 储层特征 | 实例 |
|---|---|---|---|
| 与蒸发环境相关的膏云岩储层 | 镶边台地、缓坡台地和孤立台地背景均可发育这类储层,台内沿膏盐湖周缘分布,与蒸发气候背景有关,往往发生早期白云石化 | 膏云岩,粉细晶白云岩,膏模孔和晶间孔为主 | 鄂尔多斯盆地马家沟组上组合和中组合 |
| 与台缘带或台内裂陷相关的礁(丘)滩储层 | 镶边台地台缘、孤立台地周缘和台内裂陷周缘礁(丘)滩体,礁滩体呈加积或进积式生长 | 礁滩储层,往往发生白云石化,如原岩结构不保留则呈晶粒白云岩出现,格架孔、粒间孔、体腔孔、晶间孔 | 川东北梁平—开江裂陷长兴组—飞仙关组;川中德阳—安岳裂陷周缘灯影组;塔里木盆地良里塔格组 |
| 与缓坡台地相关的台内颗粒滩储层 | 缓坡台地背景下的浅缓坡和中缓坡,垂向上主要见于高位体系域或向上变浅旋回的上部 | 颗粒滩,往往白云化呈颗粒白云岩或晶粒白云岩,粒间孔、粒内孔和晶间孔为主 | 四川盆地龙王庙组;塔里木盆地肖尔布拉克组 |
| 斜坡—盆地深水相区重力流储层 | 台缘带礁体垮塌沉积主要见于上斜坡,下斜坡及盆地相区主要发育重力流(浊流、碎屑流)沉积 | 垮塌角砾岩、碳酸盐碎屑流或浊流,为深水沉积包裹,往往白云石化,砾间孔、粒间孔、粒内孔和晶间孔为主 | 塔东古城台缘带东斜坡和罗西台缘带西斜坡上寒武统 |

## 第二节 四川盆地重点层系构造—岩相古地理

近几年,随着新钻井和地震资料的广泛应用,四川盆地构造—岩相古地理研究取得长足进展,主要体现在震旦系灯影组、寒武系龙王庙组和二叠系栖霞组、茅口组等重点勘探层系岩相古地理和台内裂陷的刻画,发现了德阳—安岳台内裂陷及其控制的边缘高能相带,改变了克拉通内震旦纪构造稳定、沉积相单一的传统认识,从而建立了四川盆地灯影组双台缘带和龙王庙组双滩沉积模式。

### 一、震旦系—寒武系构造—岩相古地理

#### 1.灯影组构造—岩相古地理

##### 1)灯影组沉积期古地理背景

受罗迪尼亚大陆裂解和兴凯地裂运动的影响,扬子板块周缘处于伸展构造环境,在前震旦系基底断裂活化拉张断陷作用下,形成德阳—安岳台内裂陷,构成灯影组沉积期 "两隆四凹"的古地理格局。两隆是指德阳—安岳裂陷西侧的成都—乐山—宜宾台隆和东侧的广元—重庆—奉节台隆,四凹是指与松潘—甘孜海相连的扬子板块西部大陆边缘盆地、与秦岭洋相连的扬子板块北部大陆边缘盆地、与华南洋相连的东部大陆边缘盆地、克拉通内德阳—安岳台内裂陷。在上述宏观构造背景下,两隆演化成碳酸盐台地,四凹演化成陆棚—盆地,介于隆凹之间的坡折演化成大陆边缘型台地边缘或内裂陷边缘型台缘。下面以灯二段和灯四段为例阐明各相带特征及其展布。

##### 2)灯二段岩相古地理特征

灯二段主体为高位体系域沉积,其岩相古地理的主要特点是沿德阳—安岳裂陷两侧发育了由大型微生物丘滩体组成的内镶边台缘带(图3-4);台缘外侧为裂陷基础上发育的斜坡—盆地相,由相对深水的泥质白云岩和泥岩组成;内侧为广阔的台内,由潮坪、星点状微生物丘和潟湖组成。

内镶边台缘呈 "U" 形分布,宽5～40km,长约500km,向西在什邡一带、向北在广元附近与大陆边缘台缘带相接。广元旺苍、南江杨坝、什邡清平等野外剖面揭示,微生物丘滩具有明显的丘状正向地貌特征,由多个沉积旋回组成,单个旋回厚2～5m不等,累计厚度50～260m。

盆地内高石梯—磨溪地区高科1井、高石1井、磨溪9井等井钻揭微生物丘滩体,岩心和成像测井资料显示其与野外观察到的微生物丘滩体具有相同的沉积结构构造和岩性特点;资阳地区自4井及高石梯—磨溪地区高科1井、磨溪9井等也揭示台缘颗粒滩较发育,由砂砾屑白云岩、微生物粘结颗粒白云岩组成,单层厚1～3m,累计厚达80m,发育斜层理等沉积构造。地震剖面上,微生物丘滩体呈 "丘状" 和 "杂乱" 反射特征,显示单个丘滩复合

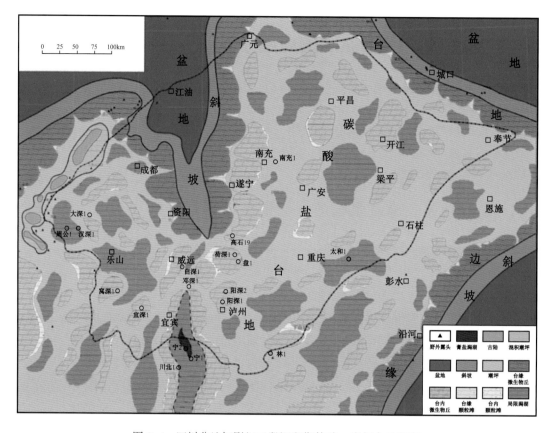

图 3-4　四川盆地灯影组二段沉积期构造—岩相古地理图

体面积较大。钻探揭示,台缘微生物丘滩体是储层发育的基础,优质储层主要沿台缘带规模分布。

　　斜坡—盆地相是本轮研究新发现的另一重要相带,位于德阳—安岳裂陷内,西北方向与松潘—甘孜海相连。斜坡—盆地相的确定有三方面依据:(1)地球物理方面的依据,大川中二维地震资料解释清晰显示,由高石梯—磨溪台缘向盆地—斜坡,灯影组明显减薄,地震相由台缘的丘状或杂乱反射变为高连续、强振幅反射特征;(2)高石17井揭示震旦系厚约170m,主要岩性为疙瘩状泥质白云岩,泥质含量较高,中国石化在该区完钻的资阳1井揭示震旦系厚不足100m,为薄层泥质白云岩夹石灰岩;(3)川西北地区青川官庄剖面和广元陈家坝剖面显示震旦系为斜坡—盆地相黑色泥页岩、硅质岩及重力流沉积。

　　3)灯四段沉积期岩相古地理特征

　　灯四段沉积期继承了灯二段沉积期的古地理格局,但相带展布有所变化,主要原因是德阳—安岳裂陷不断向南张裂,裂陷边界也向台内迁移,导致裂陷范围扩大最终贯穿盆地南北,裂陷范围的变化引起台缘带和斜坡—盆地相平面分布有较大的改变(图3-5)。

　　灯四段沉积期镶边台缘带由东西两条组成,东部台缘带分布在广元—盐亭—安岳—泸州一带,南北向展布,长450km,宽4~50km,西部台缘发育在都江堰—成都—威远—宜宾—

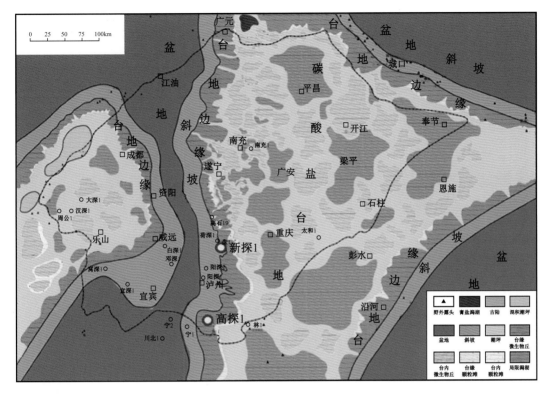

图 3-5 四川盆地灯影组四段沉积期构造—岩相古地理图

马边一带,呈向东凸出的弧状分布,长 300km,宽 4～30km;灯四段台缘微生物丘滩体特征与灯二段相似,地震丘状反射特征明显,单个丘滩体规模更大,据高石梯—磨溪地区三维地震资料解释,灯四段台缘带可划分出 21 个丘滩体,面积约 1620km²,单个丘滩体平均 77km²,而台内丘滩体平均只有 17km²。

斜坡—盆地相的展布变化也较大,近期对德阳—安岳裂陷向南展布研究显示德阳—安岳裂陷灯三段—灯四段沉积时期进一步向南裂陷,最终可能与上扬子板块东南大陆边缘盆地相连(图 3-6)。蜀南地区井震研究揭示,灯四段沉积期在荷包场—泸州—高木顶一带存在明显向西倾斜的坡折,阳 1 井揭示坡折东侧为台缘相,发育了微生物丘滩体,宁 2 井、川龙 1 井、自深 1 井、窝深 1 井、芒 1 井等揭示坡折西侧为斜坡—盆地相,灯四段较薄,一般小于 150m,由富泥质、硅质的泥晶白云岩组成。斜坡—盆地相的存在表明在克拉通内可能发育有同期烃源岩,并控制晚期烃源岩的发育,其与邻近的高能相带组成良好源储成藏组合,是台内有利勘探方向。

### 4)灯影组双台缘沉积模式

晚震旦世灯影组沉积期,四川盆地表现为潮湿—弱干旱气候条件,由于德阳—安岳台内裂陷的存在,四川盆地具有"两隆两凹"古地理格局,两隆演化为台地,两凹则演变成斜坡—盆地,这种独特的古地理背景孕育了独特的双台缘沉积模式(图 3-7)。

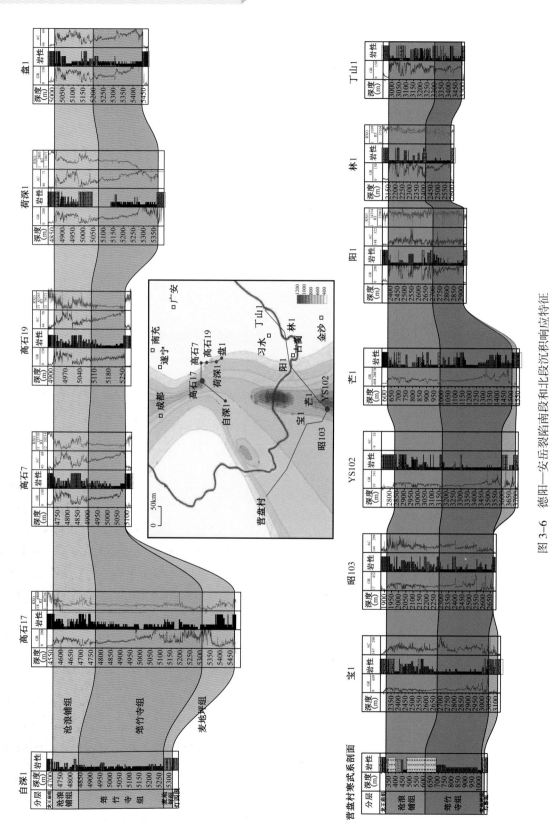

图 3-6　德阳—安岳裂陷南段和北段沉积响应特征

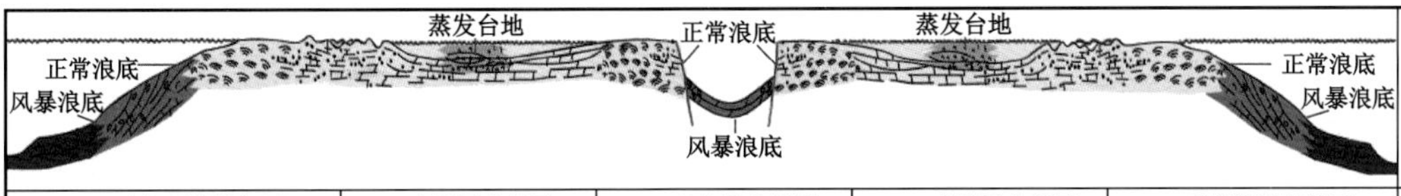

蒸发台地　　正常浪底　　蒸发台地
正常浪底　　　　　　　　　　　　　　正常浪底
风暴浪底　　　风暴浪底　　　　　　　风暴浪底
图解剖面

| 3—克拉通边缘相区 | 2—克拉通内相区 | | 1—克拉通内相区 | | | 2—克拉通内相区 | | 3—克拉通边缘相区 | 相区 |
|---|---|---|---|---|---|---|---|---|---|
| 盆地—斜坡相 | 台地边缘 | 开阔—局限—蒸发台地相 | 台地边缘 | 槽盆 | 台地边缘 | 蒸发—局限—开阔台地相 | 台地边缘 | 斜坡—盆地相 | 相 |
| 上斜坡、下斜坡浅水欠补偿广盆，深水欠补偿广盆 | 微生物礁/滩，微生物丘/滩体，潮坪 | 蒸发潟湖与蒸发潮坪；灰泥丘、颗粒滩、云坪和丘滩间海；台沟；小型微生物丘/滩；丘滩后潟湖 | 微生物丘/滩；潮坪 | 上、下斜坡，浅水与深水欠补偿槽盆 | 微生物礁/滩；潮坪 | 蒸发潟湖与蒸发潮坪；灰泥丘、颗粒滩、云坪和丘滩间海；台沟；小型微生物丘/滩；丘滩后潟湖 | 微生物礁/滩，微生物丘/滩；潮坪 | 上斜坡、下斜坡；浅水欠补偿广盆，深水欠补偿广盆 | 亚相 |
| 9-8-7-6 | 5-4 | 3-2-1 | 新建相区、相带 | | | 1-2-3 | 4-5 | 6-7-8-9 | 对应于威尔逊的相序号 |

图 3-7　四川盆地灯影组双台缘镶边台地模式图(据杜金虎等，2015)

该模式包含 3 相区 7 种相，即大陆边缘相区、台地相区、台内裂陷相区。其中大陆边缘相区包含斜坡、盆地相带，台地相区包含大陆边缘型台缘相、裂陷边缘型台缘相和局限台地相，局限台地相又可分潮坪、台内丘滩、潟湖亚相，裂陷相区包含台内斜坡、台盆相。

与经典镶边台地相比，该模式有两大特色。一是增加了裂陷边缘型台缘带，其与大陆边缘型台地边缘构成双台缘特点。裂陷边缘台缘带受台内裂陷的控制沿裂陷两侧坡折发育，高石梯—磨溪地区的钻探证实，裂陷边缘台缘带由微生物丘和颗粒滩组成，微生物丘由隐生菌藻类微生物造架造孔形成，颗粒滩由微生物丘破碎经波浪改造和微生物粘结形成，多旋回丘滩体经多期准同生溶蚀和晚期岩溶作用改造形成优质储层。高石梯—磨溪地区钻探揭示储层厚 80～120m，沿台缘带规模分布。二是裂陷内发育台盆—斜坡相，具备烃源岩发育条件。从高石 17 井、资阳 1 井和青川官庄露头剖面看，该相带暗色泥页岩较发育，尤其是灯三段暗色泥页岩累计厚达 30m，TOC 介于 0.04%～4.73%，平均 0.65%，有机质类型属腐泥型（Ⅰ型），等效 $R_o$ 介于 3.16%～3.21%，达到过成熟阶段，为较好烃源岩。

该模式揭示：（1）台地边缘和台内裂陷边缘均发育优质的规模储层；（2）台内裂陷内发育优质烃源岩；（3）台内裂陷源储侧向对接构成良好成藏组合，有利于成藏。因此，从沉积储层角度看，该模式的建立凸显了台内油气勘探潜力。以往，针对碳酸盐岩勘探领域往往集中在大陆边缘型台缘带，认为台内缺乏规模储层和烃源岩，勘探潜力不佳，该模式的建立，不仅表明大陆边缘台缘带发育规模储层，是油气勘探的潜在领域，更重要的是，它还表明在广阔的台地内部，由于裂陷的存在而发育良好的含油气系统，使得碳酸盐岩勘探领域从以往的大陆边缘台缘带拓展到广阔的台内，这对于我国小克拉通碳酸盐台地勘探具有重大理论和实际勘探意义。因为，我国小克拉通碳酸盐台地大陆边缘型台缘带在后期造山运动中易于卷入造山带，其含油气系统遭受破坏或过深降低了勘探价值，如四川盆地灯影组、长兴组大陆边缘型台缘带现今大多卷入了龙门山造山带和米苍山—大巴山造山带，勘探潜力大打折扣；相反，裂陷边缘台缘带位于台内刚性基底上，虽经后期构造改造，其含油气系统仍然能较完整保存下来，成为颇具潜力的勘探区带。综上所述，"双台缘"镶边台地模式的建立，不仅可以预测有利储集相带的展布,更重要的是揭示台内具有良好勘探潜力,对我国小克拉通碳酸盐台地油气勘探具有重要指导意义。

## 2. 龙王庙组构造—岩相古地理

### 1)龙王庙组沉积期沉积背景

龙王庙组沉积期总的表现为西高东低的宽缓斜坡背景,但由于华蓥山断裂、齐耀山断裂等基底断裂活动的影响,在两断裂间发育了北东向延伸浅凹,浅凹将缓坡分隔成三块,西部为威远—磨溪—剑阁台隆、东部为习水—石柱—利川台隆、中间为万州—宜宾台凹。此外,南北向展布的德阳—安岳裂陷虽经早寒武世沉积充填尤其是沧浪铺组沉积期大量陆源碎屑的快速充填,至龙王庙组沉积时已填平补齐,但由于压实效应的影响,仍然表现为沉积洼地的地貌特点。因此,龙王庙组沉积时的古地理背景实际上是具有凹隆相间的缓坡特点,这种古地理格局控制了龙王庙组滩相的发育和区域展布,下面分上下两段阐明龙王庙组沉积期岩相古地理特征。

### 2)龙王庙组下段岩相古地理特征

龙王庙组下段总的表现为干旱气候条件下的内缓坡沉积。西部台隆地貌较高,水体浅能量大,以颗粒滩沉积为主,准同生白云石化作用较强,岩性以砂屑白云岩、粗晶云岩为主(图 3-8);中部浅凹区地貌较低,水体相对安静,能量较低,泥质灰岩发育;东部台隆区水体较浅,岩性以泥质灰岩、云质灰岩为主,可形成薄层颗粒滩储层;再往东为中缓坡石灰岩沉积区,颗粒滩相对不发育。

### 3)龙王庙组上段岩相古地理特征

龙王庙组上段是滩体发育的鼎盛时期,台内沉积分异也较明显,西部台隆主要发育颗粒滩,中部台凹发育成膏盐潟湖,东部台隆演化为中缓坡相,以颗粒滩沉积为主。再向东,至鄂西渝东一线逐渐过渡为外缓坡相(图 3-9)。

(1)内缓坡颗粒滩相:颗粒滩的发育受古地貌与海平面升降的控制。西部台隆区整体水体较浅,水动力强,有利于滩体发育。进一步研究揭示,颗粒滩的发育受台隆区次一级微地貌高的控制,如西部台隆在次级断裂作用下由西往东可分出三个地貌断阶带,磨溪最高、高石梯次之、盘龙场最低,受微地貌控制,沿上述断阶发育三条滩带,依次是磨溪—女基井滩带、威远—高石梯滩带、盘龙场—合川滩带,据地震资料解释,这些滩带宽窄不一,一般7~8km,宽者可达25km,呈 NE—SW 方向延伸,长度延伸可达百余千米。对磨溪地区滩体精细研究显示,滩体的纵向发育受高频海平面变化控制,以磨溪 11 井、磨溪 12 井、磨溪 17 井等为例,滩体最厚可达 80m,纵向上可细分三个大的沉积旋回,每个旋回由 3~4 个滩体组成,构成纵向上变粗沉积序列,有时也可见向上变细序列(颗粒滩 + 潮坪沉积)。内缓坡颗粒滩十分发育,面积达 20000km²。值得指出的是,在西部台隆背景下,由于德阳—安岳裂陷压实效应的影响,沿该裂陷范围在龙王庙组沉积时仍然表现为古地理低地貌,岩性以泥晶白云岩为主夹薄层颗粒滩(图 3-10)。

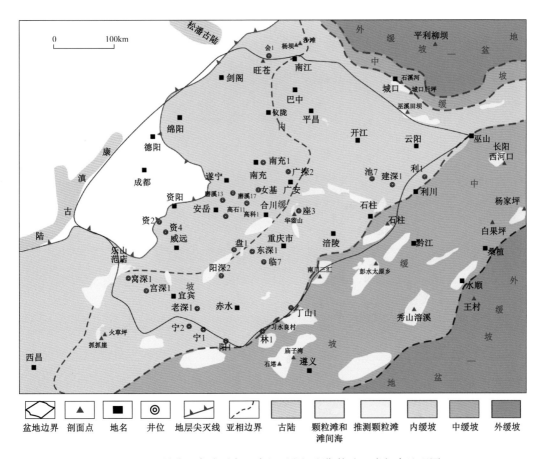

图 3-8 四川盆地寒武系龙王庙组下段沉积期构造—岩相古地理图

（2）内缓坡膏盐岩潟湖：钻井标定显示龙王庙组膏盐具有强振幅、连续反射特征，而颗粒滩为弱振幅、断续反射，单层厚度大的颗粒滩出现亮点反射，滩间海为较强振幅反射。据此，利用地震资料刻画了膏质潟湖分布范围，其分布受基底断裂的控制，分布于华蓥山断裂和齐耀山断裂之间的中部台凹。

4）龙王庙组缓坡台地双颗粒滩沉积模式

龙王庙组由两个旋回组成，记录了从潮湿到干旱气候的完整沉积序列，由于万州—宜宾潟湖两侧均发育颗粒滩相带，以此建立龙王庙组缓坡台地双颗粒滩沉积模式（图 3-11）。

与以往碳酸盐缓坡模式相比，该模式最大的特点是在内缓坡靠海一侧发育膏盐潟湖，内缓坡和中缓坡均发育颗粒滩，形成双滩样式。该模式的另一个特点是内缓坡白云石化较强，中缓坡次之，外缓坡基本未见云化，其主要原因，一是下旋回沉积时气候潮湿炎热，仅内缓坡水体浅，在蒸发作用下，内缓坡海水盐度增高，具备准同生白云石化条件；二是上旋回沉积时，气候变得干旱炎热，在中缓坡颗粒滩的障壁作用下，台内强烈的蒸发作用使海水极度浓缩，为强烈白云石化提供充足镁源，同时在万州—宜宾潟湖等低洼环境沉淀膏盐和石盐。

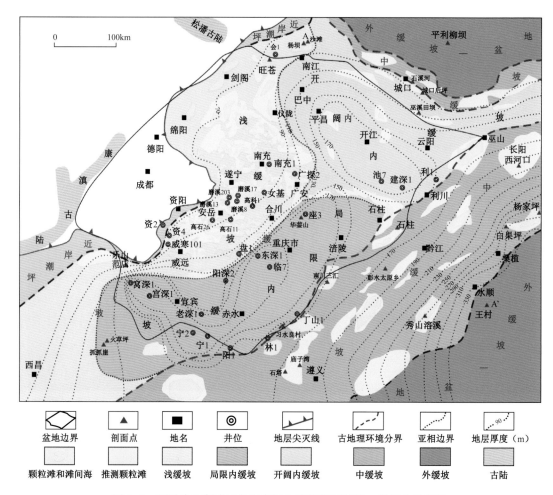

图 3-9  四川盆地寒武系龙王庙组上段沉积期构造—岩相古地理图

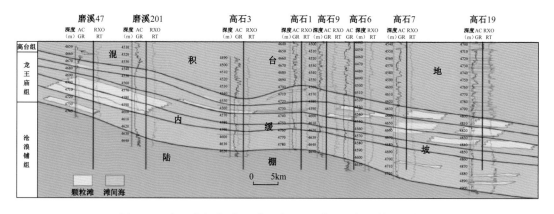

图 3-10  龙王庙组磨溪 47 井—高石 19 井沉积相连井对比剖面

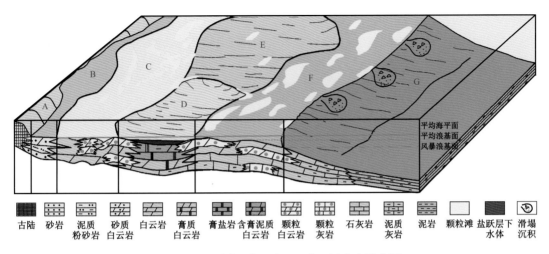

图 3-11　四川盆地龙王庙组上段双滩发育模式图

A—古陆；B—近岸潮坪；C—浅缓坡；D—局限内缓坡；E—开阔内缓坡；F—中缓坡；G—外缓坡及盆地

### 3. 洗象池组构造—岩相古地理

洗象池组继承了龙王庙组的沉积格局，仍表现为西高东低的古地理面貌，同时受华蓥山、齐耀山基底断裂影响，在华蓥山断裂东侧和齐耀山断裂西侧形成两个坡折，这种台内地形的变化造成洗象池组台内沉积分异，控制了相带的展布。

以往研究认为，洗象池组主要为一海退过程，总体发育局限于台地潟湖、潮坪相，缺乏高能相带；"十二五"研究显示，洗象池组为镶边台地沉积环境，除了台地边缘高能滩，台内高能相带仍然发育，沿台内坡折呈带状展布。如图 3-12 所示，城口断裂以北、大庸—永顺以东为斜坡—盆地相；南充—安岳一带为潮坪相；泸州—合川—广安与永安—三汇—石柱为台内颗粒滩亚相，发育两条台内坡折颗粒滩带，之间为台注滩间海亚相；川南及川东北地区可见潟湖沉积；台缘带主要分布在大庸—永顺一带。

上述相带中，颗粒滩亚相是有利储集相带。研究显示，盘 1 井、东深 1 井、南川三汇剖面、永安和尚坪剖面见到滩体规模较大。洗象池组颗粒滩主要发育两种叠加类型。一种是多期的直接叠置，形成巨厚储层，岩性以颗粒白云岩为主，溶孔溶洞极其发育。另一种是单旋回颗粒滩的纵向叠加，储层厚度相对较薄，下部发育灰色中—厚层砂屑白云岩，厚 1～6m，溶孔溶洞较发育，向上变为薄层泥质泥晶白云岩，顶部夹有薄层泥，野外可见泥裂纹。

## 二、栖霞组和茅口组构造—岩相古地理

### 1. 栖霞组构造—岩相古地理

#### 1）栖霞组沉积期沉积背景

栖霞组是在加里东运动和早海西运动两期构造抬升剥蚀夷平的基础上接受沉积，具有西南高北东低的古地理背景。为了比较客观地反映古地理面貌，采用印模法来恢复：即以栖

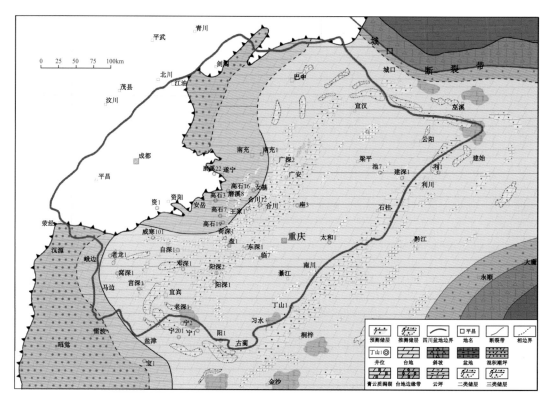

图 3-12 四川盆地洗象池组沉积期构造—岩相古地理图

霞组最大海泛面为基准,作海侵体系域等厚图,厚值区代表古地貌低,薄值区代表古地貌高。从图 3-13 看,古地貌高地与乐山—龙女寺加里东期古隆起范围基本一致,而低洼区与石炭系分布范围一致,显示与前二叠纪古地理具有明显继承性。栖霞组海侵体系域具有由川东北向川西南超覆特点,进一步揭示西南高北东低的古地理面貌。

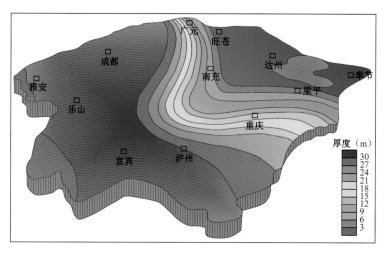

图 3-13 栖霞组沉积前古地貌图

· 94 ·

## 2）栖霞组沉积期岩相古地理特征

栖霞组整体为一个三级层序,海侵域(相当于栖霞组一段的沉积)表现为碳酸盐缓坡沉积样式,浅缓坡分布在成都—雅安—筠连一带,中缓坡分布在江油—资阳—宜宾一带,川中—川北—川东广大地区为深缓坡(图3-14)。

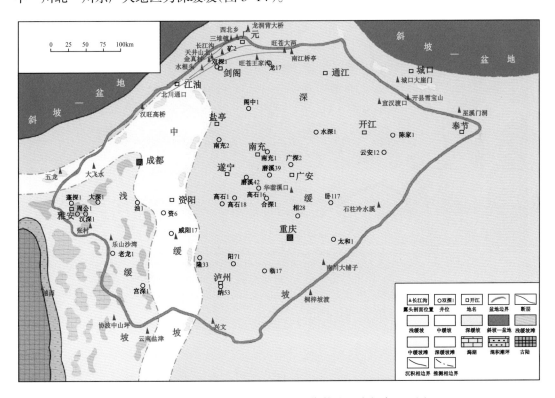

图3-14　四川盆地栖霞组一段沉积期构造—岩相古地理图

高位体系域继承了缓坡沉积模式,受海平面下降水体变浅的影响,浅缓坡范围增大,占据了川中—川西广大地区,具体分布在剑阁—雅安—宜宾—遂宁—盐亭一带(图3-15),地层厚40~60m,颗粒滩发育,野外和钻井揭示一般由3~4个颗粒滩旋回组成,单个旋回5~10m,伽马曲线表现为低值、大型箱状结构,岩性为灰—浅灰色颗粒灰岩、残余颗粒白云岩和斑状云质灰岩或灰质云岩,白云岩累计厚20~45m,是规模储层发育区。中缓坡分布在广元—南充—泸州地区,呈带状展布,地层厚15~30m,一般为20m左右,钻井揭示发育台内颗粒滩和滩间海亚相,台内颗粒滩由生物碎屑灰岩夹薄层残余颗粒白云岩组成,伽马曲线表现为低值、小型箱状结构,具2~3个旋回,单个旋回厚3~5m,在滩旋回上部发育薄层白云岩,白云岩累计厚3~8m,是储层次有利发育区;滩间海则由生屑泥晶灰岩和生物碎屑灰岩组成,伽马曲线表现为中低值、锯齿状夹小型箱状响应特征。深缓坡分布在川东北及渝北地区,地层厚10~15m,野外和钻井揭示由深灰色生屑泥晶灰岩、牛眼状灰岩组成,富含泥质和硅质,伽马曲线表现为中值、锯齿状。

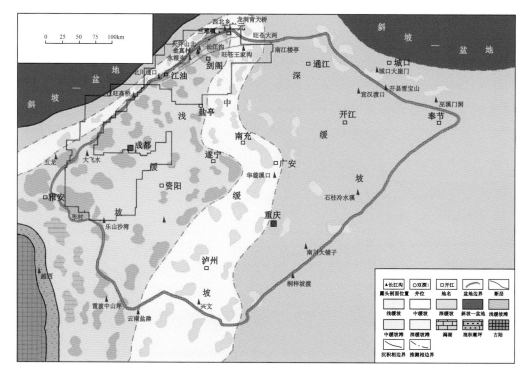

图 3-15　四川盆地栖霞组二段沉积期构造—岩相古地理图

## 2. 茅口组构造—岩相古地理

### 1）茅口组沉积期沉积背景

茅口组纵向上可分为两个三级层序,分别由茅一—茅三段和茅四段组成。茅一—茅三段沉积期,继承了栖霞组沉积期古地理面貌,茅四段沉积期受东吴运动构造拉张的影响,北西向及北东向基底断裂复活,致使发育系列北西—南东向台内裂陷,旺苍、大竹、奉节一带裂陷明显,成为茅口组沉积晚期台内裂陷的主要区域,旺苍、大竹台内裂陷在晚二叠世长兴组沉积期进一步裂陷,演变成开江—梁平海槽。台内裂陷的发育将四川盆地分割成隆洼相间的古地理格局,这对沉积相带的展布具有重要影响。

### 2）茅口组沉积期岩相古地理特征

因茅口组上部遭受风化剥蚀,由茅四段组成的层序残缺不全,因此,本书暂将上部层序(茅四段)作为一个编图单元,而将下部层序分体系域作为编图单元。

（1）茅一段 + 茅二段 C（海侵体系域）古地理特征。

茅口组下部层序海侵体系域是中二叠世最大一期海侵的产物,由于海平面迅速上升,四川盆地大部分地区演变为深缓坡环境,沉积了一套深灰—黑色的牛眼状灰岩,富含泥质与硅质,仅川西南成都—雅安—宜宾地区为中缓坡,以灰—深灰色泥晶灰岩、牛眼状灰岩为主,含生屑（图 3-16）。

（2）茅二 B+ 茅三段（高位体系域）岩相古地理特征。

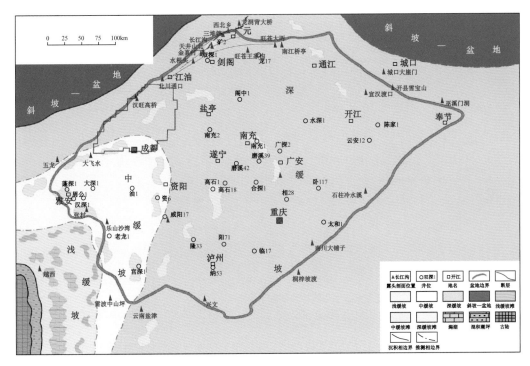

图 3-16　四川盆地茅一段 + 茅二段 C（海侵体系域）构造—岩相古地理图

茅口组下部层序高位体系域,在规模海退的背景上发育了浅缓坡、中缓坡和深缓坡三个相带(图 3-17)。浅缓坡沿江油—雅安—宜宾—安岳一带展布,地层厚 40～60m,由一系列滩体组成,地震剖面上具有断续弱振幅反射特点,野外和钻井揭示一般由 2～3 个颗粒滩旋回组成,每个旋回的伽马曲线表现为低值、大型箱状结构,岩性为灰—浅灰色生屑灰岩、砂屑灰岩及白云岩。中缓坡沿剑阁—盐亭—广安—重庆—泸州一带分布,地层厚 40～50m,由多个颗粒滩叠合连片组成,地震剖面上具有断续弱振幅或杂乱反射特点,伽马测井呈 2 个低值大型箱状结构,钻井揭示为生屑灰岩夹残余颗粒白云岩,白云岩厚 15～30m。深缓坡分布在川北—渝东广大地区,地层厚 10～15m,野外和钻井揭示由深灰色生屑泥晶灰岩、含泥质和硅质薄层灰岩组成,伽马曲线表现为中值、锯齿状,地震剖面具连续强振幅反射特征。

（3）茅四段沉积期岩相古地理特征。

由于茅四段残缺不全,给岩相古地理的恢复带来困难。依据地震解释在盐亭—广安一带发现北倾坡折、江油—雅安一带具有地层增厚、野外和钻井见有深水硅质岩及硅质泥页岩等实际资料,将其古地理特点恢复如下。

茅四段整体仍表现为缓坡沉积样式,浅缓坡分布在川西南部成都—雅安—宜宾一带,地层厚 80～200m,由生屑灰岩、残余颗粒白云岩夹火山岩或火山碎屑岩组成,井下可见 3～4 个旋回,测井表现为伽马中低值,中等箱状;中缓坡分布在川中蜀南地区,江油—盐亭—南充—武胜—泸州一带,该带地层大多已被剥蚀;深缓坡分布在川北、渝东渝北广大地区,除了渝东及渝东南地区地层保存较好外,气田地区剥蚀严重,仅零星分布。值得一提的是,该相带内发育旺苍、大竹、奉节三个洼地,发育一套深灰—黑色硅质岩和硅质泥页岩夹薄层灰岩的相对深水沉积,暗示在四川盆地北部已经存在台内裂陷(图 3-18)。

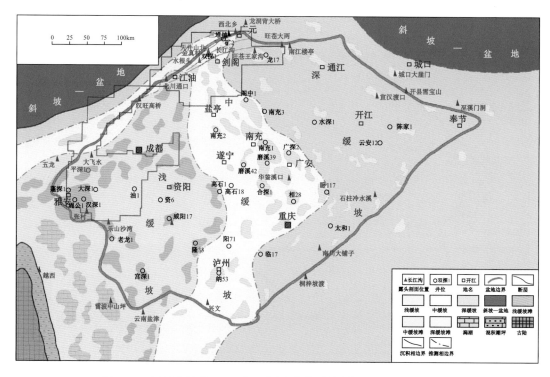

图 3-17　四川盆地茅二 B+ 茅三段（高位体系域）构造—岩相古地理图

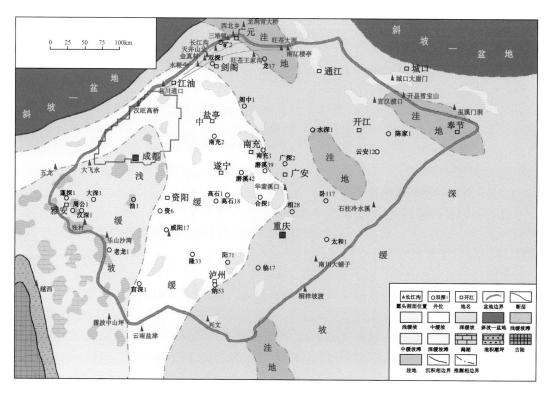

图 3-18　四川盆地茅四段沉积期构造—岩相古地理图

# 第三节  塔里木盆地重点层系构造—岩相古地理

塔里木盆地是在前南华纪陆壳基底上发展起来的（夏林圻等，2002；何登发等，2005；翟明国，2013；崔海峰等，2016）。前南华纪基底形成于新元古代的塔里木运动。南华纪初期，罗迪尼亚（Rodinia）超大陆开始裂解，塔里木陆块分别与西南侧的羌塘地块、东北侧的准噶尔地块及北侧的中天山地块相继分离，整体进入了强伸展构造活动阶段（林畅松等，2011）。震旦纪末，受柯坪运动影响塔里木陆块整体挤压隆升遭受剥蚀，形成了震旦系—寒武系之间的大型不整合界面（何金有等，2010）。至此，塔里木板块南华纪—震旦纪经历了一次完整的强伸展—抬升构造旋回。塔里木陆块与周缘陆块分离的同时，陆块内部也同时伸展变薄，发育近北东—南西向南华纪裂陷，先后经历了裂陷期、裂后坳陷期两大主要演化阶段，沉积充填具典型"裂—坳"二元结构。裂陷的发育对塔里木盆地古构造格局产生了重要控制作用，与位于裂陷两侧的隆起带构成"两隆夹一坳"的古构造格局，并对寒武系伸展—抬升构造旋回内的古地理展布具有明显控制作用。以上震旦统和下寒武统肖尔布拉克组两个储层发育重点层系为例，进行详细介绍。

## 一、上震旦统构造—岩相古地理

### 1. 塔里木板块南华—震旦系构造沉积演化

#### 1）前寒武系裂谷地球物理刻画

随着四川盆地震旦纪—寒武纪德阳—安岳台内裂陷周缘油气勘探的发现（杜金虎等，2014），中—新元古代大陆裂解引起了石油地质学家的关注（杜金虎等，2016；管树巍等，2017）。塔里木盆地周边和内部均有与裂谷环境相关的新元古界基性岩墙群、侵入体和双峰式火山岩等报道（图3-19）（Xu Bei等，2009；He Jingwen等，2014）。锆石测年数据表明塔里木盆地存在大量与罗迪尼亚超级大陆裂解相关的岩浆活动（邬光辉等，2010）。塔里木南部与北部锆石年龄存在差异，指示南部与北部均发育裂谷体系，但时限上存在一定差异（管树巍等，2017）。塔里木南部基性岩墙群和双峰式火山岩浆岩年龄为783～802Ma，代表裂谷开启时间的下限。塔里木东北库鲁克塔格地区南华系贝义西组底部火山岩锆石年龄为（740±7）Ma，代表北部裂谷的开启时间，可以推测塔里木南部裂谷开启时间较北部至少提前40Ma。塔里木南部可能较北部更早受到以华南为中心的地幔柱作用的影响而发生裂谷活动，塔里木北部裂谷则可能与罗迪尼亚超大陆外侧泛大洋俯冲引起的弧后伸展作用有关。南华纪晚期以后（<720Ma），由于俯冲带向大洋迁移和弧后伸展作用的持续，伊犁、中天山等地体从塔里木裂开，南天山洋开始张开并导致塔里木北缘进一步演化为被动大陆边缘。

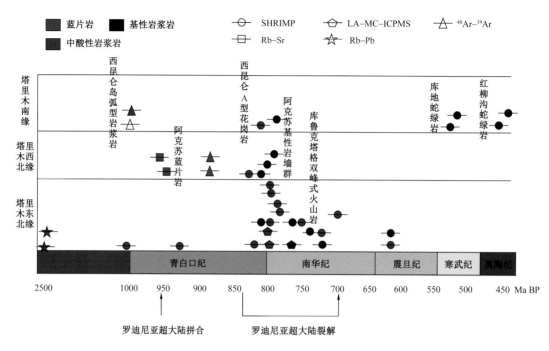

图 3-19　塔里木板块周缘构造热事件表(据王洪浩等,2013)

全盆地古地磁异常对前寒武纪裂谷分异也有一定的响应(李文山等,2014)。盆地基底存在明显的沿北纬40° 近东西向中央高磁异常带,大致沿北纬39°40′附近展布,宽20~160km,延伸长逾1000km。异常强度一般在200~350nT之间,最大可达500nT(图3-20)。中央高磁异常带将塔里木盆地分为南、北两块不同基底结构的地块,北部地区显示为平缓的低磁场区,南部为北东走向条带排列的正异常与负异常分布区,差异明显。南部高磁异常带与低磁异常带相间,印证了塔里木南部发育台内裂谷,裂谷充填岩性与两侧基底存在明显岩性差异。北部整体为低磁异常区域,可能与裂谷发育规模较大、形成后整体沉降期岩性相对均一存在一定关系。中央高磁异常带可能与基底隆升密切相关,贾承造等(1997)从重力场角度提出了这一认识,塔中—巴楚出现近东西向重力高值区可能与基底强烈隆升有关。重力场起伏背景与深部壳层厚薄及壳层内物性变化有关,天然地震及地壳测深岩石圈剖面研究揭示重力场区域背景与岩石圈底部莫霍面起伏关系较密切,在地幔上隆、岩石圈相对较薄地区重力值高,而高山区则显示为重力相对下降区(李文山等,2014)。

通过塔里木盆地自南华纪以来的区域构造演化研究成果调研,认为前期研究主要集中在钻井与周围露头(Wang J 等,2003;冯许魁等,2014),覆盖全盆地的前寒武纪台内裂谷体系地球物理刻画方面相对薄弱。利用2016年新拼接处理的覆盖全盆地的二维地球物理大测线,分别识别不同区域的裂陷槽反射特征(图3-21),刻画出前寒武纪裂陷,编制了塔里木盆地南华系(图3-22)、震旦系(图3-23)、上寒武统及中寒武统地层等厚图。期间提出"定凹找断、结构建模、充填响应、平面组合及核减分布"的解释思路,建立了具体解释步骤:(1)区域构造分析,明确断陷发育/欠发育区、不整合层位与分布;(2)标定追踪寒武系底界面;(3)追踪震旦系底界面并确定其分布,在加厚区下部寻找断陷;(4)断陷结构分析,明

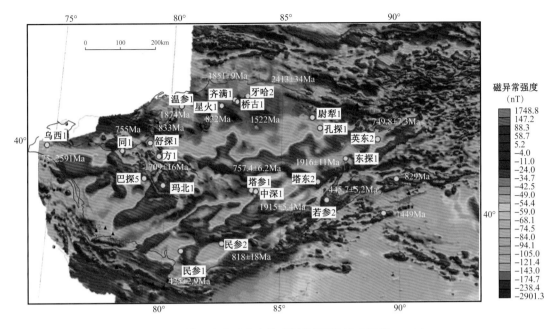

图 3-20 塔里木盆地基底航磁异常图（据邬光辉等，2012）

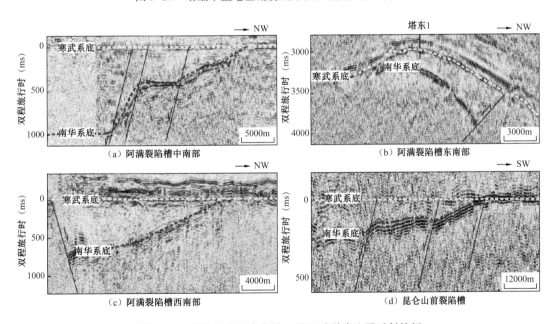

图 3-21 塔里木盆地南华系—震旦系裂陷地震反射特征

确断陷类型及分布；（5）断层解释建模；（6）地震沉积模式与充填分析，确定南华系界面；（7）平面追踪与组合；（8）校对核减，删除不合理、不准确的断陷，确定当前资料能够支撑可信区域；（9）构造成图及地质编图。

由南华系地层等厚图（图 3-22）可以看出，塔里木板块内部发育北东—南西向台内裂陷，按照裂谷发育位置可以分为两个裂谷体系：一是北部裂谷体系，主要分布在塔东北库鲁

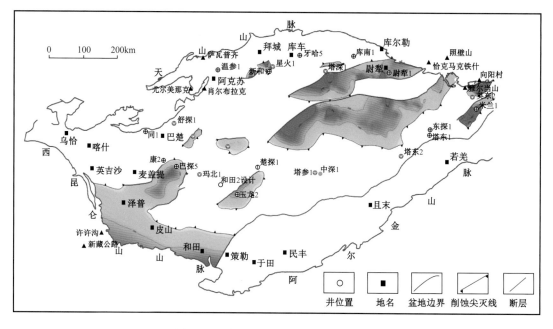

图 3-22  塔里木盆地南华系地层等厚图

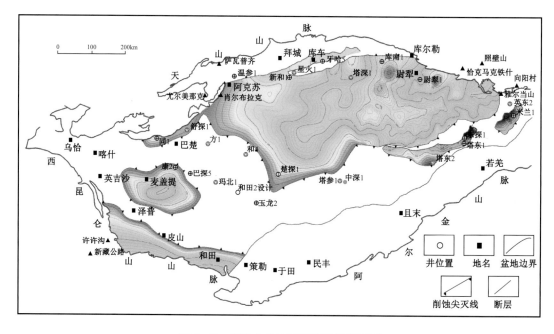

图 3-23  塔里木盆地震旦系地层等厚图

克塔格地区至现今塔中隆起一带,由尉犁—塔中西部裂陷区和其南部的米兰裂陷构成,在雅儿当山、米兰 1 井区附近发育小规模断陷,整体呈北东—南西向;二是塔西南的麦盖提—和田裂陷、玉龙裂陷,向南靠近现今盆地边缘位置两裂陷连接为一整体,裂陷规模较北部裂陷小,面积分布有限。塔西南两裂陷目前均有钻井揭示,巴探 5 井钻揭麦盖提—和田裂陷,为一套南华系冰碛砾岩;玉龙6井证实了玉龙裂陷的存在,揭示出前震旦系一套大理岩。地球物理刻画出南北两大裂陷体系进一步印证了前期区域大地构造、重磁异常、裂谷相关岩石学研究认识与推测,主要表现南华系裂谷体系的整体走向,南部受地幔柱影响先发育北东向裂陷,北部受俯冲影响,东西向也有所体现;与塔里木基底航磁异常区对应良好,推测该两个裂陷受控于古陆边界断裂和基底古地貌格局。地震剖面特征显示昆仑山前裂陷呈现出楔形体反射特征,边界清晰;双峰火山岩、裂谷岩墙等分布与现今裂谷体系分布位置具有良好的成因相关性,且锆石测年主要分布在720~950Ma,从年龄上支撑了裂谷体系发育年龄与罗迪尼亚超级大陆裂解之间的密切关系。更加值得注意的是,南华纪裂谷体系的发育对塔里木盆地古构造格局的变化产生明显影响,北东—南西向裂谷体系的低洼地貌与南北两侧的隆起区形成了"两隆夹一坳"的古地貌格局,这一古地貌格局对震旦系、中下寒武统沉积均产生了重要的影响和控制。从震旦系残余地层等厚图(图3-23)上可以发现南华系古构造格局对震旦系发育具有明显控制作用。震旦系主要分布在北部坳陷范围内,厚度最大区域主要分布于尉犁—塔中西部裂陷区和其南部的米兰裂陷发育区域,向两侧隆起带地层厚度逐渐减薄。塔西南地区,震旦系整体发育范围小,主要分布在南华纪裂陷发育区。值得注意的是玉龙裂陷可能受后期抬升剥蚀影响,缺失震旦系(何金有等,2010)。

2)塔里木板块南华纪—震旦纪沉积充填及演化阶段

塔里木盆地自南华纪—震旦纪经历了一次完整的强伸展—抬升构造旋回(何金有等,2010)。参照全球主要裂谷盆地演化特征,将塔里木盆地南华纪—震旦纪裂谷体系构造演化分为两个大的阶段(林畅松等,2011),即南华纪裂谷发育阶段和震旦纪裂后坳陷阶段,沉积充填具有典型的"裂—坳"二元结构特征(图3-24)。南华纪裂谷发育阶段以充填巨厚的近源碎屑岩、火山岩及冰碛砾岩等为主,南北裂谷体系存在一定差异。北部裂谷体系东部发育双峰式火山岩和冰碛砾岩,沉积了大量近物源的砂砾岩,夹有厚层状深水泥岩,表现出典型陆缘裂谷式裂陷槽充填沉积的特征,厚度可达4500m。裂陷槽西部的柯坪地区岩性以两套冰碛砾岩及两套基性火成岩为主,以大量近物源的角砾或粗碎屑的砂砾岩为特点(杜金虎

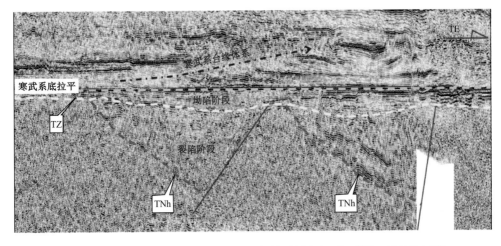

图3-24 塔里木盆地地震剖面(寒武系底拉平)揭示"裂—坳"二元结构特征

等,2016)。塔西南裂陷槽发育区出露恰克马克里克、阿拉斯坦河和塔斯洪湖等露头。野外露头揭示该裂陷槽发育两套冰碛砾岩,表现出大量近物源的角砾或粗碎屑的砂砾岩与泥岩混杂沉积,缺乏火成岩;与北部裂陷槽不同,塔西南裂陷槽表现出典型陆内断堑式裂陷槽的构造沉积特征,厚度达3078m。裂谷作用贯穿整个南华纪并延续至震旦纪初期,至震旦纪中晚期,塔里木台内裂谷体系进入裂后坳陷阶段。随着裂谷作用的减弱至停止,伴随全球冰盖的消融,发生大规模海侵,半地堑裂谷逐渐被沉积物填平,碎屑沉积物逐渐减少,碳酸盐岩逐渐增多甚至占主导地位。

期间值得注意的是,南华系—震旦系冰期砾岩的发育为全盆地地层对比提供一个等时依据,以T—R旋回地层学理论为指导,以库鲁克塔格、铁克里克地区及柯坪地区等冰川事件作为等时标准(高林志等,2013),初步建立起南华系—震旦系的层序地层格架,划分出4个完整T—R旋回。南华系冰碛砾岩横向分布稳定,震旦系冰碛砾岩分布相对局限。整个南华纪共发育了3期半旋回事件,局部在间冰期发育暗色泥页岩,实验室分析结果证实具有一定生烃潜力。震旦系沉积于主冰期之后,库尔卡克组沉积期水体深度最大,区域分布稳定,有烃源岩的发育,已被野外样品分析测试证实。

震旦纪末期,受柯坪运动影响塔里木板块整体抬升遭受剥蚀(何金有等,2010)。北部周边库鲁克塔格和柯坪地区露头观察分析,寒武系—震旦系之间存在不整合面,其间有地层缺失。塔东地区地震剖面上也可以清晰看到不整合接触地震反射。震旦系顶部白云岩发育溶蚀孔洞和溶塌角砾岩,形成了一套有利储层。风化壳上可见红色土壤层。塔北隆起中部轮台断隆的牙哈2井、牙哈6井等钻探表明,白垩系直接覆盖在前寒武系变质岩基底之上。在温宿凸起上的温参1井钻穿震旦系白云岩,与上覆碎屑岩地层呈不整合接触。由此可见,塔北地区寒武系沉积前也存在大面积的不整合分布区,井下地层缺失较露头更多,发育前寒武系基底隆起。结合钻井地层缺失与厚度变化、地震剥蚀与超覆尖灭线追踪、古构造图编制,塔里木盆地发育近东西向展布的塔北与塔南前寒武系基底古隆起。塔北基底古隆起沿轮台—阿克苏一线分布,震旦系向隆起核部减薄直至缺失,寒武系超覆在不同层位之上。塔南基底古隆起在塔东—塔中—巴楚—喀什一线广泛分布,缺少震旦系的大面积连片沉积,寒武系削蚀下伏地层特征明显,形成大面积的隆起剥蚀区(图3-23)。

### 2.晚震旦世构造—岩相古地理

塔里木盆地南华纪台内裂陷发育开始形成的"两隆夹一坳"古构造格局对上震旦统碳酸盐台地沉积具有明显控制作用。震旦系残余地层厚度主要分布在北部凹陷内,向南尖灭于中央隆起带北缘,东部满加尔凹陷内厚度最大达1300m,整体呈现出自坳陷向南北两侧隆起带逐渐减薄趋势。塔西南地区罗南及玉北两个裂陷槽内亦局部发育震旦系,受裂陷槽发育形态呈北东—南西走向展布,向现今盆地边缘方向厚度逐渐增大。塔里木盆地上震旦统碳酸盐岩地层主要发育于裂后坳陷构造稳定阶段,横向分布稳定,整体与震旦系分布范围相当,塔西南地区主要分布在盆地边缘(图3-25)。残余地层的展布特征直接反映了晚震旦世塔里木盆地具"两隆夹一坳、西高东低"的古地理格局,与南华纪裂陷走向近一致。以区域构造古地理框架及目前揭示震旦系少量钻井、野外露头及覆盖全盆地二维大测线控

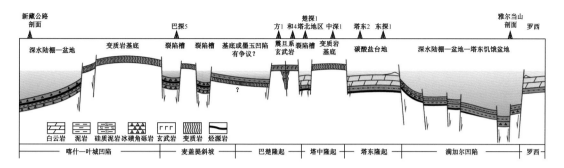

图 3-25 塔里木盆地震旦纪区域地质结构剖面概要图

制下的沉积相配置模型,编制了塔里木盆地晚震旦世碳酸盐岩沉积构造—岩相古地理图
(图 3-26)。塔里木盆地晚震旦世发育了一套超覆于西南隆起带之上的碳酸盐缓坡台地沉
积。西南隆起带沿喀什—麦盖提—且末一带呈北西向展布,基底岩性以火山岩、变质岩及
前震旦系冰碛砾岩等为主,占据了晚震旦世 1/3 盆地面积。内缓坡滨岸、潟湖等微相单元
主要分布于中央隆起带柯坪—巴楚一带,岩性以富含陆源碎屑泥质岩、泥质白云岩为主,代
表井有方 1 井、同 1 井等。中缓坡则主要分布在坳陷两侧的隆起区,可以分为两条带。一
是柯坪至轮南牙哈地区条带,宽 30~80km,长 420km,面积超过 25000km²,目前揭示该带的
资料点主要有柯坪地区苏盖特布拉克等露头群、温参 1 井、中国石化星火 1 井及桥古 1 井
等,岩性以微生物白云岩、颗粒滩白云岩及结晶白云岩为主,中国石化星火 1 井录井见鲕粒、
砂屑等颗粒,能够合理推测沉积期中缓坡相带水动力条件中等偏高,利于丘滩相的发育;二
是中深至米兰地区的南部条带,宽度较北部条带窄,15~35km,东西延伸 585km,面积超过
1450km²,塔东 1 井、塔东 2 井等揭示该南部中缓坡相带岩性以颗粒滩白云岩、结晶白云岩
为主。中部坳陷及北部缓坡带以北地区发育外缓坡—盆地相。虽然目前尚无钻井揭示,但
从星火 1 井奇格布拉克组下段富泥沉积段及地球物理反射特征可以合理推测外缓坡—盆地

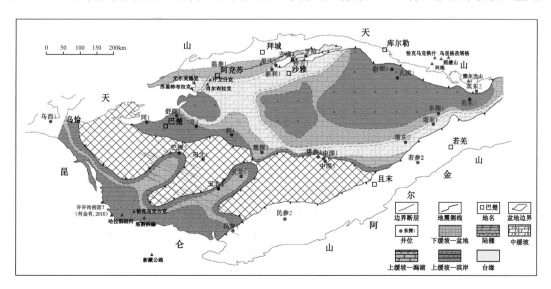

图 3-26 塔里木盆地晚震旦世岩相古地理图

是一套以泥质（晶）白云岩、泥质岩为主的岩性组合。震旦纪末，受柯坪运动影响，塔里木盆地整体抬升遭受剥蚀，位于台内坳陷两侧的中缓坡丘滩带遭受风化淋滤，发育一套储集空间以溶蚀孔洞、晶间孔隙和微生物岩相关孔隙为主的有效储层，有效面积接近 $28000km^2$。

## 二、下寒武统肖尔布拉克组构造—岩相古地理

### 1. "三隆两凹"的岩相古地理格局

震旦纪末，受柯坪运动及全球海平面下降影响，塔里木陆块受南北向挤压隆升且以垂直升降为主，盆地现今中央隆起带及塔北地区遭受剥蚀，造成中央隆起带、柯坪—温宿、轮台断隆等地区缺失震旦系，寒武系直接覆盖在前震旦系变质岩基底之上。柯坪运动的垂直运动方式使得"两隆夹一坳"的格局得以继承性发育，南北向挤压使得塔北地区发生基底隆升，北部隆起带进一步加强，南部隆起带进一步演化为宽缓的大型隆起带，整体呈现出南高北低的宏观特征。基于 2016 年最新拼接处理的覆盖全盆地的二维地震测线及部分三维数据体、钻井及露头资料，进一步提出了早寒武世发育"三隆两凹"岩相古地理格局，这是前期"两隆夹一坳"格局的演化与发展。所谓"三隆两凹"沉积格局是指塔里木盆地经过震旦纪末的柯坪运动后，寒武纪沉积前呈现南北两侧略高、中部平缓的碟形地貌，地势极为平缓，整体为西高东低的缓坡形态。盆地南北两侧相对较高，发育两条高隆带，南部称之为塔西南隆起带；北部隆起带存在分异，分别称为柯坪—温宿低凸起区、轮南—牙哈低凸起区，三个隆起区统称为"三隆"。南北两个隆起带之间存在一北东—南西向低洼区，原满加尔凹陷区域沉积厚度最大，超过 800m，这一北东—南西向低洼区与盆地合称"两凹"。

#### 1）塔西南古隆起

塔西南地区寒武纪沉积特征存在争议，主要有两种观点：一是古隆起观点，如冯增昭等（2006）、何登发等（2007）认为塔西南地区寒武纪发育西昆仑台地，其中发育有两个小陆地；刘伟等（2011）认为早寒武世为同沉积隆起，中晚寒武世为水下低隆；二是赵宗举等（2011）主张的寒武纪喀什—麦盖提—叶城—和田地区为盆地沉积，而于田—民丰地区为台地沉积。根据最新地层厚度图（图 3-27），塔西南坳陷内发育一条近东西走向的地层减薄带，将其定义为塔西南隆起带，该古隆起与冯增昭等（2006）、刘伟等（2011）、何登发等（2007）报道的台内隆起或同沉积隆起是同一性质。塔西南隆起的提出与刻画，彻底改变了塔西南地区的沉积格局，为构造—岩相古地理编图提供了重要的地质依据。

塔西南古隆起是南华纪台内裂陷南部隆起带继承性发育而来的古隆起。下寒武统尖灭于古隆起之上，向北部凹陷地层厚度逐渐增大。从钻井揭示分析（图 3-28），玉龙 6 井、塔参 1 井均直接钻遇塔西南古隆起基底变质岩，锆石测年年龄均在 1900Ma 左右，缺乏下寒武统，中寒武统直接覆盖于古隆起之上；至紧邻古隆起的中深井区及巴东地区，中深 1 井、楚探 1 井均仅钻遇肖尔布拉克组上段，厚 40～73m，缺失肖尔布拉克组中段、肖尔布拉克组下段及玉尔吐斯组；再至玛北 1 井、巴探 5 井及和 4 井等井区地层厚度逐渐增厚至 200m 左右，肖尔布拉克组中段、肖尔布拉克组下段开始发育，上部吾松格尔组也逐渐增厚，但值得注意的

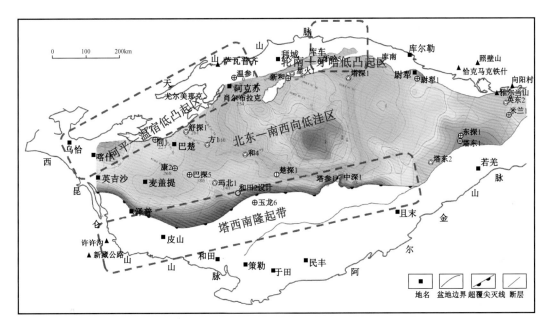

图 3-27 塔里木盆地下寒武统地层等厚图

是仍缺失玉尔吐斯组。钻井对比结果充分表明,塔西南古隆起在中寒武世为宽缓的大型隆起带,整体呈现出南高北底的特征,下寒武统依次向南超覆尖灭于古隆起之上。根据下寒武统古隆起的地震追踪结果,塔西南古隆起在塔西南地区呈北西走向,沿泽普—皮山—和田—且末一带,宽87～153km,横向延伸超过880km。在塘古坳陷南部—塔中与古城南部呈近东西走向,与阿尔金古隆起连为一体。

**2)轮南—牙哈低凸起**

前期研究并未提出轮南—牙哈低凸起的概念,而是认为塔北隆起为一个整体构造单元,且为早寒武世北部台地边缘。以苏盖特布拉克露头(丘滩体)、星火1井(斜坡相)及牙哈5井(台内藻丘)等资料证据为基础,利用威尔逊相模式推测柯坪—轮南发育一条连续的早寒武世台缘带。但新和1井钻揭400余米泥晶灰岩相,证实台缘带并不存在。通过钻后重新认识早寒武世岩相古地理格局,提出形成于南华纪的"两隆夹一凹"岩相古地理格局依然存在,但出现了一定的分异。基于同位素地层对比、地球物理前积带及古构造恢复等,提出了轮南—牙哈低凸起的概念。

(1)区域钻井碳同位素地层对比结果发现下寒武统顶部存在明显的负漂移、肖尔布拉克组与吾松格尔界面附近发育一正漂"肩膀",而该地区牙哈5井均发育上述特征,表明牙哈5井下部钻揭地层确为肖尔布拉克组,岩性以早期云化的藻格架白云岩为主(图3-29)。白云岩相的发育得以确定,并与周围新和1井、星火1井的石灰岩相形成明显对比,可以合理推测轮南—牙哈地区在早寒武世为一高地貌区域。

(2)以北部台缘带为预探目标的新和1井失利后,在其东部40～60km附近新发现一条地震前积反射带,沿牙哈5井—跃南2井一带近南北向展布。前积带的发现表明早寒武世

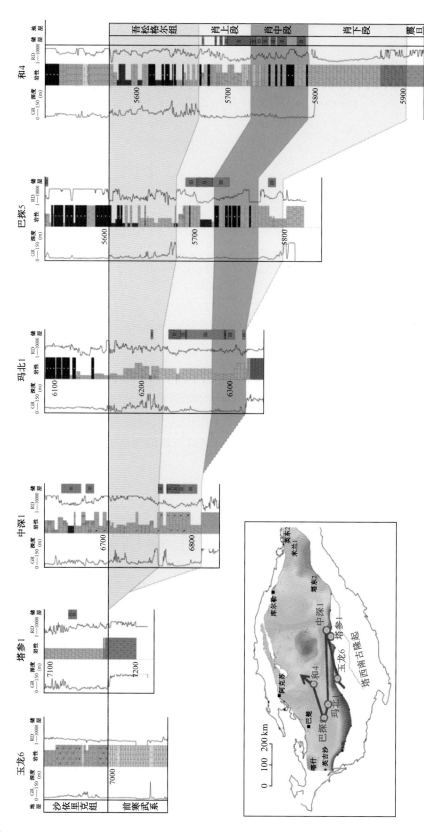

图 3-28　过玉龙 6 井—和 4 井下寒武统连井对比剖面

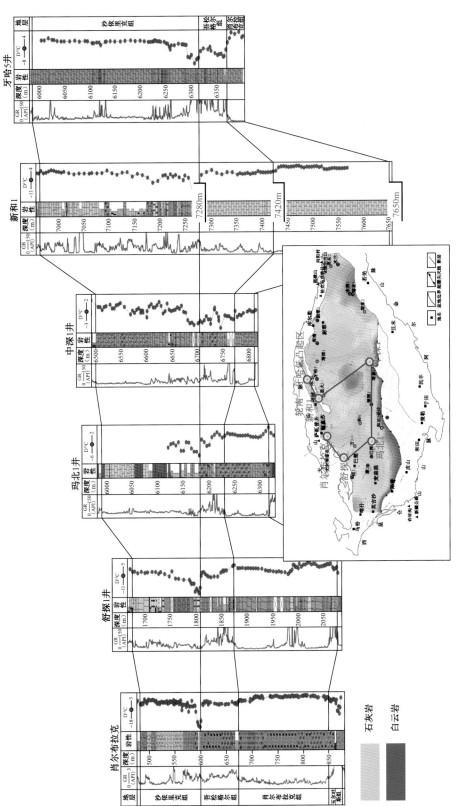

图 3-29　塔里木盆地过肖尔布拉克剖面—牙哈 5 井碳同位素地层对比剖面

轮南—牙哈地区存在一定地貌高差,丘滩体向低洼地貌逐渐前积发育,进而形成地震反射异常。横跨轮南—牙哈低凸起的地震剖面充分展示了这一特征,早寒武世的轮南—牙哈低凸起两侧均发育典型前积地震反射,为刻画落实低凸起分布范围提供了直接证据(图3-30)。

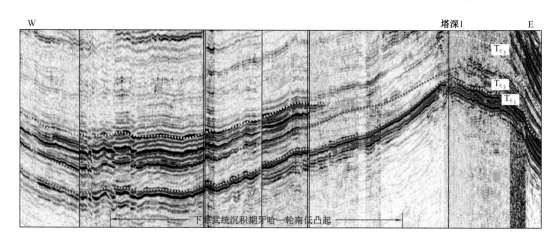

图3-30 塔里木盆地过轮南—牙哈低凸起典型地震剖面(任意线)

(3)古构造恢复证实轮南—牙哈低凸起为一继承性古隆起,呈近东西走向展布,这一特征与南华纪裂陷两侧隆起带呈近北东—南西向展布有良好的印证关系。根据早寒武世古隆起的地震追踪结果,轮南—牙哈低凸起呈东西向,西至牙哈5井—跃南2井一带,东至塔深1井,南界在跃南2井以南15km左右,面积约15800km$^2$。

3)柯坪—温宿低凸起

柯坪地区下寒武统露头出露良好,为研究覆盖区沉积储层提供了良好的窗口,一直以来都受到地质家的青睐。然而,露头与钻井揭示的下寒武统垂向序列存在相似性的同时,也存在明显的差异。如露头肖尔布拉克组为一套典型海退期沉积序列,中—下部为低能外缓坡—盆地相,上部为一套以丘滩相为主的沉积,中部并不发育含膏/盐沉积地层,而覆盖区和4井、巴探5井、康2井等均钻遇一套18～30m的膏盐岩。这一现象引出了柯坪—巴楚北缘地区是否存在类似塔西南古隆起古地貌高地的问题。基于横向地层岩相分区、地层厚度变化趋势等,提出了柯坪—温宿低凸起的概念。首先,利用柯坪地区什艾日克—温参1井及扬子地台碳同位素地层对比结果拟订了温参1井钻揭碳酸盐岩地层的年代归属问题。温参1井是温宿地区唯一一口钻揭碳酸盐岩地层的老井,对其2050～3200m井段地层归属存在争议:一种观点认为属于寒武系,并直接覆盖在阿克苏变质岩基底之上;另一种观点认为属于震旦系。本书认为钻揭的以云灰岩互层为特征的碳酸盐岩地层属于上震旦统奇格布拉克组,下部碎屑岩属于苏盖特布拉克组。然后,建立起肖尔布拉克剖面、温参1井、新和1井、星火1及牙哈5井的岩相对比关系(图3-31),表现出两个岩相分布规律:一是自星火1井向柯坪地区,上震旦统奇格布拉克组逐渐由云灰岩相过渡至纯白云岩相;二是下寒武统肖尔布拉克组在柯坪地区、牙哈5井区均表现为纯白云岩相,中部新和1井、星火1井均表现为纯石灰岩相。结合最新地震地层成图结果,发现柯坪地区纯白云岩相发育,地层厚度逐渐减薄,

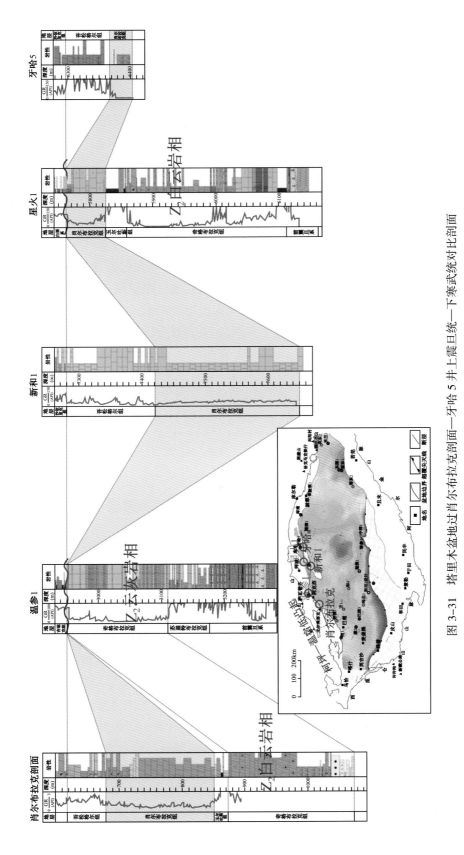

图 3-31　塔里木盆地过肖尔布拉克剖面—牙哈 5 井上震旦统—下寒武统对比剖面

而星火1井、新和1井区云灰岩互层岩相及石灰岩相发育区地层厚度逐渐增厚,为纯白云岩相发育区地层厚度的2~3倍。同时,肖尔布拉克露头肖尔布拉克组顶部发育一套紫红色富泥潮上带沉积,表明沉积期向古隆起方向地貌逐渐变高。根据这一特征可以推测柯坪—温宿地区发育一低凸起,与轮南—牙哈地区同属于北部隆起带,受地球物理资料限制,目前尚不能准确刻画出该低凸起的分布范围,仅能从厚度分布特征进行合理推测。

### 2. 肖尔布拉克组构造—岩相古地理

早寒武世"三隆两洼"岩相古地理格局控制了肖尔布拉克组碳酸盐缓坡沉积体系的发育,沿古隆起向盆地依次发育混积坪、内缓坡(泥)云坪、中缓坡丘滩相、中缓坡台洼、中缓坡外带、外缓坡/盆地6种沉积相带(图3-32)。肖尔布拉克组沉积期台内沉积相带的分异受控于古地貌特征。混积坪相紧邻古隆起,地貌位置高,其典型特征是陆缘碎屑输入丰富、以泥粉晶云岩为主。内缓坡(泥)云坪相地貌位置高,以泥粒/粒泥云岩,低能粘结岩及泥粉晶云岩等组合为主要特征,玛北1井是这一相带的典型代表。中缓坡丘滩相沉积期处于中高地貌位置,水动力条件较强,由藻砂屑滩、藻席、菌藻丘等组成,代表井有方1井、舒探1井、和4井、康2井等。中缓坡在地震剖面上易于识别,主要表现为丘状、前积叠置、杂乱等地震相特征,其中前积反射特征比较明显的区域主要分布在轮南—牙哈低凸起区、塔中东部塔中32井区。中缓坡外带主要发育于低洼地貌,以泥晶—粒泥灰岩夹泥质条带为主,偶尔受风暴影响,代表井为新和1井、星火1井。另外,从目前已钻井地层厚度及岩相类型统计来看,肖尔布拉克组沉积期相带分异与厚度密切相关,表现出"厚灰、中滩、薄坪(或尖灭)"的分布特点。

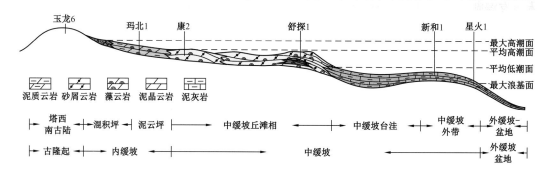

图3-32 塔里木盆地下寒武统肖尔布拉克组沉积模式

应用构造古地理框架认识及地质资料点控制下的沉积相配置关系模型,修编了早寒武世岩相古地理图(图3-33)。早寒武世沉积相展布明显受控于塔西南古隆起、柯坪—温宿低凸起、轮南—牙哈低凸起三大古隆起。以塔西南古隆起为例,沿着古隆起向台内,随着地貌逐渐变低、水动力条件逐渐增强,依次发育混积坪、内缓坡(泥)云坪、中缓坡丘滩相、中缓坡台内洼地等。紧邻塔西南古隆起为混积坪相,宽度相对较窄。向台内相变为内缓坡(泥)云坪相,依然是一个窄相带,在玛北1井区发育一北西向低隆,该相带宽度大、面积广。玛北1井—和4井井区附近发育近东西向宽50~180km的中缓坡丘滩带,地层厚度280~360m,如舒探1、方1、康2等完钻井、苏盖特布拉克组野外建模均证实了这一特征。在中深区块因

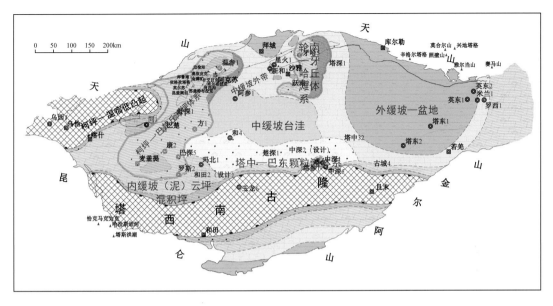

图 3-33　塔里木盆地早寒武世肖尔布拉克组沉积期岩相古地理图

沉积期地貌相对较陡,相带宽度有所变窄。中缓坡丘滩带以内进入中缓坡台洼(原满加尔凹陷),沉积地层厚度较大,一般在 600m 以上,呈北东—南西向展布。柯坪—温宿低凸起周缘向中缓坡台洼区的相序与之相类似,所不同的是同 1 井区附近受高地貌遮挡形成了一个局限蒸发潟湖,沉积了厚层的膏云岩、膏盐互层的地层序列。轮南—牙哈低凸起地区周缘未出现古陆,未见混积坪、泥云坪等沉积相带,覆盖了宽约 80km、长约 120km 的中缓坡丘滩带。由地层厚度变化特征可以看出,麦盖提附近发育一受玛北 1 井北西相低梁分割的局限地貌,海平面开始下降阶段,岸线迅速向海迁移,海水咸化,局部出现膏盐湖等典型蒸发相,巴探 5 井、康 2 井、和 4 井等在巴楚地区肖尔布拉克组中段均钻遇盐岩,厚 16～32m 不等。早寒武世塔西台地台缘类型相对单一,轮南—古城地区均表现为缓坡—弱镶边相台缘(图 3-34),缺乏障壁性建隆,这为台内与广海水动力交换提供了一个重要条件,为早寒武世台内丘滩体的广泛发育奠定基础。满西地区为台内洼地沉积相区;围绕台内洼地周缘将以台内丘滩相分布为主,滩体面积高达 $9 \times 10^4 km^2$。

# 三、中—上寒武统及蓬莱坝组构造—岩相古地理

## 1. 中寒武统构造—岩相古地理

中寒武世受早期海侵影响,塔南古陆萎缩至乌恰—喀什一带,满西洼陷扩大并被分隔成巴楚、沙雅、塔中 3 个台洼,东部和北部仍是盆地区。总体表现为西高东低。

中寒武世气候转为干旱,塔里木盆地演变为干旱气候条件下的镶边台地背景,塔南隆起大部分地区演化成泥云坪,其南部推测为云坪;北侧为蒸发台地—台缘—斜坡—盆地沉积体系(图 3-35),其中蒸发台地又可细分为蒸发潮坪、膏盐湖、台内洼地等亚相。

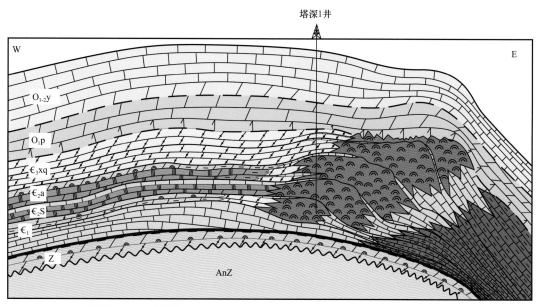

图 3-34 塔里木盆地轮南—牙哈地区台地边缘带内部结构剖面

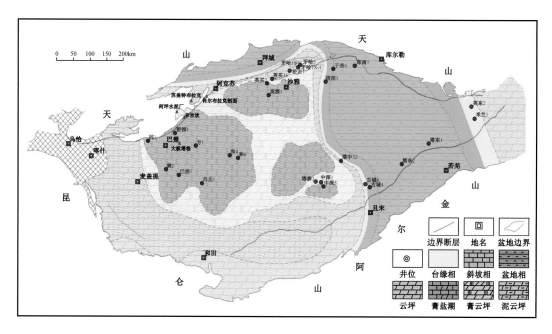

图 3-35 塔里木盆地中寒武世岩相古地理图

台缘带和台内膏盐湖是该时期最为重要的亚相。台地边缘由轮南—古城台缘及北部台缘组成,两者呈现出明显的分异性,北部台缘带坡度缓迁移快,表现为进积型台缘,向北推进约30km,中寒武统台内蒸发潮坪相直接覆盖在下寒武统台缘丘滩体之上;轮南—古城台缘坡度陡,表现为加积型台缘,地震上可识别出2~3期礁滩体沉积。该时期的一个特点是台内出现了膏盐湖,据地震及实钻资料,可识别出3个规模不等的膏盐湖,分别分布在巴楚隆起地区、塔北凸起南部及塔中地区。其中,巴楚隆起地区发育的膏盐湖规模最大,盐岩厚度最厚区域达700m以上,向北部肖尔布拉克剖面区域相变为以泥云坪为主,向南部至玛扎塔格构造带附近,尚未完钻的玉龙6井已证实膏盐湖向膏云坪转变带的发育。同时,巴楚地区盐湖内还发育一套厚6~63.6m的(云)石灰岩,充分说明中寒武世古气候炎热干旱,海侵期沉积的石灰岩来不及白云化就被上覆厚层盐岩覆盖(图3-36)。与巴楚地区盐湖相比,塔北隆起南部及塔中地区膏盐湖规模相对较小,纯盐的厚度明显减薄,呈现出"西部盐湖、东部盐洼"的格局。膏盐湖之间为规模发育的膏云坪、台内滩复合沉积体,面积高达$7.3 \times 10^4 km^2$。从牙哈7X-1井、中深1井、中深5井等钻井看,台内滩厚度相对较薄,但在塔北、塔中均有发育,分布较广。

## 2. 上寒武统构造—岩相古地理

晚寒武世继承了中寒武世的沉积背景,但由于进一步海侵影响,塔南古陆完全被淹没,表现为水下低隆,满西洼陷继承性发育,向东向北进入盆地区,仍然表现为西南高、东北低的特点。值得指出的是,台内满西洼陷周缘包括巴楚—塔中和温宿—呀哈地区为宽缓台坪。

晚寒武世总的表现为半干旱气候条件下的镶边台地沉积样式,发育半局限台地—台地边缘—斜坡—盆地相4个相带,半局限台地分布在塔南水下低隆区、巴楚—塔中及温宿—呀哈塔北地区,也包括满西洼陷,台地边缘沿拜城—轮南—古城一线发育,斜坡—盆地相在塔东地区继承性发育(图3-37)。

与早—中寒武世相比,晚寒武世岩相古地理具有以下三个明显的特征。

(1)海平面上升,中寒武世广泛发育的膏盐岩被分布广泛的半局限台地成因结晶白云岩替代。据岩石组构测井岩相定量解释结果与野外露头资料,半局限台地广泛发育台内滩体,面积高达$7.3 \times 10^4 km^2$,主要分布在满西台洼周缘,滩体叠合厚度最厚可达400m。

(2)满西洼陷受海侵影响,演化成台内洼地,以石灰岩和泥质岩为主。

(3)东部台缘带呈现明显分异,轮南和古城地区表现为强建隆,3~4期地震尺度台缘带强建隆强进积的特征非常明显,而中部满参1井、羊屋等地区却仍然呈现出弱镶边—缓坡型台缘特点。台缘带发育的不均衡性使得台内和台前的沉积也具有很大差异性,如古城地区的强建隆使台前斜坡演化成高陡斜坡性质,发育巨厚的斜坡重力流沉积;而在羊屋地区的弱镶边台缘,其将外海与满西洼陷沟通,增强了台内与外海水体交换,也提高了台内水动力条件,为环满西洼陷周围颗粒滩的大面积发育提供了条件。

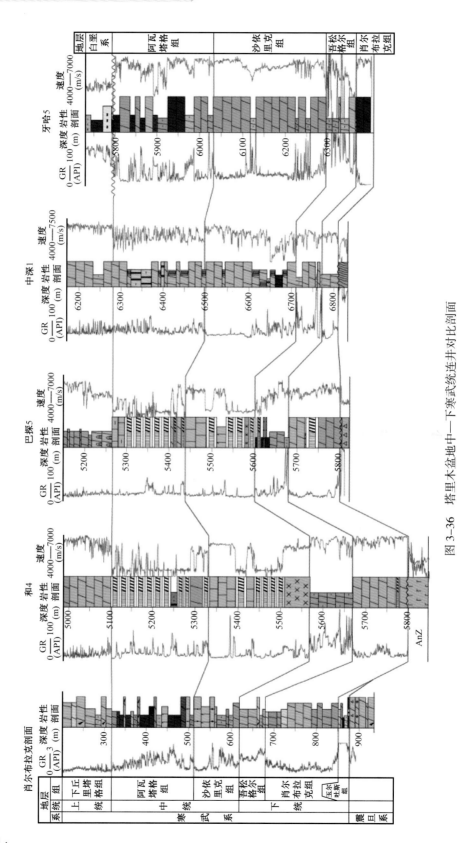

图 3-36 塔里木盆地中—下寒武统连井对比剖面

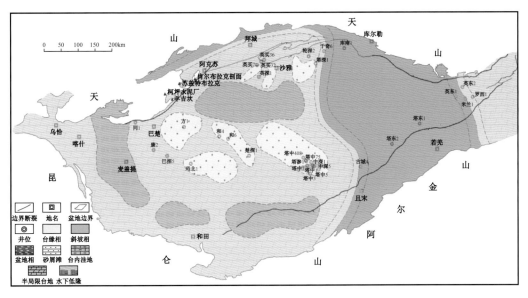

图 3-37　塔里木盆地晚寒武世岩相古地理图

### 3. 蓬莱坝组构造—岩相古地理

早奥陶世继承了晚寒武世"西台东盆"的古地理格局,在塔西台地范围内发育塔南隆起、塔东隆起和塔北隆起,塔南隆起和塔东隆起之间为中央斜坡,塔东隆起和塔北隆起之间为满西洼陷。台内"三隆一坡一洼"的古地理面貌控制台内相带的展布。

蓬莱坝组沉积期岩相古地理宏观上表现为东部盆地西部台地的格局,总体可以划分为半局限台地—台地边缘—斜坡—盆地 4 个相带(图 3-38),其中,半局限台地相可细分为潮坪、台内砂屑滩与滩间海、台内洼地 3 个亚相。台地边缘和台内砂屑滩是有利储集相带。

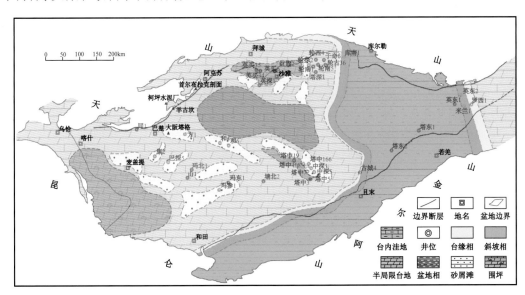

图 3-38　塔里木盆地早奥陶世蓬莱坝组沉积期岩相古地理图

半局限台地分布在塔西台地范围,塔南隆起、塔东隆起和塔北隆起区演化为潮坪,发育藻云岩;满西洼陷演化为台内洼地,以泥岩和泥质灰岩等相对深水沉积为主;介于隆起和洼地之间的广大地区则演化成台内颗粒滩及滩间海沉积,发育颗粒白云岩和晶粒白云岩。台缘带分布在库南 1 井—古城 4 井—和田一带,由宽 10～40km、长 1000km 断续发育的礁滩复合体组成,具有强加积和弱迁移、适度白云石化的特点,是有利储层的主要发育区。斜坡—盆地相分布在塔东地区,以泥岩与灰质泥岩为主,代表深水盆地沉积。

# 第四节　鄂尔多斯盆地重点层系构造—岩相古地理

鄂尔多斯盆地重点介绍奥陶系马家沟组下组合马二段、马四段,中组合马五<sub>5</sub>、马五<sub>6</sub>和上组合马五<sub>1</sub>岩相古地理。早奥陶世马家沟组沉积期,鄂尔多斯盆地总体表现为"三隆两凹"的古地理格局。三隆为伊盟古陆、"L"形中央隆起和离石水下低隆,两凹为米脂凹陷和秦祁海盆。其中,位于北部的伊盟古陆地势最高,中部的"L"形中央隆起次之,除庆阳地区外其他大部分表现为水下隆起,东部的离石水下低隆最低,介于隆起和坳陷之间的广大地区为宽缓斜坡。近期研究显示,马一段—马三段沉积期继承了上述格局,马四段—马六段沉积期盆地中东部古地貌分异加剧,在中央隆起与米脂凹陷间产生靖边次一级台内洼地,这种大隆大凹或多隆多凹的古地理背景控制了岩相区域展布。

## 一、马家沟组下组合岩相古地理特征

马家沟组下组合由马四段—马一段组成,其中马一段和马三段为相对海退期沉积,以白云岩和膏盐岩为主,马二段和马四段为海侵期沉积,广泛发育颗粒滩和白云岩坪,为优质储层发育的有利相带,也是目前重要的勘探目的层,其沉积微相展布特征如下。

### 1. 马二段沉积期

马二段为马家沟组的首次海侵沉积,盆地东部洼地与华北广海连通性较好,沉积岩性以泥晶灰岩和云质泥晶灰岩为主,围绕东部石灰岩洼地向外依次沉积了灰云坪、台内颗粒滩和白云岩坪等沉积微相。中央古隆起处由于抬升较高,未沉积海相碳酸盐岩。盆地西缘靠近中央古隆起一侧发育灰云坪,岩性以白云岩与石灰岩交互沉积为特征,该相带以西由于水体相对较深,为一开阔海浅缓坡沉积环境,沉积物岩性以泥晶灰岩、颗粒灰岩为主(图 3-39)。

### 2. 马四段沉积期

马四段为马家沟组最大海侵沉积。该沉积期,由于贺兰拗拉槽的进一步发育,盆地内应力发生了变化,盆地西部祁连海域沉积水体逐渐加深;盆地中东部开始由前期的缓坡型台地向"隆洼相间"型台地转换,除中央古隆起—靖西台坪带为继承性高部位外,在靖边东部也形成了一个隆起带。由于海平面升高,盆地东部洼地与华北广海连通性进一步增强,两个高部位隆起带水体较浅,水动力较强,广泛发育颗粒滩沉积,且沿古地貌呈断续条带状分布,岩性以砂屑白云岩和粉细晶白云岩为主,含少量鲕粒白云岩。测井上具有 GR 低平直、岩石结

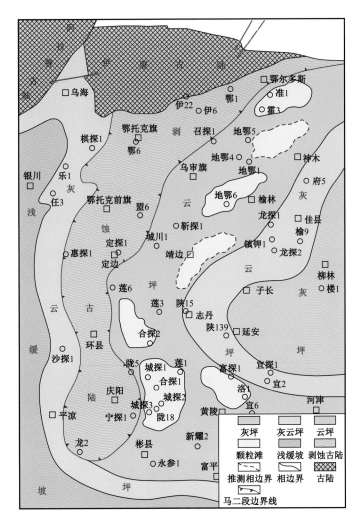

图 3-39　马家沟组二段沉积期岩相古地理图

构数较高的特征;地震上呈现出地震同相轴具有中低振幅欠连续反射特征,相位余弦属性波形剖面中同相轴表现为欠连续或空白反射特征。盆地中部盟 6 井区在马四段沉积期处于低洼地带,水体较深,发育灰坪,岩性以泥晶灰岩和含云斑泥晶灰岩为主;靖边东部隆起带以东水体也逐渐加深,向东依次发育灰云坪和灰坪等沉积微相。盆地西缘发育开阔海浅缓坡和深缓坡沉积,浅缓坡水动力较强,岩性以颗粒灰岩为主;而深缓坡水体相对较深,颗粒基本不发育,岩性为泥晶灰岩(图 3-40)。

## 二、马家沟组中组合岩相古地理特征

中组合沉积为一套震荡型海侵—海退沉积岩性组合,其内部的马五$_{10}$、马五$_8$ 和马五$_6$亚段为相对海退沉积,在盆地中央古隆起东侧发育含硬石膏结核白云岩坪沉积,岩性以含硬石膏结核溶模孔细粉晶白云岩为主,而在盆地东部,由于海平面相对较低,受盆地周缘古陆与古隆起影响,海水循环不畅,强烈的蒸发作用致使海

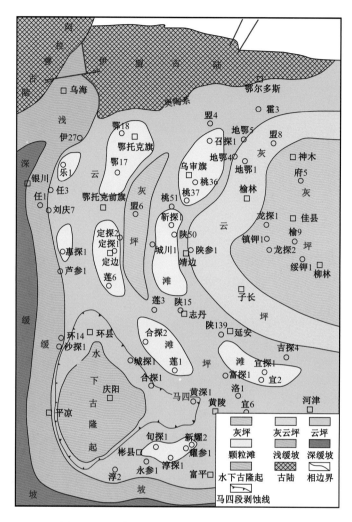

图 3-40　马家沟组马四段沉积期岩相古地理图

水盐度值逐渐增加,沉积物岩性以盐岩、膏岩和膏质白云岩为主;马五$_9$、马五$_7$和马五$_5$亚段同为夹在蒸发岩中的短周期海侵沉积,在盆地中央古隆起东侧和靖边东部隆起带广泛发育颗粒滩和白云岩坪沉积,岩性分别以颗粒云岩和粉细晶白云岩为主,为储层发育提供重要物质基础,经大气淡水岩溶作用发育各类孔隙,也是该组合内部的重要含气层位。如马五$_6$亚段和马五$_5$亚段,二者在沉积环境、岩相古地理和沉积微相展布方面具有明显的差异。

### 1. 马五$_6$亚段沉积期

马五$_6$亚段为中组合内部的最大海退沉积,由于海平面较低,盆地东部膏盐潟湖横跨东、西两个洼地,在府5井—吉探3井—陕465井—桃38井一线内侧发育膏盐潟湖沉积,岩性以盐岩和膏岩为主,并围绕膏盐潟湖向外依次发育膏云坪、含膏云坪和含硬石膏结核白云岩坪,局部水动力较强处发育颗粒滩沉积,岩性以颗粒白云岩为主。盆地西部仍发育浅缓坡相和深缓坡相(图3-41)。

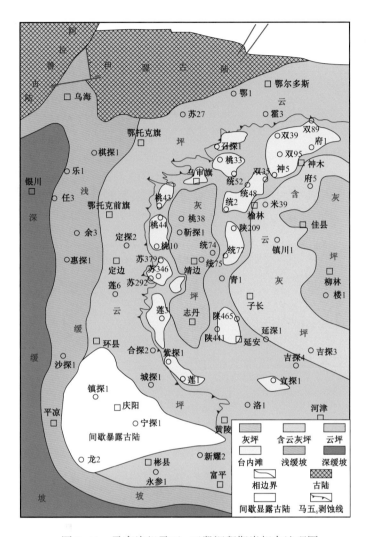

图 3-41 马家沟组马五₆亚段沉积期岩相古地理图

## 2. 马五₅亚段沉积期

马五₅亚段沉积期为中组合内部最大一次海侵,沉积水体明显变深。受沉积古地貌和相对海平面升降变化控制,鄂尔多斯盆地中东部靖西台坪带和靖边东部隆起带水动力强,广泛发育颗粒滩沉积,且颗粒滩均呈断续条带分布,岩性主要为砂屑白云岩,含少量的鲕粒白云岩,具有与马四段沉积期颗粒滩相似的测井、地震响应特征,是储层发育有利相带,马五₇和马五₉亚段也具有相似的沉积特点,是目前奥陶系盐下主要的含气层系。围绕颗粒滩带由隆起带向洼地依次发育白云岩坪、含云灰坪和灰坪。盆地西部仍发育浅缓坡和深缓坡相。

## 三、马家沟组上组合岩相古地理特征

上组合位于马五段上部,是一个海平面逐渐下降的海退沉积,其内部发育多套含硬石膏结核粉晶白云岩地层,且以马五$_1^2$、马五$_1^3$、马五$_2^2$和马五$_4^1$小层最为发育,其内部的硬石膏结核经溶蚀作用后可形成良好的储集空间。

以马五$_1^3$小层为例,该小层沉积时,海水轻微浓缩,盐度较中组合马五$_5$、马五$_7$、马五$_9$亚段沉积期大,比马五$_6$、马五$_8$、马五$_{10}$亚段沉积期小。在靠近中央古隆起的靖西台坪带上,由于地势相对较高,蒸发作用强烈,浓缩海水中开始析出结核状或板柱状硬石膏晶体,而向盆地东侧,由于水体逐渐加深,且与华北海具有一定的连通性,海水浓度有所减弱,硬石膏结核含量逐渐减少。因此,在沉积相带上,由西向东依次发育硬石膏结核白云岩坪、含硬石膏结核白云岩坪、含灰白云岩坪(图3-42)。云坪微相中硬石膏结核或板柱状硬石膏晶体经准同生期或晚表生期大气淡水溶蚀作用后溶解,形成鄂尔多斯盆地奥陶系风化壳特有的膏模孔型储层。

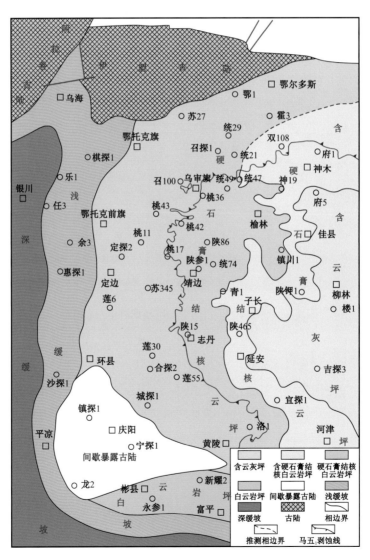

图3-42　马家沟组马五$_1^3$小层沉积期岩相古地理图

# 第五节 四川盆地德阳—安岳台内裂陷解剖

震旦—寒武系已经成为四川盆地非常重要的天然气勘探领域,晚震旦世—早寒武世沿德阳—安岳地区发育一近南北向展布的特殊构造—沉积单元,在其周缘赋存着近万亿立方米天然气的规模储量。但存在侵蚀谷和台内裂陷两种观点,并直接制约了对该地区石油地质条件和成藏组合的认识。德阳—安岳地区这一近南北向展布的特殊构造—沉积单元是一个由侵蚀谷到台内裂陷继承性发展的地质体,其演化控制了晚震旦世—早寒武世生烃中心和三套储层的发育,是台内非常有利的油气勘探领域。

## 一、侵蚀谷和台内裂陷两种观点

所谓德阳—安岳台内裂陷是指位于四川盆地腹部,存在于晚震旦世—早寒武世的北西—南东向沟槽,由川西向川中、蜀南呈北西西向延伸,宽 30~100km,南北延伸长度达300km 以上,在盆地范围内面积达 $6 \times 10^4 km^2$。关于该沟槽的认识,存在侵蚀谷和台内裂陷两种观点的分歧。

### 1. 侵蚀谷观点

汪泽成等(2014)认为沟槽是由桐湾运动导致的地层抬升、剥蚀和侵蚀造成的,并将桐湾运动分为三幕。桐湾运动Ⅰ幕发生在灯二段沉积期末,此时上扬子地区发生了不均衡升降运动,表现为西高东低、西部剥蚀东部连续沉积的特点;桐湾运动Ⅱ幕发生在灯影组沉积期末,表现为灯影组与下寒武统麦地坪组呈平行不整合接触,局部发生侵蚀;桐湾运动Ⅲ幕发生在早寒武世麦地坪组沉积期末,表现为下寒武统麦地坪组与筇竹寺组呈平行不整合接触。

侵蚀谷形成于桐湾运动Ⅲ幕(图 3-43),称之为德阳—泸州侵蚀谷,依据是:(1)麦地坪组与上覆地层筇竹寺组之间存在不整合面;(2)侵蚀谷内麦地坪组厚度减薄,厚 0~20m;(3)资阳及长宁地区灯四段、灯三段剥蚀殆尽,灯二段白云岩直接与麦地坪组或筇竹寺组接触,侵蚀谷两侧斜坡带灯四段残存厚度明显增大。认为筇竹寺组沉积期,受海平面快速上升影响,侵蚀谷内沉积一套黑色泥页岩,筇竹寺组沉积晚期侵蚀谷被逐渐填平补齐。

侵蚀谷观点可以解释沟槽内灯影组厚度小、筇竹寺组厚度大的特征,但是随着钻井和地震资料的丰富,存在两点无法解释的现象:(1)跨沟槽的连井剖面显示沟槽内麦地坪组厚度是增大的,而不是该观点所认为的侵蚀谷内麦地坪组厚度减薄;(2)高石梯—磨溪地区沟槽东侧地震剖面明显表现为碳酸盐台地边缘的进积结构,而不是侵蚀谷造成的剥蚀特征(图3-44)。

### 2. 台内裂陷观点

杜金虎等(2016)认为沟槽为上扬子克拉通内裂陷,受同沉积断裂控制,并命名为安岳—德阳裂陷。其形成演化经历了 3 个阶段:晚震旦世灯影组沉积期为裂陷形成期,早寒武世麦地坪组沉积期—筇竹寺组沉积期为裂陷发展期,早寒武世沧浪铺组沉积期为裂陷消亡期(图 3-45)。

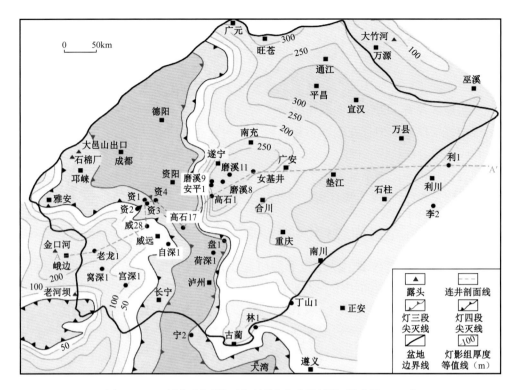

图 3-43 四川盆地灯影组顶面侵蚀古地貌（据汪泽成等，2014）

图 3-44 沟槽东侧高石梯地区灯影组地震剖面（进积指示台缘而非侵蚀谷）

（1）裂陷形成期（晚震旦世灯影组沉积期）。受区域拉张作用影响，上扬子克拉通西部边缘发育从川西海盆向克拉通盆地腹部延伸的安岳—德阳裂陷。主要特征包括：①裂陷区灯影组发育较深水槽盆相的泥晶白云岩和瘤状泥质泥晶白云岩，地层厚度较薄；②裂陷两侧

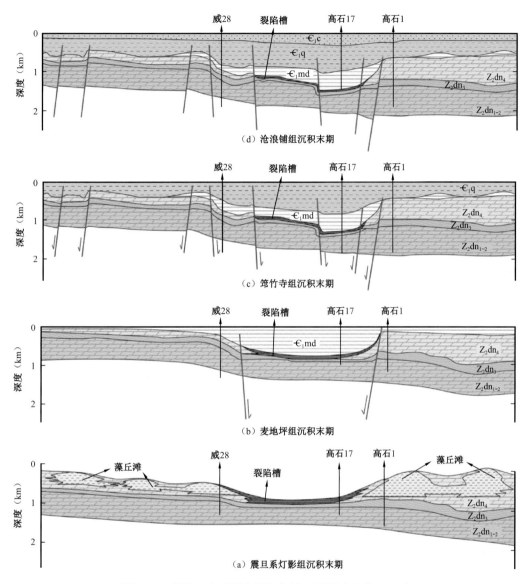

（d）沧浪铺组沉积末期

（c）筇竹寺组沉积末期

（b）麦地坪组沉积末期

（a）震旦系灯影组沉积末期

图3-45　德阳—安岳裂陷槽演化剖面（据杜金虎等，2016）

台缘带丘滩复合体发育，地层厚度大。

（2）裂陷发展期（早寒武世早期梅树村组＋筇竹寺组沉积期）。主要特征包括：① 裂陷内麦地坪组发育泥岩及硅质岩，厚度达200m，裂陷外围则发育碳酸盐台地相；② 裂陷内筇竹寺组黑色泥页岩厚度为裂陷外围厚度的两倍以上。

（3）裂陷消亡期（早寒武世中晚期沧浪铺组沉积期）。沧浪铺组厚度变化趋势明显不同于筇竹寺组隆—凹特征，总体表现出受川中古隆起控制的地层分布特点，即从西向东由古隆起高部位向斜坡带地层厚度逐渐增大，古隆起高部位地层厚度为100～200m，斜坡带厚度为200～250m，盆地东南缘及川北地区厚度增至300～400m。与筇竹寺组相比，沧浪铺组的岩性、岩相分布也存在明显差异,前者主要为陆棚相泥岩,而沧浪铺组下段发育混积台地相泥岩夹石灰岩,上段发育浅水陆棚泥岩夹砂岩。高石17井与磨溪—高石梯地区钻井对比表明,沧浪铺组中部普遍发育厚30~40m的石灰岩段,电性特征明显,分布稳定,可对比性强,表明沧浪铺组沉积期沉积已不受克拉通内裂陷控制。

台内裂陷观点是将灯一段—灯四段整体进行分析的,如果将灯一段—灯二段、灯三段和灯四段分别进行分析,则存在两种无法解释的现象:(1)灯二段葡萄花边白云岩不仅发育在台内裂陷两侧,而是在整个扬子区呈广布式分布,用台缘生物丘的观点难以解释;(2)灯二段所谓台缘相地层厚度与台内厚度无差别,即不存在明显的台地边缘;(3)台内裂陷中资阳1井钻遇的灯二段,厚度60余米,为白云岩,不存在硅质岩或暗色泥岩等明显的深水沉积物。

## 二、由侵蚀谷到台内裂陷的继承性发展观

如上所述,侵蚀谷和台内裂陷两种观点均存在无法解释的现象,基于高石梯—磨溪三维区解剖、灯影组—龙王庙组地层厚度(图3-46)、二维地震剖面详细解释等一系列证据,认为德阳—安岳地区晚震旦世—早寒武世发育的近南北向展布的特殊构造—沉积单元既非单一的侵蚀谷,也非单一的台内裂陷,而是灯一段—灯二段发育侵蚀谷,其侵蚀作用主要发育在灯二段沉积末期,灯三段沉积期为初始海侵期,台地和侵蚀谷被海水淹没,灯四段—筇竹寺组沉积期为拉张背景下台内裂陷的发育鼎盛期,沧浪铺组沉积期进入填平补齐阶段,台内裂陷消亡,龙王庙组沉积期进入缓坡台地发育阶段。

### 1. 灯一段—灯二段侵蚀谷发育期

#### 1)台内裂陷边缘地震剖面存在削截,证实侵蚀谷存在

原有的二维地震和三维地震由于分辨率和信噪比均较低,无法详细识别灯影组内部结构,台内裂陷的识别主要是依据裂陷内灯影组地层厚度小、下寒武统地层厚度大这一特征来判断的。这是由于台内裂陷为深水沉积环境,属于饥饿沉积,地层厚度小,而下寒武统为填平补齐的补偿沉积,地层厚度大,但是侵蚀谷与台内裂陷均可造成这种现象。

根据高石1井区三维地震资料,灯二段上部具有明显的削截现象(图3-47),证明在灯二段沉积之后发生了侵蚀作用,是侵蚀谷存在的直接证据。同时,灯二段所谓台内裂陷边缘也并无明显的生物建隆特征,而是自台地向所谓的裂陷方向厚度先逐渐减薄,而后急剧下切,是侵蚀作用的产物。灯一段—灯三段地层等厚图(图3-46c)也揭示德阳—安岳地区存在侵蚀谷,地层被侵蚀变薄。

另外,地震剖面上还可以看到灯三段呈不整合超覆于灯二段之上,灯四段发育一系列的进积体,因此灯三段—灯四段沉积期才是台内裂陷发育期。

#### 2)露头证实灯二段顶部为广布的不整合面,具暴露侵蚀条件

南江杨坝剖面灯二段顶部发育一套角砾岩,角砾成分为灯影组泥晶白云岩及藻白云岩,

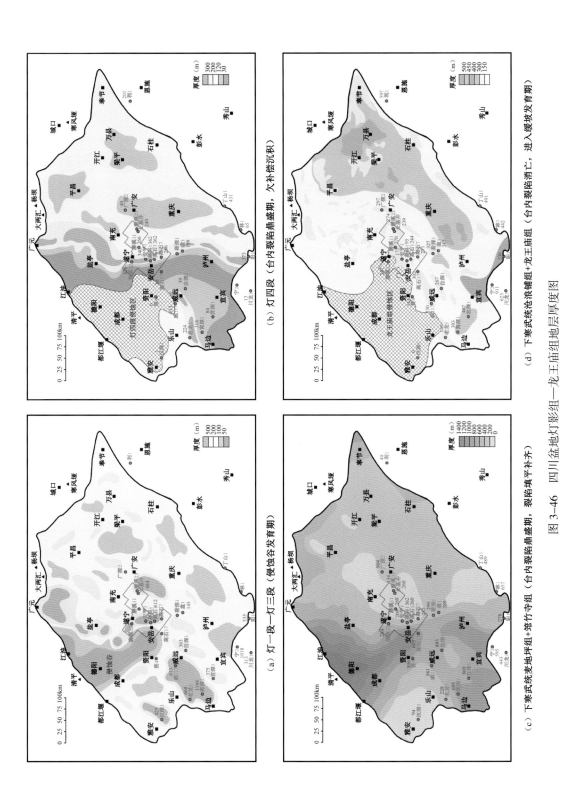

（a）灯一段—灯三段（侵蚀谷发育期）

（b）灯四段（台内裂陷鼎盛期，欠补偿沉积）

（c）下寒武统麦地坪组+筇竹寺组（台内裂陷鼎盛期，裂陷填平补齐）

（d）下寒武统沧浪铺组+龙王庙组（台内裂陷消亡，进入缓坡发育期）

图 3-46 四川盆地灯影组—龙王庙组地层厚度图

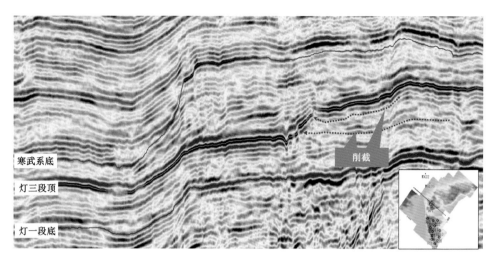

图 3-47　高石 1 井区三维区地震剖面(灯二段上部削截)

角砾大小混杂,分选和磨圆差,角砾间充填泥质、粉砂质和较小的角砾,为一套岩溶角砾岩。这说明灯二段沉积之后曾发生暴露,形成了不整合面。灯二段上部普遍发育葡萄花边状白云岩,具准层状展布特征,在中—上扬子地区广布,缝洞系统发育。这些均说明灯二段沉积之后,整个中—上扬子地区普遍暴露,具备形成侵蚀谷的条件。

3)灯一段—灯二段裂陷周缘与台内地层厚度无差别,台缘特征不明显

如果灯一段—灯二段为台内裂陷,台内裂陷周缘发育的台缘微生物丘滩体将导致地层厚度比台内大,实际上,高石梯—磨溪地区地震资料解释的灯一段—灯二段厚度,裂陷周缘与台内地层厚度相近,没有明显增大的特征,仅在裂陷内地层厚度较薄。这进一步佐证了德阳—安岳台内裂陷在灯一段—灯二段沉积期应该是侵蚀谷,而非拉张背景下的台内裂陷。

## 2. 灯三段—筇竹寺组台内裂陷发展期

1)灯三段沉积期是以初始海侵为特征的台内裂陷初始发育期

灯三段沉积期进入初始海侵期,德阳—安岳侵蚀谷和台地均被海水淹没。根据最新的高石梯—磨溪三维区地震剖面(图 3-44、图 3-47),灯三段超覆于灯二段顶部不整合面之上,说明灯三段为快速海侵沉积,钻井揭示灯三段岩性主要为暗色或灰绿色泥岩,厚几米至十几米,裂陷和台内广布。

2)灯四段沉积期是以欠补偿沉积为特征的台内裂陷鼎盛期

灯四段沉积期裂陷内地层厚度明显比台缘及台内地层薄,揭示此时台内裂陷发育处于鼎盛期,且为欠补偿沉积(图 3-46b)。灯四段台缘带发育多期进积体(图 3-44、图 3-47),说明在灯一段—灯二段侵蚀谷的基础上为缓慢拉张期,形成了明显的台地边缘,靠近台内裂陷周缘,地层明显增厚形成镶边,而台内和裂陷槽内地层较薄,尤其是裂陷内(图 3-46b、图 3-48)。

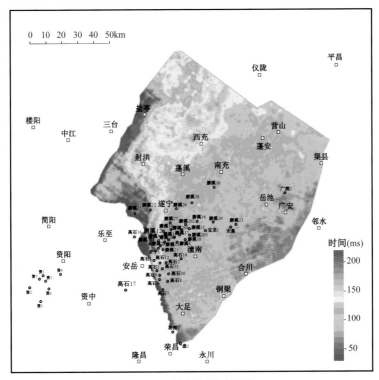

（a）川中灯三段+灯四段

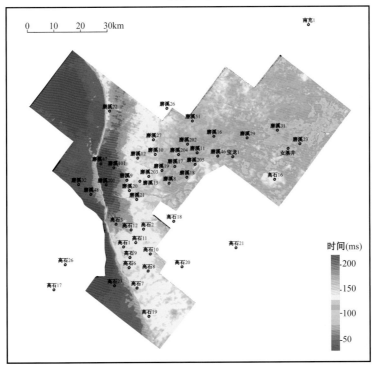

（b）高石梯—磨溪灯四段

图 3-48 川中二维地震区及高石梯—磨溪三维地震区灯四段时间厚度图

**3）麦地坪组—筇竹寺组沉积期是以填平补齐为特征的台内裂陷持续期**

地震剖面显示(图3-44、图3-47)，寒武系麦地坪组、筇竹寺组在台内裂陷存在一系列的上超，为填平补齐的沉积。钻井揭示麦地坪组为一套暗色泥页岩、薄层硅质岩；筇竹寺组下部为暗色泥页岩，上部逐渐过渡为灰绿色粉砂质泥岩及泥质粉砂岩(图3-49)。表明麦地坪组沉积期及筇竹寺组沉积早期，台内裂陷内水体较深，后期逐渐变浅，即麦地坪组—筇竹寺组沉积期，台内裂陷由欠补偿沉积向填平补齐阶段发展(图3-46c)。

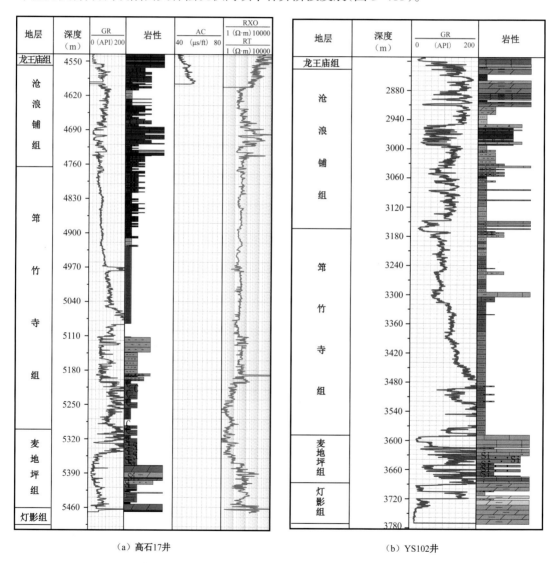

（a）高石17井　　　　　　　　（b）YS102井

图3-49　裂陷内麦地坪组—沧浪铺组地层综合柱状图

## 3. 沧浪铺组沉积期

裂陷消亡，龙王庙组沉积期进入缓坡台地发育阶段(图3-46d、图3-49)。

## 三、台内裂陷形成机理、识别标志与演化

### 1. 台内裂陷形成机理

四川盆地是在上扬子克拉通基础上发展起来的叠合盆地,盆地基底是中元古代末晋宁运动形成的褶皱基底。受罗迪尼亚超大陆裂解影响,扬子古大陆发生兴凯地裂运动,形成了一系列新元古代裂谷盆地,主裂谷盆地南华裂谷与康滇裂谷分别位于扬子地块的东南缘与西缘。震旦纪,区域性大陆裂谷作用结束,进入克拉通盆地演化阶段,以震旦系陡山沱组和灯影组为代表,在中—上扬子地区发育硅质碎屑岩和碳酸盐岩组合,碳酸盐台地东南边缘位于湘西北慈利—大庸一带,向东南过渡到湘黔桂盆地相。

无论是全球板块重建还是扬子板块恢复,均揭示中—上扬子板块在震旦纪—寒武纪仍处于拉张构造环境。兴凯地裂运动不但使中国地台解体形成秦岭—天山等洋盆,而且在大陆板块边缘形成中新元古代—早古生代的拗拉槽,如华北板块北缘的燕山—太行拗拉槽、南缘的吕梁—陕豫拗拉槽、贺兰—祁连拗拉槽等。王剑等(2001,2006)研究扬子板块震旦纪盆地原型时,也提出中—上扬子板块存在克拉通内裂陷的观点,德阳—安岳台内裂陷正是在这种拉张背景下形成的(图3-50)。

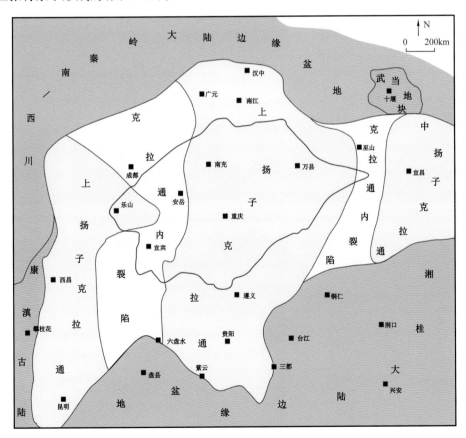

图 3-50　中—上扬子克拉通震旦纪盆地原型

地震资料解释揭示,德阳—安岳台内裂陷分布受断裂控制。裂陷内部及两侧发育以北西向为主的张性断层,表现为断陷特征(图 3-51)。边界断层断距大,且具有从北向南断距变小趋势。纵向上,震旦系及下寒武统筇竹寺组断距最大,且具有同沉积断层特征,灯三段底界断距在 400～500m 之间,寒武系底界断距在 300～400m 之间,向上到沧浪铺组断距减小,除边界断层外的多数断层消失在龙王庙组。上述特征表明断层在晚震旦世灯影组沉积期就已开始活动,且具有从北西向南东、从盆地边缘向盆地内部不断减弱的特征,早寒武世中晚期(沧浪铺组沉积期)断层活动消失,这进一步印证了前文所述的灯一段—灯二段沉积期为侵蚀谷发育期,灯三段沉积期—寒武纪早期为台内裂陷发育期的观点。

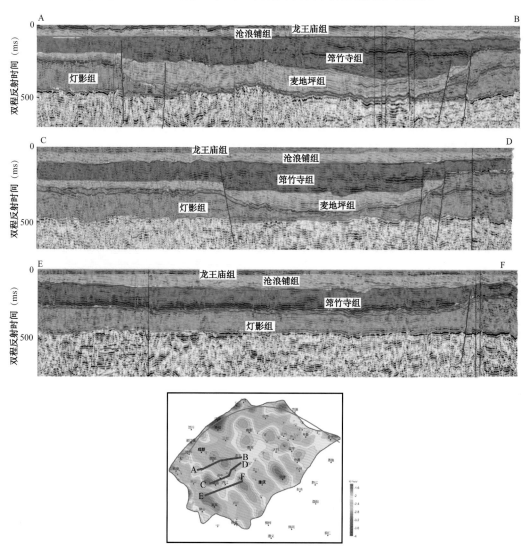

图 3-51　过德阳—安岳台内裂陷地震解释剖面(沧浪铺组顶面拉平)

总之,罗迪尼亚泛大陆裂解为德阳—安岳台内裂陷的发育提供了区域地质背景,张性或剪切断裂、差异沉降作用是台内裂陷形成的关键。

## 2. 台内裂陷的识别标志

### 1）裂陷和台地具明显不同的地层序列和沉积特征

图3-46、图3-52至图3-54揭示裂陷和台地具有明显不同的地层序列和沉积特征。侵蚀谷发育期,灯一段—灯二段由于受到剥蚀,侵蚀谷内地层厚度明显比两侧薄(图3-46a)。台内裂陷灯四段厚度明显薄于同期台缘带和台内地层厚度,裂陷内为欠补偿深水沉积,岩性主要为瘤状泥质泥晶白云岩和暗色泥质泥晶白云岩,台缘和台内为浅水碳酸盐台地沉积。由于灯四段沉积末期碳酸盐台地的再次暴露(桐湾运动Ⅱ幕),麦地坪组主要分布在裂陷内,水体明显变浅,出现浅水碳酸盐岩夹层。筇竹寺组沉积期发生填平补齐,裂陷内地层厚度明显大于同期台缘带和台内地层厚度,虽然水体有总体加深的趋势,但裂陷内的水体深度要比台内大得多。进入沧浪铺组和龙王庙组沉积期,裂陷消亡,地层厚度和水体深度无论在裂陷内还是台地相区,均没有明显的变化。

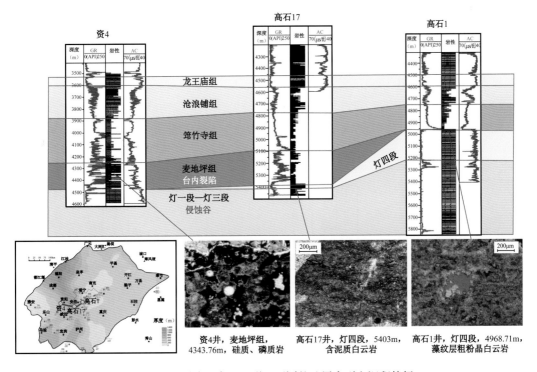

图3-52 裂陷和台地具明显不同的地层序列和沉积特征

### 2）裂陷与台地的过渡带具有明显的台缘带和分界断裂

灯四段沉积期的台内裂陷主要有三大特征:(1)裂陷区正断层活动明显(图3-55),其中规模较大的磨溪—高石梯西侧断层长达300km,向北延伸至川西海盆,是控制裂陷形成的边界断裂;(2)裂陷区与邻区的地层、沉积差异显著,裂陷区灯影组发育较深水相泥晶白云岩和瘤状泥质泥晶白云岩,沉积厚度较薄,裂陷两侧台缘带丘滩复合体发育,厚度大,以发育微生物格架白云岩和颗粒白云岩为特征,其他地区灯影组为台地相,厚度介于裂陷区和台地边缘之间;(3)台地边缘进积体特征明显(图3-44、图3-55)

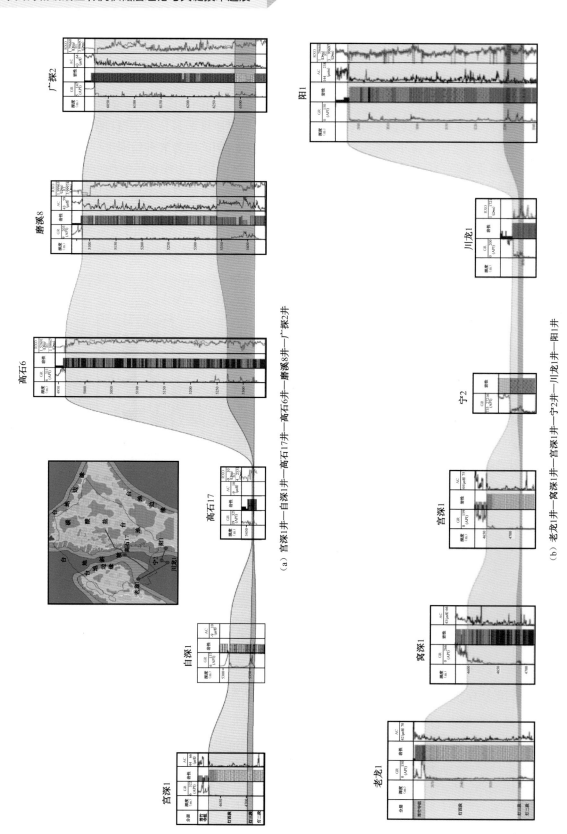

（a）宫深1井—自深1井—高石17井—高石6井—磨溪8井—广探2井

（b）老龙1井—窝深1井—宫深1井—宁2井—川龙1井—阳1井　图3-53　横切台内裂陷灯四段地层对比图

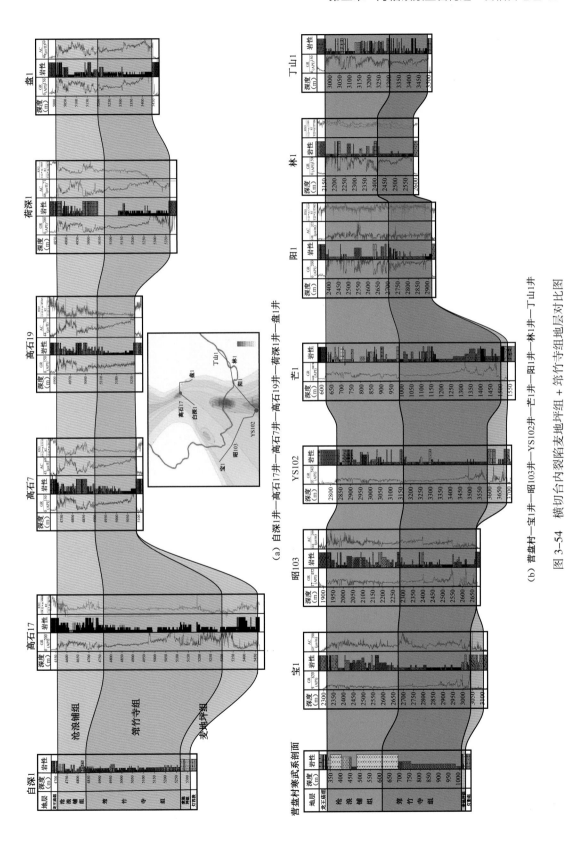

（a）白深1井—高石17井—高石7井—高石19井—荷深1井—盘1井

（b）曹盘村—宝1井—昭103井—YS102井—芒1井—阳1井—林1井—丁山1井

图 3-54　横切台内裂陷麦地坪组＋筇竹寺组地层对比图

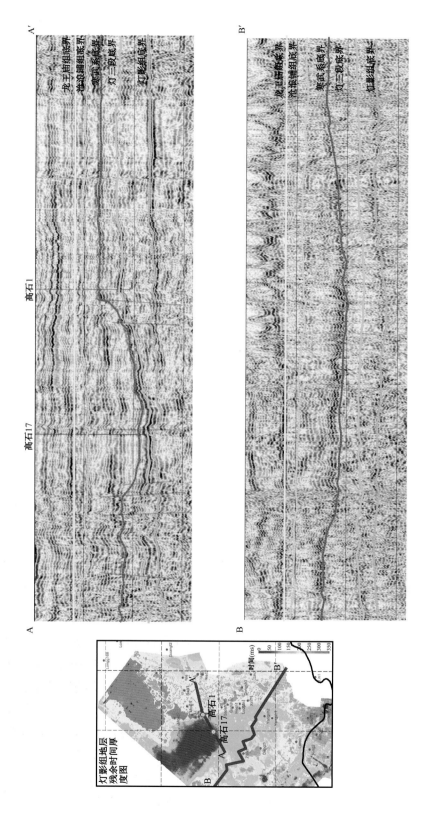

图 3-55 裂陷与台地过渡带具明显的台缘带或分界断裂

## 3. 台内裂陷的分布与演化

### 1）台内裂陷的分布

灯二段侵蚀谷分布在德阳—安岳一带,灯四段台内裂陷贯穿盆地南北。

如上所述,地震剖面上震旦系厚度小,灯二段具有削截特征,寒武系厚度大,具有上超特征(图3-44、图3-47),二维地震剖面上能够看出削截、进积和上超等现象,且震旦系厚度小、寒武系厚度大的特征依然可见。据此,可以利用地震剖面刻画德阳—安岳台内裂陷展布,认为灯四段台内裂陷可以向南延伸到蜀南地区(图3-56)。YS102等井灯四段—筇竹寺组深水沉积的发育(图3-49、图3-53、图3-54)进一步证实了蜀南地区台内裂陷的存在。

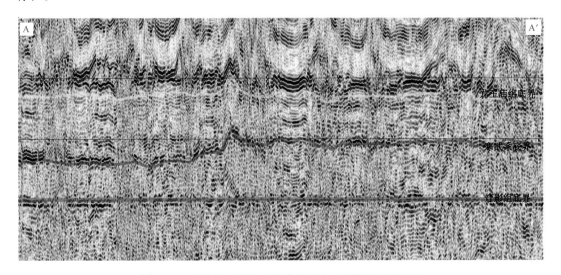

图3-56 蜀南地区过灯四段台地及台内裂陷的地震剖面

通过露头资料和地震资料结合,刻画了台内裂陷展布。灯二段侵蚀谷主要分布在德阳—安岳一带,在蜀南地区局部分布(图3-4)。灯四段台内裂陷贯穿四川盆地南北,北接川西—秦岭大陆边缘盆地,南接湘桂大陆边缘盆地(图3-5)。

### 2）台内裂陷的演化

德阳—安岳台内裂陷发育与演化经历了6个阶段。

(1)灯二段沉积期为小克拉通浅水台地发育阶段,在四川盆地西北缘的江油一带发育有台内裂陷的雏形和裂陷周缘小规模的微生物丘滩体,该台内裂陷向南可延伸到高石梯—磨溪地区,但远不如灯四段沉积期的分布范围广。

(2)受桐湾运动Ⅰ幕影响,灯二段沉积末期抬升遭受风化剥蚀,进入侵蚀谷发育期。如上所述,灯影组沉积期由于继续存在拉张构造环境,发育南北向断裂,灯二段沉积期末存在区域性的海平面下降,在此背景下形成了北西—南东向的侵蚀谷,由江油向南可延伸到德阳—安岳一带,甚至一直延伸到蜀南地区。

（3）灯三段沉积期发生海侵，早期以黑色泥岩、砂质泥岩、含砾砂岩为主，晚期相变为碳酸盐岩，主要为泥晶白云岩和颗粒白云岩。

（4）灯四段沉积期进入台内裂陷发育鼎盛期，但沿侵蚀谷呈继承性发育。

区域上，中—上扬子地区灯三段沉积期发育碳酸盐岩—碎屑岩混积台地，灯四段沉积期发育碳酸盐台地，面积达 $75 \times 10^4 km^2$，沉积厚逾千米，以白云岩为主。受区域拉张作用影响，上扬子克拉通西部边缘发育从川西海盆向克拉通盆地腹部延伸并与湘桂海盆沟通的克拉通内裂陷，即德阳—安岳台内裂陷（图3-51）。裂陷内的灯四段为欠补偿深水沉积。

（5）早寒武世早期（梅树村组沉积期至筇竹寺组沉积期）碳酸盐台地被淹没，并发生填平补齐沉积作用，裂陷内的地层厚度大于裂陷周缘的地层厚度。

早寒武世梅树村组沉积期，受区域性拉张作用影响，克拉通内裂陷边界断层再度活动。裂陷区斜坡—盆地相麦地坪组厚度达 $100\sim200m$，如高石17井钻穿麦地坪组140m，为斜坡—盆地相，其外围则发育碳酸盐台地相。裂陷区从下往上的沉积相序依次为盆地相硅泥岩、斜坡相泥质纹层瘤状白云岩、斜坡相白云质石英砂岩、盆地相硅泥岩。早寒武世筇竹寺组沉积期，随着海平面不断上升和区域性海侵作用，扬子地区普遍发育陆棚相碎屑岩。该时期区域性拉张活动强烈，克拉通内裂陷及邻区正断层普遍发育，裂陷区构造活动具早断、晚坳特征，沉积响应表现为早期发育断陷深水陆棚相深灰色含硅磷页岩、泥岩，中晚期逐渐过渡到坳陷浅水陆棚相砂质泥岩。平面上，裂陷区向西过渡为三角洲相细砂岩，向东过渡为浅水陆棚相泥质岩。

（6）沧浪铺组沉积期裂陷消亡，龙王庙组沉积期进入缓坡台地演化阶段。

早寒武世中晚期是中—上扬子克拉通构造转换的重要时期，由早期的构造拉张向挤压转换。受其影响，上扬子克拉通西缘开始形成古陆，如康滇古陆、汉南古陆，成为陆源碎屑沉积的物源区，在四川盆地西南缘可见滨岸三角洲相。同时，克拉通内裂陷逐渐消亡，进入克拉通坳陷演化阶段。

德阳—安岳台内裂陷的消亡期为早寒武世沧浪铺组沉积期。钻井及地震资料揭示，沧浪铺组地层厚度变化趋势明显不同于筇竹寺组地层隆—凹特征，总体表现出受川中古隆起控制的地层分布特点，即从西向东由古隆起高部位向斜坡带地层厚度逐渐增大，古隆起高部位地层厚度为 $100\sim200m$，斜坡带厚度为 $200\sim250m$，盆地东南缘及川北地区厚度增至 $300\sim400m$。与筇竹寺组相比，沧浪铺组的岩性、岩相分布也存在明显差异，前者主要为陆棚相泥岩，而沧浪铺组下段发育混积台地相泥岩夹石灰岩，上段发育浅水陆棚相泥岩夹砂岩。高石17井与磨溪—高石梯地区钻井对比表明，沧浪铺组中部普遍发育厚 $30\sim40m$ 的石灰岩段，电性特征明显，分布稳定，可对比性强，表明沧浪铺组沉积期已不受克拉通内裂陷控制，更多地表现为克拉通坳陷沉积特征。

龙王庙组沉积时期，沉积格局已经发生巨大转变，德阳—安岳台内裂陷已不存在，而是发展成为西高东低的碳酸盐缓坡沉积（图3-8、图3-9、图3-11）。

## 四、台内裂陷控制下的生储组合

### 1. 台内裂陷控制下的礁滩储层分布

台内裂陷演化控制灯二段、灯四段及龙王庙组三套礁滩储层的发育。

### 1）灯二段丘滩储层

灯二段典型的岩石类型为由微生物（藻）白云岩构成的葡萄花边状白云岩，孔隙主要为藻白云岩中的残余溶蚀孔洞或残余扩溶缝洞，其次为砂屑白云岩中的粒间孔和晶间（溶）孔。灯二段储层的形成受藻丘滩和溶蚀作用的控制，有利藻丘滩微相叠加表生溶蚀作用区是有利储层发育区。储层在盆地内大面积分布，尤其在德阳—安岳侵蚀谷周缘，储层品质最佳，可能与强烈的表生溶蚀改造有关。

### 2）灯四段礁滩储层

灯四段储层的主要岩性是藻白云岩，其次为粉细晶白云岩、岩溶角砾白云岩。灯四段储层在纵向上的发育在不同地区有所差异，在台地边缘相带高石梯地区发育两套，分布在灯四段的上部和下部；而在以台内相为主的磨溪地区发育一套。灯四段上部储层相对发育，是安岳特大型气田的产层之一。钻井和地震储层预测表明，灯四段储层累计厚度36～148m，平均厚度约70m。灯四段顶部为不整合面，因此储层的形成受表生岩溶作用和微生物丘滩微相双重控制，但主控因素为丘滩微相，台缘丘滩为最有利相带，其次为台内潟湖边缘丘滩。

### 3）龙王庙组颗粒滩储层

德阳—安岳台内裂陷消亡后，在碳酸盐缓坡台地背景上发育一套龙王庙组颗粒滩相白云岩储层，主要岩性为砂屑白云岩及鲕粒白云岩。孔隙类型主要为粒间溶孔及粒内溶孔。

龙王庙组在纵向上发育三个四级层序，层序格架控制了颗粒滩纵向发育，其中下部四级层序发育的一套颗粒滩构成了龙王庙组下储层段，上部两个四级层序发育的两套颗粒滩构成了龙王庙组上储层段。储层的平面分布主要受颗粒滩相的控制。从盆地范围来看，除了华蓥山断裂和齐岳山断裂之间相对低洼的古地理区域外，其周缘地貌较高地区大面积发育颗粒滩，是有利储层分布区（图3-8、图3-9、图3-11）。由于古断裂的作用，古隆起区存在次一级古地貌背景，磨溪地区古地貌最高、高石梯次之、盘龙场—广安一带地貌最低，再向东过华蓥山断裂则进入低洼背景。古地貌高控制了颗粒滩带的规模发育。

## 2. 台内裂陷控制下的生储组合

### 1）台内裂陷控制生烃中心

受克拉通内裂陷控制，裂陷区发育灯三段、下寒武统麦地坪组与筇竹寺组三套烃源岩，尤以麦地坪组与筇竹寺组最为优质。对不同沉积背景的烃源岩分析表明，裂陷区烃源岩在厚度、有机碳含量、生气强度等方面优于邻区。如筇竹寺组烃源岩在裂陷区厚度可达300～450m，是邻区的2～3倍，有机碳含量裂陷区为邻区2倍以上，生气强度裂陷区是邻区的3倍以上。由此可见，德阳—安岳台内裂陷控制了震旦系—寒武系生烃中心。

### 2）台内裂陷控制礁滩储层分布

沉积相及岩相古地理研究表明，四川盆地灯影组沉积期主体为碳酸盐台地，台地边缘发育台缘带丘滩体，由于盆地腹部德阳—安岳克拉通内裂陷的存在，导致台内沉积相分异。

裂陷区内发育较深水槽盆相泥晶白云岩和瘤状泥质泥晶白云岩，裂陷两侧控边断裂上升盘为浅水高能带，形成巨厚（650～1000m）、大面积（1000km×50km）的台地边缘丘滩复合体，安岳气田钻井证实台缘带丘滩体储层厚60～180m、孔隙度为3.8%～6.9%，单井产量平均$30×10^4m^3/d$，储量丰度平均为$5×10^8m^3/km^2$，拓展了台内勘探领域。裂陷演化晚期的消亡和缓坡台地发育阶段，还伴生龙王庙组广布的颗粒滩白云岩储层。

### 3）台内裂陷控制近源成藏组合

震旦系—寒武系主力优质烃源岩为寒武系筇竹寺组，位于灯影组储层段之上。如果没有德阳—安岳台内裂陷，那么只能形成上生下储的成藏组合。台内裂陷的出现，使得筇竹寺组烃源岩与灯影组台缘带丘滩优质白云岩储层侧向对接，形成供烃效率更高、侧生侧储的近源成藏组合（图3-57），同时，与龙王庙组储层构成下生上储的成藏组合。

### 4）台内裂陷控制大型构造—地层复合圈闭

桐湾运动形成的不整合面在四川盆地及邻区广泛分布，不整合面上覆下寒武统麦地坪组—筇竹寺组泥质岩，不仅是优质烃源岩，还是优质盖层，两者配合有利于形成地层或岩性圈闭。受克拉通内裂陷控制，侧翼灯影组台缘带发育大型构造—地层—岩性复合圈闭，沿德阳—安岳台内裂陷周缘，灯影组及龙王庙组具万亿立方米以上的资源量规模。

# 第六节　碳酸盐岩沉积模式

纵观塔里木、四川和鄂尔多斯盆地海相碳酸盐岩沉积相类型和相带展布特征，可以将其沉积模式归纳为镶边台地、缓坡台地和孤立台地三种模式，按潮湿和干旱气候条件可作进一步细分。

## 一、镶边台地沉积相模式

塔里木盆地中上寒武统及奥陶系，四川盆地震旦系灯影组、中上寒武统、二叠系长兴组和下三叠统飞仙关组也均为镶边台地沉积模式，下面以四川盆地灯影组、塔里木盆地中寒武统为例，分别介绍潮湿气候和干旱气候条件镶边台地沉积模式的特点。

### 1. 四川盆地灯影组潮湿气候镶边台地沉积模式

震旦纪灯影组沉积期，四川盆地表现为潮湿—弱干旱气候条件，由于德阳—安岳台内裂陷的存在，四川盆地具有"两隆两凹"的古地理格局，两隆演化为台地，两凹则演变成斜坡—盆地，这种独特的古地理背景孕育了独特的沉积模式：克拉通内镶边台地沉积模式（图3-7）。

该模式以克拉通内斜坡—盆地相为轴，两侧相带对称发育。由克拉通内斜坡—盆地和台地边缘微生物丘滩体，构成相区1；两侧的克拉通内开阔—局限—蒸发台地相，构成相区2；克拉通边缘台地边缘微生物礁丘滩与斜坡—广盆（盆地）相，构成相区3。与经典的镶边

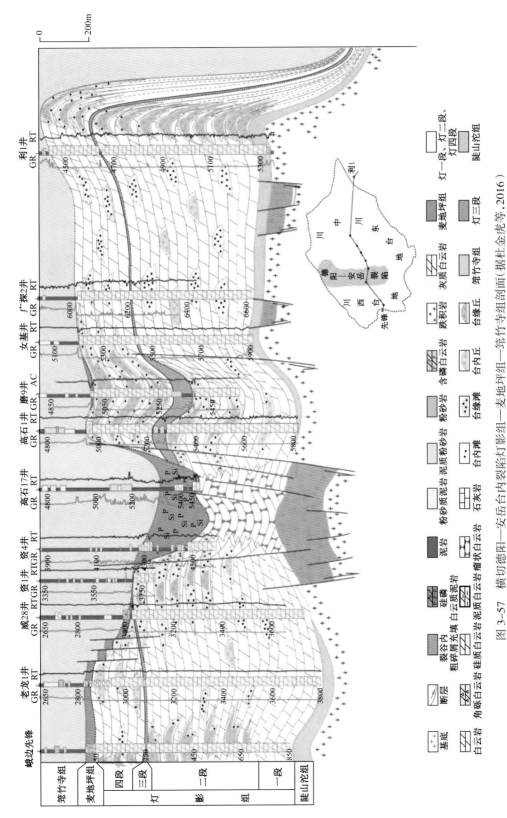

图3-57 横切德阳—安岳台内裂陷灯影组—筇竹寺组剖面(据朴金虎等, 2016)

台地沉积模式对比,该模式新增了克拉通内斜坡—盆地和台地边缘 2 个相带,相带的发育和展布主要受台内裂陷坡折带和沉积作用控制,新增两个台缘带由隐生宙菌藻类微生物造架造孔形成碳酸盐岩建隆,是台内优质储层发育的重要基础并控制了规模储层的展布。

### 2. 塔里木盆地中寒武统干旱气候镶边台地沉积模式

中寒武世,塔里木盆地由塔南古隆起向塔中至满加尔凹陷,总的表现为南高北低特点,在规模性海退事件及干旱炎热的古气候等影响下,塔里木盆地表现为干旱气候镶边台地沉积模式,发育蒸发台地—台缘—斜坡—盆地 4 个相带(图 3-58),与经典镶边台地相比,该模式展现出台缘带类型的多样性及其分带性。

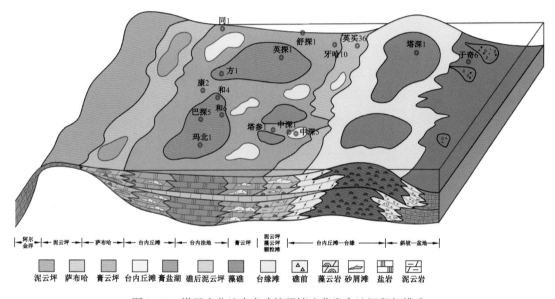

图 3-58 塔里木盆地中寒武统强镶边蒸发台地沉积相模式

中寒武统台缘带从轮南至古城地区,南北延绵约 400km,然而,台地边缘类型却非一成不变,而是具有明显的分段性。如在北部的轮南地区和南北的古城地区,都表现为强镶边台缘特点,由 4～5 期礁滩体叠置而成,顶部遭受明显的暴露剥蚀,而在羊屋、满参 1 井区却表现出弱障壁的缓坡台缘特点,单个台缘礁滩体厚度变薄但分布广,显示礁滩体快速向海进积的迁移特点。

## 二、缓坡台地沉积相模式

以四川盆地龙王庙组和鄂尔多斯盆地马家沟组为例分别介绍潮湿气候和干旱气候缓坡沉积模式。

### 1. 龙王庙组潮湿—干旱气候缓坡沉积模式

龙王庙组由两个旋回组成,记录了从潮湿到干旱气候的完整沉积序列,以万州—宜宾潟湖为中心两侧均发育颗粒滩相带,以此建立龙王庙组双颗粒滩缓坡沉积模式(图 3-11)。

与以往碳酸盐缓坡模式相比,该模式最大的特点是在内缓坡靠海一侧发育膏盐潟湖,内缓坡和中缓坡均发育颗粒滩,形成双滩样式。该模式的另一个特点是内缓坡白云石化较强,中缓坡次之,外缓坡基本未见云化。其主要原因一是下旋回沉积时气候潮湿炎热,仅内缓坡水体浅,在蒸发作用下,内缓坡海水盐度增高,具备准同生白云石化条件;二是上旋回沉积时,气候变得干旱炎热,在中缓坡颗粒滩的障壁作用下,台内强烈的蒸发作用使海水极度浓缩,为强烈白云石化提供充足镁源,同时在万州—宜宾潟湖等低洼环境沉淀膏盐岩。

### 2. 马家沟组干旱气候缓坡台地相沉积模式

鄂尔多斯盆地中东部在马家沟组上组合(马五$_4$—马五$_1$亚段)沉积时表现为北高南低、西高东低的非常平缓的缓坡型背景,由于海平面下降,"L"形古隆起阻断了海水自西部和南部的补给,东部由于水下隆起的隔挡作用,海水的补给量小,速度亦慢,加上气候干燥炎热,大气降水少,蒸发量大,海水中$CaSO_4$饱和度增大,盆地中东部膏质及硬石膏沉积逐渐增多,并且以硬石膏结核或板柱状硬石膏晶体的形态析出,赋存在泥粉晶白云岩中。因此,受古地理背景、相对海平面下降及干旱气候共同作用,鄂尔多斯盆地中东部马家沟组上组合表现为典型的干旱气候缓坡台地相沉积模式(图3-59)。

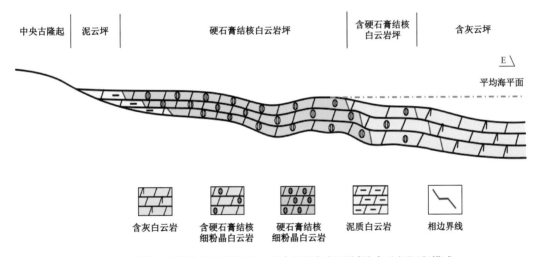

图3-59　鄂尔多斯盆地马家沟组上组合干旱气候下缓坡台地相沉积模式

中央古隆起东侧由西向东依次发育硬石膏结核云坪、含硬石膏结核云坪、含灰云坪微相。其中,硬石膏结核云坪微相和含硬石膏结核云坪微相是储层发育的有利相带,泥粉晶白云岩内部赋存大量的硬石膏结核或板柱晶,奥陶纪中晚期,鄂尔多斯盆地逐渐抬升为陆,马家沟组上组合经历长达1.3亿~1.5亿年风化淋滤,硬石膏结核及板柱晶溶蚀后形成大量的膏模孔,构成鄂尔多斯盆地奥陶系马家沟组风化壳岩溶储层主要的储集空间。

## 三、孤立台地沉积相模式

四川盆地晚二叠世长兴组沉积期,随着峨嵋地裂运动的进一步加强,在拉张构造背景下,形成城口—鄂西海槽、开江—梁平海槽、盐亭—潼南台内洼地,构成"三隆三凹"的古地理格局(图 3-60),将川中与川北分隔,川北铁山坡—罗家寨地区成为孤立碳酸盐台地,并一直持续到早三叠世飞仙关组沉积中期。由于前人(王春梅等,2011;孙春燕等,2015)对四川盆地长兴组和飞仙关组做了大量的岩相古地理研究,故本章不进行阐述,但作为潮湿和干旱气候背景下孤立台地的沉积特征很典型,故下面以川北长兴组和飞仙关组为例介绍潮湿和干旱气候下孤立碳酸盐台地的沉积模式。

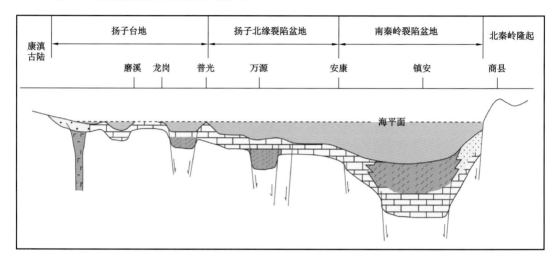

图 3-60　四川盆地长兴组沉积期古地理格局剖面图

### 1. 长兴组潮湿气候孤立台地沉积模式

长兴组沉积期,四川盆地处于温暖潮湿气候背景,川北孤立台地四周被深水环境围绕,北侧为鄂西—城口海槽,南侧为开江—梁平海槽,川北孤立台地发育 5 个相带,以潟湖为中轴两侧对称发育台地边缘和斜坡—盆地相(图 3-61)。位于迎风面一侧的台地边缘生物礁较发育,以宣汉盘龙洞生物礁为例,礁体由三个旋回组成,厚达 100 余米,每个旋回由海绵—珊瑚和海绵—藻类格架岩组成礁核,由生屑灰岩组成礁盖,储层主要发育于白云石化的礁盖和礁核。背风面台缘带也发育生物礁滩体,在黄龙场、普光等气田已有钻揭,但礁滩体的

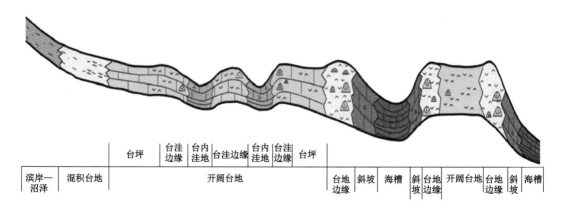

图 3-61　四川盆地长兴组潮湿气候孤立台地沉积模式

规模较迎风面小,而白云石化程度却相对较高。斜坡—盆地相分布在孤立台地两侧的海槽区,斜坡相由薄层泥晶灰岩、泥质灰岩夹砂砾屑灰岩组成,而盆地相以同期异相的大隆组为特点,由薄层灰岩夹硅质岩、硅质泥岩组成。潟湖位于孤立台地内,由生屑泥晶灰岩和泥晶灰岩组成。

### 2. 飞仙关组干旱气候孤立台地沉积模式

飞仙关组沉积期,四川盆地由潮湿温暖气候逐渐转化为干旱炎热气候,川北孤立台地也转化为干旱气候孤立台地沉积,与潮湿气候相比,干旱气候孤立台地沉积相带没有改变(图3-62),但沉积作用和沉积物却有很大变化,体现在以下两方面。

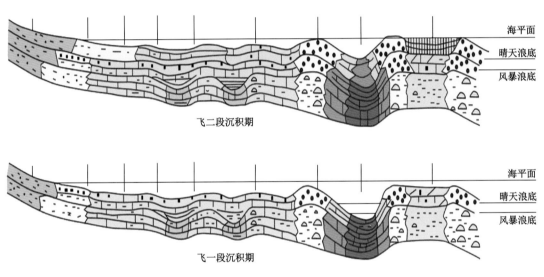

图 3-62　飞仙关组干旱气候孤立台地沉积模式

(1)迎风面台缘和背风面台缘生物礁已不发育,取而代之的是鲕粒滩,沉积样式也由长兴组沉积期的加积转变为进积,以西侧台缘渡口河地区为例,由飞一段至飞二段,鲕滩由渡2井逐渐迁移渡4井,显示不断向海槽迁移的特点;东部台缘也有相同特点,如庙坝剖面鲕粒滩发育在飞三段下部,向东至咸宜剖面,鲕粒滩发育层位上升至飞三段的中上部,再往东至巫溪宁厂和孔家沟剖面,鲕粒滩已全部发育在飞四段,显示向城口—鄂西盆地迁移了数十千米。

(2)潟湖由灰质潟湖演化成膏盐岩潟湖,沉积厚达60余米膏盐。

总之,本章系统介绍了塔里木、四川和鄂尔多斯盆地重点层系构造—岩相古地理特征,总结了潮湿和干旱气候背景下镶边台地、缓坡台地和孤立台地的三种沉积模式,尤其是台内裂陷的刻画及石油地质意义的认识、缓坡台地规模颗粒滩储层分布规律的认识,都是近年来在沉积研究领域的标志性成果,为层序格架内有利储集相带展布、有利成藏组合分析及有利勘探区带评价提供重要依据。

# 参 考 文 献

崔海峰,田雷,张年春,等.2016.塔西南坳陷南华纪—震旦纪裂谷分布及其与下寒武统烃源岩的关系[J].石油学报,37(4):430-438.

杜金虎,潘文庆.2016b.塔里木盆地寒武系盐下白云岩油气成藏条件与勘探方向[J].石油勘探与开发,43(3):327-339.

杜金虎,汪泽成,等.2015.古老碳酸盐岩大气田地质理论与勘探实践[M].北京:石油工业出版社.

杜金虎,汪泽成,邹才能,等.2016c.上扬子克拉通内裂陷的发现及对安岳特大型气田形成的控制作用[J].石油学报,37(1):1-16.

杜金虎,张宝民,汪泽成,等.2016a.四川盆地下寒武统龙王庙组碳酸盐缓坡双颗粒滩沉积模式及储层成因[J].天然气工业,36(6):1-10.

杜金虎,邹才能,徐春春.等.2014.川中古隆起龙王庙组特大型气田战略发现与理论技术创新[J].石油勘探与开发,41(3):268-277.

冯许魁,王堃鹏,曹辉,等.2014.井海电磁法一维正演模拟[J].石油地球物理勘探,49(6):1222-1227.

冯增昭,鲍志东,吴茂炳,等.2006.塔里木盆地寒武纪岩相古地理[J].古地理学报,8(4):427-439.

高林志,郭宪璞,丁孝忠,等.2013.中国塔里木板块南华纪成冰事件及其地层对比[J].地球学报,34(1):39-57.

管树巍,吴林,任荣,等.2017.中国主要克拉通前寒武纪裂谷分布与油气勘探前景[J].石油学报,38(1):9-22.

何登发,贾承造,李德生,等.2005.塔里木多旋回叠合盆地的形成与演化[J].石油与天然气地质,26(1):64-77.

何登发,        张朝军,等.2007.塔里木地区奥陶纪原型盆地类型及其演化[J].科学通报,52(S1):126-135.

何金有,邬光辉,徐备,等.2010.塔里木盆地震旦系—寒武系不整合面特征及油气勘探意义[J].地质科学,45(3):698-706.

侯方浩,方少仙,张廷山,等.1992.中国南方晚古生代深水碳酸盐岩及控油气性[J].沉积学报,10(3):133-144.

贾承造.1997.中国塔里木盆地构造特征与油气[M].北京:石油工业出版社,1-200.

李文山,李江海,周肖贝,等.2014.塔里木盆地中央高磁异常带成因:来自地震反射剖面的新证据[J].北京大学学报(自然科学版),50(2):281-287.

林畅松,李思田,刘景彦,等.2011.塔里木盆地古生代重要演化阶段的古构造格局与古地理演化[J].岩石学报,27(1):210-218.

刘伟,张光亚,潘文庆,等.2011.塔里木地区寒武纪岩相古地理及沉积演化[J].古地理学报,13(5):529-538.

孙春燕,胡明毅,胡忠贵,等.2015.四川盆地下三叠统飞仙关组层序—岩相古地理特征[J].海相油气地质,20(3):1-9.

汪泽成,姜华,王铜山,等.2014.四川盆地桐湾期古地貌特征及成藏意义[J].石油勘探与开发,41(3):305-312.

王春梅,王春连,刘成林,等.2011.四川盆地东北部长兴期沉积相、沉积模式及其演化[J].中国地质,38(3): 594–609.

王洪浩,李江海,杨静懿,等.2013.塔里木陆块新元古代—早古生代古板块再造及飘移轨迹[J].地球科学 进展,28(6):637–647.

王剑,刘宝珺,潘桂棠.华南新元古代裂谷盆地演化——Rodinia超大陆解体的前奏[J].矿物岩石,2001,(3): 135–145.

王剑,曾昭光,陈文西,等.2006.华南新元古代裂谷系沉积超覆作用及其开启年龄新证据[J].沉积与特提 斯地质,26,(4):1–7.

邬光辉,李浩武,徐彦龙,等.2012.塔里木克拉通基底古隆起构造—热事件及其结构与演化[J].岩石学报, 28(08):2435–2452.

邬光辉,孙建华,郭群英,等.2010.塔里木盆地碎屑锆石年龄分布对前寒武纪基底的指示[J].地球学报,31 (1):65–72.

夏林圻,夏祖春,徐学义,等.2002.天山古生代洋陆转化特点的几点思考[J].西北地质,35(4):9–20.

翟明国.2013.中国主要古陆与联合大陆的形成—综述与展望[J].中国科学:地球科学,43(10):1583– 1606.

赵宗举,罗家洪,张运波,等.2011.塔里木盆地寒武纪层序岩相古地理[J].石油学报,32(6):937–948.

Ahr W M. 1973. The carbonate ramp: an alternative to the shelf model: Transaction of the Gulf Coast [J]. Association of Geological Societies,23:221–225.

Ahr W M. 1998. Carbonate ramps. 1973–1996: a historical review [C]. In: Wright V F and Burchette T P( eds. ), Carbonate ramps. Geological Society, London, Special Publication.

Bathurst R G C 1975. Carbonate Sediments and Their Diagenesis,2nd ed [M]. Developments in Sedimentology Volume 12, Elsevier, Amsterdam.

Dunham G R. 1962. Classification of carbonate rocks according to depositional texture [J]. AAPG Memory,1: 108–121.

Embry A F, Klovan J E. 1971. A Late Devonian reef tract on Northeastern Banks Island, Northwest Territories [J]. Bulletin of Canadian Petroleum Geology,19:730–781.

Flügel E. 1982. Microfacies Analysis of Limestones [M]. Springer–Verlag, Berlin.

Flügel E. 2004. Microfacies of Carbonate Rocks [M]. Springer.

Folk R L. 1959. Practical petrographic classification of limestones [J]. AAPG Bulletin. 43:1–38.

Friedman G M, Sanders J E. 1978. Principles of sedimentology [M]. New York: John Wiley and Sons.

Ginsburg R N, James N P. 1974. Holocene carbonate sediments of continental shelves. [M]// The Geology of Continental Margins. Springer Berlin Heidelberg,137–155.

He Jingwen, Zhu W, Ge R, et al. 2014. Detrital zircon U–Pb ages and Hf isotopes of Neoproterozoic strata in the Aksu area, northwestern Tarim Craton: Implications for supercontinent reconstruction and crustal evolution [J]. Precambrian Research,254:194–209.

Irwin M L. 1965. General theory of epeiric clear water sedimentation [J]. AAPG Bulletin,49:445–459.

Lukasik J J, James N P, Mcgowran B, et al. 2000. An epeiric ramp: low–energy, cool–water carbonate facies in a Tertiary inland sea, Murray Basin, South Australia [J]. Sedimentology,47(4):851–881.

Read J F. 1985. Carbonate platform facies models [J]. AAPG Bulletin,69(1):1–21.

Shaw D M,Donn W L. 1964. Sea–level Variations at Iceland and Bermuda [J]. Journal of Marine Research,22(2):

111–122.

Tucker M E, Wright V P. 1990. Carbonate sedimentary [M]. Oxford: Blackwell Scientific Publications.

Tucker M E. 1981. Sedimentary Petrology: an Introduction [M]. Oxford: Blackwell Scientific Publications.

Tucker M E. 1985. Shallow marine carbonate facies and facies models [M]. Blackwell Scientific Publications.

Wang J, Xue L, Zhou X. 2003. Virtual Field Geologic Trip System [J]. Journal of Geoscientific Research in Northeast Asia, 6 (2): 203–207.

Willson J L. 1974. Characteristics of carbonate platform margins [J]. AAPG Bulletin, 58: 810–824.

Willson J L. 1975. Carbonate facies in geologic history [M]. Heidberg: Springer Verlag.

Wright V P, Burchette T P. 1998. Carbonate ramps [M]. Geological Society, London, Special Publication.

Wright V P. 1992. A revised classification of limestones [J]. Sedimentary Geology, 76: 177–185.

Xu Bei, Xiao Shuhai, Zou Haibo, et al. 2009. Shrimp zircon U–Pb age constraints on Neoproterozoic Quruqtagh diamicites in NW China [J]. Precambrian Research, 168 (3–4): 247–258.

# 第四章　海相碳酸盐岩储层成因和分布

由于碳酸盐沉积的高化学活动性和复杂的后期成岩改造,导致了碳酸盐岩储层以次生孔隙为主,成因机理与分布规律复杂,预测难度大,因此,碳酸盐岩储层成因一直是油气地质学家们关注的焦点。近年在碳酸盐岩储层成因和分布规律研究领域取得了大量的研究成果,但也存在很多亟待解决的问题。如准同生成岩环境溶蚀作用机理及其对孔隙的贡献问题,表生成岩环境岩溶作用的岩性选择性问题,白云岩储层的原岩恢复问题,白云石化和热液作用对孔隙的贡献问题,深层碳酸盐岩孔隙形成机理、规模和分布规律问题,碳酸盐岩成岩产物的成因恢复问题等。本章应用微区多参数和高温高压溶解动力学储层模拟两项技术,系统解剖了塔里木盆地(上震旦统、中下寒武统盐下、上寒武统—蓬莱坝组、鹰山组、一间房组、良里塔格组)、四川盆地(灯影组、龙王庙组、洗象池组、栖霞组、茅口组、长兴组、飞仙关组、雷口坡组)、鄂尔多斯盆地马家沟组碳酸盐岩储层的成因,揭示了储层分布规律,为储层预测提供了依据。

# 第一节　概　　述

碳酸盐岩岩石类型见第三章的 Dunham(1962)碳酸盐岩分类,本节重点介绍碳酸盐岩结构组分和孔隙类型、碳酸盐岩成岩环境和成岩阶段、碳酸盐岩储层类型和特证,这是理解碳酸盐岩储层成因和分布的基础。

## 一、碳酸盐岩结构组分与孔隙类型

### 1. 碳酸盐岩结构组分

碳酸盐岩与碎屑岩的最大区别是矿物组分相对简单,但结构组分却非常复杂。碳酸盐岩常见的结构组分有颗粒、胶结物和基质三类。

颗粒组分包括骨骼颗粒和非骨骼颗粒,在塔里木、四川和鄂尔多斯海相含油气盆地碳酸盐岩地层中均非常常见,构成颗粒碳酸盐岩的重要结构组分。常见的骨骼颗粒有菌藻类(或蓝细菌)、钙藻、海绵、珊瑚、层孔虫、苔藓虫、筵和非筵有孔虫、腕足类、腹足类、头足类、双壳类、三叶虫、介形类和棘皮类等,骨骼颗粒的类型、大小和丰度能很好地反映沉积环境,但与沉积介质的能量大小并无直接关系。常见的非骨骼颗粒有鲕粒、豆粒、球粒和似球粒、团块及内碎屑等,非骨骼颗粒的类型、大小和丰度能很好地反映沉积介质的能量大小。

碳酸盐基质是指颗粒之间除胶结物以外的填隙物,通常以碳酸盐泥、微晶和微亮晶三类为主。碳酸盐泥(直径小于 1μm)相当于碎屑岩中的黏土,可以形成纯碳酸盐泥沉积,也可作为支撑较大颗粒的基质(基质支撑)或是作为较大颗粒自支撑(颗粒支撑)格架间隙内的充填物。微晶(Micrite)由直径 1~4μm 的方解石晶体构成,可以是非生物沉淀形成或是通过较大的碳酸盐颗粒破碎形成。微亮晶(microspar)是由新生变形(重结晶)作用形成的方解石组构,平均晶体大小超过 30~50μm。值得一提的是,碳酸盐岩基质是个相对的概念,不能单单通过直径大小来进行划分,有时细小的粒屑也是作为基质而存在的。

碳酸盐胶结物是指沉淀于颗粒之间的亮晶方解石或其他自生矿物(包括文石、白云石和石膏等),与砂岩中胶结物相似,是在沉积后阶段从孔隙溶液中以化学方式沉淀形成的,可以沉淀于海水、大气淡水及埋藏成岩环境,充填于各种原生孔隙和次生孔隙中。胶结物形态、胶结物的分布样式和胶结物的大小与沉积环境的某些方面有关,如孔隙流体的化学性质、胶结物沉淀的速率和孔隙体系中水的相对饱和度。传统观点认为绝大多数淡水方解石胶结物的形状趋于等轴粒状(渗流带除外),而海水方解石和文石胶结物的形状则趋于伸长的纤维状。

### 2. 碳酸盐岩孔隙类型

经典的碳酸盐岩孔隙分类方案有 Choquette 和 Pray(1970)的孔隙分类和 Lucia 等(1994)的孔隙分类。组构选择性是前者分类的主要参数,如果孔隙和组构之间有明确的依赖关系,则称该孔隙为组构选择性的,如果孔隙和组构之间没有明确的依赖关系,则称该孔隙为非组构选择性的。颗粒或晶粒的大小和分选是后者分类的主要参数。本书采用 Choquette 和 Pray 的孔隙分类(图 4-1)。

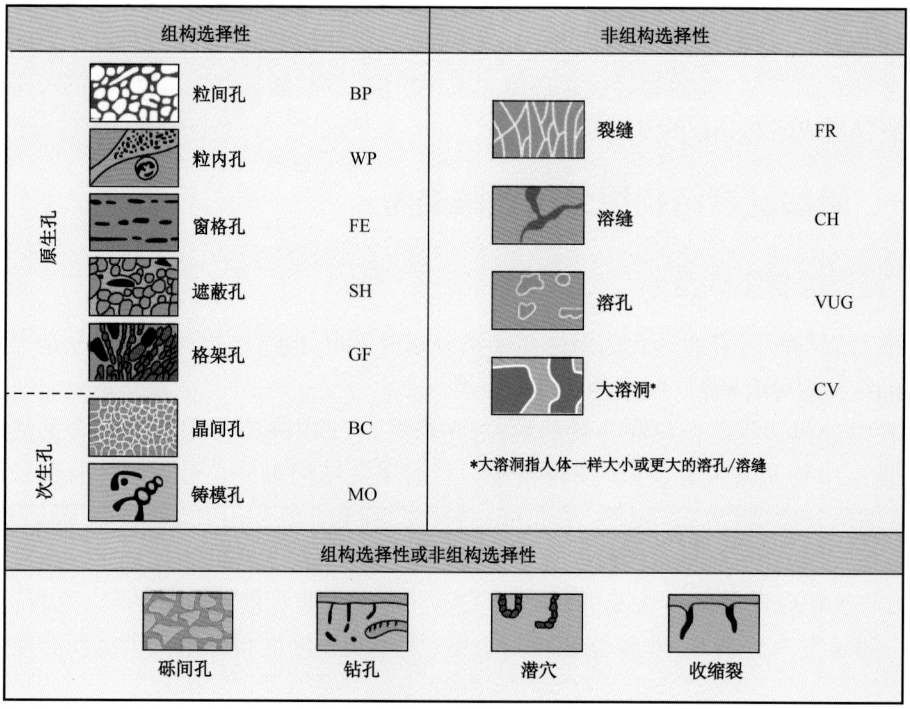

图 4-1 碳酸盐岩孔隙分类(据 Choquette 和 Pray,1970,修改)
此分类由基本的孔隙类型构成,每种孔隙类型用一个缩写符号(如铸模孔—MO)表示

原生孔隙是沉积成因的,往往具有组构选择性。沉积物暴露导致的高镁方解石或文石质颗粒、石膏和盐岩等易溶组分的溶解也可形成组构选择性溶孔。裂缝、溶缝、溶蚀孔洞、溶洞与岩石的暴露和岩溶作用有关,也可以形成于埋藏成岩环境的有机酸和热液等溶蚀作用,往往是非组构选择性的。

## 二、碳酸盐岩成岩环境与成岩阶段

### 1. 碳酸盐岩成岩环境

碳酸盐岩孔隙的形成和改造主要发生在以下4个成岩环境(图4-2):大气淡水、海水、蒸发海水和埋藏成岩环境。三个地表或近地表的成岩环境,即大气淡水、海水和蒸发海水成岩环境。各成岩环境的孔隙流体特征具明显差异,埋藏成岩环境的成岩流体以海水—大气淡水混合水、有机酸、复杂的盆地卤水、硫酸盐还原反应(TSR)和热液为特征。

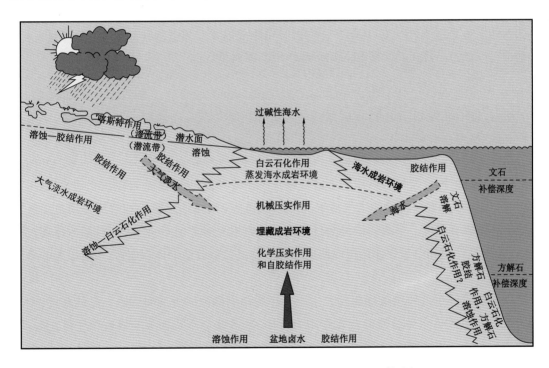

图4-2 常见的成岩环境示意图(据 Moore,2001,修改)
沉积之后的孔隙改造和演化事件主要发生在4个成岩环境中

(1)大气淡水成岩环境中溶解作用和胶结作用都是最为重要的成岩作用,其中溶解作用主要受大气和土壤中 $CO_2$ 的驱动,包括两种类型:一是同生期相对海平面短暂下降与沉积物暴露导致不稳定矿物的溶解作用,主要位于向上变浅序列的上部,受三级或高频层序界面控制;二是表生期已经埋藏成岩又返回地表附近的岩石发生的岩溶作用,受不整合面或二级层序界面控制。

(2)海水成岩环境,也是碳酸盐沉积物起源的场所,其孔隙流体以正常或受到改造过的海水为特征,对绝大多数碳酸盐矿物相都是过饱和的( Moore C H,1989 ; Morse 和 Mackenzie,1990 ; Tucker 和 Wright,1990 )。因此,海水成岩环境是海水胶结物大量发育导致孔隙损失严重的潜在场所( Land 和 Moore,1980 ; James 和 Choquette,1983 )。

（3）在蒸发海水成岩环境中,最为重要和常见的成岩作用是与蒸发盐伴生的白云石化作用。海相蒸发地层主要发育在干旱气候背景下的两大沉积背景中:萨布哈(潮间—潮上坪)和障壁蒸发潟湖(或台地)。与蒸发海水环境相关的白云岩储层中,蒸发岩封割了储层,偶尔也通过胶结作用破坏孔隙。但蒸发盐的沉淀对白云石化作用及蒸发盐溶解形成溶孔有重要的贡献,与萨布哈背景有关的白云岩中高效孔隙的发育常常依赖于白云石化之后的大气淡水淋滤和石膏的溶解。

（4）埋藏成岩环境的成岩流体以海水和大气淡水的混合水( Folk,1974 )或高温压条件下经历长期岩—水反应形成的盆地卤水为特征( Stoessell 和 Moore,1983 )。由于强烈的岩—水反应,这些成岩流体相对于绝大多数稳定的碳酸盐矿物相(如方解石和白云石)是饱和的( Choquette 和 James,1987 )。压溶作用是埋藏成岩环境非常重要的孔隙破坏作用,由于孔隙流体总体上处于过饱和状态,压溶产物将以胶结物的形式在邻近的孔隙中沉淀而破坏孔隙。局部也可以通过与烃类热降解相关的溶解作用形成次生孔隙。

### 2. 碳酸盐岩成岩阶段

Choquette 和 Pray（1970）将碳酸盐岩成岩作用划分为三个阶段:早成岩阶段、中成岩阶段和晚成岩阶段(图 4-3 )。

早成岩阶段指的是从沉积物初始沉积到沉积物被埋藏到表生成岩作用不能影响到的深度之前的这段时间。早成岩阶段的上限一般是沉积分界面,该分界面可以位于地表,也可以位于水下,下限是表层补给的大气淡水、正常(或蒸发)海水通过重力和对流作用也无法活跃或循环的临界深度。早成岩阶段的沉积物在矿物相上通常是不稳定的。孔隙改造通过溶解作用、胶结作用和白云化作用得以快速完成。就其孔隙改造的体积而言,该阶段是非常重要的。

中成岩阶段指沉积物被埋藏到表生成岩作用影响深度以下的时间段。总的来说,中成岩阶段以孔隙改造十分缓慢的成岩作用为特征,压实及与压实相关的成岩作用是主要的。尽管成岩改造的速率缓慢,但其所经历的成岩改造的时间却是十分漫长的,因此,孔隙改造(总的来说是破坏孔隙)可以很好地完成( Scholle 和 Halley,1985 ; Heydari 等,2000 )。埋藏成岩环境与中成岩阶段相吻合。

晚成岩阶段指的是经历过中成岩阶段的碳酸盐岩地层暴露于地表再次受到表生成岩作用影响的时间段,往往与不整合面、裂缝或断层相关。晚成岩阶段特指古老岩石的侵蚀,而不是沉积旋回中较小的沉积间断(层序界面)导致的新沉积物遭受侵蚀。正因如此,晚成岩阶段受影响的碳酸盐岩地层是矿物相稳定的石灰岩和白云岩。很多表生成岩环境均可出现在晚成岩阶段,大气淡水渗流带和大气淡水潜流带成岩环境最为常见。

本书认为 Choquette 和 Pray（1970）的早、中、晚成岩阶段的划分不能完全体现受多旋回构造运动控制的中国海相叠合盆地碳酸盐岩复杂的埋藏史,应该增加再埋藏阶段,特指晚成岩阶段之后喀斯特地貌被再次埋藏的历史。

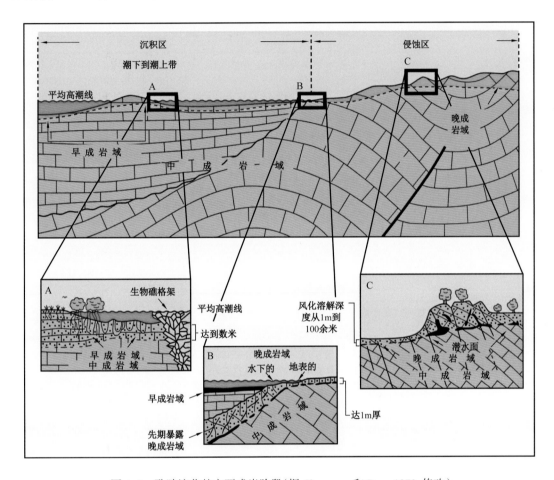

图 4-3　孔隙演化的主要成岩阶段（据 Choquette 和 Pray,1970,修改）

## 三、碳酸盐岩储层类型及特征

### 1.碳酸盐岩储层类型

储层类型、特征和成因研究是碳酸盐岩储层分布预测的关键。碳酸盐岩储层分类至今仍未有一个大家认可的方案,本书立足塔里木、四川和鄂尔多斯盆地数百口井的岩心和薄片观察,同时综合录井、测井、试油和地震资料,提出表 4-1 的碳酸盐岩储层类型划分方案。这一划分方案既考虑了物质基础、地质背景和成孔作用三个储层发育条件,又考虑了油气勘探生产的实用性。

表 4-1　中国海相碳酸盐岩储层成因分类及岩性特征

| 储层类型 | | | 储层发育的物质基础 | 实例 |
|---|---|---|---|---|
| 沉积型 | 礁滩储层 | 镶边台缘及台内裂陷周缘礁滩储层 | 礁灰岩、与礁相关的各种生屑灰岩、鲕粒灰岩、白云石化成礁滩白云岩 | 德阳—安岳灯四段台内裂陷周缘礁滩储层,开江—梁平长兴组沉积期—飞仙关组沉积期海槽周缘礁滩储层,塔中北斜坡良里塔格组台缘带礁滩储层 |
| | | 镶边台缘台内礁滩储层 | 礁丘灰岩、生屑灰岩、砂屑灰岩、鲕粒灰岩等 | 川中长兴组和飞仙关组、塔里木盆地鹰山组上段和一间房组台内颗粒滩 |
| | | 台内缓坡礁滩储层 | 生屑灰岩、鲕粒灰岩、砂屑灰岩等,白云石化成礁滩白云岩,保留原岩结构 | 四川盆地高石梯—磨溪龙王庙组、塔里木盆地肖尔布拉克组颗粒滩储层 |
| 复合型 | 白云岩储层 | 沉积型白云岩储层 | 回流渗透白云岩储层 | 鲕粒灰岩、砂屑灰岩、藻礁灰岩等,白云石化成礁滩白云岩,残留部分原岩结构 | |
| | | | 萨布哈白云岩储层 | 膏云岩,位于膏岩湖和泥晶白云岩过渡带 | 塔北牙哈地区中—下寒武统,鄂尔多斯盆地马家沟组上组合 |
| | | 埋藏—热液改造型白云岩储层 | 原岩是多孔的颗粒灰岩,易发生白云石化,残留部分原岩结构或晶粒白云岩 | 塔里木盆地上寒武统和蓬莱坝组、四川盆地栖霞组—茅口组、鄂尔多斯盆地马家沟组中组合白云岩储层 |
| 成岩型 | 岩溶储层 | 内幕岩溶储层 | 层间岩溶储层 | 岩性选择性,洞穴及孔洞主要发育于层间岩溶面之下的泥粒灰岩、粒泥灰岩中 | 塔北南缘一间房组—鹰山组、塔中鹰山组、四川盆地茅口组顶部岩溶储层 |
| | | | 顺层岩溶储层 | | |
| | | | 受断裂控制岩溶储层 | 断裂及裂缝两侧的泥粒灰岩、粒泥灰岩易发生溶蚀形成沿断裂或裂缝分布的溶蚀孔洞 | 塔北英买1、英买2井区一间房组—鹰山组岩溶储层 |
| | | 潜山(风化壳)岩溶储层 | 石灰岩潜山储层 | 岩性选择性,潜山面之下的泥粒灰岩、粒泥灰岩易发生溶蚀形成溶蚀孔洞 | 轮南低凸起、哈拉哈塘地区一间房组—鹰山组岩溶储层 |
| | | | 白云岩风化壳储层 | 原岩为白云岩、灰质白云岩、白云质灰岩,灰质易溶形成溶蚀孔洞,使储层物性得到改善 | 塔北牙哈地区中—下寒武统,鄂尔多斯盆地马家沟组上组合 |

沉积型储层:沉积作用为主控因素,分布受相带控制,主要指礁滩储层,包括保留原岩礁滩结构的白云岩储层,以基质孔为主,有较强的均质性。

复合型储层:沉积作用和成岩作用共同控制,分布受相带和后期成岩叠加改造共同控制,主要指结晶白云岩储层,以晶间孔和晶间溶孔为主,有较强的均质性。

成岩型储层:成岩作用为主控因素,分布受暴露面(不整合面)及断裂系统控制,主要指岩溶储层,储集空间以岩溶缝洞为主,强烈的非均质性。

### 2. 碳酸盐岩储层特征

礁滩、白云岩和岩溶储层的特征对比见表 4-2。

表 4-2 礁滩、白云岩、岩溶储层的特征及异同点比较

| 储层类型 | | 储层岩性 | 储集空间 | 储层分布 | 实例 |
|---|---|---|---|---|---|
| 沉积型 | 礁滩(白云岩)储层 | 礁格架岩和颗粒岩,"小礁大滩",伴生的滩沉积是储集空间的主要载体,早期白云石化,残留原岩礁滩结构 | 格架孔、粒间孔、晶间孔及溶蚀孔洞,孔隙度2%~8% | 主要位于镶边台缘、台内裂陷周缘、碳酸盐缓坡,呈条带状和准层状分布,垂向上多套叠置 | 塔中良里塔格组、川东北长兴组—飞仙关组、德阳—安岳灯影组和龙王庙组、鄂尔多斯盆地马家沟组中组合 |
| | 萨布哈白云岩储层 | 含石膏结核或斑块白云岩,泥粉晶白云岩 | 膏模孔、基质孔孔,孔隙度2%~8%,渗透率低 | 蒸发台地背景或潟湖周缘的膏云岩过渡带 | 塔里木盆地中—下寒武统、鄂尔多斯盆地马家沟组上组合、四川盆地雷口坡组 |
| 复合型 | 埋藏—热液改造型白云岩储层 | 结晶白云岩,埋藏—热液白云石化和溶蚀作用的产物,可残留部分原岩礁滩结构 | 以晶间孔、晶间溶孔和溶蚀孔洞为主,孔隙度6%~12% | 礁滩相带、层序界面和断裂系统共同控制储层分布 | 四川盆地栖霞组—茅口组、鄂尔多斯盆地马四段、塔里木盆地上寒武统—蓬莱坝组 |
| 成岩型 | 内幕岩溶储层 | 泥粒灰岩,少量粒泥灰岩 | 大型岩溶缝洞、溶蚀孔洞和裂缝,围岩致密,非均质性强 | 碳酸盐内幕层间岩溶面之下 0~100m 层状分布,顺层岩溶叠加改造 | 塔北南斜坡一间房组—鹰山组、塔中—巴楚鹰山组 |
| | 石灰岩潜山储层 | 泥粒灰岩,少量粒泥灰岩 | 以大型岩溶缝洞为主,少量溶蚀孔洞和裂缝,围岩致密,非均质性强 | 地貌起伏大,沿潜山不整合面及断裂系统分布,0~100m 的深度范围 | 塔里木盆地一间房组—鹰山组、四川盆地茅口组顶 |
| | 白云岩风化壳储层 | 礁滩云岩、结晶云岩、膏云岩 | 以粒间孔、晶间孔、膏模孔为主,岩溶缝洞并不发育,孔隙度2%~8% | 地貌起伏小,沿潜山不整合面及断裂系统分布,没有深度范围限制 | 鄂尔多斯盆地马家沟组,四川盆地雷口坡组,塔北西部上寒武统—蓬莱坝组 |

## 1) 礁滩储层

礁滩储层是指由礁滩沉积构成的储层。由于礁滩储层大多发生白云石化,导致礁滩储层和白云岩储层的界定存在叠合,本书将礁滩沉积发生早期白云石化,但仍保留原岩礁滩结构的白云岩储层纳入礁滩储层;将礁滩沉积发生埋藏白云石化,残留或不保留原岩礁滩结构的晶粒白云岩储层纳入白云岩储层。礁滩储层分布受相带控制,以基质孔为主,叠加表生和埋藏溶蚀可发育溶蚀孔洞,有较强的均质性。塔里木、四川和鄂尔多斯盆地多层系发育礁滩储层,分布于台地边缘、台内裂陷周缘及台内。

礁滩储层有时只发育滩而不发育礁,因此,滩可分为两种类型。一是礁滩复合体中的滩沉积,与礁的发育有密切联系;二是滩沉积,如鲕粒滩及生屑滩,即使偶尔夹有规模很小的礁沉积,也只是生物建造的局部富集,滩的发育与礁没有成因联系。塔里木盆地和四川盆地的勘探实践

已经证实,不管是哪种类型的滩,均可以发育成储层,而生物结构的礁核相建造往往很致密。

### 2)岩溶储层

岩溶储层是指与岩溶作用相关的储层。岩溶作用往往形成规模不等的溶孔、溶洞及溶缝,所以岩溶储层的储集空间以溶孔、溶洞及溶缝为特征,具有极强的非均质性。岩溶作用同样具有岩性选择性,主要见于泥粒灰岩中,分布受暴露面(不整合面)及断裂系统控制。传统意义上的岩溶储层都与明显的地表剥蚀和峰丘地貌有关,或与大型的角度不整合有关,岩溶缝洞沿大型不整合面或峰丘地貌呈准层状分布,集中分布在不整合面之下 0~100m 的范围内,最大分布深度可以达 200~300m(Lohmann,1988;Kerans,1988;James 和 Choquette,1988;郑兴平等,2009)。塔里木盆地岩溶储层勘探实践大大丰富了岩溶储层的内涵,除塔北地区轮南低凸起奥陶系鹰山组属于传统意义上的岩溶储层外,还发育有内幕岩溶储层,使岩溶储层勘探领域由潜山区拓展到内幕区,并为勘探实践所证实。

塔里木盆地岩溶储层主要发育于塔北隆起一间房组和鹰山组、塔中北斜坡鹰山组、牙哈—英买力地区上寒武统—蓬莱坝组,既有石灰岩潜山岩溶储层,也有白云岩风化壳储层;鄂尔多斯盆地岩溶储层主要发育于马家沟组上组合,为白云岩风化壳储层;四川盆地岩溶储层主要发育于茅口组顶部和雷口坡组顶部,前者为石灰岩潜山岩溶储层,后者为白云岩风化壳储层。

### 3)白云岩储层

白云岩储层是指与白云石化作用相关的储层,主要指结晶白云岩储层,原岩结构难以辨别,但根据残留少量的原岩结构及特殊的原岩恢复技术,仍可发现大多数结晶白云岩储层的原岩仍为礁滩沉积,所以白云岩储层受礁滩相带和埋藏白云石化作用共同控制,埋藏白云石化作用主要与不整合面及断裂系统等介质通道有关,以晶间孔、晶间溶孔和溶蚀孔洞为主,有较强的均质性。塔里木盆地上寒武统—下奥陶统蓬莱坝组、四川盆地下二叠统栖霞组和茅口组、鄂尔多斯盆奥陶系马家沟组中组合和马四段均发育白云岩储层。

白云岩储层的孔隙并非是白云石化作用的产物,而是溶蚀作用的产物,但白云石化对孔隙的保存非常重要。虽然白云石化机理和模式不少于 10 种(Mckenzie J A 等,1980;Adams J E 和 Rhodes M L.,1960;Hardie L A.,1987;Davis GR 等,2006),但白云岩储层不外乎形成于两个阶段。一是同生期形成的沉积型白云岩储层,如萨布哈白云岩储层、渗透回流白云岩储层,储层的发育受沉积相带和古气候共同控制,以基质孔为特征;二是埋藏期形成的埋藏—热液改造型白云岩储层,储层的发育受礁滩相带、先存孔隙发育带、埋藏史、流体史和热史控制,以溶蚀孔洞为特征。

## 第二节　碳酸盐岩储层成因

大多数学者(罗平等,2008;何治亮等,2011;赵文智等,2015)认为礁滩储层主要受沉积相控制,岩溶储层主要受成岩相控制,白云岩储层受沉积相和成岩相共同控制。本节重点讨论碳酸盐岩储层的相控性、继承性大于改造性的问题,即使是岩溶和白云岩储层,礁滩沉积也是储层发育非常重要的物质基础,影响岩溶作用、白云石化作用及孔隙的发育。白云石化作用和热液作用在深层以保存和破坏孔隙为主,与其说是孔隙的建造者不如说是孔隙的指示者。

## 一、礁滩、岩溶和白云岩储层的原岩多为礁滩沉积

由于碳酸盐沉积储层的高化学活动性及深层高温压、富侵蚀性流体(有机酸、TSR 及热液)的特殊成岩背景,大多数学者(刘树根等,2016;陈红汉等,2016;沈安江等,2015;马永生等,2010)认为碳酸盐岩储层以非组构选择性次生溶孔为主,相控性远不如碎屑岩储层明显。本章基于塔里木盆地、四川盆地和鄂尔多斯盆地不同类型白云岩储层成因解剖,指出礁滩沉积不仅是礁滩储集层发育的物质基础,同样也是白云岩储层和岩溶储层发育非常重要的物质基础(表 4-1、表 4-2),其原因是礁滩沉积具有较高的初始孔隙度(原生孔隙)和文石、高镁方解石等不稳定矿物含量,不稳定矿物在准同生期的溶解可以形成组构选择性溶孔,与初始孔隙一起为后期的成岩改造提供更好的介质通道。

### 1. 礁滩沉积是礁滩储层发育的物质基础

礁滩储层是碳酸盐岩层系油气勘探最重要的对象之一,在其中已发现大量高丰度油气藏。据对全球 226 个大中型及以上碳酸盐岩油气藏(占全球碳酸盐岩油气储量的 90%)统计,礁滩油气藏 98 个,占 43.4%。其中,颗粒滩储层 46 个,生物礁储层 52 个,主要分布于泥盆系、石炭系、二叠系、侏罗系、白垩系和古近系。最近几年,中国塔里木、四川和鄂尔多斯盆地礁滩油气藏勘探也取得重要进展,发现了一系列大油气藏,如四川盆地二叠系长兴组和飞仙关组礁滩气藏,强烈白云石化的生屑滩和鲕粒滩储层,残留生屑和鲕粒结构,发育鲕模孔、晶间孔和晶间溶孔(图 4-4a、b、c);四川盆地灯影组和龙王庙组礁滩气藏,微生物白云岩和颗粒滩白云岩储层,原岩为藻纹层灰岩、鲕粒灰岩和生屑灰岩,发育粒间孔、晶间孔和晶间溶孔(图 4-4d、e);塔里木盆地塔中奥陶系良里塔格组生物礁油气藏,颗粒滩灰岩储层,以生屑灰岩、砂屑灰岩为主,未发生白云石化,发育粒间孔、粒内溶孔和粒间溶孔(图 4-4f、g);鄂尔多斯盆地马家沟组中组合颗粒滩气藏,砂屑或生屑白云岩储层,晶间孔发育,残留颗粒结构(图 4-4h、i)。事实上,塔里木、四川和鄂尔多斯盆地海相层系均发育规模礁滩储层,既可分布于台缘带或台内裂陷的周缘,也可分布于缓坡台地。由于中国古老小克拉通台地的台缘带礁滩大多已俯冲到造山带之下,埋藏深度大,地质构造复杂,勘探难度比台内礁滩大得多,台内礁滩是非常重要的现实勘探领域。

### 2. 礁滩沉积是白云岩储层发育的物质基础

白云岩可划分为同生沉积或交代成因白云岩和次生交代或重结晶成因白云岩两大类。同生沉积或交代成因白云岩是同生期及浅埋藏早期沉积物未完全固结成岩时白云石化作用的产物,白云石化作用具组构选择性,往往保留原岩结构,可以用 Dunham(1962)的石灰岩命名术语命名白云岩,两者间有很好的对应关系,只要把石灰岩结构分类表中的石灰岩改为白云岩即可。次生交代或重结晶成因白云岩是埋藏期交代作用和重结晶作用的产物,甚至是热液作用的产物,原岩结构难以保存或残存部分原岩结构,往往以晶粒白云岩的形式出

现,随着埋藏深度的加大和作用时间的加长,晶体粒度往往变大,可按晶粒大小对其进行命名,如粉晶白云岩、细晶白云岩、中晶白云岩、粗晶白云岩等,可归入 Dunham(1962)的结晶岩类中。

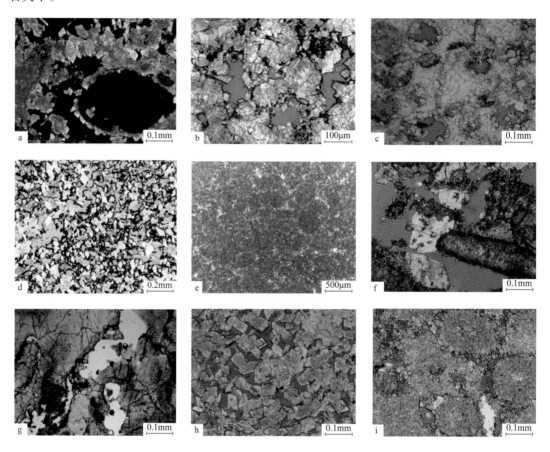

图 4-4　礁滩相储层岩心薄片照片

(a)细晶残余颗粒白云岩,生物体腔孔、晶间孔和晶间溶孔为沥青充填,上二叠统长兴组,四川盆地龙岗地区,龙岗 28 井,5976.00m,铸体薄片,单偏光;(b)针孔状残余鲕粒细晶白云岩,粒间孔、晶间孔和晶间溶孔,下三叠统飞仙关组,四川盆地龙岗地区,龙岗 001-1 井,6016.37m,铸体薄片,单偏光;(c)粉晶残余鲕粒灰岩,鲕模孔,下三叠统飞仙关组,四川盆地龙岗地区,龙岗 9 井,6009.60m,铸体薄片,单偏光;(d)粉细晶白云岩,原岩为生屑灰岩,晶间孔和晶间溶孔,下寒武统龙王庙组,四川盆地高石梯—磨溪地区,磨溪 12 井,4644.50m,铸体薄片,单偏光;(e)鲕粒白云岩,粒间孔,下寒武统龙王庙组,四川盆地高石梯—磨溪地区,磨溪 17 井,4663.97m,铸体薄片,单偏光;(f)泥晶棘屑灰岩,粒内溶孔和粒间溶孔,上奥陶统良里塔格组,塔里木盆地塔中地区,塔中 721 井,4952.53m,铸体薄片,单偏光;(g)亮晶棘屑灰岩,埋藏溶孔,上奥陶统良里塔格组,塔里木盆地塔中地区,塔中 62 井,4753.20m,普通薄片,单偏光;(h)细晶白云岩,晶间孔和晶间溶孔,马家沟组中组合,鄂尔多斯盆地,紫探 1 井,3882.87m,铸体薄片,单偏光;(i)鲕粒白云岩,粒间孔,马家沟组中组合,鄂尔多斯盆地,桃 38 井,3612.03m,铸体薄片,单偏光

对于保留或残留原岩结构的颗粒白云岩、藻丘(礁)白云岩储层,毫无疑问,原岩是礁滩沉积。回流渗透白云岩储层的原岩应以多孔的礁滩沉积为主,如塔里木盆地方 1 井的下寒武统藻丘白云岩(图 4-5a)、牙哈 7X-1 井的中寒武统颗粒白云岩,藻格架孔、粒间孔和鲕模孔发育(图 4-5b、c),原岩孔隙为重卤水的渗透提供了通道并导致白云石化,残留原岩结构。

事实上,这类储层经常被归属为礁滩储层,大多数礁滩储层都与白云石化有关。

　　但对于未保留原岩结构的次生交代或重结晶成因白云岩,其原岩是否为礁滩沉积一直是储层地质学家关注的焦点。在研究四川盆地栖霞组—茅口组白云岩储层成因时,发现一个非常有趣的现象,证实了结晶白云岩(细晶、中晶白云岩)的原岩为礁滩沉积。在普通显微镜下为细中晶白云岩,但将光线调暗到一定程度(或在薄片下垫一张白纸),就会发现细中晶白云岩的原岩为砂屑灰岩、生屑灰岩,细中晶白云岩中的晶间孔和晶间溶孔实际上是对原岩孔隙粒间孔、粒间溶孔和生物体腔孔的继承和调整(图4-5d、e、f、g、h、i)。原岩结构的保留程度与原岩颗粒的大小、白云石晶粒的大小密切相关,当白云石晶粒的粒度小于原岩颗粒的粒度时,原岩结构往往能得到较好的保留,当白云石晶粒的粒度大于原岩颗粒的粒度时,原岩结构难以保留。显然,细中晶白云岩的原岩大多为礁滩沉积,泥粉晶白云岩的原岩可能

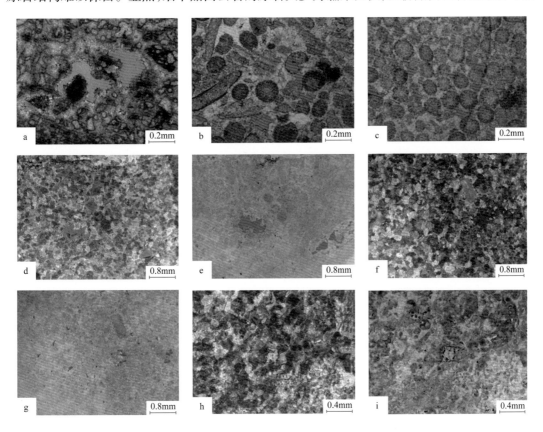

图 4-5　白云岩储层的原岩为礁滩相沉积

(a)藻礁白云岩,保留原岩结构,藻格架孔,下寒武统,塔里木盆地巴楚地区,方1井,4600.50m,铸体薄片,单偏光;(b)颗粒白云岩,保留原岩结构,粒间孔和鲕模孔,中寒武统,塔里木盆地牙哈地区,牙哈7X-1井,5833.00m,铸体薄片,单偏光;(c)颗粒白云岩,保留原岩结构,粒间孔和鲕模孔,中寒武统,塔里木盆地牙哈地区,牙哈7X-1井,5833.20m,铸体薄片,单偏光;(d)细晶白云岩,晶间孔和晶间溶孔,栖霞组,川西北矿2井,2423.55m,铸体薄片,单偏光;(e)与d为同一视域,原岩为砂屑生屑灰岩,体腔孔和溶孔;(f)细晶白云岩,晶间孔和晶间溶孔,栖霞组,川西南汉深1井,4982.45m,铸体薄片,单偏光;(g)与f为同一视域,原岩为砂屑生屑灰岩,粒间孔和粒间溶孔;(h)细晶白云岩,晶间孔和晶间溶孔,栖霞组,川中磨溪42井,4656.25m,铸体薄片,单偏光;(i)与h为同一视域,原岩为生屑灰岩,粒间孔、铸模孔和体腔孔

为低能相带的泥晶灰岩,粗晶或巨晶白云岩大多与热液作用有关,甚至是从热液流体中直接沉淀的,充填在裂缝及溶蚀孔洞中,部分粗晶白云岩可能与粗结构灰岩经历长期的重结晶作用有关。

埋藏白云岩储层虽然是埋藏白云石化的产物,但埋藏白云石化作用具有很大的岩性选择性,显然早期多孔的礁滩沉积能够为成岩流体提供更好的通道,更易于发生白云石化,不但白云石化的速度更快,形成的白云石晶体也更粗大。这很好地解释了礁滩相白云岩可以出现在古生界到新生界中,而非礁滩相细粒白云岩主要见于古生界中,原岩物性控制白云石化的速度,原岩粒度控制白云石晶体的大小。前述的四川盆地龙王庙组、长兴组、飞仙关组礁滩相白云岩普遍发生埋藏白云石化,塔里木盆地上寒武统和蓬莱坝组普遍发育以礁滩沉积为原岩的埋藏白云岩,残留原岩结构。

热液白云岩储层的原岩同样以多孔的礁滩沉积为主,如塔里木盆地鹰山组下段的云灰岩地层,白云岩呈斑块状、透镜状和准层状分布于石灰岩地层中,云/灰比约为1/2,石灰岩致密无孔,储集空间发育于白云岩中,以晶间孔和晶间溶孔为主,平均孔隙度8%~12%,原岩为多孔的颗粒滩沉积,被认为是沿层面、断裂及渗透层运移的热液导致非均质白云石化的产物,残留颗粒结构,中古9井、古隆1井、古城6井、古城8井在这套云灰岩地层中均见到高产工业气流。

### 3. 礁滩沉积是岩溶储层发育的物质基础

岩溶储层主要发育于石灰岩地层,一般认为岩溶储层的储集空间以非组构选择性溶蚀孔洞、洞穴和溶缝为主,不同类型的碳酸盐岩经历岩溶作用均可形成溶蚀孔洞,没有相控性,不像礁滩储层和白云岩储层那样具有强烈的岩性选择性和相控性,但据塔里木盆地岩溶储层的统计,岩溶洞穴和孔洞主要见于泥粒灰岩中,少量见于颗粒灰岩、粒泥灰岩和泥晶灰岩中(表4-3、表4-4),内幕岩溶储层的岩性选择性和相控性比潜山岩溶储层更为明显。

**表4-3 塔里木盆地碳酸盐岩洞穴围岩的岩性特征统计**

| 序号 | 井号 | 洞穴发育井段(m) | 层位 | 围岩岩性特征 |
|---|---|---|---|---|
| 1 | 轮东1 | 6791.50~6795.00 | 良里塔格组 | 洞顶:泥粒灰岩,颗粒以生屑为主 |
| 2 | 轮古351 | 6306.00~6306.50 | 良里塔格组 | 洞顶:泥粒灰岩;洞底:泥(亮)晶砂屑灰岩 |
| 3 | 塔中242 | 4737.00~4738.50 | 良里塔格组 | 生屑、砂砾屑灰岩(礁灰岩) |
| 4 | 中古31 | 4124.00~4128.50 | 良里塔格组 | 生屑、砂砾屑灰岩(礁灰岩) |
| 5 | 塔中45 | 6098.00~6101.00<br>6102.00~6103.50 | 良里塔格组 | 洞顶:泥(亮)晶颗粒灰岩;洞底:泥粒灰岩<br>颗粒以生屑、砂砾屑为主 |
| 6 | 英买203 | 6132.50~6138.50 | 鹰山组 | 泥粒灰岩为主,少量粒泥灰岩,砂屑颗粒 |
| 7 | 哈7 | 6626.40~6645.24 | 鹰山组 | 泥粒灰岩为主,少量颗粒灰岩,生屑砂屑颗粒 |
| 8 | 哈8 | 6675.00~6677.00 | 鹰山组 | 泥粒灰岩为主,少量颗粒灰岩,生屑砂屑颗粒 |

续表

| 序号 | 井号 | 洞穴发育井段（m） | 层位 | 围岩岩性特征 |
|---|---|---|---|---|
| 9 | 哈9 | 6693.00～6701.00 | 鹰山组 | 泥粒灰岩为主，少量颗粒灰岩，生屑砂屑颗粒 |
| 10 | 哈601 | 6598.23～6677.00 | 鹰山组 | 泥粒灰岩为主，少量粒泥灰岩，生屑砂屑颗粒 |
| 11 | 哈701 | 6617.68～6618.00 | 鹰山组 | 泥粒灰岩为主，少量粒泥灰岩，生屑砂屑颗粒 |
| 12 | 哈803 | 6654.66～6666.00 | 鹰山组 | 泥粒灰岩为主，少量粒泥灰岩，生屑砂屑颗粒 |
| 13 | 轮古34 | 6698.00～6707.00 | 鹰山组 | 泥粒灰岩为主，少量颗粒灰岩，生屑砂屑颗粒 |
| 14 | 轮古35 | 6149.00～6212.59 | 鹰山组 | 泥粒灰岩为主，少量颗粒灰岩，生屑砂屑颗粒 |
| 15 | 轮古42 | 5862.00～5869.50 | 鹰山组 | 泥粒灰岩为主，少量颗粒灰岩，生屑砂屑颗粒 |
| 16 | 轮南633 | 5845.50～5846.50 | 鹰山组 | 泥粒灰岩为主，少量颗粒灰岩，生屑砂屑颗粒 |

**表4-4　塔里木盆地碳酸盐岩孔洞发育段的岩性特征统计**

| 序号 | 井号 | 孔洞发育井段（m） | 层位 | 孔洞发育段的岩性特征 |
|---|---|---|---|---|
| 1 | 英买206 | 5870.00～5872.50 | 一间房组 | 泥粒灰岩，颗粒以生屑、砂屑为主 |
| 2 | 哈得13 | 6647.00～6654.00 | 一间房组 | 泥粒灰岩与颗粒灰岩互层，颗粒以生屑、砂屑为主，孔洞主要见于泥粒灰岩中 |
| 3 | 英古2 | 6647.00～6654.00 | 一间房组 | 泥粒灰岩与颗粒灰岩互层，颗粒以生屑、砂屑、藻砾屑为主，孔洞主要见于泥晶颗粒灰岩中 |
| 4 | 哈9 | 6618.00～6625.00 | 一间房组 | 泥粒灰岩，颗粒以生屑、砂屑为主 |
| 5 | 英买2-3 | 5889.00～5903.00 | 一间房组 | 泥（亮）晶生屑灰岩，生屑以棘屑为主，少量藻砂屑，亮晶为共轴增生的方解石 |
| 6 | 塔中826 | 5665.00～5673.00 | 良里塔格组 | 泥粒灰岩，颗粒以生屑、砂屑、藻砂屑为主 |
| 7 | 塔中82 | 5359.00～5362.50 | 良里塔格组 | 泥粒灰岩，颗粒以砂屑为主，少量生屑 |
| 8 | 中古20 | 6436.00～6443.00 | 良里塔格组 | 泥粒灰岩，颗粒以生屑为主，少量砂屑 |
| 9 | 中古16 | 6595.00～6598.50 | 鹰山组 | 泥粒灰岩与颗粒灰岩互层，颗粒以生屑、砂屑为主，孔洞主要见于泥粒灰岩中 |
| 10 | 塔中162 | 4911.00～4914.50 | 鹰山组 | 泥粒灰岩与颗粒灰岩互层，颗粒以砂屑为主，少量生屑，孔洞主要见于泥粒灰岩中 |
| 11 | 中古41 | 5558.00～5561.50 | 鹰山组 | |
| 12 | 塔中401 | 3960.00～3964.50 | 鹰山组 | |

　　不整合面及断裂是岩溶缝洞发育的一级控制因素，岩溶缝洞主要分布在不整合面之下0～100m的范围，沿断裂呈串珠状分布或沿潜水面呈准层状分布，轮古西可识别出四期准层状分布的岩溶缝洞体系。但不整合面之下或断层两侧岩溶缝洞的富集程度则受岩性控制，泥粒灰岩是岩溶缝洞及孔洞发育的首选岩性，其次是粒泥灰岩、泥晶灰岩及颗粒灰岩，这不

仅仅是因为灰泥及由灰泥构成的颗粒比亮晶方解石胶结物更易溶,而且还因为颗粒周缘灰泥溶蚀导致颗粒垮塌和搬运加大了机械溶蚀速度。

表生环境不同岩性碳酸盐岩溶蚀实验也说明了上述观点。溶蚀实验的岩性为泥晶灰岩、泥粒灰岩和颗粒灰岩三组样品,样品采自塔里木盆地鹰山组,实验条件见表4-5。

**表4-5 表生环境不同岩性碳酸盐岩溶蚀实验条件**

| 属性 | 流体 | 实验环境 | 实验流速 | 实验时间 | 实验温压 | 样品制备 | 溶蚀类型 |
|---|---|---|---|---|---|---|---|
| 实验参数 | $CO_2$饱和溶液,$p_{CO_2}$=2MPa | 开放—连续流动体系 | 1mL/min | 10h | 30℃,5MPa | 样品表面抛光 | 表面溶蚀 |

溶蚀结果揭示白云石的溶解速率远小于方解石(图4-6a),导致白云石表面突出,方解石溶蚀形成凹坑。亮晶方解石胶结物的溶解速率远小于灰泥颗粒(图4-6b),导致亮晶方解石胶结物突出,灰泥颗粒溶蚀形成凹坑,灰泥颗粒内微孔发育(图4-6c)。灰泥的溶蚀速率远小于灰泥颗粒(图4-6d),灰泥颗粒(红色箭头)溶蚀形成孔隙,灰泥区域溶蚀较弱。白云石、亮晶方解石、灰泥及灰泥颗粒的溶解速率依次增大(图4-6e、f),白云石几乎不溶,亮晶方解石比灰泥及灰泥颗粒难溶得多,灰泥及灰泥颗粒易溶,且灰泥颗粒比灰泥的溶解速率要大。这足以说明泥粒灰岩是最容易溶蚀形成孔洞及洞穴的,不仅仅是因为灰泥颗粒相对易溶,

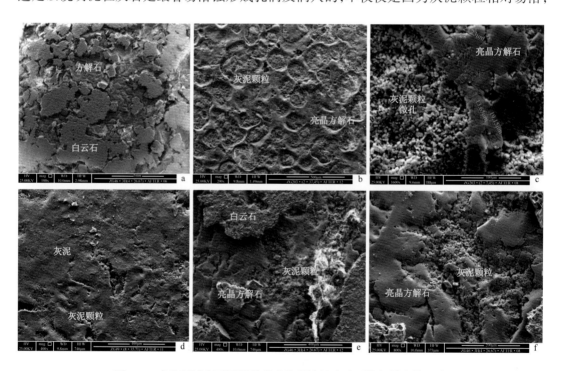

**图4-6 表生环境在不同岩性碳酸盐岩溶蚀实验下的扫描电镜照片**

(a)云质灰岩,白云岩的溶解速率远小于石灰岩,中古46-3H井,鹰山组,5597.00m;(b)亮晶砂屑灰岩,亮晶方解石胶结物的溶解速率远小于灰泥颗粒,中古203井,鹰山组,6572.88m;(c)同b,灰泥颗粒内微孔发育;(d)粒泥灰岩,灰泥的溶蚀速率远小于灰泥颗粒,塔中49井,鹰山组,6345.00m;(e)同a,白云石、亮晶方解石和灰泥颗粒的溶解速率依次增大;(f)同a,灰泥颗粒的溶解速率远大于亮晶方解石

而且还因为颗粒周缘灰泥溶蚀导致颗粒垮塌和搬运加大了机械溶蚀速度。亮晶方解石胶结的颗粒灰岩,颗粒如果由棘屑、亮晶方解石等不易溶的组分构成,则很难通过表生溶蚀作用形成孔隙,即使是灰泥颗粒,由于亮晶方解石胶结致密,流体难以进入,也很难发生表生溶蚀作用。灰泥的溶蚀速率远小于灰泥颗粒,导致粒泥灰岩、泥晶灰岩中的溶蚀孔洞不发育。这很好地解释了泥粒灰岩是塔里木盆地岩溶缝洞及孔洞发育的首选岩性,为不整合面之下岩溶缝洞及孔洞富集区优选提供了理论依据。

除前述的不整合面之下的石灰岩潜山岩溶储层外,也可以有白云岩储层,如塔里木盆地牙哈—英买力地区上寒武统—蓬莱坝组白云岩风化壳、四川盆地雷口坡组白云岩风化壳、高石梯—磨溪地区龙王庙组白云岩风化壳、鄂尔多斯盆地马家沟组白云岩风化壳等。两者的区别是石灰岩潜山有较高的地貌起伏,岩溶缝洞发育,基质孔不发育,而白云岩风化壳的地貌相对平坦,岩溶缝洞不发育,以基质孔为主(粒间孔、晶间孔等),这也是为什么前者称为潜山,后者称为风化壳。从储层特征分析,不整合面之下白云岩储层的成因不完全是表生岩溶作用的产物,而是被抬升到地表前白云岩储层已经存在,表生岩溶作用使白云岩储层物性得到了进一步的改善。塔里木盆地牙哈—英买力地区上寒武统—蓬莱坝组白云岩储层的特征和分布很好地说明了这一观点(图4-7),在不整合面之下的白云岩储层以孔隙—孔洞型和孔洞型为特征,远离不整合面的白云岩储层以孔隙型为特征,显然,基质孔与表生岩溶作用无关,而孔洞有可能是表生岩溶作用的产物,并叠加在基质孔上,形成孔隙—孔洞型白云岩储层,并导致储层的发育不局限于风化壳所覆盖的范围,基质孔型白云岩储层的分布范围要比风化壳分布范围广得多,白云岩储层的岩性为细中晶白云岩,从残留的原岩结构判断原岩为颗粒滩沉积。四川盆地雷口坡组白云岩储层也具有类似的特征,风化壳之下的雷三段优质砂屑白云岩储层与表生岩溶作用关系不大,远离风化面同样有优质砂屑白云岩储层的发育,而紧邻风化面的雷四3储层物性并不佳。

唯一例外的是萨布哈白云岩储层,以含石膏斑块或结核的泥晶白云岩为主,石膏斑块或结核的溶解形成膏模孔,与礁滩沉积的关系不大,但往往与礁滩相白云岩储层伴生,如塔里木盆地中—下寒武统的膏云岩储层与肖尔布拉克组礁滩相白云岩储层伴生,鄂尔多斯盆地马家沟组上组合的白云岩风化壳储层与中组合的礁滩相白云岩储层伴生,礁滩相白云岩被认为是渗透回流白云石化的产物。

## 二、表生环境是储层孔隙发育的重要场所

孔隙发育的场所也是长期以来储层地质学家们关注的焦点,主流观点认为孔隙既可以形成于表生环境,也可以形成于埋藏环境。本书通过塔里木、四川和鄂尔多斯盆地礁滩、岩溶和白云岩储层的实例解剖,认为碳酸盐岩储层孔隙主要形成于表生环境,目前深埋于地下的碳酸盐岩储层孔隙是对沉积、准同生和表生环境形成孔隙的继承和调整,埋藏环境孔隙的建设和破坏作用是平衡的。

表生环境碳酸盐岩储层孔隙有三个成因。一是沉积环境中形成的原生孔隙,如粒间孔、粒内孔、体腔孔和格架孔等;二是准同生期暴露环境沉积物中的不稳定矿物(文石、高镁方解石等)溶解形成组构选择性溶孔,以小的溶蚀孔洞或铸模孔为主;三是表生环境碳酸盐岩

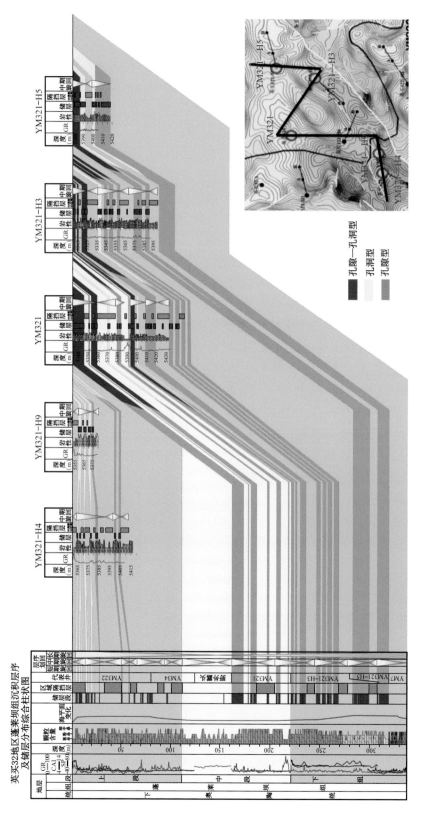

图 4-7 英买力地区蓬莱坝组白云岩储层特征和分布

岩溶作用形成的非组构选择性溶蚀孔洞,以大型的岩溶缝洞为主。三者构成了碳酸盐岩储集空间的主体。

## 1.沉积环境中形成的原生孔隙

原生孔隙指的是沉积作用结束后留在沉积物和岩石中的所有孔隙。原生孔隙主要形成于两个阶段,分别为沉积前阶段和沉积阶段。沉积前阶段以单体沉积颗粒的形成为起始,包括了在有孔虫、球粒、鲕粒和其他非骨骼颗粒中所见到的粒内孔,这类孔隙在特定的沉积物中是非常重要的。沉积阶段指的是沉积物在埋藏地点或者生物格架生长地点最终被沉积下来的时间段,该阶段形成的孔隙被称为沉积孔隙,如粒间孔和生物格架孔等,它对在碳酸盐岩及沉积物中所见到的总孔隙体积有重要的贡献( Choquette 和 Pray,1970 )。

碳酸盐岩原生孔隙类型比碎屑岩要复杂得多( Choquette 和 Pray,1970 ; Lucia,1995 )( 表 4-6 ),除粒间孔外还有其特有的粒内孔或体腔孔、窗格孔、遮蔽孔和格架孔等,原生孔隙度可以达到40%～70%,远高于碎屑岩的25%～40%。碳酸盐岩孔隙体系的复杂性是碳酸盐沉积物的生物成因和高化学活动性造成的。尽管碳酸盐岩的高化学活动性贯穿于整个埋藏史,但最为强烈的孔隙改造发生在成岩早期,受层序界面处的沉积物暴露于大气淡水驱动,原生孔隙大多通过胶结或充填作用被破坏,或被溶蚀扩大,失去原生孔隙的识别特征,不像碎屑岩那样主要通过压实作用减孔,残留原生粒间孔。尽管碳酸盐岩经历漫长的成岩改造后,原生孔隙难以保存或因溶蚀扩大而难以识别,但粒间孔、格架孔等在塔里木盆地和四川盆地碳酸盐岩储层中也是很常见的,主要形成于礁滩沉积环境中,如塔中奥陶系良里塔格组颗粒滩中的粒间孔和体腔孔(图 4-8a、b、c)、塔中—巴楚地区寒武系盐下白云岩储层中的粒间孔和格架孔(图 4-5a、b、c)、四川盆地长兴组礁滩储层中的体腔孔(图 4-4a)、飞仙关组鲕粒白云岩中的粒间孔或(图 4-8d)和生屑滩白云岩中的粒间孔或遮蔽孔(图 4-8f)、黄龙组生屑白云岩中的粒间孔或遮蔽孔(图 4-8e)、雷口坡组礁滩储层中的藻格架孔和粒间孔(图 4-8g、h、i)。事实上,大多数原生孔隙叠加后期成岩改造后,要么部分被充填成为残留原生孔隙,要么被进一步溶蚀扩大。原生孔隙的发育对后期成岩改造具有重要的控制作用,是后期成岩改造流体的重要通道。

**表 4-6　碳酸盐岩和硅质碎屑岩孔隙的比较**

| 比较的内容 | 砂岩 | 碳酸盐岩 |
|---|---|---|
| 沉积物中原生孔隙的数量 | 一般为25%～40% | 一般为40%～70% |
| 岩石中最终孔隙的数量 | 原生孔隙数量的一半或略多,一般为15%～30% | 几乎没有原生孔隙被保留,一般为5%～15% |
| 原生孔隙类型 | 几乎是粒间孔 | 粒间孔常见,但粒内孔及其他类型孔隙也非常重要 |
| 最终孔隙类型 | 几乎是原生粒间孔 | 由于沉积后的改造,各种各样的孔隙类型均有 |
| 孔隙大小 | 孔隙直径和喉道大小与沉积颗粒的大小和分选有关 | 孔隙直径和喉道大小与沉积颗粒的大小和分选的相关性较小 |

| 比较的内容 | 砂岩 | 碳酸盐岩 |
|---|---|---|
| 孔隙形态 | 与颗粒形态呈负相关关系 | 与颗粒形态呈正相关或负相关关系,或与沉积、成岩组分没有必然关系 |
| 大小、形态和分布的均质程度 | 在均质体中通常是很均质的 | 即使是在由单岩石类型构成的均质体中,也可以是均质或非均质的,变化很大 |
| 成岩作用的影响 | 由压实作用和胶结作用导致的原生孔隙损失量不大 | 成岩作用对储层性质的影响很大,尤其是胶结作用和溶蚀作用;可以产生、充填和完全改造孔隙 |
| 裂隙作用的影响 | 对储层性质的影响通常不大 | 如果有裂缝存在的话,对储层性质的影响非常大 |
| 孔隙度和渗透率评价 | 用肉眼就可比较容易作半定量的评价 | 用肉眼作半定量的评价可以是比较容易的,也可以是不可能的,孔隙度、渗透率及毛管压力测试是必要的 |
| 岩心物性分析所代表物性的真实性 | 直径为1in大小的岩心柱子足以能代表储层物性的真实性,尤其是基质孔隙度 | 岩心柱子不足以代表物性的真实性;对于大孔洞的存在,即使是直径3in的岩心柱子也不足以代表储层物性的真实性 |
| 孔隙度和渗透率的相关性 | 有较好的相关性,其相关性与颗粒大小及分选有关 | 可以有相关性,也可以没有相关性,变化较大;其相关性与颗粒大小及分选无关 |

## 2. 准同生期沉积物暴露和组构选择性溶蚀形成的孔洞

在碳酸盐岩地层被埋藏的早期和矿物稳定化之前,如果孔隙中原始海水流体被大气淡水取代,溶解作用将导致孔隙度的增加,形成的次生溶孔具明显的组构选择性,该溶解作用受单个颗粒的矿物相控制(Moore,1989)。就其孔隙改造的体积而言,该阶段是非常重要的。早成岩阶段活跃的成岩环境包括大气淡水潜流带、大气淡水渗流带、浅海、深海和蒸发海水成岩环境,作用的对象为未固结的碳酸盐沉积物,对应的地质界面为低级别(三级)或高频层序界面,而不是大型的不整合面或地层剥蚀面,形成的储层在垂向上可多套叠置,厚度受大气淡水淋溶作用的时间、强度和原生孔隙发育的程度控制。

以塔里木盆地良里塔格组礁滩储层为例,准同生期海平面下降导致良里塔格组泥晶棘屑灰岩暴露和大气淡水溶蚀,形成组构选择性溶孔。塔中62井测试井段为4703.50~4770.00m,厚66.50m,日产油38m³,日产气29762m³。测试段4706.00~4759.00m有取心,经铸体薄片鉴定,有效储层岩性为泥晶棘屑灰岩,共3层10m,与含亮晶方解石泥晶棘屑灰岩、含藻泥晶棘屑灰岩呈不等厚互层,上覆生屑泥晶灰岩(图4-9)。高分辨率层序地层研究揭示,在高位体系域向上变浅准层序组上部发育的台缘礁滩沉积,最易暴露和受大气淡水淋滤形成溶孔,而且越紧邻三级层序界面的准层序组,溶蚀作用越强烈,储层厚度越大,垂向上呈多层段相互叠置分布。紧邻储层之下的含亮晶方解石泥晶棘屑灰岩段、含藻泥晶棘屑灰岩段,粒间往往见大量渗流沉积物,再往深处才变为未受影响带,构成完整的淡水溶蚀带—渗流物充填带—未受影响带的淋溶渐变剖面。塔中62井良里塔格组礁滩储层的垂向剖面表明,组构选择性溶孔主要是准同生期大气淡水溶蚀的产物。

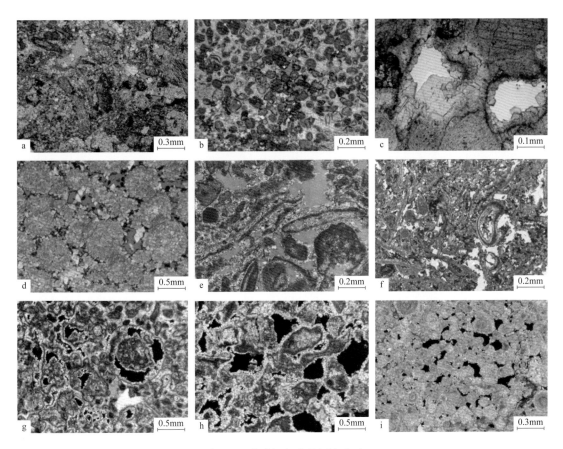

图 4-8　礁滩沉积中的原生孔隙

（a）藻砂屑棘屑灰岩,粒间溶孔,上奥陶统良里塔格组,塔里木盆地塔中地区,塔中 721 井,4952.35m,铸体薄片,单偏光;（b）亮晶砂屑生屑灰岩,粒间溶孔,上奥陶统良里塔格组,塔里木盆地塔中地区,塔中 30 井,5018.80m,铸体薄片,单偏光;（c）亮晶生屑藻屑灰岩,残留体腔孔,上奥陶统良里塔格组,塔里木盆地塔中地区,塔中 62 井,15-17/61（第 15 筒心由顶至底共 61 块次中的第 17 块次）,普通片,单偏光;（d）鲕粒白云岩,粒间孔,下三叠统飞仙关组,四川盆地龙岗地区,龙岗 26 井,5626.00m,铸体薄片,单偏光;（e）生屑白云岩,粒间孔或遮蔽孔,石炭系黄龙组,四川开江七里峡构造,七里 8 井,4996.30m,铸体薄片,单偏光;（f）生屑白云岩,粒间孔或遮蔽孔,下三叠统飞仙关组,四川盆地罗家寨地区,罗家 2 井,第 2 筒心 128 块,铸体薄片,单偏光;（g）藻团块白云岩,藻格架孔,中三叠统雷口坡组三段,四川盆地川西北地区,中坝 80 井,3133.36m,普通片,正交光;（h）藻团块白云岩,藻格架孔,中三叠统雷口坡组三段,四川盆地川西北地区,中坝 80 井,3134.02m,普通片,正交光;（i）鲕粒白云岩,粒间孔,中三叠统雷口坡组三段,四川盆地川西北地区,中坝 80 井,3136.22m,普通片,正交光

　　四川盆地高石梯—磨溪地区龙王庙组颗粒滩白云岩储层具有与塔中良里塔格组礁滩储层相同的特征。磨溪 21 井龙王庙组厚 120m,其中砂屑白云岩厚 70m,垂向上由泥晶白云岩→致密粉晶砂屑白云岩→致密细晶砂屑白云岩→孔隙型细晶砂屑白云岩（孔隙度＞2%）构成三期向上变浅的旋回,有效储层（孔隙度＞2%）位于旋回的上部,厚度分别为 2m、6m 和 5m,占砂屑白云岩总厚度的 18.60%,既有对原生孔隙的继承,又有淡水溶蚀的增孔（图 4-10）。

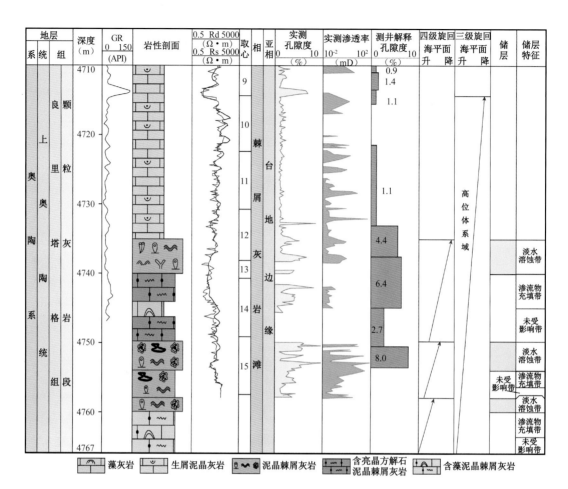

图 4-9　塔中 62 井 4710～4767m 井段海平面升降旋回导致的 3 次淡水溶蚀带—
渗流物充填带—未受影响带完整的淋溶剖面旋回与 3 套储层发育的关系

这一阶段形成的孔隙不但具有强烈的组构选择性(图 4-11a、b、c、d、e),而且以基质孔(0.01～2mm)及溶蚀孔洞(2～100mm)为主,不容易形成大型的洞穴及缝洞系统(>100mm),主要发育于向上变浅旋回顶部的礁滩沉积中,由于受沉积作用和海平面升降共同控制,在碳酸盐岩地层中普遍发育,垂向上多套叠置,是层序格架中最为重要的储层,与沉积原生孔一起,构成礁滩和白云岩储层的主要储集空间,并影响埋藏期(中成岩)和表生期(晚成岩阶段)的成岩改造。礁滩体易于受白云石化作用改造,实际上与礁滩体的孔隙发育和为白云石化介质提供通道有关。

塔里木盆地上震旦统微生物白云岩储层、下寒武统肖尔布拉克组丘滩白云岩储层、上寒武统古城台缘丘滩白云岩储层、塔东鹰山组下段颗粒滩白云石化储层、塔北一间房组颗粒滩灰岩储层、塔中良里塔格组礁滩灰岩储层在准同生期均经历过不同程度和期次的礁滩相沉积物暴露和大气淡水溶蚀作用;四川盆地灯影组、龙王庙组、洗象池组、黄龙组、栖霞组—茅口组、长兴组、飞仙关组和雷口坡组白云岩储层大多残留原岩结构,白云石化作用发生在准同生期,并早于大气淡水溶蚀作用,未云化的灰质易于溶解,形成大量的溶孔,白云石格架对溶孔起到保存作用,并为埋藏期白云石化介质提供通道,部分被叠加改造成晶粒白云岩。鄂尔多斯盆地中组合颗粒滩白云岩储层具有相似的准同生期暴露和成孔经历。

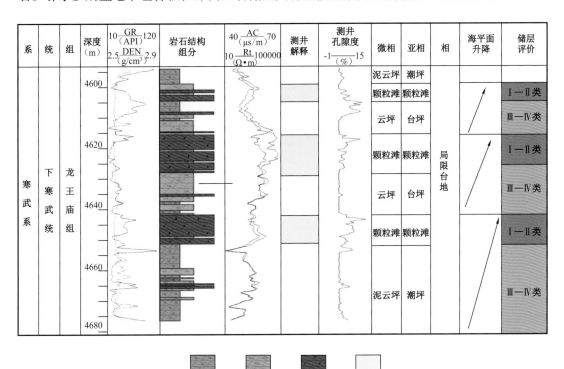

图 4-10　磨溪 21 井单井沉积相及储层分布柱状图

有效储层主要分布于颗粒滩相沉积旋回的顶部,受层序界面(暴露面)控制,
孔隙主要来自埋藏前已经存在的原生孔隙及次生溶孔

### 3. 表生环境岩溶作用形成的非组构选择性岩溶缝洞

这里的表生环境特指与不整合面相伴生的古老岩石的侵蚀,而不是沉积旋回中较小的沉积间断(层序界面)而导致的沉积物暴露遭受侵蚀和淡水淋溶。正因如此,表生环境受影响的碳酸盐岩地层是矿物稳定的石灰岩和白云岩。发生在与不整合面相伴生的矿物稳定化之后的岩溶作用通常为非组构选择性的(图 4-11f、g、h、i),是石灰岩直接暴露于大气淡水渗流带和潜流带成岩环境的结果。该成岩环境普遍具有较高的 $CO_2$ 分压,相对于绝大多数的碳酸盐矿物相(包括白云石)是不饱和的(James 和 Choquette,1983),形成的孔隙可以切割所有的结构组分(如颗粒、胶结物和基质)。Choquette 和 Pray(1970)将这些孔隙按其大小分为溶蚀孔洞(2~100mm)、溶缝(<100mm)和溶洞(>100mm)。晚成岩阶段(表生环境)形成的非组构选择性溶孔具有重要的石油地质意义,表生岩溶作用有三种形式(图 4-12)。一是沿大型的潜山不整合面分布,如塔北地

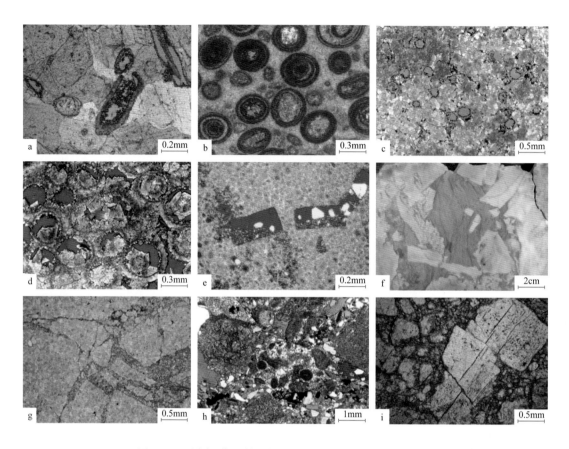

图 4-11　准同生期组构选择性与表生期非组构选择性溶孔

（a）亮晶棘屑灰岩，棘屑间的藻屑被选择性溶解形成生屑铸模孔，上奥陶统良里塔格组，塔里木盆地塔中地区，塔中 621
　　井，4865.60m，铸体片，单偏光；（b）亮晶鲕粒灰岩，鲕粒部分溶解形成鲕模孔，下三叠统飞仙关组，四川盆地龙岗地区，
　　龙岗 22 井，5512.00m，铸体片，单偏光；（c）细晶残余鲕粒白云岩，鲕模孔，下三叠统飞仙关组，四川盆地罗家寨地区，罗
　　家 2 井，3249.24m，铸体片，单偏光；（d）残余鲕粒白云岩，鲕模孔，下三叠统飞仙关组，四川盆地川东北地区，普光 2 井，
　　5172.38m，铸体片，单偏光；（e）粉晶白云岩，硬石膏板柱状晶被溶蚀形成膏模孔，下奥陶统马家沟组五段，鄂尔多斯盆地，
　　G42-8 井，3674.06～3674.08m，铸体片，单偏光；（f）浅灰色砂屑灰岩，破裂作用导致岩石角砾岩化，砾间充填蓝灰色泥质，
　　中—下奥陶统鹰山组，塔里木盆地塔北地区，轮南 12 井，7-1/15（第 7 筒心由顶至底共 15 块次中的第 1 块次），岩心；（g）
　　泥粉晶白云岩，破裂作用导致岩石角砾岩化，沿裂缝发育的溶孔或砾间孔，大多为砂泥质渗流物充填，中下奥陶统蓬莱坝
　　组，塔里木盆地塔西南地区，山 1 井，4303.34m，普通片，单偏光；（h）洞穴充填物，由围岩角砾、陆源碎屑及亮晶方解石胶
　　结物组成，硅化，上奥陶统良里塔格组，塔里木盆地塔中地区，塔中 25 井，3763.30m，染色片，正交光；（i）洞穴充填物，亮
　　晶方解石胶结物作为岩屑充填洞穴，灰质充填在岩屑间，中下奥陶统鹰山组，塔里木盆地塔中地区，塔中 4 井，3852.15m，
　　普通片，单偏光

区轮南低凸起奥陶系鹰山组上覆石炭系砂泥岩，之间代表长达 120Ma 的地层剥蚀和缺
失，鹰山组峰丘地貌特征明显，潜山高度可以达到数百米，储集空间以大型的岩溶缝洞
为主，集中分布在不整合面之下 0～100m，称为潜山岩溶储层。二是沿碳酸盐岩地层内
幕的层间间断面或剥蚀面分布，如塔中—巴楚地区大面积缺失一间房组和吐木休克组，
鹰山组裸露区为灰云岩山地，上覆良里塔格组，代表 10Ma 的地层缺失，储集空间以孔洞
为主，少量岩溶缝洞，塔北南缘一间房组和鹰山组具类似的岩溶特征，称为层间或顺层

岩溶储层。三是沿断裂分布,如塔北哈拉哈塘和英买 1-2 井区的鹰山组和一间房组,岩溶缝洞沿断裂带呈网状、栅状分布,而非准层状分布,发育于连续沉积的地层序列中,之间没有明显的地层缺失和不整合,导致缝洞垂向上的分布跨度也大得多,称为受断裂控制岩溶储层。

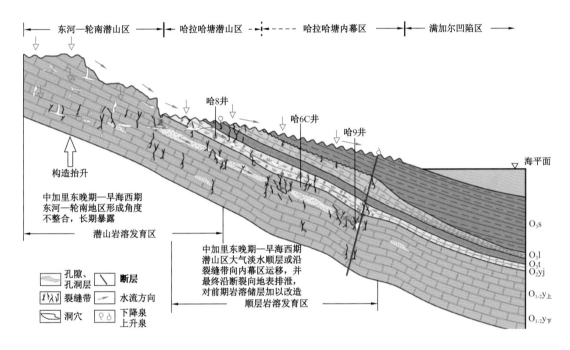

图 4-12  表生岩溶作用有三种形式形成不同类型的岩溶储层(以塔北隆起为例)

四川盆地茅口组顶部发育内幕岩溶储层,地层剥蚀面和断裂系统共同控制岩溶储层的发育。如前所述,不整合面之下还可以是白云岩地层,由于白云岩比石灰岩在表生大气淡水环境下要难溶得多,导致石灰岩潜山的地面起伏比白云岩风化壳大得多,岩溶缝洞比白云岩风化壳发育得多,白云岩风化壳基本上不发育岩溶缝洞,储集空间主体是对先存白云岩储层的继承和改善。

综上所述,表生环境(包括沉积和准同生暴露环境)是储层孔隙发育非常重要的场所,因为只有表生环境才是最完全的开放体系,富含 $CO_2$ 的大气淡水能得到及时的补充,溶解的产物能及时被搬运走,为规模孔隙的发育创造了优越的条件,而且这些孔隙被埋藏后为埋藏成岩流体提供了运移通道。

## 三、埋藏环境是储层孔隙保存和调整的场所

虽然埋藏晚期(中成岩阶段)次生孔隙的成因比较难以解释,但埋藏环境通过溶蚀作用可以形成孔隙这一观点已为地质学家所接受。高温、高压、有机酸、TSR 及热液、造山后期大气淡水的补给都可能会导致侵蚀性埋藏流体的形成,这些埋藏流体有能力溶解碳酸盐岩形成埋藏次生溶孔。

通过塔里木、四川和鄂尔多斯盆地礁滩、岩溶和白云岩储层的实例解剖,认为埋藏期碳酸盐岩孔隙的改造作用主要是通过溶蚀(有机酸、TSR 及热液等作用)和沉淀作用导致先存孔隙的富集和贫化,封闭体系是孔隙保存的场所,开放体系流动区是孔隙建造的场所,开放体系滞留区是孔隙破坏的场所。虽然孔隙净增量近于零,但其意义在于通过埋藏成岩改造导致的孔隙富集和贫化,为深层优质储层的发育创造了条件。

### 1. 埋藏环境的孔隙建造作用

埋藏环境下碳酸盐岩在有机酸溶蚀、TSR、热液溶蚀等的作用下发生埋藏溶蚀作用可以形成溶蚀孔洞。为定量研究埋藏溶蚀作用对储层物性的贡献,特选取具一定初始孔隙度和渗透率的鲕粒云岩、粉细晶白云岩、砂屑白云岩样品,开展溶蚀量定量模拟实验。实验使用浓度为 2mol/L 的乙酸溶液,开放、流动体系,内部溶蚀,乙酸溶液流速为 1mL/min,共开展了 9 个温压点的模拟实验,每个温压点的模拟实验时间为 30min。模拟实验结果显示,不同孔喉结构的白云岩达到化学热力学平衡的温压点均不同,对于孔隙型储层,入口压力不到 1MPa,流体即通过岩石样品并迅速达到化学平衡,此后随温度、压力的升高,溶液中的 $Ca^{2+}+Mg^{2+}$ 浓度逐渐下降。对于裂缝—孔洞型储层,入口压力大于 5MPa 时,流体才通过岩石样品,并随着温度、压力的升高,溶液中的 $Ca^{2+}+Mg^{2+}$ 浓度逐渐上升,在 135℃、40MPa 时与孔隙型储层达到化学热力学平衡共同点。达到平衡之后,无论是孔隙型储层还是裂缝—孔洞型储层,随温度、压力的升高,溶液中的 $Ca^{2+}+Mg^{2+}$ 浓度虽有所下降(溶解度降低),但总体趋于稳定(图 4-13)。模拟封闭体系,实验样品从 130℃、40MPa 至 189℃、60MPa,溶液中

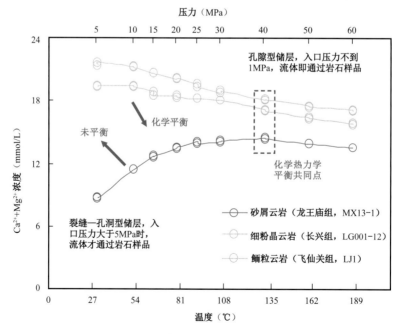

图 4-13　溶蚀量定量模拟实验结果

砂屑云岩样品取自磨溪 13-1 井龙王庙组,粉细晶云岩样品取自龙岗 001-12 井长兴组,鲕粒云岩样品取自
罗家寨 1 井飞仙关组;9 个温压点基于高石梯—磨溪地区埋藏史和温压史恢复结果确定

（Ca²⁺+Mg²⁺）浓度基本保持不变,保持化学平衡状态;模拟开放体系,实验样品从135℃、40MPa至189℃、60MPa,Ca²⁺+Mg²⁺浓度虽有所下降但总体趋于稳定并达到化学平衡的溶解过程,溶蚀后样品质量平均减少1.29%,渗透率增加4.75~7.48mD,孔隙度增加2%~3%,孔喉结构明显变好(表4-7)。这说明达到化学平衡之后,如果是封闭体系,溶蚀和沉淀作用达到平衡,先存孔隙可以得到很好的保存;如果是开放体系,饱和介质不断地被运移走,并被欠饱和介质所替代,溶蚀作用大于沉淀作用,在漫长的埋藏溶蚀作用下可以形成规模优质储层。开放体系的上倾方向更有利于饱和介质的运移和欠饱和介质的补充。

**表4-7　溶蚀量定量模拟实验前后孔喉特征的变化**

| 类别 | 分析内容 | 实验前 | 实验后 |
|---|---|---|---|
| 宏观统计 | 孔隙度(%) | 16.82 | 19.54 |
| | 孔喉体积(μm³) | $4.97 \times 10^{10}$ | $5.67 \times 10^{10}$ |
| | 连通体积(μm³) | $1.84 \times 10^{10}$,占总体积的35.60% | $4.05 \times 10^{7}$,占总体积的71.40% |
| 孔隙 | 数量 | 53857 | 25889 |
| | 体积(μm³) | $3.92 \times 10^{10}$ | $4.32 \times 10^{10}$ |
| | 半径(μm) | 平均30.17,最小3.107,最大211.5 | 平均36.12,最小3.324,最大961.8 |
| 喉道 | 数量 | 39617 | 17322 |
| | 体积(μm³) | $1.06 \times 10^{10}$ | $1.36 \times 10^{10}$ |
| | 半径(μm) | 平均18.67,最小2.77,最大152.7 | 平均26.02,最小3.061,最大746.9 |

地质历史时期,通过有机酸溶蚀、TSR、热液溶蚀等作用形成的埋藏溶孔非常常见。为了证实埋藏环境石灰岩和白云岩通过埋藏溶蚀可以形成规模孔隙,开展了矿物成分对溶蚀强度影响的模拟实验(图4-14)。

矿物成分对溶蚀强度影响模拟实验条件:选用细粉晶白云岩和石灰岩(泥晶灰岩、泥灰岩及含生屑泥晶灰岩)2组样品,岩石致密,开展表面溶蚀实验。反应液为2mL/L乙酸溶液,开放—流动体系,流速为3mL/min,共开展13个温压点的模拟实验,每个温压点的模拟实验时间为30min。实验结果(图4-14)揭示,在表生环境,石灰岩在乙酸溶液中的溶蚀速率大于白云岩,白云岩几乎是不溶的,这是野外通过滴酸是否起泡区分石灰岩和白云岩的基本原理,随着埋藏深度增加,石灰岩和细粉晶云岩的溶解速率逐渐增加并趋于一致。这说明无论是石灰岩还是白云岩,在深埋环境均具有较高的溶解度,可以通过溶蚀作用形成规模孔洞。

白云岩储层中发育的非组构选择性溶孔和孔洞大多为埋藏溶蚀作用的产物,如塔里木盆地塔深1井、塔中7井上寒武统和东河25井蓬莱坝组白云岩中发育的溶蚀孔洞(图4-15a、b)、四川盆地龙王庙组和飞仙关组白云岩中发育的溶蚀孔洞,白云石被溶蚀成港湾状(图4-4a、e),这显然不是表生环境大气淡水溶蚀形成的。石灰岩储层中发育的非组构选择性溶孔和孔洞有时很难判断是表生溶蚀孔还是埋藏溶蚀孔,只能通过伴生的热液活动现象及地球化学指标作出定性判断,一个典型的案例是塔中良里塔格组礁滩储层埋藏溶蚀孔的识别。

塔中良里塔格组礁滩储层埋藏溶蚀孔主要来源于埋藏方解石胶结物的溶蚀,镜下显示其被溶蚀成港湾状(图4-4f、g),对孔隙的贡献率达30%以上,对埋藏方解石胶结物的判断依据其产状、包裹体温度、阴极发光、同位素和稀土元素等地球化学特征。

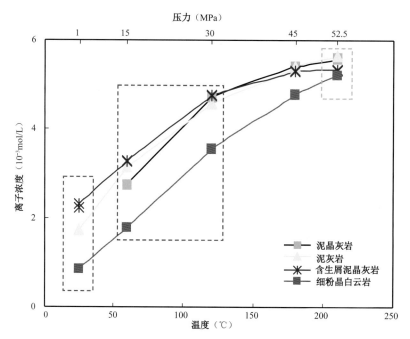

图4-14 矿物成分对溶蚀强度影响模拟实验
揭示石灰岩在乙酸溶液中的溶蚀速率大于白云岩,随着埋藏深度增加,
石灰岩和细粉晶云岩的溶解速率逐渐增加,并最终趋于一致甚至更大,
石灰岩离子浓度采用$Ca^{2+}$,白云岩离子浓度采用$Ca^{2+}+Mg^{2+}$

### 2. 埋藏环境的孔隙破坏作用

埋藏环境下既可通过有机酸溶蚀、TSR、热液溶蚀等的溶蚀作用新增孔隙,也可通过溶解产物的沉淀作用破坏孔隙,但不论是溶蚀作用还是沉淀作用,都是在继承了表生环境孔隙的开放体系中进行的,其分布不但受埋藏前的初始孔隙分布控制,具继承性,而且岩性和孔隙组合控制了埋藏溶孔的分布样式。

物性对溶蚀强度影响模拟实验结果(图4-16)证实了这一点。选取砂屑灰岩和砂屑云岩样品,砂屑灰岩的孔隙度为4.44%,渗透率为3.6mD;砂屑云岩的孔隙度为19.76%,渗透率为1.71mD;使用的流体为浓度1mol/L的乙酸溶液,开放、流动体系,流速为1mL/min,共开展了9个温压点的模拟实验,每个温压点的模拟实验时间为30min。岩性对溶蚀强度影响的模拟实验已证实石灰岩的溶蚀强度远大于白云岩(图4-14),但此模拟实验的结果是随温压的升高,白云岩的溶蚀强度大于石灰岩,原因在于砂屑云岩的物性比砂屑灰岩好,不但增大了砂屑云岩的溶蚀比表面积,而且饱和的成岩流体更易于运移。这说明埋藏环境下岩石的孔隙大小和连通性控制溶蚀强度,比矿物成分的控制作用更强,同时很好地解释了碳酸盐岩的埋藏溶蚀和沉淀作用主要受层序界面(或暴露面)控制的原因,即先存的孔隙为有机酸溶蚀、TSR 和热液溶蚀等埋藏溶蚀介质提供了通道,较大的孔隙度和较好的连通性增大了碳酸盐岩的溶蚀强度,导致大量溶蚀孔洞沿先存孔隙发育带的上倾方向叠加发育,孔隙增加,而沉淀作用则沿先存孔隙发育带的下倾方向发育,破坏孔隙。

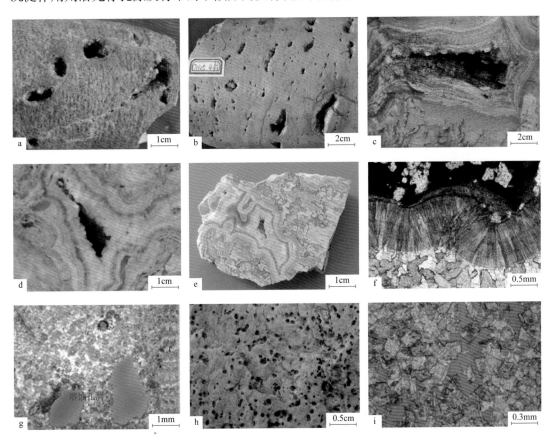

图 4-15　白云岩储层中的孔隙和胶结物

(a)灰色细中晶白云岩,埋藏溶蚀形成的溶孔溶洞,上寒武统,塔里木盆地塔中地区,塔中 7 井,4196.50m,岩心;(b)浅灰色细晶砂屑白云岩,埋藏溶孔溶洞非常发育,下奥陶统蓬莱坝组,塔里木盆地东河塘地区,东河 25 井,5896.30m,岩心;(c)藻纹层白云岩,葡萄花边状白云石充填孔洞,残留孔隙,震旦系灯影组二段,四川盆地峨边先锋露头剖面;(d)藻纹层白云岩,能见到围岩→暗色花边白云石→浅色花边白云石→细粗晶白云石→鞍状白云石依次充填孔洞,残留孔洞,震旦系灯影组二段,四川盆地峨边先锋露头剖面;(e)藻纹层白云岩,能见到围岩→暗色花边白云石→浅色花边白云石→细粗晶白云石依次充填孔洞,残留孔隙,震旦系灯影组二段,四川盆地峨边先锋露头剖面;(f)藻纹层白云岩,能见到围岩→浅色花边白云石→细粗晶白云石依次充填孔洞,震旦系灯影组二段,四川盆地南江杨坝露头剖面;(g)黄灰色膏质泥晶云岩,蜂窝状或米粒状的膏模孔发育,新鲜面上见石膏半充填,中寒武统,塔里木盆地牙哈地区,牙哈 10 井,4-10/25,岩心;(h)砂屑白云岩中发育的基质孔和溶蚀孔洞,灯四段,四川盆地高石梯—磨溪地区,磨溪 108 井,5296.99m,铸体片,单偏光;(i)细中晶白云岩,晶间孔和晶间溶孔发育,上寒武统,塔里木盆地英买力地区,英买 33 井,5519.75m,铸体片,单偏光

岩性和孔隙组合对溶蚀效应影响模拟实验(图 4-17、图 4-18)进一步揭示了埋藏溶孔的发育和分布样式。选用孔隙型白云岩、裂缝—孔洞型白云岩、孔隙型灰岩、裂缝型灰岩 4 组样品,白云岩样品分别来自四川盆地飞仙关组和龙王庙组,孔隙度分别为 10.15% 和

10.80%,渗透率分别为6.18mD和32.41mD;石灰岩样品分别来自塔里木盆地一间房组和鹰山组,孔隙度分别为7.08%和2.79%,渗透率分别为0.65mD和3.34mD。反应液为2ml/L乙酸溶液,开放—流动体系,流速2mL/min,内部溶蚀,由40MPa、135℃至60MPa、189℃,共开展了5个温压点的模拟实验,温压点来自实际样品的埋藏史恢复,每个温压点的模拟实验时间为60min,实验结果见图4-17和图4-18。

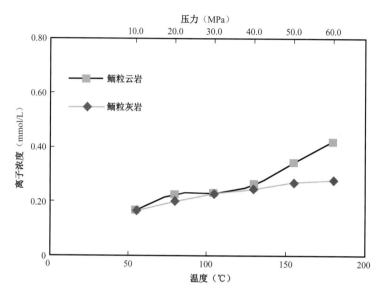

图4-16 物性对溶蚀强度影响模拟实验结果
砂屑灰岩离子浓度指 $Ca^{2+}$,砂屑云岩离子浓度指 $Ca^{2+}+Mg^{2+}$;样品取自磨溪12井、磨溪13井龙王庙组,
9个温压点基于高石梯—磨溪地区埋藏史和温压史恢复结果确定

模拟实验结果揭示,对于孔隙型白云岩储层,埋藏成岩介质呈弥散状进入孔隙体系,增加了溶蚀的比表面积,增加的是基质孔隙度,白云岩溶蚀前后孔隙度增加2%~3%,渗透率增加4.75~7.48mD,依旧保留孔隙型孔隙组合类型。对于裂缝—孔隙型白云岩储层,由于裂缝的存在,埋藏成岩介质大多沿着裂缝运移(裂缝起到流体运移高速通道的作用),很少呈弥散状进入孔隙体系,沿裂缝形成扩大的溶缝及溶蚀孔洞,增加的是缝洞孔隙度而非基质孔隙度,渗透率可以增加三个数量级,孔隙组合类型由裂缝—孔隙型向缝洞型转变。

对于孔隙型灰岩储层,埋藏成岩介质虽然最初也呈弥散状进入孔隙体系,但由于石灰岩比白云岩易溶得多,持续的溶蚀作用将导致孔隙格架的全部溶蚀或垮塌,形成缝洞型孔隙组合。对于裂缝型或裂缝—孔隙型灰岩储层,与裂缝—孔隙型白云岩储层一样,由于裂缝的存在,埋藏成岩介质大多沿着裂缝运移(裂缝起到流体运移高速通道的作用),很少呈弥散状进入孔隙体系,沿裂缝形成扩大的溶缝及溶蚀孔洞,增加的是缝洞孔隙度而非基质孔隙度,渗透率可以增加三个数量级,孔隙组合类型由裂缝型、裂缝—孔隙型向缝洞型转变。

岩性和孔隙组合对埋藏溶孔的分布样式具重要的控制作用。对孔隙型白云岩而言,经历埋藏溶蚀后,孔隙度增大,但孔隙组合类型未变,依旧为孔隙型;对裂缝—孔隙型白云岩而言,持续的埋藏溶蚀会导致孔隙组合向缝洞型转变。对石灰岩储层而言,初始孔隙类型不管是孔隙型、裂缝—孔隙型还是裂缝型,经历持续的埋藏溶蚀作用后,均可能转换成缝洞型孔隙组合。这很好地解释了中国深层古老海相碳酸盐岩储层的孔隙组合特征,缝洞型储层可见于石灰岩和白云岩地层中,而孔隙型储层主要见于白云岩地层中。

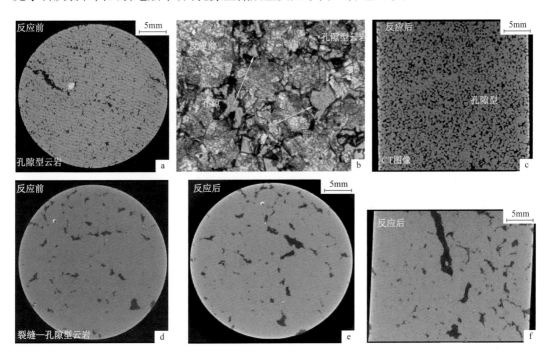

图 4-17　岩性和孔隙组合对溶蚀效应影响模拟实验

（a—c）孔隙型白云岩,a 和 b 为反应前的孔隙组合,c 为反应后的孔隙组合,孔隙度明显增加,但孔隙组合类型没有发生变化,均为孔隙型储层;（d—f）裂缝—孔洞型白云岩,d 为反应前的孔隙组合,e 和 f 为反应后的孔隙组合,裂缝成为流体的优势通道,增加的是裂缝孔隙度而非基质孔隙度,持续作用的结果将由裂缝—孔洞型向缝洞型白云岩储层转变,孔隙组合类型发生改变

　　四川盆地高石梯—磨溪地区震旦系灯影组为一个典型的开放体系沉淀作用破坏孔隙的案例。灯影组发育两期层间岩溶作用,灯二段沉积期末,桐湾运动Ⅰ幕使川中灯二段抬升遭受风化剥蚀,形成灯二段顶部的层间岩溶储层,灯四段沉积期末,由于受桐湾运动Ⅱ幕抬升的影响,灯四段遭受不同程度的淋滤和剥蚀,造成地层厚度差异较大,局部地区（如威远、资阳地区）灯三段也部分或完全被剥蚀,灯二段直接为下寒武统覆盖呈不整合接触,形成灯影组顶部的层间岩溶储层。储集空间为数厘米—数十厘米级的孔洞,为不同期次的胶结物所填充,形成雪花状或葡萄花边状构造,残留部分孔洞（图 4-15c、d）。由围岩向孔洞中央的胶结次序依次为围岩→暗色花边白云石→浅色花边白云石→细粗晶白云石→鞍状白云石（图 4-15e、f）,根据阴极发光、微量元素、碳氧稳定同位素、锶同位素、稀土元素、包裹体均一温度、$D_{47}$同位素古地温等检测,综合分析认为围岩形成于海水环境,暗色花边白云石形成于浅埋藏地层卤水环境,浅色花边白云石形成于中埋藏地层卤水环境,细粗晶白云石形成于中深埋藏—抬升地层卤水环境,鞍状白云石形成于热液环境（表 4-8）。研究揭示充填孔洞的不同期次的胶结物均形成于埋藏成岩环境。南江杨坝剖面和峨边

先锋剖面震旦系灯影组二段藻纹层白云岩的缝洞率高达 30% 以上,被葡萄花边状白云石充填后的残留缝洞率为 5%~10% 不等,埋藏环境能形成如此规模的胶结物,必然要在高势能区存在大规模的溶解,为低势能区葡萄花边状白云石沉淀提供过饱和的成岩流体或物源。

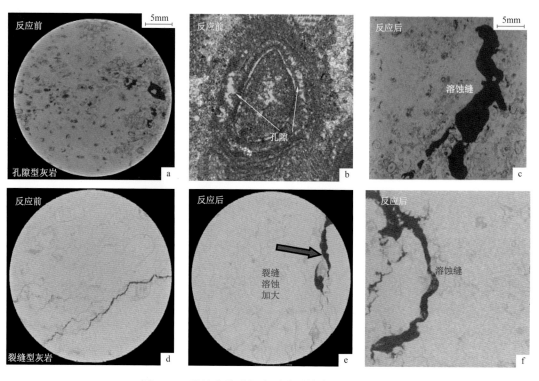

图 4-18    岩性和孔隙组合对溶蚀效应影响模拟实验

(a—c)孔隙型灰岩,a 和 b 为反应前的孔隙组合,c 为反应后的孔隙组合,增加的是裂缝孔隙度而非基质孔隙度,持续作用的结果将由孔隙型向缝洞型灰岩储层转变;(d—f)裂缝型灰岩,d 为反应前的孔隙组合,e 和 f 为反应后的孔隙组合,裂缝成为流体的优势通道,增加的是裂缝孔隙度,而非基质孔隙度,持续作用的结果将由裂缝型向缝洞型灰岩储层转变

表 4-8    灯影组葡萄花边白云岩各组构特征及成岩环境解释

| 结构组分 | 形态特征 | 阴极发光 | 微量元素 | 碳氧稳定同位素 | 锶同位素 | 稀土元素 | 包裹体温度 | $D_{47}$ 同位素温度 | 成岩环境解释 |
|---|---|---|---|---|---|---|---|---|---|
| 围岩 | 暗色具藻结构泥晶白云石 | 不发光 | Mn<100μg/g Mn/Fe>或<1 | O:−4‰(PDB) C:4‰(PDB) | 0.7080 | Ce 和 Eu 负异常 | | | 海水 |
| 暗色花边白云石 | 同心环边状白云石 | 不发光 | Fe>800μg/g Mn/Fe<1 | O:−4‰(PDB) C:3‰(PDB) | 0.7090 | | | 83.9℃ | 浅埋藏地层卤水 |

续表

| 结构组分 | 形态特征 | 阴极发光 | 微量元素 | 碳氧稳定同位素 | 锶同位素 | 稀土元素 | 包裹体温度 | $D_{47}$同位素温度 | 成岩环境解释 |
|---|---|---|---|---|---|---|---|---|---|
| 浅色花边白云石 | 放射状白云石 | 暗橙色中等发光 | Mn＞100μg/g，Fe＜800μg/g Mn/Fe＜1 | O：-6‰（PDB） C：3‰（PDB） | 0.7090 | | | 91.2℃ | 中埋藏地层卤水 |
| 细粗晶白云石 | 镶坎状白云石 | 橙黄色明亮发光 | Mn＞100μg/g Mn/Fe＞1 | O：-10‰（PDB） C：4‰（PDB） | 0.7100 | Ce和Eu正异常 | 105℃ | 92.7℃ | 中深埋藏—抬升地层卤水 |
| 鞍状白云石 | 粗巨晶白云石 | | | O：-12‰（PDB） C：1‰（PDB） | 0.7115 | | 220℃ | | 热液 |

　　封闭体系对先存孔隙的保存作用不难理解,因封闭体系当溶蚀和沉淀作用达到化学平衡时,既不形成孔隙也不破坏孔隙,是先存孔隙得以保存的重要场所,开放体系则存在孔隙建造与破坏两种现象,但均发生在表生环境形成的孔隙发育带中。事实上,在漫长的埋藏环境中,绝对的封闭体系非常罕见,开放体系与封闭体系会交替发生,开放体系的高势能区和低势能区也会发生换位,储层分布预测要充分考虑这些因素。

　　无论是埋藏次生孔隙还是与不整合面相关的次生孔隙,两者的最终分布或者受沉积环境和早期准同生暴露中早已建立的孔隙分布所控制,或者受晚期的不整合面、断裂和裂缝系统所控制,甚至是受沿缝合线的溶解作用所控制。

　　由于埋藏环境不像准同生和表生大气淡水环境,溶蚀的产物可以被河流搬运到体系外的湖泊或大海中,体系内的质量是亏损的,所以可以新增孔隙,埋藏体系在特定的场合可以发育大量孔隙,但长期而广泛的岩石—水的相互作用(Moore C H,2001；Morse 和 Mackenzie,1990)形成的埋藏成岩流体相对于绝大多数的碳酸盐矿物来说被认为是过饱和的,参照液态烃运移的距离,溶蚀的产物不可能作长距离的运移而搬运到体系外的湖泊或大海中,而是在附近的先存孔隙体系中发生沉淀,体系内质量是守恒的,孔隙净增量应近于零。

## 四、白云石化与热液作用对孔隙的贡献

　　关于白云石化作用和热液作用在孔隙建造和破坏中的作用,长期以来都是争论的焦点(Fairbridge R W.,1957；Moore C H.,2001；Lucia F.J.,1999),由于储集空间主要发育于各类白云岩中,即使是礁滩储层,储集空间也主要发育于白云石化的礁滩沉积中,Brach(1982)所做的研究工作揭示巴哈马台地上新统—更新统碳酸盐沉积物经历白云石化之后孔隙度大大增加,因此,白云石化被认为对孔隙有重要的贡献(徐亮,2013；韩银学等,2013)。由于很多碳酸盐岩储层往往与热液活动伴生,热液作用同样被认为对孔隙有重要的贡献(赵闯等,2012；李辉等,2014)。然而,研究揭示白云石化和热液作用对孔隙的贡献被夸大,白云岩中的孔隙部分是对原岩孔隙的继承,部分来自溶蚀作用,热液作用与其说是孔隙的建造者不如

·179·

说是孔隙的指示者。

## 1. 白云石化对孔隙的贡献

Weyl（1960）指出如果白云石化完全是分子对分子的交代，碳酸盐的来源也很局限，那么，方解石向较大比重的白云石转化时，会导致孔隙度增加13%，然而，这种理想的成岩环境是不存在的。Lucia等（1994）指出白云岩孔隙度值总是等于或小于其原岩的值，这表明原岩（石灰岩）的特征可能是白云石化过程中影响孔隙变化的重要因素。Purser等（1994）则持较为折中的观点，他们认为原岩（石灰岩）特征对白云岩最终孔隙度的影响固然很重要，但$CO_3^{2-}$来源局限的成岩环境也很重要，只有在这种成岩环境下，白云石化作用才能导致孔隙度的增加。

通过对塔里木、四川和鄂尔多斯盆地白云岩储层进行孔隙成因解剖，指出白云岩储层中的孔隙有三个成因，一是来自对沉积原生孔隙的继承和调整，二是来自准同生暴露和表生期未云化易溶物质（文石、高镁方解石、灰质、石膏和盐岩）的溶解，三是白云石在深埋藏成岩环境被溶蚀。白云石化对储层的贡献主要体现在不易溶的白云岩格架对溶孔的支撑和保存上，而不是增孔。礁滩相白云岩储层中的孔隙不是因为白云石化形成的，而是因为有孔而易于白云石化。

### 1）对沉积原生孔隙的继承和调整

白云岩储层有两种类型，一是仍保留原岩结构的白云岩储层，二是强烈交代和重结晶导致原岩结构未被保留的晶粒白云岩储层（细晶及以上）。保留原岩结构的白云岩储层，仍然可以发现大量的沉积原生孔隙，包括粒间孔（图4-4e，图4-5b、c，图4-8b、d、e、i）、体腔孔（图4-4a，图4-8f，图4-11a）和格架孔（图4-5a，图4-8g、h）等。前已述及，晶粒白云岩的原岩大多为礁滩沉积，晶间孔和晶间溶孔实际上是对原岩粒间孔、粒间溶孔和体腔孔的继承和调整（图4-5d）。白云岩储层中的原生孔是普遍发育的。

### 2）准同生期暴露和表生期未云化易溶物质的溶解

绝大多数的礁滩沉积均经历过准同生暴露和组构选择性溶孔的发育阶段，尤其是向上变浅旋回上部的礁滩沉积，其与白云石化作用时间有两种序次关系。一是准同生溶蚀作用早于白云石化作用，碳酸盐沉积物中不稳定矿物相（如文石鲕、高镁方解石生屑壳、石膏结核和盐岩等）受大气淡水溶蚀形成铸模孔（图4-11b、c、d、e），随后发生的白云石化可以发生在早期，往往保留原岩结构，也可以发生在埋藏期，不保留或残留部分原岩结构（图4-11e），但白云岩中的孔隙主要是对铸模孔的继承和调整；二是白云石化作用早于准同生溶蚀作用，这种早期的白云石化往往与干旱气候背景或混合水有关，保留原岩结构，并导致白云岩孔隙度的增大（Brach D K.，1982），但是这种孔隙度的增加并不是因为白云石化作用的产物，而是因为易溶的未云化灰质或其他矿物的大气淡水溶解作用的产物，不易溶的白云岩构成了孔隙格架，对孔隙保存起重要作用，可以是组构选择性溶孔，也可以是非组构选择性溶蚀孔洞（图4-15g）。

塔里木盆地牙哈—英买力潜山区牙哈10井中寒武统膏云岩储层提供了一个很好的表生期未云化易溶物质溶解形成溶孔的案例（图4-15h）。牙哈10井第4筒心

6210.10~6213.20m 井段发育一套膏云岩储层(图 4-19),位于萨布哈向上变浅序列的中上部,储层的载体为一套含石膏的潮间—潮上坪泥晶白云岩,石膏含量由下向上逐渐增多,直至变为膏岩层,石膏的溶蚀作用由上向下逐渐减弱,直至未见石膏溶解的膏云岩。中下部以致密泥晶白云岩为特征,几乎不含石膏斑块或结核。上部以含石膏斑块或结核的膏云岩为特征,石膏溶解形成膏模孔,孔隙度 5%~10%,由下至上孔隙度逐渐增加,反映越靠近暴露面,石膏的溶解程度越强,渗透率从 0.1~100mD,高渗透率与裂缝有关。

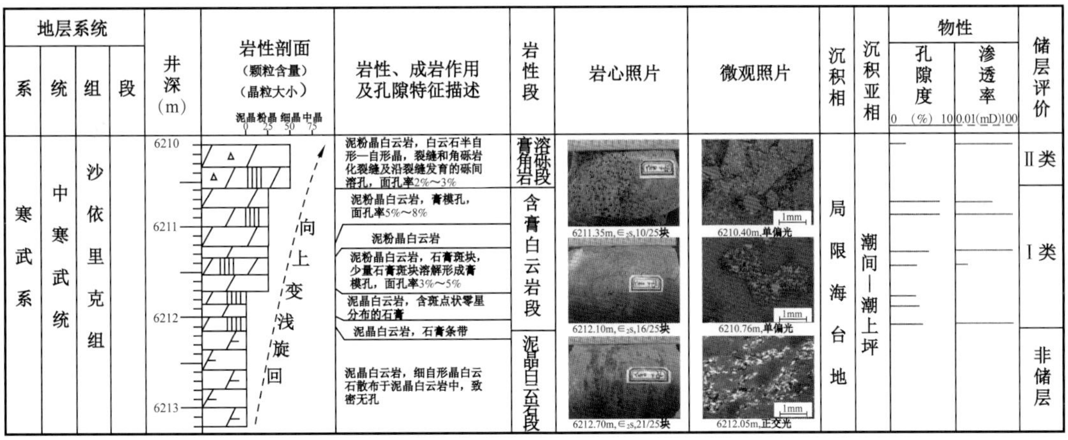

图 4-19 牙哈 10 井第 4 筒心膏云岩储层沉积—成岩作用及孔隙成因综合柱状图

在萨布哈向上变浅的地层序列中,石膏主要分布于中上部,中下部以泥晶白云岩为主,中上部的石膏也有两种产状,中部以斑块状或结核状石膏散布于泥晶白云岩中为特征,形成膏云岩,上部以膏岩层和膏云岩或泥晶白云岩互层为特征,由下至上构成气候逐渐干旱和石膏含量逐渐增多的序列。石膏结核(或斑块)及膏岩层的沉淀非常重要,为石膏的溶解和膏模孔的形成奠定了物质基础,表生期大气淡水溶蚀作用为膏模孔的发育提供了地质背景。这就很好地解释了膏云岩储层为什么主要发育于萨布哈地层序列的中上部,而中下部的纯泥晶白云岩反而不能发育成有效储层。四川盆地嘉陵江组和雷口坡组、鄂尔多斯盆地马家沟组上组合均发育有这套与风化壳相关的膏云岩储层,储集空间主要为膏模孔,形成于表生期的大气淡水溶蚀作用。膏模孔能够得以保存,是因为白云岩在表生大气淡水环境几乎是不溶的(图 4-14),不溶的白云岩为膏模孔起到支撑格架的作用,使膏模孔得以保存。顶部成层膏盐岩的溶解只能导致上覆地层的垮塌和角砾岩化,不能形成膏云岩储层,中下部不含石膏的泥晶白云岩也不能形成储层。

英买力上寒武统—蓬莱坝组白云岩潜山和高石梯—磨溪构造龙王庙组剥蚀区的白云岩储层物性明显好于内幕区,应该与表生期未云化易溶物质的溶解有关。

3)深埋成岩环境白云石的溶解

图 4-14 已经揭示深埋藏成岩环境白云岩的可溶性远大于表生环境,白云岩在高温高压背景和侵蚀性流体的作用下可以形成溶蚀孔洞。

白云岩的埋藏溶蚀作用有两种表现形式。一是侵蚀性埋藏成岩介质(有机酸、TSR等)对白云石的溶蚀,在晶粒(细晶及以上)白云岩储层和晶间孔的基础上进一步溶蚀扩大形成晶间溶孔(图4-15i)。二是幔源热液对白云岩的侵蚀,形成溶蚀孔洞(图4-15a、b),孔洞内往往被鞍状白云石和各种热液矿物充填。塔里木盆地上寒武统及下奥陶统蓬莱坝组、四川盆地龙王庙组、栖霞组、茅口组、长兴组和鄂尔多斯盆地马家沟组四段普遍发育这类孔隙特征的白云岩储层,岩性以晶粒白云岩为主,包括细晶白云岩、中晶白云岩、粗晶白云岩等,储集空间以晶间孔、晶间溶孔和溶蚀孔洞为主,晶间孔是对先存孔隙的继承和调整,晶间溶孔是白云石晶体非组构选择性溶蚀的产物,溶蚀孔洞热液溶蚀的产物。

白云岩储层中的孔隙由上述三种成因的孔隙构成,并不是白云石化作用的产物,但深层白云岩更容易溶解形成溶蚀孔洞,是深层非常重要的储层类型。

### 2. 热液作用对孔隙的贡献

热液是指温度明显高于周围环境5℃或更高的流体(White等,1957)。本书的热液是指进入围岩地层且温度高于围岩的矿化流体,它是地热异常存在的证据,需要有流体流动的通道,多孔的围岩、断层/裂缝是最常见的流动通道。拉张断层上盘、走滑断层、拉张断层和走滑断层的交叉部位是热液活动的优选。

热液对主岩的改造体现在三个方面:一是热液岩溶作用(Dzulynski,1976;Sass-Gustkiewicz,1996)形成溶蚀孔洞,如果热液溶解作用足够强,甚至可造成岩层的局部垮塌和角砾岩化;二是交代围岩或沉淀白云石形成热液白云岩;三是沉淀热液矿物充填先存孔隙和断裂/裂缝。

自20世纪80年代以来国外提出了构造控制的热液白云石化模式(Davis G. R.等,2006)(图4-20)。2006年11月AAPG年会以"构造控制热液改造的碳酸盐储层"为题,将深层流体在浅层的表现模式作为讨论的热点,并出版了一本专辑,重点阐述和介绍了热液白云岩,构造控制的热液白云石化作用作为一种新的模式已经越来越受到人们的关注。

构造控制的热液白云石化作用(HTD)的广义定义是:富镁热液(特别是卤水)在温度和压力升高的埋藏条件下沿着拉张断层、转换断层或断裂系统上升,碰到渗透性差的隔挡层后侧向侵入渗透性好的围岩(特别是距地表不到1km的石灰岩)中形成的白云石化作用(Davis G. R.等,2006)。热液白云石化模式的本质是深部的热液流体沿着深部断裂运移至浅层石灰岩中,由于石灰岩上部致密层的阻隔而侧向运移,使石灰岩发生白云石化。热液白云石化作用形成的白云岩大多沿拉张断层和走滑断层周围渗透性好的围岩发育。

热液白云岩的岩石特征与密西西比(MVT)铅锌硫化矿床的白云岩岩溶矿层相似,以广泛发育的基质交代型和孔—缝充填型鞍形白云石为标型特征,同时含有少量其他热液矿物,如闪锌矿、方铅矿、石英、黄铁矿、重晶石和萤石等,还经常可见被鞍状白云石充填的剪切应力缝、斑马纹构造和白云岩角砾。鞍状白云石是HTD组合的一项关键指标,但它不是热液环境的必有特征,也未必会出现在所有的HTD中。只有当鞍状白云石与其他热液矿物伴生出现时,才可以作为构造热液白云岩的主要指示物。

热液白云岩储层是北美地区主要的油气储层,已受到越来越多的关注。加拿大东部和美国的密歇根盆地、阿巴拉契亚盆地和其他盆地的奥陶系和加拿大西部沉积盆地的泥盆系和密西西比系，都有这种储层的产出。加拿大西部泥盆系高产的 Ladyfern、Albion—Scipiol 和 Lady—fernl 油气田都是世界级的大油气田（Boreen 和 Colquhoun，2001；Boreen 和 Davies，2004），储层为典型的热液白云岩—淋滤灰岩储层组合。热液白云岩储层的存在是毋庸置疑的，热液矿物的出现是确定热液存在的重要证据，这些热液矿物多交代了原岩或以孔洞胶结物的形式存在，对储层多是破坏性的，或者说是堵塞孔隙的（图 4-21）。

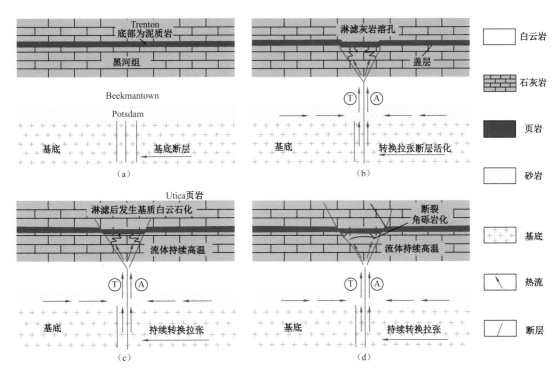

图 4-20 美国纽约州黑河组受断层控制的热液白云岩模式示意图

在第六章解剖的碳酸盐岩储层案例中，将能见到很多热液活动的现象。如塔里木盆地鹰山组的岩溶洞穴中充填具开采价值的闪锌矿、方铅矿床，塔中 45 井良里塔格组礁滩储层的岩溶洞穴中充填的萤石矿床，塔中 12 井、塔中 162 井蓬莱坝组和中古 9 井鹰山组白云岩储层中充填的鞍状白云石等热液矿物，四川盆地栖霞组—茅口组白云岩储层中充填的鞍状白云石等热液矿物，灯四段微生物白云岩中充填的各种热液矿物等，这些现象揭示热液通过断裂/裂缝的运移后，进入周围渗透性好的岩层，并通过热液矿物的沉淀破坏孔隙。

总之，热液作用在特定场合可以形成溶蚀孔洞，但热液流体总是要从深部携带可供沉淀的矿物质，更多的是通过热液矿物的沉淀破坏孔隙，如通过封堵孔隙的鞍状白云石胶结物的沉淀导致孔隙丧失（Moore C. H.，2001；Moore 和 Heydari，1993），而且热液活动主要沿断裂和裂缝系统、先存孔隙发育带分布。不是热液作用形成储层，而是先存孔隙发育带和断裂/裂缝系统为热液提供了运移通道，并为鞍状白云石、闪锌矿、方铅矿、黄铁矿、重晶石和萤石等热液矿物充填，所以，热液作用与其说是储层的建造者，不如说是储层的指示者。

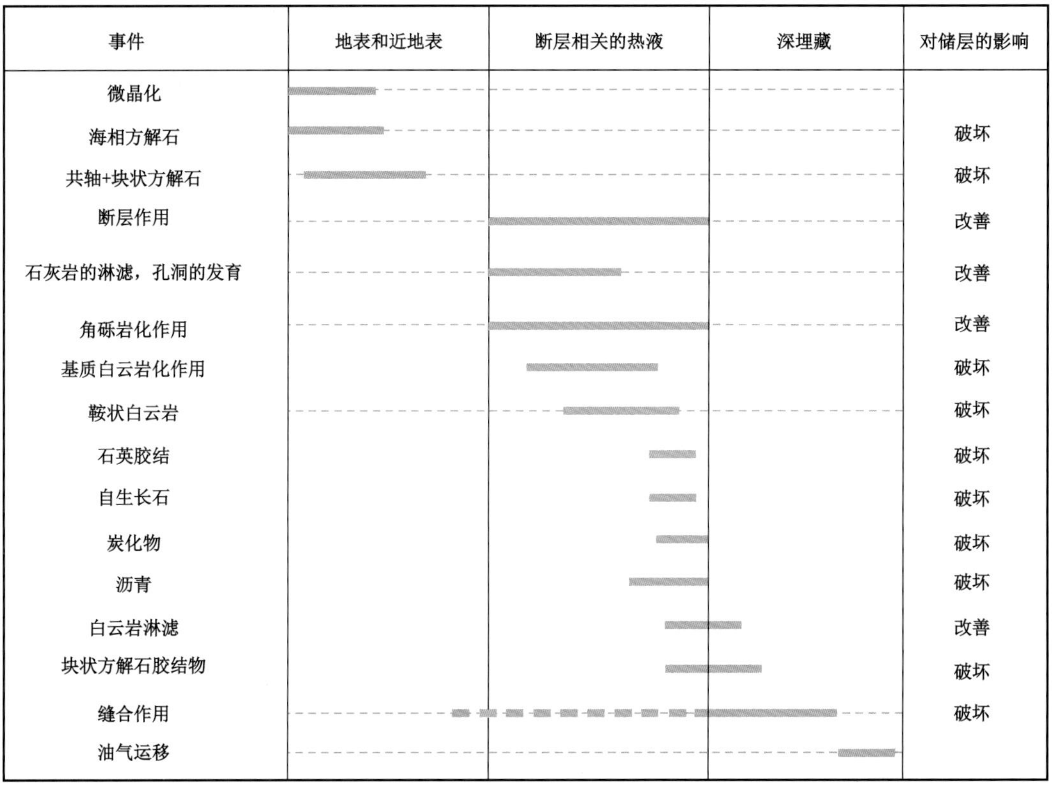

| 事件 | 地表和近地表 | 断层相关的热液 | 深埋藏 | 对储层的影响 |
|------|------------|--------------|--------|------------|
| 微晶化 | ▬ | | | |
| 海相方解石 | ▬ | | | 破坏 |
| 共轴+块状方解石 | ▬ | | | 破坏 |
| 断层作用 | | ▬ | | 改善 |
| 石灰岩的淋滤，孔洞的发育 | | ▬ | | 改善 |
| 角砾岩化作用 | | ▬ | | 改善 |
| 基质白云岩化作用 | | ▬ | | 破坏 |
| 鞍状白云岩 | | ▬ | | 破坏 |
| 石英胶结 | | ▬ | | 破坏 |
| 自生长石 | | ▬ | | 破坏 |
| 炭化物 | | ▬ | | 破坏 |
| 沥青 | | ▬ | | 破坏 |
| 白云岩淋滤 | | ▬ | | 改善 |
| 块状方解石胶结物 | | ▬ | | 破坏 |
| 缝合作用 | | ▬ | | 破坏 |
| 油气运移 | | | ▬ | |

图 4-21　纽约州布莱克里弗群白云石化岩心后生事件的共生序列

综上所述,没有单一成因的古老海相碳酸盐岩储层,其成因为上述各种控制因素的叠加,不同主控因素构成了不同成因类型储层。如果礁滩沉积是储层发育的主控因素,储层分布受礁滩沉积控制,则称其为礁滩储层。如果储层发育的主控因素为表生岩溶作用,储层分布受不整合面控制,则称其为岩溶储层。如果蒸发相带是白云岩储层发育的主控因素,储层分布于膏云岩过渡带,则称其为沉积型白云岩储层;不是白云石化而是埋藏—热液溶蚀是白云岩储层发育的主控因素,储层分布受先存孔隙发育带控制,则称为埋藏—热液改造型白云岩储层。

# 第三节　碳酸盐岩储层分布规律

综上所述,海相碳酸盐岩储层成因研究取得 5 个方面的新认识:(1)礁滩沉积不仅是礁滩储层发育的物质基础,也是白云岩储层和岩溶储层发育的物质基础,同样具有相控性,分布有规律可预测;(2)碳酸盐岩储层的孔隙主要形成于沉积、准同生暴露和表生环境,既有原生孔又有组构选择性溶蚀孔洞和非组构选择性岩溶缝洞,这些孔隙将成为埋藏—热液成岩介质的重要通道,并影响埋藏环境的成岩改造和孔隙分布;(3)埋藏环境是孔隙保存和调整的场所,是先存孔隙的富集和贫化的场所,封闭体系是孔隙保存的场所,开放体系流动区(溶蚀)是孔隙建造的场所,开放体系滞留区(沉淀)是孔隙破坏的场所,虽然孔隙净增量近于零,但其意义在于通过埋藏成岩改造导致的孔隙富集和贫化,为深层优质储层的发育创造了条件;(4)白云岩储层中的孔隙主要是对原岩孔隙的继承和调整,也可以来自深层白云岩的溶蚀,白云石化作用建造孔隙的观点受到质疑;(5)热液在特定的场合通过溶蚀作用可以形成溶蚀孔洞,但更主要的是通过热液所携带矿物质的沉淀破坏孔隙,孔隙的总体积是亏损的,断裂和裂缝系统、先存孔隙发育带是热液活动的通道和最富集的地区,因此,热液活动与其说是储层的建造者,不如说是先存储层的指示者。

这些认识大大改变了储层地质学家对储层分布规律的认识,对碳酸盐岩地震储层预测具重要的指导意义(表4-9)。

表4-9　碳酸盐岩储层成因新认识改变了储层预测理念

| 储层类型 | | | 传统储层成因观指导下的储层预测理念 | 新储层成因观指导下的储层预测理念 |
|---|---|---|---|---|
| 相控型 | 礁滩储层 | 镶边台缘礁滩储层 | 寻找镶边背景的台缘带礁滩体 | ①寻找镶边背景的台缘带礁滩体及缓坡背景的台内礁滩体;②台内裂陷周缘的礁滩体;③高位域顶部易于暴露的礁滩体 |
| | | 镶边台缘台内礁滩储层 | | |
| | | 台内缓坡礁滩储层 | | |
| | 白云岩储层 | 沉积型白云岩储层 | 回流渗透白云岩储层 | 寻找同生—准同生期白云石化作用形成的白云岩 | ①寻找与干旱气候相关的膏云岩,位于膏盐湖周缘的膏云岩过渡带;②暴露面之下受表生溶蚀作用的叠加改造呈准层状叠置分布 |
| | | | 萨布哈白云岩储层 | | |
| 成岩型 | | 埋藏—热液改造型白云岩储层 | 受成岩相控制,分布规律不清,难以预测 | ①暴露面之下受表生溶蚀作用改造的多孔礁滩体;②邻近断裂系统的多孔礁滩体;③热液矿物是储层的重要指示者 |
| | 岩溶储层 | 内幕岩溶储层 | 层间岩溶储层 | 寻找潜山不整合面之下0~100m深度范围内的岩溶缝洞 | ①潜山不整合面、层间岩溶面和断裂系统共同控制岩溶缝洞的发育,呈准层状、串珠状大面积分布;②礁滩相是缝洞体的富集岩相 |
| | | | 顺层岩溶储层 | | |
| | | | 受断裂控制岩溶储层 | | |
| | | 潜山(风化壳)岩溶储层 | 石灰岩潜山 | | |
| | | | 白云岩风化壳 | | |

(1)礁滩储层:长期以来,由于人们对台内礁滩储层的规模和分布规律认识不清,勘探活动集中在镶边背景的台缘带礁滩储层上,如塔中北斜坡奥陶系良里塔格组台缘礁滩勘探,因台缘带礁滩储层规模大,但由于中国古老小克拉通台地的特殊性,台缘带礁滩体大多被俯冲到造山带之下,埋藏深度大,地质条件复杂,勘探领域受到制约。近年的研究和勘探实践证实台内同样发育规模礁滩储层,一是台内裂陷周缘的礁滩储层,如四川盆地开江—梁平裂陷周缘的长兴组—飞仙关组礁滩储层、德阳—安岳台内裂陷周缘的灯影组微生物丘滩白云岩储层;二是碳酸盐缓坡背景的台内滩储层,如四川盆地寒武系龙王庙组颗粒滩白云岩储层、塔里木盆地寒武系肖尔布拉克组丘滩白云岩储层。礁滩体主要发育在向上变浅旋回的

上部,优质储层发育于暴露面之下的礁滩体中,往往白云石化。

（2）白云岩储层:对于沉积型白云岩储层,由于白云石化发生在准同生期,大多与干旱气候背景有关,保留原岩结构,主要有两种储层类型。一是含膏泥粉晶白云岩储层,形成于萨布哈背景,膏模孔是重要的储集空间,如鄂尔多斯盆地马家沟组上组合,沿膏盐湖周缘呈环带状分布,相控性明显,同时需要暴露和石膏结核或斑块的溶解才能形成膏模孔;二是颗粒滩白云岩储层,是台内颗粒滩发生渗透回流白云石化作用的产物,如鄂尔多斯盆地马家沟组中组合砂屑滩白云岩储层,这类储层也可归属于礁滩储层,相控性明显。对于强烈交代和重结晶的晶粒白云岩储层(细晶及以上),在对其原岩的礁滩属性有客观认识之前,被认为受成岩相控制,分布规律复杂,难以预测,而储层成因新认识揭示,这类储层的原岩大多为礁滩沉积,相控性明显,沉积间断面、不整合面、断裂系统附近的礁滩体是优质储层发育区,分布有规律可预测。

（3）岩溶储层:传统意义上的岩溶储层是指大的角度不整合面之下的潜山区所发育的缝洞型储层,如轮南低凸起、哈拉哈塘地区一间房组—鹰山组岩溶储层。塔里木盆地的勘探实践证实,碳酸盐岩地层内幕同样发育有岩溶储层,与碳酸盐岩地层内幕中短期的地层剥蚀有关,被称为层间岩溶作用,如后期形成斜坡背景,还可叠加顺层岩溶作用的改造,总体上呈平行不整合接触,如四川盆地灯二段/灯四段顶、茅口组顶,塔北南缘一间房组和鹰山组,塔中北斜坡鹰山组。碳酸盐岩内幕区还发育有一类特殊的岩溶储层,即受断裂控制岩溶储层,如塔北哈拉哈塘南缘、英买1-2井区均发育有这类储层。内幕岩溶储层的发现大大拓展了岩溶储层的勘探领域,由原先的寻找大的角度不整合面之下潜山区0~100m深度范围内的岩溶缝洞储层,拓展到寻找碳酸盐岩内幕区层间岩溶储层,并为塔北一间房组—鹰山组、塔中鹰山组油气勘探所证实。

# 参 考 文 献

陈红汉,吴悠,朱红涛,等.2016.塔中地区北坡中—下奥陶统早成岩岩溶作用及储层形成模式[J].石油学报,37（10）:1231-1246.

韩银学,李忠,刘嘉庆,等.2013.塔河地区鹰山组灰岩白云石化成因及其对储层的影响[J].地质科学,48（03）:721-731.

何治亮,魏修成,钱一雄,等.2011.海相碳酸盐岩优质储层形成机理与分布预测[J].石油与天然气地质,32（04）:489-498.

李辉,张文,朱永源.2014.川西—北地区中二叠统白云岩热液作用研究[J].天然气技术与经济,8（06）:12-15.

刘树根,宋金民,罗平,等.2016.四川盆地深层微生物碳酸盐岩储层特征及其油气勘探前景[J].成都理工大学学报(自然科学版),43（02）:129-152.

罗平,张静,刘伟,等.2008.中国海相碳酸盐岩油气储层基本特征[J].地学前缘,15（01）:36-50.

马永生,蔡勋育,赵培荣,等.2010.深层超深层碳酸盐岩优质储层发育机理和"三元控储"模式—以四川普光气田为例[J].地质学报,84（08）:1087-1094.

沈安江,佘敏,胡安平,等.2015.海相碳酸盐岩埋藏溶孔规模与分布规律初探[J].天然气地球科学,26（10）:

1823–1830.

徐亮 . 2013. 东营凹陷碳酸盐岩白云石化储层孔隙形成机理研究［J］. 矿物岩石地球化学通报,32（04）：463–467.

赵闯,于炳松,张聪,等 . 2012. 塔中地区与热液有关白云岩的形成机理探讨［J］. 岩石矿物学杂志,31（02）：164–172.

赵文智,沈安江,胡安平,等 . 2015. 塔里木、四川和鄂尔多斯盆地海相碳酸盐岩规模储层发育地质背景初探［J］. 岩石学报,31（11）：3495–3508.

郑兴平,沈安江,寿建峰,等 . 2009. 埋藏岩溶洞穴垮塌深度定量图版及其在碳酸盐岩缝洞型储层地质评价预测中的意义［J］. 海相油气地质,14（04）：55–59.

Moore C H. 1989. Carbonate Diagenesis and Porosity［M］. New York：Elsevier.

Adams J E, Rhodes M L. 1960. Dolomitization by seepage refluxion［J］. AAPG Bulletin,44：1921–1920.

Boreen T, Colquhoun K. 2001. Ladyfern, NEBC：Major gas discovery in the Devonian Slave Point Formation［C］// Canadian Society of Petroleum Geologists. Calgary：CSPG Special Publication,112：1–5.

Boreen T, Davies G R. 2004. Hydrothermal dolomite and leached limestones in a TCF gas play：The Ladyfern Slave Point reservoir, NEBC［C］// McAuley R. Dolomites–The spectrum：Mechanisms, models, reservoir development. Calgary：Canadian Society of Petroleum Geologists Seminar and Core Conference.

Brach D K. 1982. Depositional and digenetic history of Pliocene–Pleistocene carbonates of northwestern Great Bahama Bank；evolution of a carbonate platform［D］. Dissertation for Ph. D degree. Miami：University of Miami.

Choquette P W, James N P. 1987. Diagenesis #12. Diagenesis in limestones –3. The deep burial environment［J］. Geoscience Canada,14（1）：3–35.

Choquette P W, Play L C. 1970. Geologic nomenclature and classification of porosity in sedimentary carbonates［J］. AAPG Bulletin,54（2）：207–250.

Davis G R, Langhorne B, Smith Jr. 2006. Structurally controlled hydrothermal dolomite reservoir facies：an overview［J］. AAPG Bulletin,90（11）：1641–1690.

Dunham G R. 1962. Classification of carbonate rocks according to depositional texture［J］. AAPG Memory,1：108–121.

Dzulynski S. 1976. Hydrothermal karst and Zn–Pb sulfide ores［J］. Annales Societatis Geologorum Poloniae,217–230.

Fairbridge R W. 1957. The Dolomite Question［J］.special publications of SPEM. 125–178.

Folk R L. 1974.The natural history of crystalline calcium carbonate：effect of magnesium content and salinity［J］. Journal of Sedimentary Petrology,44（1）：40–53.

Hardie L A. 1987. Dolomitization：A critical view of some current views［J］. Journal of Sedimentary Petrology,57(1)：166–183.

Heydari E. 2000. Porosity loss, fluid flow and mass transfer in limestone reservoirs：Application to the Upper Jurassic Smackover Formation［J］. AAPG Bulletin,84（1）：100–118.

James N P, Choquette P W. 1983. Diagenesis 6. Limestones——The sea floor diagenetic environment［J］. Geoscience Canada,10（4）：162–179.

JamesN P, Choquette PW.1988.Paleokarst［M］.New York：Springer–Verlag.

Kerans C. 1988. Karst–controlled reservoir heterogeneity in Ellenburger Groupcarbonates of west Texas［J］. AAPG Bulletin,72（10）：1160–1183.

Land L S, Moore C H. 1980. Lithification, micritization and syndepositional diagenesis of biolithites on the Jamaican island slope [J]. Journal of Sedimentary Petrology, 50 (2): 357-369.

Lohmann K C. 1988. Geochemical patterns of meteoric diagenetic systems and their application to studies of paleokarst [C]. In: James N P, Choquette P W (eds.). Paleokarst. New York: Springer-Verlag, 58-80.

Lucia F J, Major R P. 1994. Porosity evolution through hypersaline reflux dolomitization, [M] // The International Association of Sedimentologists Special Publication 21, p.325-341.

Lucia F J. 1995. Rock-fabric/petrophysical classification of carbonate pore space for reservoir characterization [J]. AAPG Bulletin, 79 (9): 1275-1300.

Lucia FJ. 1999. Carbonate Reservoir Characterization [M]. Berlin: Springer-Verlag: 226.

Mckenzie J A, Hsü K J, Schneider J E. 1980. Movement of subsurface waters under the sabkha, Abu Dhabi, UAE, and its relation to evaporative dolostone genesis [J]. SEPM Spec Publ, 28: 11-30.

Moore C H, Heydari E. 1993. Burial diagenesis and hydrocarbon migration in platform limestones: A conceptual model based on the Upper Jurassic of Gulf Coast of USA [J]. AAPG Bulletin, 77: 213-229.

Moore C H. 2001. Carbonate Reservoirs: Porosity Evolution and Diagenesis in a Sequence Stratigraphic Framework [M]. New York: Elsevier.

Morse J W, Mackenzie F T. 1990. Geochemistry of Sedimentary Carbonates [M]. New York, Elsevier Scientific Publ. Co.

Purser B H, Brown A, Aissaoui D M. 1994. Nature, origins and evolution of porosity in dolomitesp [M]. IAS Spec Publ, 21: 283-308.

Sass-Gustkiewicz M. 1996. Internal sediment as a key to understandingthe hydrothermal karstorigin of the Upper Silesian Zn-Pb ore deposits [C]. In: Sangster D F, ed. Carbonate-hosted lead-zinc deposits. Society of Economic Geologists Special Publication 4: 171-181.

Scholle P A, Halley R B. 1985. Burial diagenesis: out of sight, out of mind! // Special Publication of SEPM, 36: 309-334.

Stoessell R K, Moore C H. 1983. Chemical constraints and origins of four groups of Gulf Coast reservoir fluids [J]. AAPG Bulletin, 67 (6): 896-906.

Tucker M E and Wright V P. 1990. Carbonate Sedimentology [M]. Oxford: Blackwell Scientific Publications.

Weyl P K. 1960. Porosity through dolomitization: Conservation-of-mass requirement [J]. Journal of Sedimentary Petrology, 30 (1): 85-90.

White D E. 1957. Thermal waters of volcanic origin [J]. GeologicalSociety of America Bulletin, 68: 1637-1658.

# 第五章 海相碳酸盐岩储层表征、建模和评价

第二章已经指出碳酸盐岩储层非均质性表征可分为三个尺度。不同尺度的储层非均质性表征在勘探开发的不同阶段有不同的作用,大尺度储层地质模型主要在勘探早期的储层预测和区带评价上发挥作用;小尺度储层地质模型主要在有效储层预测、油气分布特征分析、探井和开发井部署上发挥作用;微尺度储层表征主要在油气开发上发挥作用,孔喉结构不仅影响流体的渗流特征,还控制了油气产能和采收率。本章以塔里木盆地苏盖特布拉克剖面下寒武统肖尔布拉克组露头储层地质模型为例,阐述小尺度储层地质建模技术及在中深 1 井、中深 5 井区基于露头储层模型的地震储层预测,以塔里木盆地下寒武统肖尔布拉克组及四川盆地灯影组、龙王庙组为例,阐述微尺度储层表征技术及应用。

## 第一节 塔里木盆地肖尔布拉克组储层表征、建模和评价

塔里木盆地下寒武统肖尔布拉克组是重要的勘探层系,但由于钻井资料少,导致储层成因及发育规律认识不清,尤其是储层规模问题,制约了区带评价与目标优选。柯坪露头区出露的肖尔布拉克组为该储层研究提供了良好的剖面。研究以苏盖特布拉克剖面为对象,通过实测 5 条测线,刻画了肖尔布拉克组丘滩体的内部结构,揭示了储层发育的主控因素及分布规律、储层的微观孔喉特征。同时,该模型应用于中深 1 井、中深 5 井区,为地震储层预测提供了约束条件。

### 一、苏盖特布拉克剖面露头储层地质模型的建立

苏盖特布拉克剖面位于新疆阿克苏地区乌什县境内,东北距阿克苏市约 80km,构造分区属于柯坪断隆东段(图 5-1)。该区主要出露震旦系奇格布拉克组至中寒武统阿瓦塔格组,地层出露良好,剖面完整。震旦系奇格布拉克组白云岩与上覆下寒武统玉尔吐斯组呈平行不整合接触,不整合面之上发育灰黑色硅质岩和灰色磷块岩。下寒武统从下到上依次为玉尔吐斯组、肖尔布拉克组和吾松格尔组,中寒武统包括沙依里克组和阿瓦塔格组。

#### 1. 肖尔布拉克组地层特征

通过对该剖面进行详细的岩性分析描述,并进行横向追踪,共划分了 43 个小层。其中第 1—7 层为玉尔吐斯组上部("瘤状灰岩段"以上部分),厚度约 6.5m,局部厚度稍有变化;第 8—42 层为肖尔布拉克组,厚度约 146m,其中 8—18 层为肖下段,19—22 层为肖上 1 段,23—32 层为肖上 2 段,33—42 层为肖上 3 段;第 43 层为吾松格尔组下部。

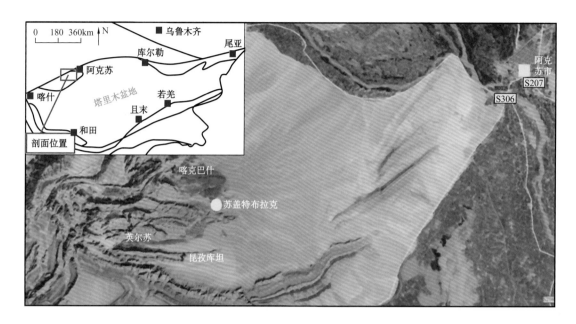

图 5-1　苏盖特布拉克剖面位置图

通过 GR 实测曲线,可看成其具有"两低夹一高"的特征,与岩性分段具有良好的匹配性。肖下段主要发育灰黑色薄层状(球粒)泥粉晶白云岩,对应下部较低的 GR 曲线段,厚约55m;肖上 1 段以薄层层纹岩、泥粉晶云岩为主,对应中间的高伽马段,厚 24～35m;肖上 2段主要为浅灰色中厚层藻颗粒云岩、叠层石云岩,对应最低的伽马曲线段,厚约 46m;肖上 3段主要为深灰色含砂屑泥粉晶白云岩和少量浅灰色粘结颗粒云岩,对应上部锯齿状的伽马曲线段,厚约 20m。GR 曲线和岩性上的 4 个亚段特征与肖尔布拉克剖面较好的可对比性,能为肖尔布拉克组地层划分及与井下地层对比提供依据(图 5-2)。

## 2. 沉积特征及沉积相模型

### 1)岩相类型

根据沉积结构、岩石野外宏观特征和镜下薄片的观察结果,将苏盖特布拉克剖面肖尔布拉克组的白云岩划分为 7 种岩相(表 5-1)。

（1）泥粉晶白云岩。

包含球粒泥粉晶云岩和泥质泥粉晶云岩、生屑泥晶云岩、泥晶颗粒云岩等多种类型,共同特点是深灰色薄层状、厚度稳定、颗粒结构不明显或含少量生屑等,基质部分总体致密。(球粒)泥粉晶云岩是肖下段的主体岩性,局部可见平缓的波状藻纹层,但内部无明显藻结构,夹有少量顺层细小硅质透镜体,原岩可能为潮下带泥晶球粒灰岩。肖下段 12—15 层和11 层局部的热液改造现象较为普遍,可见大量鞍状白云石或自形巨晶方解石充填的溶蚀孔洞或溶缝(图 5-3a、b、c)。主要分布于肖下段(滩间海)和肖上 3 段(潮上云坪)。

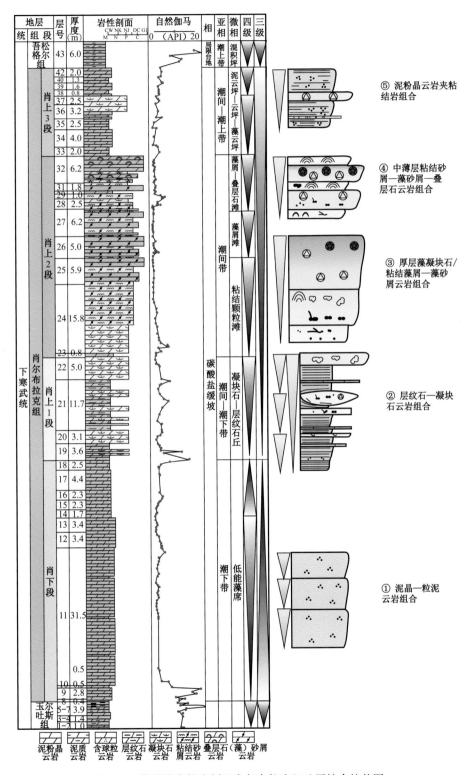

图 5-2 苏盖特布拉克剖面肖尔布拉克组地层综合柱状图

表 5-1　苏盖特布拉克剖面肖尔布拉克组白云岩类型

| 编号 | 岩相 | | 水体能量 | 沉积微相 | 孔隙发育 |
|---|---|---|---|---|---|
| 1 | 泥—粉晶白云岩 | 球粒泥—粉晶 | 低 | 云坪、丘间、滩间海 | 少 |
| | | 泥—粉晶 | | | |
| 2 | 层纹石白云岩 | | 低 | 潮下带藻席 | 极少 |
| 3 | 凝块石白云岩 | 簇球状 | 中等 | 潮下带 | 一般 |
| | | 絮状 | 较低 | 中低能滩,丘基 | 较少 |
| 4 | 粘结颗粒白云岩 | 粘结砂屑 | 较高 | 中能滩 | 较多 |
| 5 | 叠层石白云岩 | | 较高 | 潮间带—潮上带坪 | 较多 |
| 6 | 藻砂屑白云岩 | 颗粒结构 | 高 | 高能滩 | 较多 |
| | | 粉细晶结构 | 高 | 高能滩 | 多 |
| 7 | 藻格架白云岩 | | 高 | 藻丘 | 多 |

（2）层纹石白云岩。

层纹岩本质上为与微生物席相关的纹层状云岩,是微生物岩的一种,由浅灰色—黄色的富屑层或粉晶纹层、暗色的富泥(藻)层组成,常见夹顺层透镜状硅质及伴生的同沉积塑性变形构造,不具备储层价值(图5-3d、e、f)。层纹岩分布于肖上1段21层,在北部过渡为第3期硅化藻格架丘,发育于潮下带—潮间带藻(微生物)席、藻云坪。

（3）凝块石白云岩。

凝块石是无序的藻粘结结构、似凝块结构。肖尔布拉克组凝块岩有多种复杂的类型,归纳起来可分为两大类:簇球状和絮状。簇球状凝块岩中藻结构呈相对孤立的簇球状、团块状,趋于颗粒化(图5-3g、h、i),往往具有相对较丰富的储集空间,发育于肖上1段和肖上2段中等能量的滩。絮状凝块岩呈紊乱的絮状、云团状、枝状、脉状,各结构之间边界紊乱或模糊,物性差异性大但总体偏差,主要分布于肖上段,多发育于潮下带中低能带的藻席或点丘、低能滩中。

（4）粘结颗粒白云岩。

粘结颗粒云岩中多数颗粒间仍有明显粘结,粒间亮晶为主,可分为两种类型:粘结藻砂屑、粘结藻球粒。粘结藻砂屑中颗粒为稍大的藻砂屑,物性较好,发育于肖上段中高能藻屑滩中。粘结藻球粒中多数颗粒为细小的藻球粒、似球粒,颗粒内部均一无结构,颗粒间亮晶胶结严重,非均质性强,常与絮状凝块石混杂,主要发育于肖上2段点丘丘基—丘核的主体部分(图5-4a、b、c)。

（5）叠层石白云岩。

叠层石以有序的层状藻纹层、粘结藻球粒层为特征,该剖面发育的叠层石多为层状叠层石,总体物性较好,但准同生期胶结仍普遍(图5-4d、e、f)。主要分布于肖上2段点丘丘基的局部、肖上2段,肖上3段第36层零星发育,发育于潮间带上部藻坪或点丘的丘基。

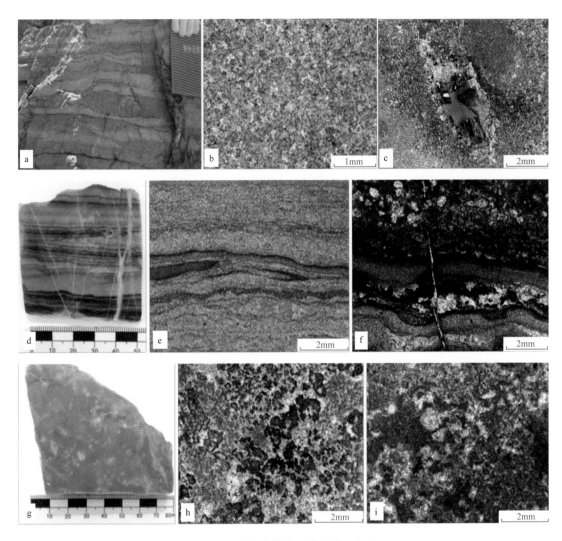

图 5-3 肖尔布拉克组岩相类型(一)

（a）泥粉晶云岩,肖下段,AS11 层,露头;（b）泥粉晶云岩,肖下段,铸体薄片,单偏光;（c）泥粉晶云岩,肖上 3 段 S42 层,$\epsilon_1x$ 顶,铸体薄片,单偏光;（d）层纹岩,肖上 1 段 21 层,露头;（e）层纹岩,肖上 1 段 S21 层,铸体薄片,单偏光;（f）层纹岩,肖上 1 段 BS21 层,普通薄片,单偏光;（g）凝块石白云岩,肖上 2 段,CS24 层,点丘丘基,露头;（h）凝块石白云岩,肖上 1 段,S21 层,铸体薄片,单偏光,茜素红染色;（i）凝块石白云岩,肖上 2 段,S24 层,铸体薄片,单偏光

（6）颗粒云岩、粉细晶(残余颗粒)云岩。

灰白色中厚层状亮晶砂屑结构,或为粉细晶结构(具颗粒幻影),颗粒以藻砂屑为主,偶见藻凝块和极少量三叶虫碎片,是肖上 2 段的主体岩性,也是储层重点发育段,内部非均质性较强但总体物性好,主要发育于高能颗粒滩相(图 5-4g、h、i)。

（7）藻格架白云岩。

灰白色藻格架丘仅发育于剖面北部肖上 1 段,邻近断层,硅化严重,可识别出疑似藻格架幻影(图 5-5a、b、c),推测原岩为藻格架或藻凝块白云岩。藻格架云岩总体孔隙十分发育,但也有较强的非均质性。

图 5-4　肖尔布拉克组岩相类型（二）

（a）粘结颗粒云岩，肖上 2 段点丘，露头；（b）粘结颗粒云岩，肖上 2 段，铸体薄片，单偏光；（c）粘结颗粒云岩，点丘丘基上部，肖上 2 段，铸体薄片，单偏光；（d）叠层石白云岩，肖上 2 段，CS24 层，露头；（e）叠层石白云岩，肖上 2 段 S32 层，铸体薄片，单偏光；（f）叠层石白云岩，肖上 2 段，CS24 层，普通薄片，单偏光；（g）颗粒云岩，肖上 2 段 BS27—32 层，露头；（h）颗粒云岩，肖上 2 段，CS31 层，铸体薄片，单偏光；（i）颗粒云岩，肖上 2 段，铸体薄片，单偏光

## 2）相序组合

在以上 7 种岩相的基础上，建立了 5 种岩相（微相）组合（图 5-2），分别指示不同沉积相带及发育位置。

（1）岩相组合 1：泥晶—粒泥云岩组合。

由泥粉晶云岩、泥晶球粒云岩等组成，代表潮下云坪、低能球粒滩，纵向上岩性相近，仅岩层厚度变化，以肖下段为主，总体反映潮下带洼地/低能滩沉积。

（2）岩相组合 2：层纹石—凝块石云岩组合。

即薄纹层状潮下藻席夹中低能滩的组合，分布于肖上 1 段。层纹岩并无明显变化，但纵向上凝块石的厚度逐渐增大，由早期的絮状凝块石演变为簇球状凝块石，向上滩体厚度变大，总体反映潮间—潮下带藻席夹凝块石沉积。

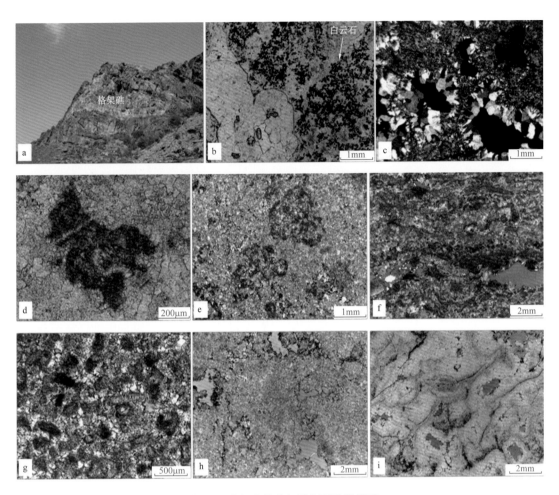

图 5-5　肖尔布拉克组岩相及孔隙类型

（a）藻格架云岩（硅化），硅化藻丘，肖上 1 段，露头；（b）藻格架云岩（硅化），肖上 1 段，探针片，单偏光；（c）藻格架云岩（硅化），肖上 1 段，普通薄片，正交偏光；（d）粒内微（溶）孔，肖上 1 段 S20 层，铸体薄片，单偏光；（e）藻凝块内部溶孔、晶间溶孔，肖上 2 段 27 层，铸体薄片，单偏光；（f）藻叠层岩格架溶孔，肖上 2 段，铸体薄片，单偏光；（g）粒间溶孔，藻砂屑云岩，肖上 2 段，铸体薄片，单偏光；（h）溶缝—溶蚀孔洞，肖上 2 段，铸体薄片，单偏光；（i）藻格架孔，硅化云岩，肖上 1 段，铸体薄片，单偏光

（3）岩相组合 3：厚层藻凝块石 / 粘结藻屑—藻砂屑云岩组合。

主要代表肖上 2 段下部的特征，纵向上表现为厚层中高能滩的叠置，向上逐渐由凝块石演变为高频旋回中上部的粘结砂屑滩、藻砂屑滩，以微波状、平行层理为主，总体反映潮间带中高能丘滩沉积。

（4）岩相组合 4：中薄层粘结砂屑—藻砂屑—叠层石组合。

主要代表肖上 2 段上部的特征，纵向上表现为薄中层中高能的藻砂屑滩夹凝块石、粘结颗粒滩，高频旋回顶部为叠层石，叠层石为层状结构，总体反映潮间带高能滩沉积。

（5）岩相组合 5：泥粉晶云岩夹粘结岩组合。

为肖上 3 段的典型特征，纵向上表现为泥粉晶云岩夹粘结颗粒云岩或（泥晶）藻砂屑云岩，代表潮上低能滩夹中能滩沉积。

在 5 种岩相组合中,第 2 和第 3 两种岩相组合是最有利的组合类型,控制着该露头区肖尔布拉克组丘滩体的发育。

### 3)沉积相模型

通过 5 条测线的解剖,认为在碳酸盐缓坡背景下,苏盖特布拉克剖面主要发育加积型丘滩体,以准层状的藻(微生物)滩为主,肖上 1 段和肖上 2 段下部局部发育藻(微生物)丘建隆。

垂向上,肖下段泥粉晶白云岩厚度稳定;肖上 1 段识别出了 3 期藻丘,第 1、第 2 期主要为粘结颗粒滩建隆,第 3 期为藻丘建隆,规模最大,具有明显的格架结构。丘的翼部主要发育凝块石白云岩,并且逐渐向丘间变为低能的泥粉晶白云岩、层纹石白云岩。肖上 2 段下部发育凝块石,其中发育粘结颗粒岩的点丘,呈透镜状,点丘间为洼地,沉积低能泥粉晶白云岩;向上逐渐过渡到藻砂屑滩和粘结颗粒滩、凝块石互层,其中藻砂屑滩为主体,滩体侧向上连续分布,厚度稳定;该段中上部出现层状叠层石。肖上 3 段低能滩也表现为层状连续展布的特征,各小层厚度稳定。整个肖尔布拉克组厚度约 146m,其中丘滩体厚度为 65~75m,综合上述岩相的解剖,建立了苏盖特布拉克剖面沉积相模型(图 5-6)。

对丘滩的类型、形态和分布特征的分析,明确了丘滩的发育受古地貌高部位控制,高部位是大型藻格架丘、高能滩的有利发育区,低部位则以发育点丘、透镜状中低能滩为主,此外,丘滩、藻坪演化的晚期有利于厚层状高能滩的发育,且滩的规模往往远大于丘,是重要的勘探目标。

## 3. 储层特征及层模型

### 1)孔隙类型

根据大量岩样、薄片的观察结果,总结得出苏盖特布拉克剖面肖尔布拉克组白云岩发育溶蚀孔洞、粒(晶)间溶孔、粒内(晶间)溶孔、格架孔、体腔孔等类型(图 5-5d、e、f、g、h、i),其中溶蚀孔洞、粒(晶)间溶孔和格架孔、体腔孔是主要的孔隙类型,这些孔隙组成缝—溶蚀孔洞型、微孔—粒内(晶间)溶孔型、粒(晶)间溶孔—溶孔型、格架孔/体腔孔 4 种储集空间组合类型(表 5-2),孔隙的发育、储集空间的类型有明显的相控特征,构成滩相储层和藻坪、藻丘相储层两大类型。

表 5-2　肖尔布拉克组白云岩主要储集空间组合与储层类型

| 储集空间组合 | 岩石类型 | 发育相带 | 储层类型 |
|---|---|---|---|
| 缝—溶蚀孔洞型 | 晶粒白云岩 | 颗粒滩 | 滩相储层 |
| 微孔—粒内(晶间)溶孔型 | 凝块石白云岩、粉晶白云岩 | 藻屑滩、潮坪 | 滩相储层 |
| | 叠层石白云岩、凝块岩白云岩 | 潮间坪、藻丘 | 滩相储层 |
| 粒(晶)间溶孔—溶孔型 | 藻砂屑白云岩、凝块石白云岩 | 藻屑滩、藻丘 | 滩相储层 |
| 格架孔、体腔孔 | 藻架白云岩 | 潮间—潮下带 | 藻丘相储层 |

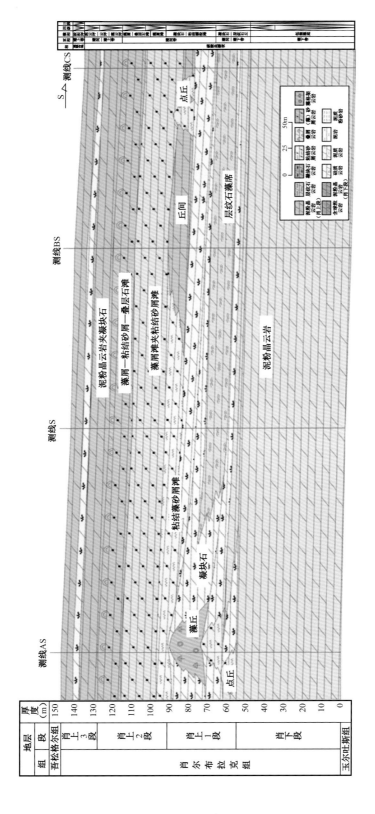

图 5-6　苏盖特布拉克剖面肖尔布拉克组沉积微相模型

2）物性特征

野外共采集了148个柱塞样，进行了孔隙度和渗透率的测定，并对每个样品进行铸体薄片分析。通过对不同岩相的孔隙度和渗透率进行统计（表5-3）和交会图分析（图5-7），可以看出层纹岩、肖下段泥晶云岩、肖下段球粒泥晶云岩呈现低孔低渗的特征，孔渗分布集中，平均孔隙度仅有1%左右，综合评价为非储层；肖上段泥粉晶云岩发育少量溶孔和裂缝，最大孔隙度可达3.52%，综合评价为Ⅲ类储层；凝块石白云岩平均孔隙度大于2.32%，平均渗透率在0.03mD以上，综合评价为较好的Ⅲ类储层；粘结颗粒白云岩和叠层石白云岩孔隙度高于2.5%，最大孔隙度达8.69%，平均渗透率在0.22mD以上，综合评价为Ⅱ类较好储层；藻格架、藻砂屑白云岩最好，孔渗呈正相关，平均孔隙度普遍高于4.5%，平均渗透率在0.37mD以上，综合评价为Ⅰ类储层。

表5-3　苏盖特布拉克剖面肖尔布拉克组孔隙度统计表

| 序号 | 岩相 | 最大孔隙度（%） | 最小孔隙度（%） | 平均孔隙度（%） | 最大渗透率（mD） | 最小渗透率（mD） | 平均渗透率（mD） | 样品数 | 储层评价 |
|---|---|---|---|---|---|---|---|---|---|
| 1 | 含球粒泥粉晶白云岩 | 1.80 | 0.53 | 1.18 | 0.032 | 0.001 | 0.007 | 21 | 非 |
| 2 | 泥粉晶白云岩（肖下段） | 2.06 | 0.65 | 1.10 | 0.113 | 0.001 | 0.015 | 19 | 非 |
| 3 | 泥粉晶白云岩（肖上段） | 2.82 | 0.65 | 1.56 | 0.032 | 0.002 | 0.013 | 14 | Ⅲ |
| 4 | 层纹石白云岩 | 1.21 | 0.52 | 0.80 | 0.008 | 0.001 | 0.003 | 5 | 非 |
| 5 | 凝块石白云岩 | 6.11 | 1.50 | 2.32 | 0.210 | 0.002 | 0.030 | 22 | Ⅱ |
| 6 | 粘结颗粒白云岩 | 4.59 | 1.37 | 2.76 | 5.132 | 0.001 | 0.217 | 31 | Ⅱ |
| 7 | 叠层石白云岩 | 6.18 | 2.40 | 4.32 | 3.889 | 0.008 | 0.896 | 5 | Ⅱ |
| 8 | 藻砂屑白云岩 | 9.72 | 2.01 | 4.56 | 12.300 | 0.002 | 1.301 | 29 | Ⅱ |
| 9 | 藻格架白云岩 | 7.50 | 3.50 | 5.50 | 0.720 | 0.012 | 0.366 | 2 | Ⅰ |

实测的物性数据反映了岩性与物性之间的良好相关性。高能相带中形成的细晶（砂屑）云岩、藻砂屑云岩因准同生期大气水作用具有较好的原始物质基础，而藻格架云岩、叠层石云岩因为格架或体腔的存在也具有良好的物质基础，使得这些岩相物性普遍较好；相反，潮下低能带中形成的层纹岩、泥粉晶云岩等类型在缺少晚期改造的情况下，物性普遍差。

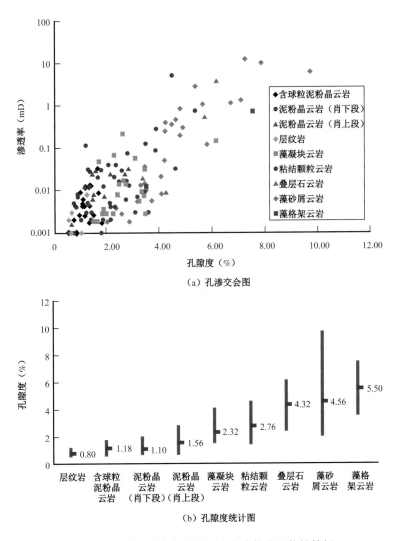

图 5-7　苏盖特布拉克剖面肖尔布拉克组物性特征

### 3）储层模型

早寒武世塔里木盆地为缓坡型台地，宽缓的地形条件使水体能量可以影响到广阔的台内区，平面上总体呈现"小丘大滩"的格局，具备发育规模性丘滩储层的背景。储层地质模型（图 5-8）说明苏盖特布拉克剖面储层具有明显的成层性、相控性，主要发育于肖上 1 段和肖上 2 段的丘滩体中，其中 I 类、II 类优质储层主要分布于肖上 2 段中上部，厚 40～50m。

通过苏盖特布拉克剖面肖尔布拉克组储层地质建模，揭示了岩相（岩相组合）、高频层序、古地貌格局对肖尔布拉克组白云岩储层的控制作用。肖下段沉积时期处于海侵期，水体相对较深，且古气候刚由玉尔吐斯沉积期的寒冷气候逐渐转暖，总体上以潮下低能带沉积为主。肖上 1 段沉积时期海平面缓慢下降，水体仍处于海侵末期—海退初期，但在靠近台内低隆和能量相对较高的中缓坡外带可局部发育较大的藻格架点丘，丘间多为低能藻席夹少量

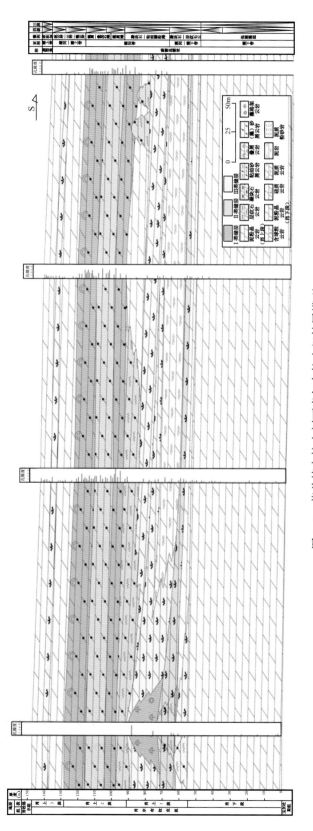

图 5-8　苏盖特布拉克剖面肖尔布拉克组储层模型

中低能凝块石,格架丘虽然储层较好但难以连片发育。肖上2段沉积时期处于高位体系域后期,滩相占主导,并由中低能凝块石—粘结球粒滩逐渐演变为厚层高能藻屑滩—叠层石藻坪为主,滩相储层大规模连片发育。肖上3段沉积时期水体进一步降低,潮上带范围扩大,水体变化频繁,仅有少量滩相储层发育。高频旋回中上部发育的高能丘滩体具有良好的原始物质基础,是储层发育的有利部位。

## 二、肖尔布拉克组储层微观孔喉结构表征与评价

前文已叙,塔里木盆地盐下肖尔布拉克组白云岩是当前重要的勘探新领域,但由于资料限制,储层问题影响着勘探的进一步突破,其中储层的储集空间类型、特征不清,制约了有效储层评价和预测,这给储层表征和评价提出了需求。常规的储层描述主要基于岩心、薄片和压汞资料,但当前的勘探生产需要新的技术手段对储层进行定量化表征,尤其是微孔隙的表征和有效性评价问题。目前CT、激光共聚焦等新技术可以满足这些生产需求,为储层表征带来新的手段。通过系统表征塔里木盆地下寒武统肖尔布拉克组不同孔隙类型的白云岩储层,搞清储集空间类型对该领域储层的评价意义重大。

塔里木盆地下寒武统肖尔布拉克组储层主要发育于藻(微生物)有关的白云岩中,主要储层类型为藻砂屑白云岩储层、叠层石白云岩储层、凝块石白云岩储层、泡沫绵层石白云岩储层和没有原岩结构的晶粒白云岩储层。常见的孔隙类型有粒间(溶)孔、粒内溶孔、藻架(溶)孔、体腔孔、晶间(溶)孔和溶蚀孔洞(表5-4)。研究应用岩心、薄片、工业CT、激光共聚焦、扫描电镜及压汞资料对塔里木盆地下寒武统肖尔布拉克组不同类型白云岩储层进行微观孔吼结构表征,明确了储层的孔隙特征及有效性;同时,应用电成像测井资料进行储层识别,明确肖尔布拉克组的储集空间组合类型及分布。

表5-4 塔里木盆地下寒武统肖尔布拉克组白云岩储层和孔隙类型

| 层位 | 储层类型 | 孔隙类型 | 典型井 |
|---|---|---|---|
| 肖尔布拉克组 | 藻砂屑白云岩储层 | 粒间孔、粒间溶孔、溶蚀孔洞 | 康2井、舒探1井 |
| | 叠层石白云岩储层 | 格架孔、溶蚀孔洞 | 舒探1井、苏盖特布拉克剖面 |
| | 凝块石白云岩储层 | 粒间溶孔 | 苏盖特布拉克剖面、肖尔布拉克剖面 |
| | 泡沫绵层石白云岩储层 | 体腔孔、窗格孔 | 方1井、肖尔布拉克剖面 |
| | 晶粒白云岩储层 | 晶间孔、晶间溶孔、溶蚀孔洞 | 舒探1井、苏盖特布拉克剖面 |

### 1. 基于薄片、电镜和CT的孔吼结构微观表征

#### 1)藻砂屑白云岩储层

藻砂屑白云岩储层主要发育粒间(溶)孔,为组构选择性溶蚀孔,既有残留的原生孔,又有溶蚀孔,粒间溶孔大小、分布相对均匀,激光共聚焦分析显示,在平面上孔隙呈断续网状,具有一定的连通性(图5-9)。

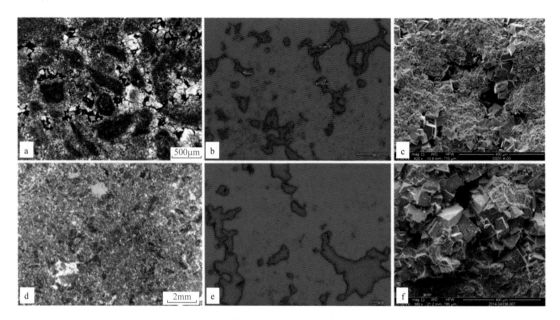

图 5-9　藻砂屑白云岩储层微观特征

（a）舒探 1,1886m,$\in_1$x,铸体薄片;（b）同 a,激光共聚焦;（c）苏盖特布拉克,$\in_1$x,扫描电镜;
（d）牙哈 10,$\in_2$s,6396.5m,铸体薄片;（e）同 d,激光共聚焦;（f）同 d,扫描电镜

CT 表征以舒探 1 井肖尔布拉克组的藻砂屑白云岩储层为例,进行 9μm 分辨率下的三维扫描(图 5-10),孔隙在 X、Y 和 Z 三个方向的发育都表现为相对的均质性,大小也相对均匀,以微米级为主,但也存在毫米级;三维孔喉定量表征及建模显示,孔隙和喉道分异不大,孔喉结构为断续网状型,连通孔隙体积为 40.6%,说明其具有中等连通性。

### 2）叠层石白云岩储层

叠层石白云岩储层中孔隙主要为残留的原生格架孔和准同生期形成的溶蚀孔,叠层结构反映藻或微生物追着海平面生长的特征,整体具有明显的成层性,激光共聚焦分析显示在平面上孔隙呈断续线状分布(图 5-11）。

CT 表征以舒探 1 井肖尔布拉克组的叠层石白云岩储层为例,进行 9μm 分辨率下的三维扫描(图 5-12),孔隙格架孔顺层发育特征明显,顺层面孔隙均匀发育、层与层之间孔隙总体连通性差,孔隙大小相对均匀,以微米级为主,但存在较多的毫米级孔隙;三维孔喉定量表征及建模显示,孔隙和喉道分异不大,孔喉结构为片状,说明其横向上连通性较好,垂向上连通相对较差,总体连通孔隙体积为 71.6%。

### 3）凝块石白云岩储层

凝块石白云岩储层的凝块结构与藻砂屑结构有一定的相似性,凝块石是多个藻屑被微生物粘结成团粒状,因此孔隙均质性要较藻砂屑差。从显微特征看,凝块间溶孔,大小、分布相对不均,激光共聚焦分析显示其具有大孔隙相对孤立分布、小孔隙散布的特征(图 5-13）。

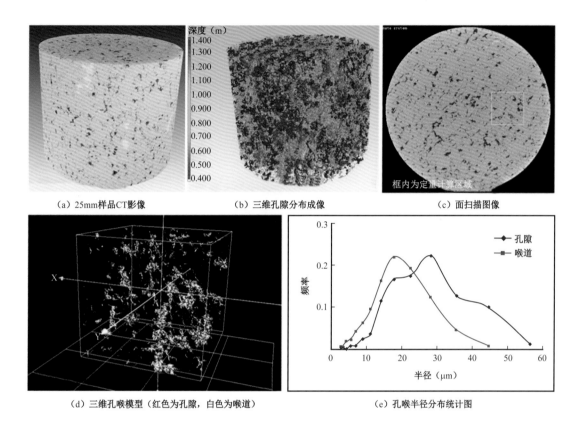

（a）25mm样品CT影像　　　　（b）三维孔隙分布成像　　　　　　（c）面扫描图像

（d）三维孔喉模型（红色为孔隙，白色为喉道）　　　　　（e）孔喉半径分布统计图

图 5-10　舒探 1 井藻砂屑白云岩储层 CT 特征，$\in_1$x，1886m

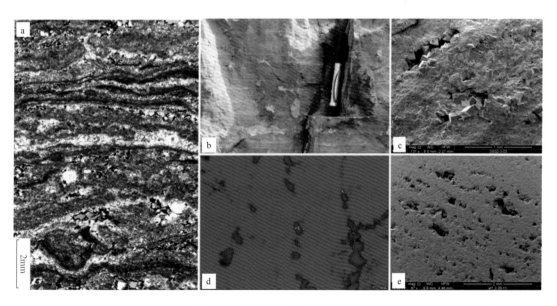

图 5-11　叠层石白云岩储层特征
（a）舒探 1，1885.6m，$\in_1$x，铸体薄片；（b）苏盖特布拉克剖面，$\in_1$x，露头；
（c）同 b，扫描电镜；（d）同 a，激光共聚焦；（e）同 d，扫描电镜

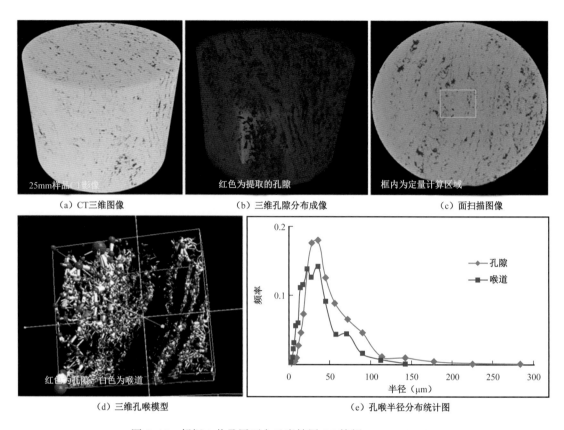

(a) CT三维图像      (b) 三维孔隙分布成像      (c) 面扫描图像

(d) 三维孔喉模型          (e) 孔喉半径分布统计图

图 5-12    舒探 1 井叠层石白云岩储层 CT 特征，$\in_1$x，1885.6m

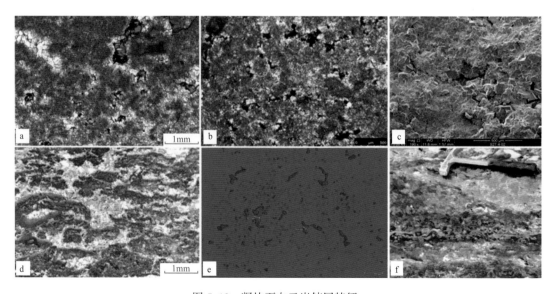

图 5-13    凝块石白云岩储层特征

(a)苏盖特布拉克剖面，$\in_1$x，铸体薄片;(b)苏盖特布拉克剖面，$\in_1$x，铸体薄片，正交;(c)同 b，扫描电镜;
(d)苏盖特布拉克剖面，$\in_1$x，铸体薄片;(e)同 d，激光共聚焦;(f)肖尔布拉克剖面，露头

CT表征以苏盖特布拉克剖面肖尔布拉克组上段的叠层石白云岩储层为例,进行9μm分辨率下的三维扫描(图5-14),孔隙在X、Y和Z三个方向的发育都具有较明显的非均质性,但同时又具顺层发育的特征,大小不均,以微米级为主,但也存在毫米级;三维孔喉定量表征及建模显示,孔隙和喉道存在一定分异,但分异不大,孔喉结构为断续网状型,连通孔隙体积为56.2%,说明其具有中等连通性。

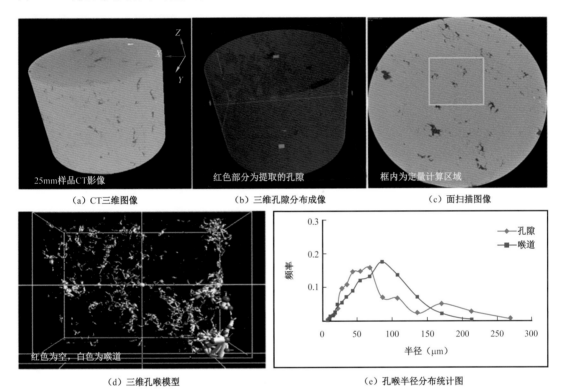

(a) CT三维图像　　　(b) 三维孔隙分布成像　　　(c) 面扫描图像

(d) 三维孔喉模型　　　(e) 孔喉半径分布统计图

图5-14　苏盖特布拉克剖面肖上段叠层石白云岩储层CT特征,∈₁x

### 4）泡沫绵层石白云岩储层

泡沫绵层石白云岩储层的泡沫绵层状结构是由球状蓝藻或者捻球藻构成的格架岩。孔隙为圆形或似圆形的体腔孔和不规则格架间孔隙,总体呈相对均匀但孤立状分布(图5-15)。

CT表征以肖尔布拉克剖面肖尔布拉克组上段的泡沫绵层石白云岩储层为例,进行9μm分辨率下的三维扫描(图5-16),孔隙在X、Y和Z三个方向的发育都表现为相对的均质性,大小也相对均匀,以微米级和毫米级孔隙都大量存在;三维孔喉定量表征及建模显示,孔隙和喉道分异大,孔喉结构为花朵状型,连通孔隙体积为23.4%,说明其连通性较差。

### 5）晶粒白云岩储层

晶粒白云岩储层虽然主要为晶粒结构,但通常或多或少都能见到点颗粒的幻影,说明其

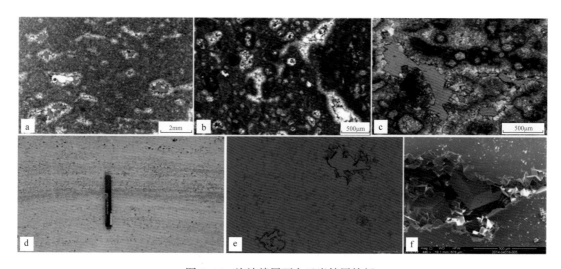

图 5-15 泡沫绵层石白云岩储层特征

（a）肖尔布拉克剖面,$\in_1 x$,铸体薄片;（b）方 1 井,4604.8m,$\in_1 x$,铸体薄片;（c）方 1 井,4606.6m,$\in_1 x$,铸体薄片;
（d）肖尔布拉克剖面,$\in_1 x$,露头;（e）同 b,激光共聚焦;（f）同 e,扫描电镜

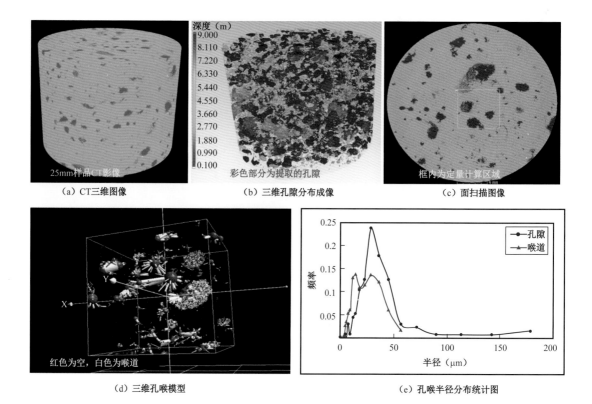

图 5-16 肖尔布拉克剖面肖上段泡沫绵层石白云岩储层 CT 特征,$\in_1 x$

原岩多为颗粒结构，只是白云石化作用比较彻底而已。该类储层主要发育晶间（溶）孔，其孔隙分布与粒间（溶）孔相似，都比较均匀分布，一些大的溶孔还常与裂缝沟通，激光共聚焦分析显示在平面上孔隙呈断续网状，具有一定的连通性（图5-17）。

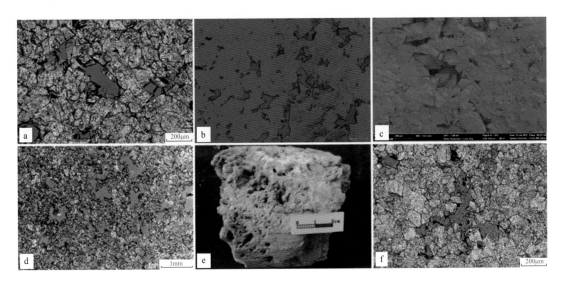

图5-17 晶粒白云岩储层特征

（a）舒探1，1916.4m，$\in_{1}$x，铸体薄片；（b）同a，激光共聚焦；（c）同a，扫描电镜；
（d）舒探1，1916.8m，$\in_{1}$x，露头；（e）舒探1，岩心；（f）苏盖特布拉克剖面，$\in_{1}$x，铸体薄片

CT表征以肖尔布拉克剖面肖尔布拉克组上段的细晶白云岩储层为例，进行$9\mu m$分辨率下的三维扫描（图5-18），孔隙在$X$、$Y$和$Z$三个方向的发育都表现为相对的均质性，大小差异相对较大，主体以微米级为主，局部存在毫米级溶孔；三维孔喉定量表征及建模显示，孔隙和喉道分异不大，孔喉结构为断续网状叠加花朵状型，总体连通孔隙体积为72.8%，说明其总体具有中等连通性，局部具有高连通性层。

### 2. 基于常规压汞分析的孔吼结构微观表征

通过对藻砂屑白云岩、叠层石白云岩、凝块石白云岩和晶粒白云岩的常规压汞分析（表5-5、图5-19），可以看出这几类丘滩相储层都主要以单一孔喉介质为主。孔喉特征与岩相之间具有良好的相关性：藻砂屑白云岩和晶粒白云岩的孔喉质量最好，以大孔喉为主，孔喉分布范围较广且分选性、连通性较好，孔喉弯曲迂回程度弱；叠层石白云岩储层的孔喉质量次之，其具有孔喉分布范围广、分选性一般和连通性较好，孔喉弯曲迂回程度较弱的特征；凝块石白云岩孔喉质量及特征因粘结结构和凝块结构的不同而分异性明显，既有表现为"细歪"的小孔喉为主、分选较差的特征，也有表现为"粗歪"的大孔喉为主、分选一般的特征，说明凝块石白云岩储层的非均质性是比较强的。

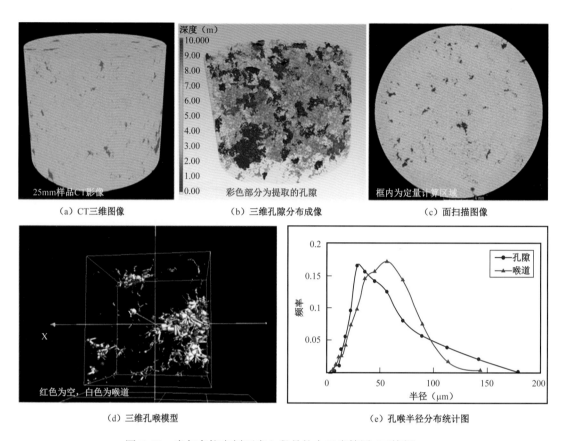

图 5-18　肖尔布拉克剖面肖上段晶粒白云岩储层 CT 特征，$\in_1 x$

表 5-5　肖尔布拉克组白云岩储层常规压汞分析结果

| 岩性 | 空气渗透率（mD） | 孔隙度（%） | 最大孔隙半径（μm） | 平均孔隙半径（μm） | 分选系数 | 歪度 | 最大汞饱和度（%） | 残余汞饱和度（%） | 退出效率（%） | 排驱压力（MPa） |
|---|---|---|---|---|---|---|---|---|---|---|
| 凝块石白云岩 | 0.017 | 2.54 | 0.13 | 0.05 | 1.88 | 0.26 | 72.62 | 61.76 | 14.96 | 5.50 |
| 凝块石白云岩 | 0.010 | 2.67 | 0.03 | 0.01 | 0.98 | −1.00 | 40.95 | 31.53 | 23.00 | 27.55 |
| 晶粒白云岩 | 0.021 | 4.65 | 0.27 | 0.08 | 2.24 | 0.44 | 72.75 | 61.12 | 15.99 | 2.75 |
| 藻砂屑白云岩 | 0.066 | 9.14 | 2.77 | 0.70 | 3.04 | 0.54 | 91.15 | 71.10 | 22.00 | 0.26 |
| 藻砂屑白云岩 | 0.096 | 8.41 | 1.57 | 0.42 | 2.21 | 0.43 | 94.59 | 85.73 | 9.37 | 0.47 |
| 叠层石白云岩 | 0.006 | 3.12 | 0.27 | 0.07 | 2.05 | 0.21 | 86.26 | 73.55 | 14.73 | 2.75 |

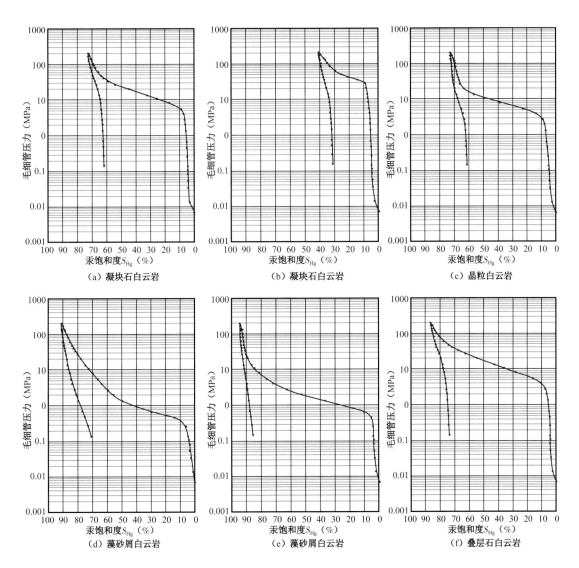

图 5-19 肖尔布拉克组白云岩储层常规压汞曲线特征

在上述微观孔吼结构表征的基础上,还分储层类型统计了肖尔布拉克组 5 种主要储层的实测孔隙度(表 5-6),从中可以看出泡沫绵层石白云岩储层的孔隙度最好,平均孔隙度达4.66%,藻砂屑和晶粒白云岩储层次之,凝块石和叠层石白云岩储层的孔隙度一般。综合孔隙度分析、薄片、扫描电镜、CT 和压汞分析可以对储层进行评价,藻砂屑白云岩储层综合评价为中孔—中渗型储层,叠层石白云岩储层综合评价为中低孔—中渗型储层,凝块石白云岩储层综合评价为中低孔—中渗型储层,泡沫绵层石白云岩储层综合评价为中高孔—低渗型储层,晶粒白云岩储层综合评价为中孔—中渗型储层。

表5-6 肖尔布拉克组白云岩储层常规压汞分析结果

| 岩相 | 最大孔隙度（%） | 最小孔隙度（%） | 平均孔隙度（%） | 样品数（件） |
|---|---|---|---|---|
| 藻砂屑白云岩储层 | 8.72 | 1.02 | 3.16 | 35 |
| 叠层石白云岩储层 | 6.18 | 0.94 | 2.32 | 26 |
| 凝块石白云岩储层 | 5.11 | 0.85 | 2.03 | 38 |
| 泡沫绵层石白云岩储层 | 9.68 | 2.33 | 4.66 | 24 |
| 晶粒白云岩储层 | 6.56 | 1.21 | 3.37 | 44 |

### 3. 基于电成像测井的储层定量表征

为了明确肖尔布拉克组的储集空间组合类型，对基于成像测井资料的储层定量表征方法进行了攻关，建立了储层定量表征方法：首先利用常规测井孔隙度来刻度成像测井孔隙度，继而对孔隙度截止值进行厘定，然后分别提取无效孔、基质孔和溶蚀孔洞的贡献率，并据此判断储集空间组合类型（图5-20）。

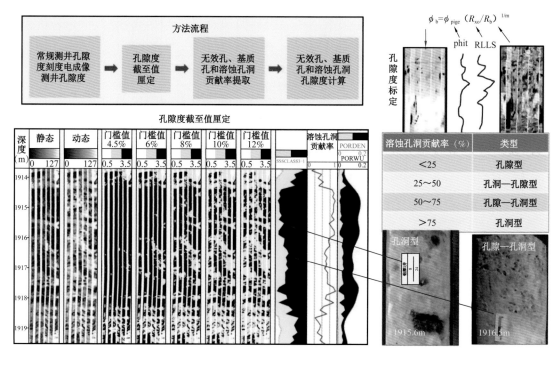

图5-20 基于成像测井的储层定量描述方法

通过对舒探1井、中深1井和中深5井肖尔布拉克组的电成像资料进行定量计算，其结果为：舒探1井次生溶孔比最大值98.7%，最小值为14.8%，平均值为58.4%；中深1井次生溶孔比最大值78.9%，最小值为25.3%，平均值为56.8%；中深5井次生溶孔比最大值为

94.7%，最小值为26.3%，平均值为68.2%。计算结果表明肖尔布拉克组的储集空间组合类型主要为孔隙—孔洞型，且原生基质孔占有相对较大比例（图5-21）。

不同岩相的白云岩储层在电成像测井图像上具有一定的可识别性。以舒探1井为例，通过岩心、薄片的标定，该井主要发育藻叠层格架溶孔的叠层石白云岩储层，在电成像测井图中表现为断续的明暗相间纹层；粒间溶孔发育的砂屑白云岩储层在电成像测井图中表现为豹斑状特征，并且有一定的成层性；溶蚀孔洞发育的晶粒白云岩储层在电成像测井图中具有不均匀斑块状的特征，暗色斑块是溶蚀孔洞发育密集的部位；少量溶孔发育的凝块石白云岩在电成像测井图中表现为连续的明暗相间纹层；而致密的泥粉晶白云岩在电成像测井图中则表现为连续的明暗相间层，层厚相对较大（图5-22）。通过露头地质建模和成像测井资料的分析可以明确肖尔布拉克组优质储层主要发育于中上部的高能丘滩体中。

## 三、中深 1 井—中深 5 井区基于露头储层模型的地震储层预测

塔中地区下古生界肖尔布拉克组白云岩是塔里木盆地十分重要的勘探领域，中深1井在寒武系盐下白云岩获得工业油气流，实现了战略突破（王招明等，2014；苗青等，2014）。中深1井—中深5井区肖尔布拉克组属于古隆起控制下的缓坡型碳酸盐台地沉积，其岩性主要包括鲕粒白云岩、砂屑白云岩、砂质白云岩，成像测井见大量裂缝与溶蚀孔洞。

从单井资料上看，中深1井测井解释I类储层1m/1层，孔隙度12.6%，II类储层19m/3层，孔隙度8.36%；中深1C井测井解释II类储层17m/2层，孔隙度4.1%～6.5%，III类储层7m/1层，孔隙度2.4%，试井解释渗透率2.8～3.3mD，表明该段储层物性较好，但优质储层厚度较薄。从露头区构建的三维地质模型上看，肖尔布拉克组同一地层单元内沉积微相总体呈：稳定展布，物性横向分布有一定的变化，但总体表现为相对的均质性，整个丘滩体向上储层物性是逐渐变好，储层位于高频旋回或三级旋回向上变浅序列的上部，具有明显的成层性、相控特征。因此，中深1井—中深5井区肖尔布拉克组白云岩储层发育的主控因素为：（1）高能丘滩相的多孔沉积物是白云岩储层发育的物质基础；（2）早表生期因层序界面暴露而受到大气淡水溶蚀作用所形成的孔隙是储层发育的关键。基于储层的主控因素，在沉积相带研究基础上进行溶蚀孔隙储层预测，才能有效地减少地球物理储层预测的多解性（苗青等，2014）。如何寻找受层序控制的多孔高能滩相，实现高能滩相控储层反演，是预测该类储层分布的重点。为了滚动扩边，增储上产，很有必要对该区缓坡型颗粒滩相薄储层预测难点进行技术攻关。

中深1井—中深5井区地层薄、储层发育受沉积相和岩溶暴露面控制，采用传统的波阻抗反演如稀疏脉冲反演（赵政璋等，2005；刘百红等，2004），无法实现基于储层地质成因的预测理念，并且由于常规反演无法从根本上提高地震分辨率，对厚度小于1/4波长的薄储层来说预测显得鞭长莫及。综合考虑以上地质特征，经过多次实验，决定采用地质模型指导下的地震波形差异反演方法进行高精度储层预测研究。

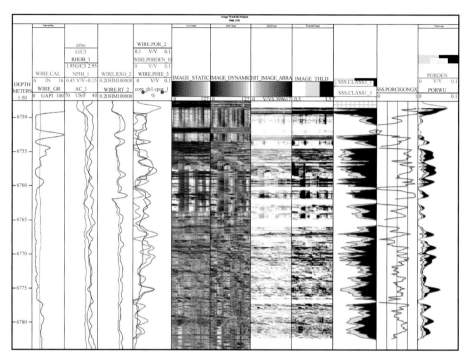

（a）中深5井

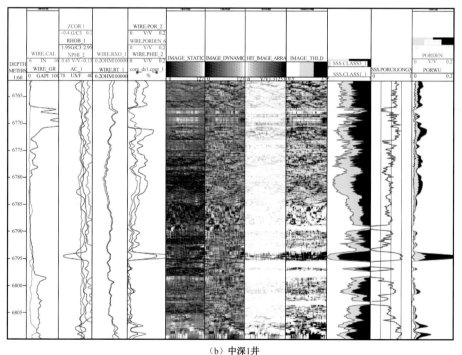

（b）中深1井

图5-21　基于成像测井的储层定量表征

黑色为次生溶孔，黄色为基质孔，白色为无效孔

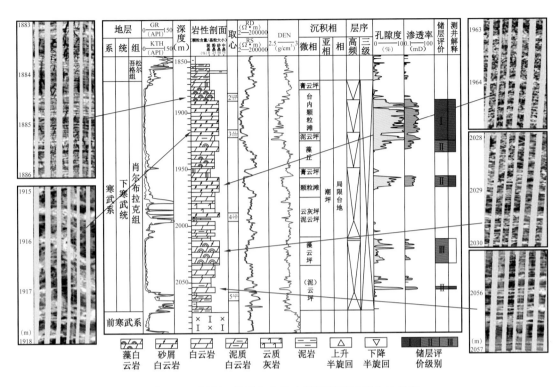

图 5-22 舒探 1 井肖尔布拉克组沉积储层综合柱状图

## 1. 储层地质模型指导下的储层预测

沉积相决定了沉积地层的岩石类型、岩石组合、储层的纵横向组合和储层的平面组合形态,在相模型构建的基础上进行储层预测可以较好地体现储层受相控的成因特点,是地质模型指导下的地震波形差异反演方法技术的理论基础。因此,研究沉积相是进行储层预测和描述的重要基础和依据,相分布特征可以通过井震结合建立地质模型的方式进行表征和预测(常少英等,2016;姚根顺等,2008;何海清等,2014),将相模型作为下一步高分辨率地震反演的初始低频模型,进而完成对储层的预测。通过对肖尔布拉克组储层和围岩的岩石物理特征分析、地震层序地层解释实现层序格架的搭建、利用构建地质模型实现对储层预测相控、地震波形差异反演预测等技术实现该区薄储层的预测,利用已知井储层厚度对储层预测结果进行分析验证。

地质模型指导下的地震波形差异反演方法技术预测储层流程见图 5-23。

### 1)储层岩石物理分析

为了符合储层识别需要,在进行储层预测之前要对该层上下围岩的地球物理特征进行分析研究,声波和密度合成的波阻抗曲线并不能很好地将储层和非储层区分开(图 5-24a)。因此,需要寻找对储层较为敏感的地震参数曲线对储层进行识别。结合该区录井岩屑、测井统计等资料,发现伽马(GR)曲线对肖尔布拉克组层段内的储层具有较好的区分度,为了使伽马曲线的区分能力能够在地震反演中体现出来,需要将波阻抗曲线和伽马曲线进行拟合,具体做法是将波阻抗作为低频曲线,GR 曲线作为高频曲线,频率界限相当于地震最大有效频带,在频率域将波阻抗曲线和伽马曲线合并成特征曲线"Imp—GR"。该曲线对储层和非储层具有较好的区分能力(图 5-24b),图中红色部分为储层(低阻抗),绿色部分为非储层(高阻抗)。

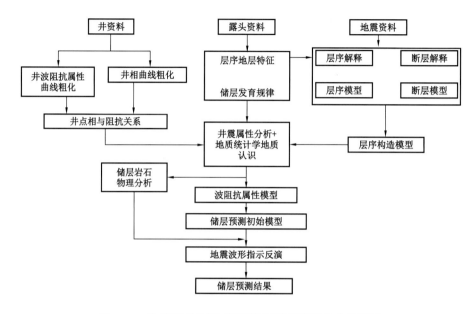

图 5-23　地质模型指导下的颗粒滩储层预测技术路线图

## 2）相控地质模型作为地震反演初始模型

精确合理的初始地质模型是准确预测储层的先决条件。传统的储层反演的初始模型,是在层位控制下的井资料内插所得到的。这样的地质模型参与反演的井数量有限,往往不能精细反映储层空间沉积相的变化,难以准确表征储层的非均质性。因此,为了产生一个符合碳酸盐岩储层分布规律并能指导地震反演的高品质模型,需要运用地质建模技术使相模型包含非均质性储层空间分布规律,参与储层预测,让地球物理储层预测较好地体现研究区层序地层特征、储层主控因素的地质规律,降低单纯依赖地球物理多解性强的风险。

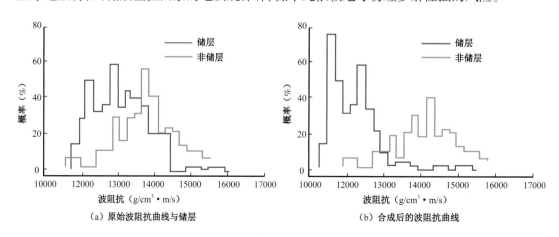

（a）原始波阻抗曲线与储层　　　　　（b）合成后的波阻抗曲线

图 5-24　储层敏感性分析图

　　依据白云岩颗粒滩储层的发育特征,比较现有技术的优劣,提出一套融合储层建模技术和反演技术的新方法来提高储层预测精度,其特征是:地质建模可为反演提供初始模型,反演结果又可为地质建模提供输入条件,互为补充、互为输入、互为结果。方法的具体思路为:从井资料出发,在井震标定、地震解释及地震属性分析的基础上,利用建模软件精确建立符合沉积层序特征与断层产状的构造模型;在此基础上,根据地质认识和详细的地质统计学特征,运用 Petrel 软件中的各单井岩相与纵波阻抗的关系,将岩相特征转为纵波阻抗数据来表征,建立波阻抗属性模型;将所建立的基于网格体系的波阻抗属性模型按照地震的测网分布和采样率,转换为 Segy 格式的三维波阻抗数据体,再在反演软件里根据这一数据体来约束进行地震反演。

　　其中建模的关键部分是对模型的约束条件确立,对于肖尔布拉克组进行非均质白云岩储层相控建模具有 3 个层次的约束条件。(1)白云岩储层的分布要符合地质规律,即体现古陆控滩、滩控储层的特征,储层的特征参数要符合经验特征参数和平面相趋势;(2)储层内部岩相单元的垂向与侧向接触关系与相序变化要保持一致,即体现出肖尔布拉克组海平面向上变浅,颗粒增大,岩相更为有利的趋势;(3)单井上明确划分出的两种岩相,岩相单元属性参数的分布概率与井点数据一致。因此,平面相趋势约束、地质知识库经验特征参数指导、相序及相比例控制、统计概率保持一致是进行肖尔布拉克组白云岩非均质储层相控建模的必要条件。建模过程中先建立颗粒滩骨架模型,骨架模型具有向肖尔布拉克组古隆起超覆的沉积规律,进而在骨架模型的约束下建立岩相模型。当然,值得注意的是,在进行多级相控之前地层单元的划分必须遵循等时控制原则,要分析基准面旋回变化对沉积物分布的影响,而不是简单数理统计,若将不同时间段的沉积体作为一个层单元来模拟,则可能混淆不同等时单元的实际地质规律,导致所建模型不能客观地反映地质实际。建模步骤如下:(1)按等时对比原则将储层划分为多个建模单元;(2)用多信息约束建立颗粒滩骨架模型(图 5-25);(3)在颗粒滩模型的严格约束下建立颗粒滩岩相模型(图 5-26)。

　　图 5-27a、b 分别为传统插值建模方法和相控建模产生的纵波结果对比。可以看出:采用插值方法(图 5-27a),建模的结果会造成局部非均质性井点处的响应在空间上大面积分布,与实际情况不符。而采用地质建模方式获得的阻抗模型则在空间上最大程度地利用了三维地震数据,并结合了测井资料的高分辨率信息,产生了一个反应非均质碳酸盐岩储层规律的定量地质初始模型(图 5-27b)。

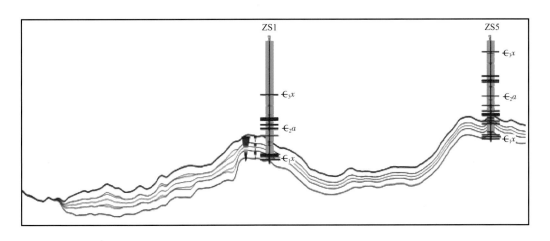

图 5-25　中深 1 井、中深 5 井区肖尔布拉克组地层格架构建及单井岩相粗化

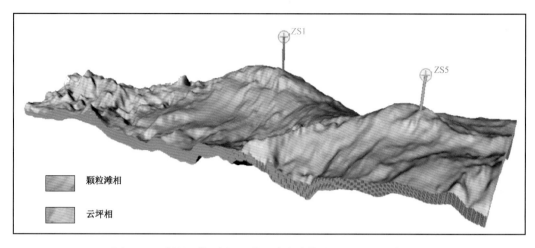

图 5-26　中深 1 井、中深 5 井区肖尔布拉克组三维岩相模型图

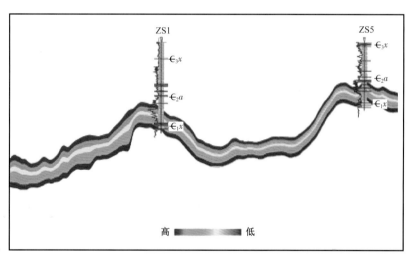

（a）井插值法建立低频模型剖面

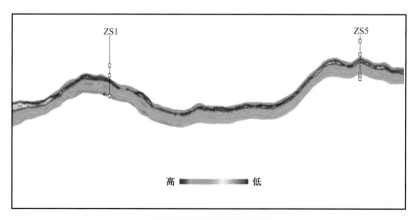

（b）相控法建立低频模型剖面

图 5-27　中深 1 井、中深 5 井区肖尔布拉克组两种方法构建的低频模型对比图

### 3）地震波形差异反演

在肖尔布拉克组地质模型指导的储层预测研究中，另一个实际问题是薄储层的识别。传统的薄储层预测，例如地质统计学反演是通过分析有限样本来表征空间变异程度（刘企英，1994；张满郎等，2010），并依此估计预测点的高频成分。该方法在提高垂向分辨率的同时，会降低横向分辨率，而且随机性较强，受井位分布的影响较大，对样本分布均匀性要求较高，估计高频成分单纯依赖井，没有充分利用地震信息，造成预测结果不够准确。而本书所采用的方法是地震波形差异反演薄储层预测技术（图5–28），通常来讲虽然地震有效频带窄，无法直接获取高频成分，但地震的横向变化反映了沉积环境的变化，相似的沉积环境具有可类比的沉积组合结构，这些组合结构的变化和波形密切相关，因此可以充分利用地震波形的横向变化开展高频成分估计。由于地震是带限信号，其有效信号高频一般在40～60Hz，超出该频带的信号利用井来补充。地震的作用是保证中频符合地震特征（后验），高频利用井进行随机模拟。井虽然具有垂向宽频带和高分辨率，但横向分布稀疏，因此如何获取合理的井间高频成分就是高分辨率反演的关键。地震波形差异反演薄储层预测技术是一种真正的井震结合高频模拟方法，使反演结果从完全随机到逐步确定，同时对井位分布的均匀性没有严格要求，大大提高了储层反演的精度。与传统地质统计学相比，地震波形差异反演薄储层预测技术主要是利用了三维地震是分布密集的空间结构化数据的特征，结合地质相建模所构建的低频模型，使反演结果在平面上更符合沉积地质规律。

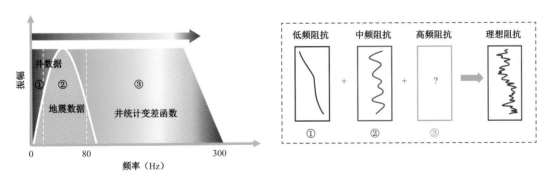

图 5–28　储层反演原理示意图

## 2. 储层预测效果分析

通过反演技术的应用，可以发现横向上受沉积微相控制，在丘滩发育区发育优质储层，平面上主要分布在古陆周围和中深1井、中深5井周边丘滩相区；储层纵向上主要受层序控制，发育在层序界面的顶部（贾承造等，2004；孙建孟等，2001），储层预测的效果有以下几个特征。

### 1）预测精度得到了很大提高

将常规方法与新方法反演的剖面进行对比分析（图5–29），可以看出，常规地质统计学反演和地震波形指示模拟反演结果虽然都具有较高的分辨率（图5–29a），但常规地质统计学反演预测的储层剖面中储层(低阻抗区域)在横向上较连续,没有体现出储层的相控规律,主要原因是初始模型采用的是井内插的办法;而新方法预测的储层体现了颗粒滩体的发育特征及储层的非均质性特征,储层边界比较清晰,与单井储层分布规律比较吻合(图 5-29b ),由此可见,采用新方法预测储层的精度得到了较大的提高。

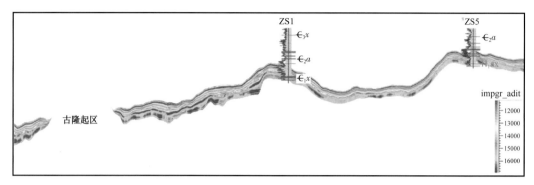

（a）常规地质统计学反演效果剖面图

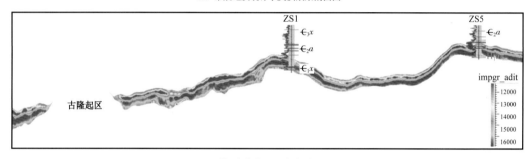

（b）基于相控储层反演效果剖面图

图 5-29 中深 1 井、中深 5 井区肖尔布拉克组地震储层预测剖面图

通过波阻抗与孔隙度的关系,以波阻抗反演数据体作为背景约束,进行孔隙度反演处理,得到孔隙度数据体(图 5-30 ),对薄储层的空间变化规律刻画得更清晰。通过单井标定,设定门槛值(该区为 0.05 ),即可分辨出储层和非储层。

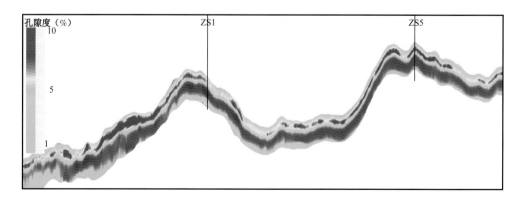

图 5-30 中深 1 井、中深 5 井区肖尔布拉克组孔隙度预测剖面图

地震反演通常采用井约束反演方法,获得的初始地质模型很粗糙,这种方法只是改变参数以降低初始模型对反演结果的影响,极大地影响了地震储层预测的精度。新方法融合了地质模型和地震反演技术,具有以下几个方面的特征:通过重构白云岩岩性识别曲线,结合多测井曲线综合解释能有效地识别出白云岩;建立岩相模型作为地震反演的初始模型,实现了对地震反演从源头上的质量控制进而进行地质趋势约束;地震波形指示反演方法可以有效识别薄储层。与常规方法相比,新方法能够获得质量更好、分辨率更高、更符合地质认识的反演结果,从而更好地解决了油田生产中遇到的实际问题。

利用新方法得到的储层剖面能够较好地识别储层和非储层。分小层统计各储层的时间厚度,分别乘以各储层的平均速度以求得各层段储层的厚度,最后将各层段储层的厚度相加即可得到相应的储层厚度。将预测储层厚度 $D_1$ 与钻井储层厚度 $D_2$ 对比,预测误差 $e$ 小于3m(表5-7)。

表5-7 ZS1-ZS5井区储层厚度预测与实际厚度对比图

| ZS1 | | | ZS5 | | | ZS1C | | |
|---|---|---|---|---|---|---|---|---|
| $D_1$(m) | $D_2$(m) | $e$(m) | $D_1$(m) | $D_2$(m) | $e$(m) | $D_1$(m) | $D_2$(m) | $e$(m) |
| 5.1 | 4.4 | 0.7 | 7.1 | 5.2 | 1.9 | 9.2 | 8.5 | 0.7 |
| 9.7 | 11.8 | −2.1 | 11.2 | 13.5 | −1.7 | 8.5 | 8.3 | 0.5 |
| 16.0 | 16.2 | 1.2 | 10.0 | 9.6 | 0.4 | 7.9 | 8.6 | −0.7 |
| 8.5 | 8.1 | 0.4 | 9.2 | 9.7 | −0.5 | 8.5 | 7.4 | 0.9 |
| 15.0 | 15.0 | 0.0 | 15.8 | 15.3 | 0.5 | 8.6 | 7.9 | 0.7 |
| 2.7 | 2.9 | −0.2 | 5.8 | 6.9 | −0.1 | 9.5 | 8.5 | 1.0 |
| 8.5 | 10.3 | −1.8 | 7.2 | 6.3 | 0.9 | 8.0 | 9.1 | −1.1 |
| 4.8 | 2.4 | 2.4 | 7.0 | 5.9 | 2.1 | 7.9 | 9.9 | −2.0 |
| 6.2 | 6.1 | 0.1 | 10.0 | 11.1 | −1.1 | 5.5 | 3.5 | 2.0 |
| 5.2 | 4.9 | 0.3 | 11.0 | 12.2 | −1.2 | | | |
| 2.3 | 4.4 | −2.1 | 3.6 | 3.4 | 0.2 | | | |
| 5.0 | 6.3 | −1.3 | 6.5 | 3.6 | 2.9 | | | |
| | | | 7.6 | 5.6 | 2.0 | | | |

## 2)中深1井—中深5井区肖尔布拉克组储层评价

从以上反演结果剖面、属性图及各层段厚度看,反演结果识别能力较高,对白云岩平面展布特征刻画较为清晰,与实际钻遇结果和白云岩分布范围的认识基本一致,反映的储层地质特征更加清楚,同时结合地层厚度、储层预测、裂缝预测综合评价储层发育的类型及孔隙类型:刻画了中深1—中深5区块发育的3个一类储层发育区,2个二类储层发育区,1个三类储层发育区(图5-31),为下一步勘探工作指明了方向,油田现阶段遇到的实际问题得到较好的解决。

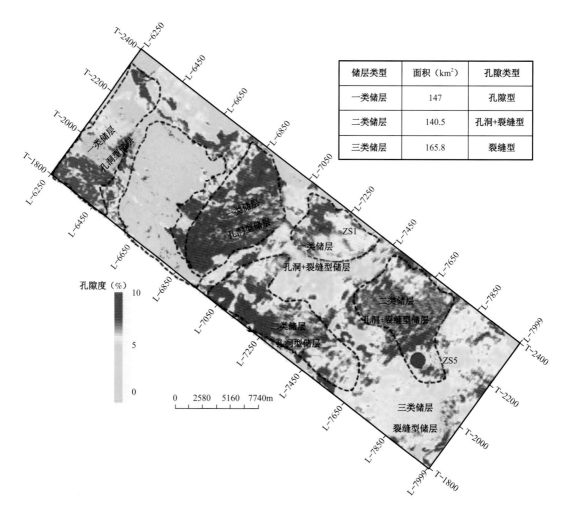

| 储层类型 | 面积（km²） | 孔隙类型 |
|---|---|---|
| 一类储层 | 147 | 孔隙型 |
| 二类储层 | 140.5 | 孔洞+裂缝型 |
| 三类储层 | 165.8 | 裂缝型 |

图 5-31　中深 1 井—中深 5 井区肖尔布拉克组白云岩储层分布及评价图

# 第二节　四川盆地寒武系龙王庙组储层孔喉结构表征

本节重点讨论四川盆地寒武系龙王庙组的微观孔喉结构特征。四川盆地寒武系龙王庙组在缓坡台地的背景上发育了一套颗粒滩相的白云岩储层，局部发生重结晶呈细晶白云岩储层，但仍残留颗粒结构。储集空间以粒间孔、晶间（溶）孔及溶蚀孔洞为主。储集空间类型、孔喉结构和组合对产量有很大的影响，高效开发井部署的关键是搞清储集空间类型、孔喉结构和组合与产量的关系，建立高产井模式。

## 一、检测情况概述

选取微米孔型（2-31/84）和微米孔—大孔隙型（2-74/84）（大孔隙的孔径 0.5～2mm）两块样品开展不同内容的实验测试（表 5-8），完成工作量见表 5-9，测试流程见图 5-32。

在岩心中还能见到孔洞(孔径＞2mm)富集层,通过肉眼就可对其进行表征,但不在这里讨论。

表5-8 全岩心样品测试内容

| 项目类别 | 2-31/84(筒次—块次/总块数) | 2-74/84(筒次—块次/总块数) |
|---|---|---|
| 数字岩心测试内容 | 全岩心扫描、不同级别的微米CT扫描(15μm、3.7μm和1.7μm分辨率)、矿物成分分析、Maps扫描(500nm和50nm分辨率) | 全岩心扫描、不同级别的微米CT扫描(15μm和0.5μm分辨率)、矿物成分分析、纳米CT扫描、Maps扫描(500nm和50nm分辨率) |
| 常规实验测试内容 | 孔隙度、渗透率 | 孔隙度、渗透率 |
| 分析计算 | 孔隙度、渗透率、孔径分布特征、NMR模拟、MICP模拟、孔隙网络提取 | 孔隙度、渗透率、孔径分布特征、NMR模拟、MICP模拟、孔隙网络提取 |

表5-9 全岩心样品测试完成的工作量

| 分析测试项目 | 数量 | 样品尺寸 | 分辨率 |
|---|---|---|---|
| 全岩心CT扫描 | 2 | 100mm | 625μm<br>58μm |
| 柱塞CT扫描 | 2 | 25mm | 15.2μm |
| 微米CT扫描 | 3 | 2-31/84:6mm;3mm;2mm<br>2-74/84:1mm | 2-31/84:3μm;1.5μm;1μm<br>2-74/84:0.5μm |
| 纳米CT扫描 | 1 | 2-74/84:200μm | 2-74/84:50nm |
| 扫描电镜(洗油1周) | 2 | 大区域:17mm×17mm<br>小区域:2mm×2mm | 大区域:500nm<br>小区域:50nm |
| 矿物成分分析 | 2 | 大视域:25mm | 大视域:25μm |

## 二、实验检测方法

### 1. 全岩心 CT 扫描

1)测试原理

双能量毫米 CT 全岩心扫描是利用 X 射线成像原理对大直径岩心进行 X 射线扫描。当 X 射线穿过任何物质时,它会与物质的原子相互作用而引起能量衰减。因此当一束 X 射线穿过物质时,它所穿透路径上的所有物质对 X 射线吸收系数的总和都将反映在对 X 射线强度的测量结果中,通过对穿过物质截面的 X 射线进行测量,采用一定的重建方法计算出物质断层空间的位置,从而可得到物体的空间结构信息。通过后序数据处理获取岩心空间结构图形,可以直观地观察岩心内部层理、裂缝等物理特征的空间展布状况,分析岩心的非均质性;并可通过不同能量的扫描数据的差异性来计算岩心原子吸收系数及可视密度的空间分布。

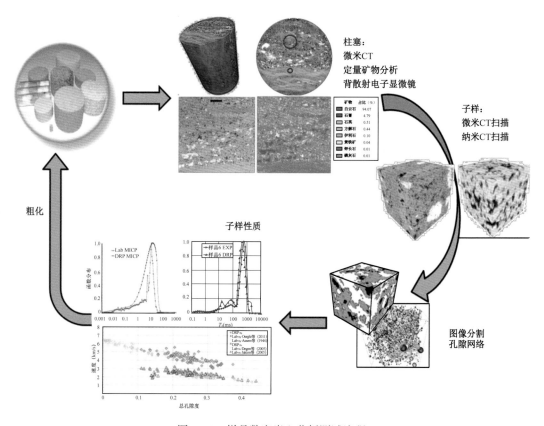

图 5-32  样品数字岩心分析测试流程

## 2）测试仪器及参数

测试仪器为 Neurologica CereTom 毫米 CT 扫描仪。基本参数见表 5-10。

表 5-10  **Neurologica CereTom 毫米 CT 扫描仪基本参数**

| 参数 | 测试范围 |
| --- | --- |
| 样品尺寸 | 最大 318mm（样品直径） |
| 电压 | 70～140kV |
| 像素大小 | 50～500μm |
| 功率 | 1kW |

## 3）仪器应用

双能量全岩心扫描利用 CT X 光扫描仪能够提供由上千张截面切片构成的全岩心（直径 100mm）的三维图像（图 5-33）。每个切片厚度为 0.6mm，紧密排列至全岩心的长度。专用软件既可以展示三维成像动画效果，也可以把每一片的截图呈现出来。同时还可以把岩石密度和有效原子序数以测井曲线的形式展现出来。每一点的值代表一个切片。这个成像可以用来连续评估岩心的裂缝、岩性及其细微变化,为后续选样的位置(甜点)提供坚实的依据。这个三维图像也是作为保护岩心原始数据构建未来岩心数据库的重要组成部分。

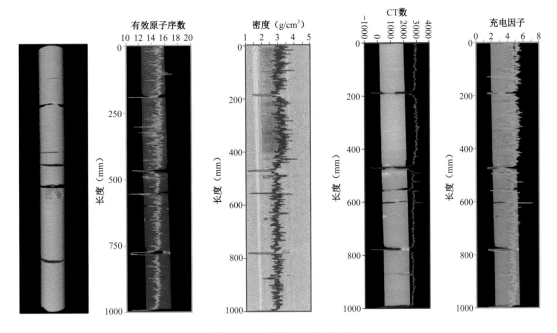

图 5-33　双能量全岩心扫描

## 2. 高精度微米 CT 扫描

### 1)测试原理

X 射线微米级 CT 是利用锥形 X 射线穿透物体,通过不同倍数的物镜放大图像,由 360° 旋转所得到的大量 X 射线衰减图像重构出三维的立体模型。CT 图像反映的是 X 射线在穿透物体过程中能量衰减的信息,因此三维 CT 图像能够真实地反映出岩心内部的孔隙结构与相对密度大小。

### 2)测试仪器

测试仪器为 MicroXCT-200 型微米 CT 扫描仪,基本性能参数见表 5-11。

表 5-11　MicroXCT-200 型微米 CT 扫描仪基本参数

| 参数 | 测试范围 |
| --- | --- |
| 样品大小 | 1~70mm(样品直径) |
| 电压 | 40~150kV |
| 像素尺寸 | 0.7~100μm |
| 功率 | 1~10W |

**3）测试流程**

首先将样本进行整体低精度扫描或者在整体岩心上钻去直径为 2mm/5mm 的小样品进行高精度扫描。根据扫描得到的数据进行图像、动画处理,孔隙网络模型建立,孔喉参数计算及渗流模拟计算。测试流程见图 5-34。

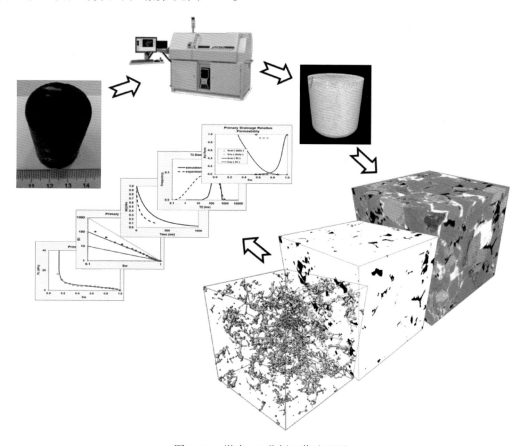

图 5-34　微米 CT 分析工作流程图

## 3. 矿物自动识别及分析

### 1）仪器测试原理

矿物自动识别及分析系统(QEMSCAN)的测试原理是根据一次电子在样品表面原子中激发二次电子过程中,利用产生的特征 X 射线的能量来判断所扫描点中物体的元素种类。依据元素分布信息和后台的矿物种类数据库,将实际元素组合成矿物,进而得出矿物分布信息(图 5-35)。

样品表面的原子核外电子受一次电子激发跃迁的过程当中会释放出特征 X 射线,受相同能量的一次电子激发时不同的原子核外电子跃迁时释放出的特征 X 射线的能量不同,能谱探头通过接收和区分特征 X 射线的能量大小来判断扫描区域的元素种类,然后在软件后台的矿物数据库中根据元素信息组合成不同的矿物。

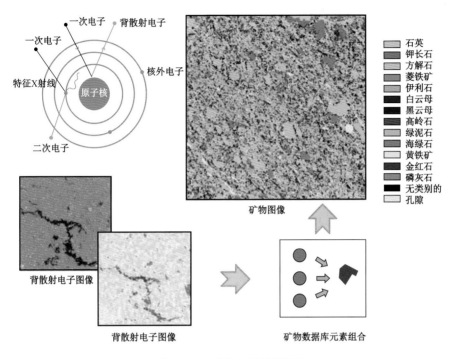

图 5-35  矿物扫描分析原理

## 2）仪器基本参数

使用的双束电镜为 FEI 公司产的 QEMSCAN 650F（表 5-12）。

表 5-12  QEMSCAN 650F 基本参数表

| 参数 | 测试范围 |
| --- | --- |
| 样品尺寸 | 30mm 片状样品 |
| 像素大小 | $1\sim50\mu m$ |
| 电压 | $1\sim30kV$ |
| 束流值 | $0.78pA\sim26nA$ |

## 3）仪器应用

提供二维平面上元素及矿物的含量及分布，详细黏土矿物的含量及分布。

## 4. 数据处理方法

### 1）三维图像分析与处理

利用 ImageJ 软件的图像分割（Segmentation）技术，对重构出的三维微米级 CT 灰度图像进行二值化分割，划分出孔隙与颗粒基质，得到可用于孔隙网络建模与渗流模拟的分割图像

（Segmented Image）。对CT扫描数据进行切片，得到横向和纵向的灰度图像，通过Avizo软件提取孔隙图像并进行三相分隔。

对扫描图像进行重构后，得到微样本三维灰度图像。由于CT图像的灰度值反映的是岩石内部物质的相对密度，因此CT图像中明亮的部分被认为是高密度物质，而深黑部分则被认为是孔隙结构。利用Avizo软件通过对灰度图像进行区域选取、降噪处理，将孔隙区域用红色渲染；将图像分割与后处理提取出孔隙结构之后的二值化图像，其中黑色区域代表样本内的孔隙，白色区域代表岩石的基质。

2）二维图像构建

对CT扫描数据进行切片，得到横向和纵向灰度图像，通过Avizo软件提取孔隙图像并进行三相分隔。

3）三维可视化处理

三维可视化的目的在于将数字岩心图像的孔隙与颗粒分布结构用最直观的方式呈现。Avizo三维可视化工具能简易、直观地表述及模拟。Avizo强大的数据处理功能不仅可以表现出岩心三维立体的空间结构，同时还可以实现岩心内部油藏流动的动态模拟展示。在Avizo中的image segmentation选项中选取适当的分割方法可以将实际样本中不同密度的物质按照灰度区间分割，并直观地呈现各组分的三维空间结构（其中可以将这些三维立体结构旋转、切割、透明等各种效果呈现）。

4）三维孔隙网络模型建立

数岩科技采用"最大球法（Maxima-Ball）"进行孔隙网络结构的提取与建模，既提高了网络提取的速度，也保证了孔隙分布特征与连通特征的准确性。

"最大球法"是把一系列不同尺寸的球体填充到三维岩心图像的孔隙空间中，各尺寸填充球之间按照半径从大到小存在着连接关系。整个岩心内部孔隙结构将通过相互交叠及包含的球串来表征（图5-36）。孔隙网络结构中孔隙和喉道的确立是通过在球串中寻找局部最大球与两个最大球之间的最小球，从而形成孔隙—喉道—孔隙的配对关系来完成。最终整个球串结构简化成为以孔隙和喉道为单元的孔隙网络结构模型。喉道是连接两个孔隙的单元；每个孔隙所连接的喉道数目，称之为配位数（Coordination Number）。

在用最大球法提取孔隙网络结构的过程中，形状不规则的真实孔隙和喉道被规则的球形填充，进而简化成为孔隙网络模型中形状规则的孔隙和喉道。在这一过程中，利用形状因子 $G$ 来存储不规则孔隙和喉道的形状特征。形状因子的定义为 $G=\dfrac{A}{P^2}$，其中 $A$ 为孔隙的横截面积，$P$ 为孔隙横截面周长（图5-37）。

在孔隙网络模型中，利用等截面的柱状体来代替岩心中的真实孔隙和喉道，截面的形状为三角形、圆形或正方形等规则几何体。在用规则几何体来代表岩心中的真实孔隙和喉道时，要求规则几何体的形状因子与孔隙和喉道的形状因子相等。尽管规则几何体在直观上与真实孔隙空间差异较大，但其具备了孔隙空间的几何特征。此外，三角形和正方形截面都具有边角结构,可以有效地模拟二相流中的残余水或者残余油,与两相流在真实岩心中的渗流情景非常贴近。

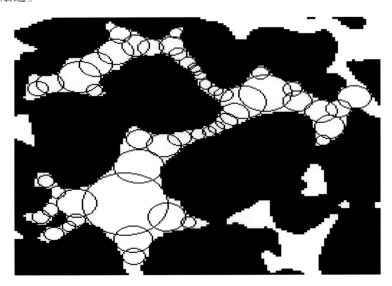

图 5-36　"最大球"法提取孔隙网络结构

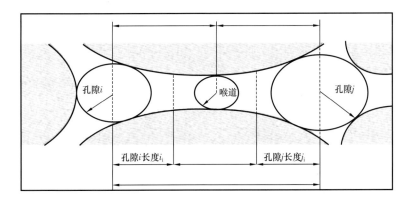

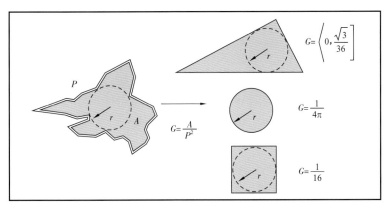

图 5-37　孔隙与喉道划分及形状系数 $G$

孔隙网络模型建立,是指通过某种特定的算法(数岩科技采用"最大球法"),从二值化的三维岩心图像中提取出结构化的孔隙和喉道模型,同时该孔隙结构模型保持了原三维岩心图像的孔隙分布特征和连通性特征(图 5-38、图 5-39)。

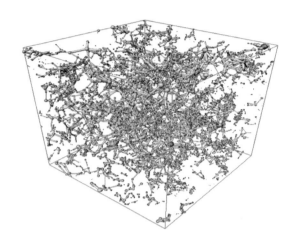

图 5-38　孔隙网络模型示意图

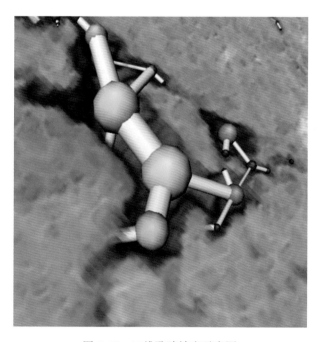

图 5-39　三维孔隙填充示意图

5)孔喉参数计算

根据提取的孔隙网络,统计孔隙网络尺寸分布,分析网络连通特性。通过对孔隙网络模型进行各项统计分析,了解真实岩心中的孔隙结构与连通性。孔隙网络模型统计分析具体包括以下三个方面。

（1）尺寸分布：包括孔隙和喉道半径分布、体积分布，喉道长度分布，孔喉半径比分布，形状因子分布等。

（2）连通特性：包括孔隙配位数分布，欧拉连通性方程曲线。

（3）相关特性：对孔隙和喉道的尺寸、体积、长度等任意两个物理量之间进行相关性分析。

# 三、2-31/84 样品测试分析结果

## 1. 全岩心分析结果

全岩心扫描的分辨率为 $58\mu m \times 58\mu m \times 58\mu m$，在全岩心分析结果中可以清楚看到三维空间样品的层理分布特征及宏观裂缝分布特征。

从图 5-40 中可以看出，样品比较致密，在此分辨率下层理发育不明显，孔隙分布相对比较均质。同时根据样品扫描结果，钻取了标准柱塞样品进行微米 CT 扫描。

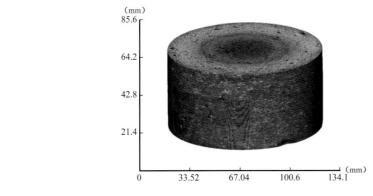

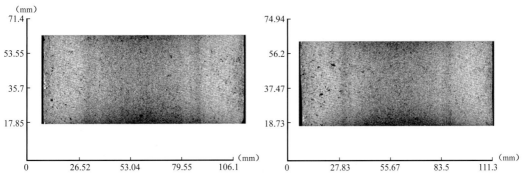

图 5-40　样品全岩心扫描结果及截面图

## 2. 样品制备及扫描精度选取

为了对样品进行高精度的研究，在全岩心样品上钻取了标准 25mm 的柱塞圆柱体样品。为保证 25mm 的柱塞样品与全岩心样品在同一分辨率下的孔隙度大致相同，对柱塞样品重新进行扫描，扫描分辨率为 15μm，在此分辨率下，可以观察到 15μm 以上的孔隙及裂缝，同

时可对样品的微层理进行观察。

在钻取的圆柱体上取薄片进行 Maps 扫描，并对样品的主要孔隙半径分布特征进行计算，得到样品中主要的孔径参数。再根据 Maps 分析结果对样品的下级扫描精度进行确定。

### 3. 样品 Maps 结果分析

#### 1）500nm 分辨率样品分析

在薄片样品上对尺寸大小为 17.2mm×15.6mm 的样品进行 500nm 分辨率的二维样品扫描（图 5–41），在此样品上可以对 500nm 以上的孔隙进行观察与分析。但由于分辨率的限制，很难观察到微孔区域的孔隙特征，因此，需进行更高精度的样品扫描。

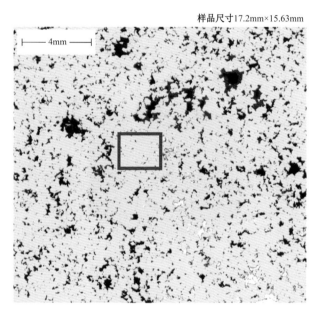

图 5–41　2–31/84 样品 500nm 分辨率 Maps 扫描

由于分辨率限制，此样品上的微孔区域孔隙特征很难观察，因此，对图 5–41 中红色区域进行更高精度的 50nm 分辨率样品扫描。在 50nm 分辨率下，基本可以观察到样品不同大小的孔径分布。

#### 2）50nm 分辨率样品分析

选取 5–41 红色区域中的样品进行 50nm 分辨率二维扫描，样品尺寸大小为 2.1mm×1.9mm，由图 5–42 可见，在 50nm 分辨率下，基本可以观察到样品不同大小的孔径分布。

#### 3）样品孔隙观察与描述

通过 Maps 对样品的孔隙类型与分布进行定性观察，可以看到存在大量的白云岩颗粒间孔隙（图 5–43），同时在高分辨率下存在大量的表面溶蚀孔（图 5–44）。同时在样品中发现大量的沥青与孔隙并存（图 5–45）。

样品尺寸2.08mm×1.873mm

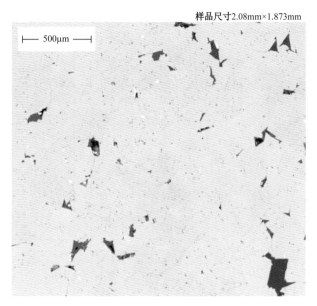

图 5-42　2-31/84 样品 50nm 分辨率 Maps 扫描

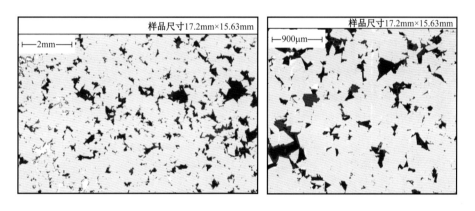

图 5-43　2-31/84 样品粒间孔分布特征

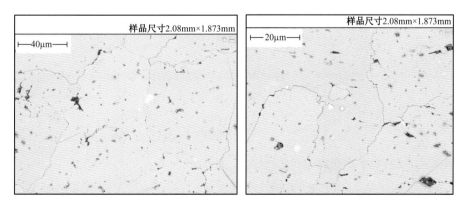

图 5-44　2-31/84 样品溶蚀孔分布特征

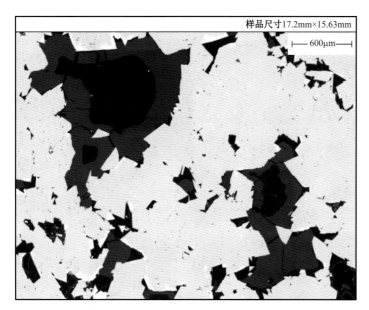

图 5-45　2-31/84 样品沥青分布特征（浅灰色为沥青，黑色为孔隙）

4）孔隙分布特征

通过 500nm 和 50nm 分辨率的 Maps 扫描，对样品的孔隙分布进行了定量计算，由此得到样品的主要孔隙半径分布特征（图 5-46）。从图 5-46 可以看出，样品的主要孔径分布范围为 100nm～200μm，主要以 1～20μm 孔隙为主。

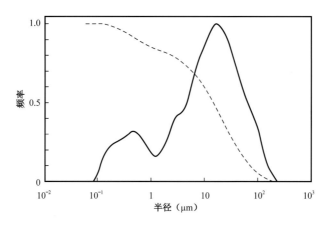

图 5-46　2-31/84 样品孔径分布特征

5）微米 CT 扫描精度分析

根据样品 Maps 扫描结果，对样品设计了三级精度测试（图 5-47），主要包括 25mm 标准柱塞扫描、6mm 样品 CT 扫描和 3mm 样品 CT 扫描。

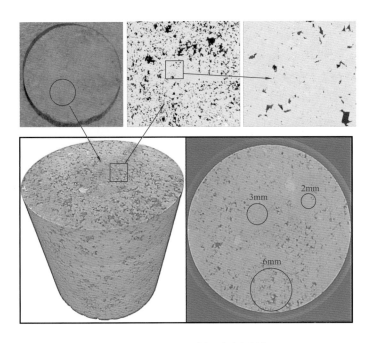

图 5-47　2-31/84 样品扫描设计

## 4. 标准柱塞样品微米 CT 扫描

### 1）样品扫描

对样品 2-31/84 进行微米 CT 扫描，样品分辨率为 15.2μm，样品大小为 1800μm × 1800μm × 1500μm。从图中可以看出，样品发育均质性较好，同时可以观察到大量的碳酸盐岩粒间孔（图 5-48）。

图 5-48　2-31/84 样品微米 CT 扫描结果及截面图

### 2）样品分割

对标准柱塞样品进行分割,根据分割结果,在此分辨率下,样品的孔隙度为1.74%,样品孔隙不连通(图5-49)。

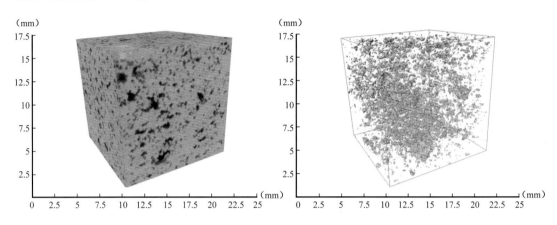

图5-49　2-31/84样品微米CT样品三维空间孔隙分布特征

## 5.6mm样品微米CT扫描

### 1）样品扫描

与钻取柱塞样品标准一样,尽可能保证25mm样品和6mm样品在同一分辨率下的孔隙度相同。以此为基础,选取6mm的圆柱样品进行扫描。样品分辨率为3.7μm,样品大小为1700μm×1700μm×998μm(图5-50)。

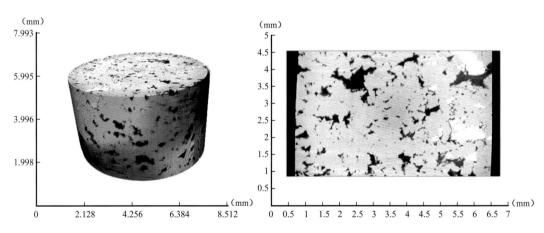

图5-50　2-31/84样品6mm圆柱CT扫描结果及孔隙特征(黑色区域)

### 2）样品分割

对6mm的样品进行分割计算,计算结果表明,样品在此分辨率下不连通(图5-51),但加上沥青通道后,岩石表现为连通的特征,在成藏条件下的连通性较好。

图 5-51　2-31/84 样品微米 CT 三维空间孔隙分布特征

## 3）样品计算

表 5-13 为 6mm 样品分割计算结果，表 5-14 为根据分割结果模拟的渗透率。

表 5-13　6mm 样品分割计算结果

| 样品参数 | 6mm 样品分割结果 | |
| --- | --- | --- |
| 像素大小（μm） | 3.7 | |
| 孔隙度（%） | 6.95 | 不连通 |
| 孔隙＋沥青（%） | 12.19 | 三个方向都连通 |

表 5-14　模拟成藏过程渗透率

| 方向 | 连通孔隙度（%） | 渗透率（mD） |
| --- | --- | --- |
| X | 10.49 | 162 |
| Y | 10.49 | 358 |
| Z | 10.49 | 297 |

## 6. 3mm 样品微米 CT 扫描

### 1）样品扫描

选取 3mm 样品进行了更高精度的微米 CT 扫描，样品像素为 1.3μm，样品大小为 1900μm × 1900μm × 1192μm（图 5-52）。

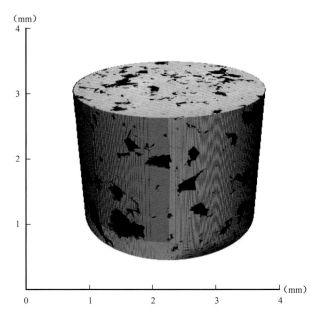

图 5-52　2-31/84 样品 3mm 圆柱 CT 扫描结果及孔隙特征（黑色区域）

**2）样品分割**

同时对 3mm 的样品进行分割计算，计算结果表明，样品在此分辨率下连通（图 5-53），说明样品的渗流通道主要在 1～3μm 范围内进行沟通。

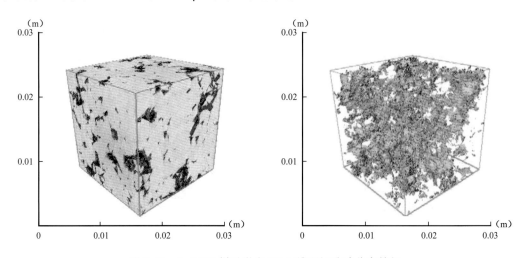

图 5-53　2-31/84 样品微米 CT 三维空间孔隙分布特征

**3）样品计算**

表 5-15 为 3mm 样品分割计算结果，表 5-16 为根据分割结果模拟的渗透率。

表 5-15　3mm 样品分割计算结果

| 样品参数 | 3mm 样品分割结果 | |
| --- | --- | --- |
| 像素大小（μm） | 1.3 | |
| 孔隙度（%） | 8.01 | 连通 |

表 5-16　3mm 样品孔隙渗透率模拟

| 方向 | 连通孔隙度（%） | 渗透率（mD） |
| --- | --- | --- |
| X | 6.1 | 3.04 |
| Y | 6.1 | 3.28 |
| Z | 6.1 | 8.18 |

## 7. 样品岩石物理参数计算

### 1）孔渗参数计算

孔隙度参数计算：全岩心样品和 25mm 标准柱塞样品孔隙度接近，6mm 和 3mm 样品孔隙范围类似，且 3mm 包含的范围更大，因此选取 25mm 柱塞和 3mm 样品来对样品的总孔隙度进行计算。

3mm 样品的孔隙度为 8.01%，且孔隙分布特征如图 5-54，样品主要包括 74μm 以下的孔隙；25mm 样品的孔隙度为 1.74%，且孔隙分布特征如图 5-55，样品主要包括 15～200μm 范围内的孔隙，大于 74μm 的孔隙所占的百分比为 52%。

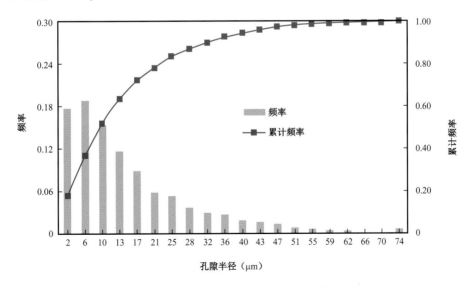

图 5-54　样品 3mmCT 扫描结果孔径特征

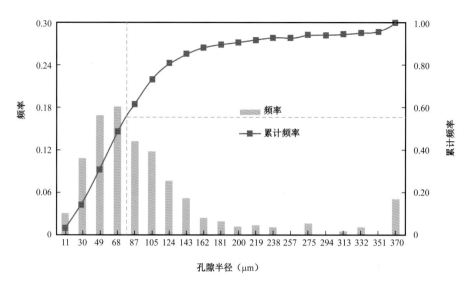

图 5-55  样品 6mmCT 扫描结果孔径特征

因此样品的总孔隙度为 8.01%+1.74%×52%=8.91%。样品孔隙参数见表 5-17。

表 5-17  2-31/84 样品孔隙度计算结果

| 样品参数 | 样品总孔隙度计算结果 | |
| --- | --- | --- |
| 全岩心孔隙度(%) | — | 与柱塞样品孔隙度相同 |
| 柱塞微米 CT 孔隙度(%) | 1.74 | — |
| 6mm 样品微米 CT 孔隙度(%) | — | — |
| 3mm 样品微米 CT 孔隙度(%) | 8.01 | 包含 6mm 样品的孔径尺寸 |
| 总孔隙度(%) | 8.91 | — |
| 连通孔隙度(%) | 6.10 | — |

渗透率参数模拟：由于样品主要以 1～3μm 的孔隙来进行沟通，因此渗透率以 3mm 样品模拟渗透率为准(表 5-18)。

表 5-18  样品 2-31/84 样品渗透率模拟结果

| 方向 | 样品渗透率模拟结果(mD) | 备注 |
| --- | --- | --- |
| X 方向 | 3.04 | |
| Y 方向 | 3.28 | 以 3mm 样品模拟结果为准 |
| Z 方向 | 8.18 | |

## 2）孔隙网络提取

利用数岩科技"最大球法"，对样品的三维孔隙空间分布特征和孔隙网络进行提取，并对配位数进行了计算（图 5-56、图 5-57），其中样品的平均配位数为 3.44。

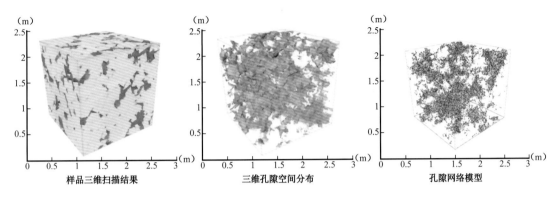

样品三维扫描结果　　　　三维孔隙空间分布　　　　孔隙网络模型

图 5-56　样品 2-31/84 孔隙网络提取

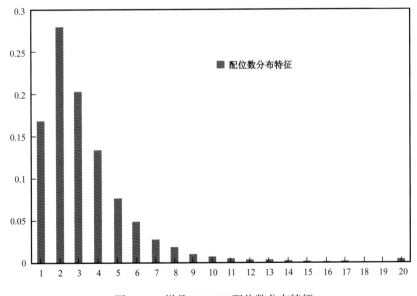

图 5-57　样品 2-31/84 配位数分布特征

## 3）NMR 模拟

利用随机游走法，对 6mm 样品和 3mm 样品的孔隙进行了 NMR 模拟，并对模拟结果进行了融合（图 5-58）。

## 4）MICP 模拟

由于 6mm 样品不连通，因此对 3mm 样品进行了 MICP 模拟（图 5-59）。

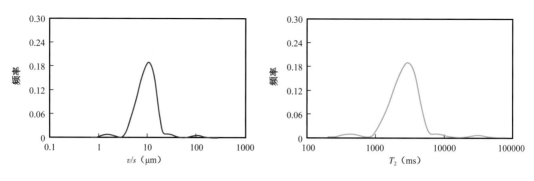

图 5-58　样品 2-31/84NMR 模拟结果

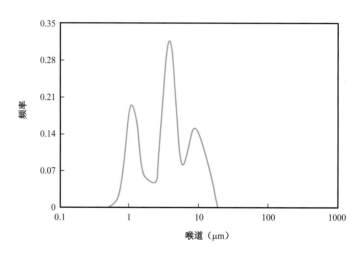

图 5-59　样品 2-31/84MICP 模拟结果

5）不同模拟结果对比

对 Maps、NMR 和 MICP 的模拟结果进行了对比（图 5-60）。Maps 由于精度高，反映的是整个样品的孔隙分布范围；NMR 反映的微三维空间中的孔隙特征，孔隙分布范围由于分辨率差异，略小于 NMR；MICP 主要反映的是样品中的喉道特征，分布范围最窄。

### 8. 样品矿物成分分析与分布特征

对样品的柱塞表明进行了矿物成分分析（图 5-61），从图中可以看出，样品主要以白云石为主，含量达到了 98.65%。

## 四、2-74/84 样品测试分析结果

### 1. 全岩心分析结果

全岩心扫描的分辨率为 $58\mu m \times 58\mu m \times 58\mu m$，全岩心分析结果可以清楚地看到三维空间中样品的层理分布特征及宏观裂缝分布特征。

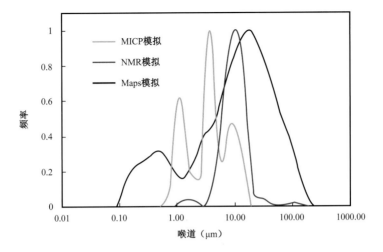

图 5-60  样品 2-31/84 不同模拟结果对比

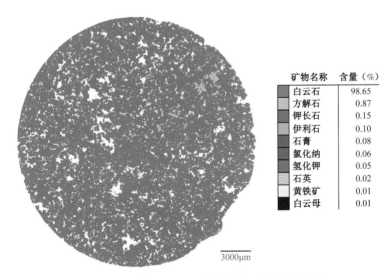

| 矿物名称 | 含量（%） |
|---|---|
| 白云石 | 98.65 |
| 方解石 | 0.87 |
| 钾长石 | 0.15 |
| 伊利石 | 0.10 |
| 石膏 | 0.08 |
| 氯化纳 | 0.06 |
| 氢化钾 | 0.05 |
| 石英 | 0.02 |
| 黄铁矿 | 0.01 |
| 白云母 | 0.01 |

图 5-61  样品 3-31/84 样品矿物成分分析结果

从中可以看出，样品非均质性较强，发育大量微米级甚至毫米级的大孔，同时又发育大量的微孔，中孔发育较少（图 5-62a）。同时根据样品扫描结果，钻取了标准柱塞样品进行微米 CT 扫描（图 5-62b、c）。

## 2. 样品制备及扫描精度选取

为了对样品进行高精度的研究，在全岩心样品上钻取了标准 25mm 的柱塞圆柱体样品。为保证 25mm 的柱塞样品与全岩心样品在同一分辨率下的孔隙度大致相同，对柱塞样品重新进行扫描，扫描分辨率为 15μm，在此分辨率下，可以观察到 15μm 以上的孔隙及裂缝，同时可对样品的微层理进行观察。

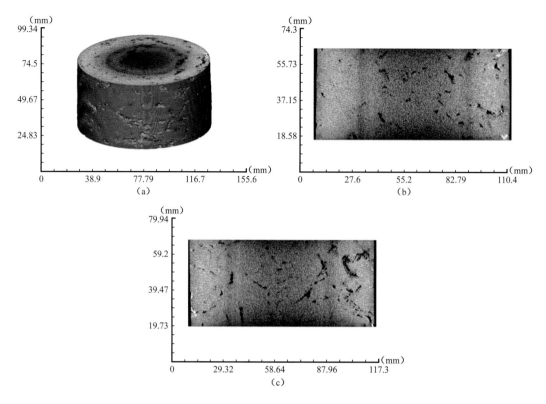

图 5-62　样品全岩心扫描结果及截面图

在钻取的圆柱体上取薄片进行 Maps 扫描,并对样品的主要孔隙半径分布特征进行计算,得到样品中主要的孔径参数。再根据 Maps 分析结果来对样品的下级扫描精度进行确定。

## 3. 样品 Maps 结果分析

### 1)500nm 分辨率样品分析

首先在薄片上对尺寸大小为 17.2mm×15.6mm 的样品进行 500nm 分辨率的二维样品扫描(图 5-63),在此样品上能对 500nm 以上的孔隙进行观察与分析。由于分辨率的限制,微孔区域的孔隙特征很难观察,因此需进行更高精度的 50nm 分辨率样品扫描。在 50nm 分辨率下,基本可以观察到样品不同大小的孔径分布。

### 2)50nm 分辨率样品分析

样品尺寸大小为 2.1mm×1.9mm。由图 5-64 可见,在 50nm 分辨率下,基本可以观察到样品不同大小的孔径分布,能进行微观孔隙观察。

### 3)样品孔隙观察与描述

通过 Maps 对样品的孔隙类型与分布进行定性观察,在样品中可以发现大量的肉眼可观察的粒间孔(图 5-65),同时在高分辨率下存在大量的表面溶蚀孔(图 5-66)。此外,在 2-72/84 样品上还发现沥青分布(图 5-67),但沥青含量相对较低。

样品尺寸17.2mm×15.63mm

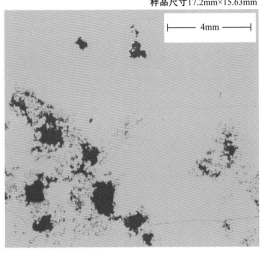

├── 4mm ───┤

样品尺寸2.08mm×1.873mm

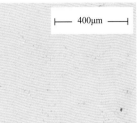

├── 400μm ──┤

图 5-63　2-74/84 样品 500nm 分辨率 Maps 扫描　　　图 5-64　2-74/84 样品 50nm 分辨率 Maps 扫描

### 4）孔隙分布特征

通过 500nm 和 50nm 分辨率的 Maps 扫描，对样品的孔隙分布进行了定量计算，由此得到样品的主要孔隙半径分布特征（图 5-68）。从图 5-68 可以看出，样品的主要孔径分布范围为 70nm～1mm，孔隙呈双峰特征分布。

### 5）微米 CT 扫描精度分析

根据样品 Maps 扫描分析结果，对样品设计了三级精度测试（图 5-69），主要包括 25mm 标准柱塞扫描、1mm 样品 CT 扫描和 100μm 样品的纳米 CT 扫描。

样品尺寸17.2mm×15.63mm

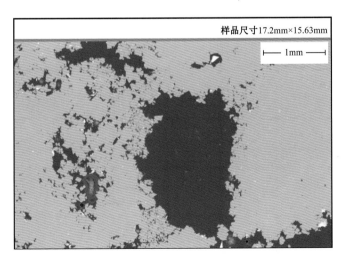

├── 1mm ──┤

样品尺寸17.2mm×15.63mm

├── 300μm ──┤

图 5-65　2-74/84 样品粒间孔分布特征

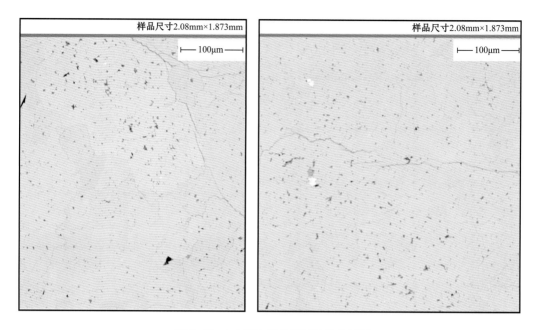

图 5-66　2-74/84 样品溶蚀孔分布特征

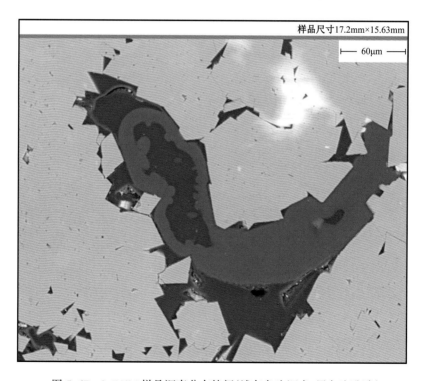

图 5-67　2-74/84 样品沥青分布特征(浅灰色为沥青,黑色为孔隙)

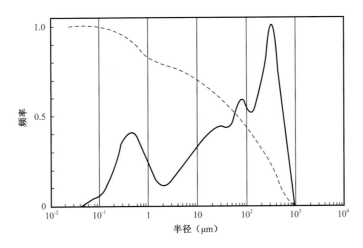

图 5-68　2-74/84 样品孔径分布特征

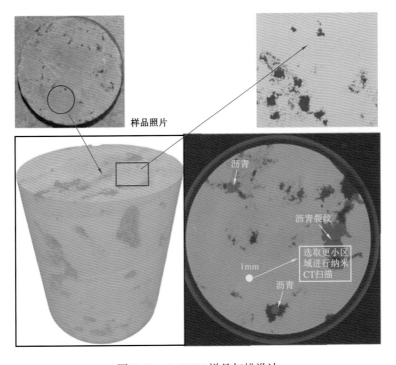

图 5-69　2-74/84 样品扫描设计

## 4. 标准柱塞样品微米 CT 扫描

### 1）样品扫描

对样品 2-74/84 进行微米 CT 扫描，样品分辨率为 15.2μm，样品大小为 1800μm×1800μm×1891μm。从图 5-70 中可以看出，样品发育均质性较差，只可以观察到的少量的大的碳酸盐岩粒间孔，其中部分孔隙肉眼看见。

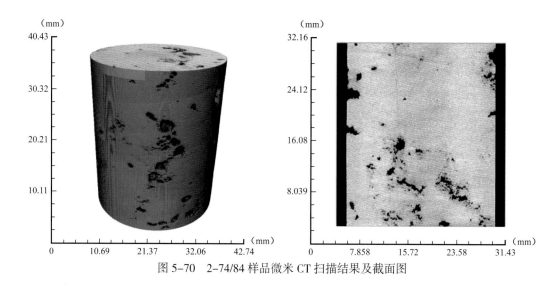

图 5-70　2-74/84 样品微米 CT 扫描结果及截面图

**2）样品分割**

对标准柱塞样品进行分割，根据分割结果，在此分辨率下，样品的孔隙度为 2.09%，样品孔隙不连通（图 5-71）。

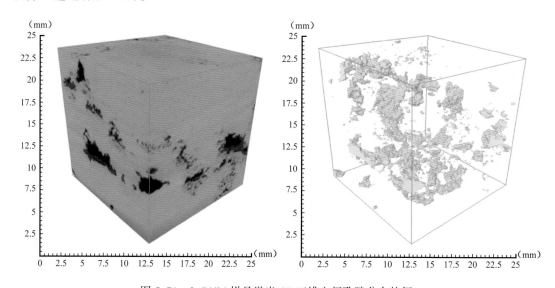

图 5-71　2-74/84 样品微米 CT 三维空间孔隙分布特征

## 5. 1mm 样品微米 CT 扫描

**1）样品扫描**

为了对小孔内部特征进行分析，在柱塞上尽可能避开大孔，选取小孔发育的致密区域进行扫描，区域大小为 1mm×1mm，分辨率为 0.587μm，样品大小为 1800μm×1800μm×1163μm（图 5-72）。

图 5-72　2-74/84 样品 1mm 圆柱 CT 扫描结果及孔隙特征(黑色区域)

## 2)样品分割

对 1mm 的样品进行分割计算,计算结果表明,样品在此分辨率下不连通(图 5-73),孔隙度仅为 0.20%,孔隙尺寸在 1～15μm 的较少。

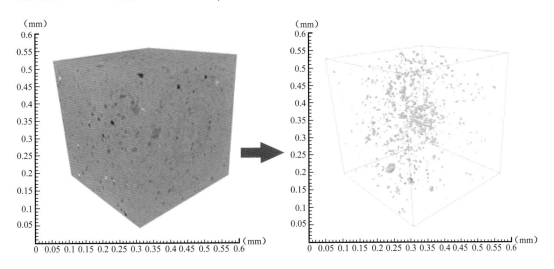

图 5-73　2-74/84 样品微米 CT 三维空间孔隙分布特征

## 6. 100μm 样品纳米的 CT 扫描

### 1)样品扫描

为了进一步对样品中的小孔内部特征及连通特征进行分析,选取了 100μm 的区域进行纳米 CT 扫描,分辨率为 50nm,样品大小为 2000μm×2000μm×2500μm(图 5-74)。

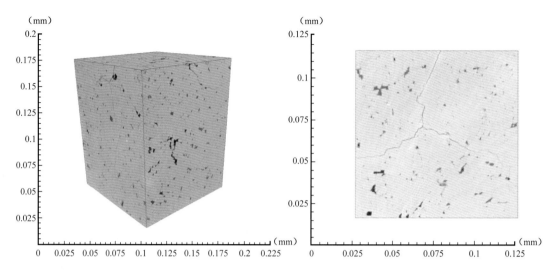

图 5-74　2-74/84 样品纳米 CT 扫描结果及横截面

### 2）样品分割

在样品上选取了 1000μm × 100μm × 1000μm 的区域,对样品进行了分割,并进行了模拟计算(图 5-75 )。

图 5-75　2-74/84 样品纳米 CT 分割结果

### 3）样品计算

表 5-19 为 3mm 样品分割计算结果,表 5-20 为根据分割结果模拟的渗透率。

表 5-19　样品分割计算结果

| 样品参数 | 纳米样品分割结果 | |
| --- | --- | --- |
| 像素大小( nm ) | 50nm | |
| 孔隙度( % ) | 3.08 | 连通 |

表 5-20　纳米样品孔隙渗透率模拟

| 方向 | 模拟渗透率（mD） |
| --- | --- |
| $X$ | 不连通 |
| $Y$ | 0.30 |

## 7. 样品岩石物理参数计算

### 1）孔渗参数计算

孔隙度参数计算：与样品 2-31/84 一样，主要选取 25mm 柱塞样品和纳米 CT 样品（可以包括 1mm 样品的孔隙特征，且样品孔隙度偏低）。纳米 CT 样品的孔隙度为 3.08%，样品主要包括 1μm 以下的孔隙（图 5-76）。而 25mm 样品以 10μm 以上的孔隙为主（图 5-77），因此总的孔隙度为 4.63%（3.08%+1.55%）（表 5-21）。

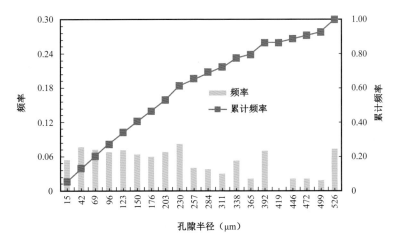

图 5-76　25mm 样品扫描结果孔径特征

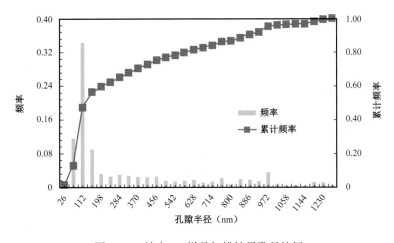

图 5-77　纳米 CT 样品扫描结果孔径特征

表 5-21　孔隙度参数计算

| 样品参数 | 样品总孔隙度计算结果 | |
|---|---|---|
| 全岩心孔隙度（%） | | 与柱塞样品孔隙度相同 |
| 柱塞微米 CT 孔隙度（%） | 2.18 | |
| 1mm 样品微米 CT 孔隙度（%） | | |
| 100μm 样品纳米 CT 孔隙度（%） | 2.57 | |
| 总孔隙度（%） | 4.75 | |

渗透率参数计算：首先对纳米样品的渗透率进行模拟，然后利用数岩科技渗透率粗化方法，将渗透率粗化到柱塞级别（表 5-22）。

表 5-22　渗透率模拟结果

| 参数 | 样品渗透率模拟结果 |
|---|---|
| 纳米 CT 模拟渗透率（mD） | 0.36 |
| 柱塞样品渗透率（mD） | 不连通 |
| 粗化到柱塞渗透率（mD） | 0.71 |

2）孔隙网络提取

利用数岩科技"最大球法"，对样品的三维孔隙空间分布特征和孔隙网络进行提取，并对配位数进行了计算（图 5-78、图 5-79）。

3）NMR 模拟

利用随机游走法，对样品 25mm 和纳米 CT 样品的孔隙进行了 NMR 模拟，并对模拟结果进行融合（图 5-80）。

4）MICP 模拟

由于 25mm 样品不连通，因此对纳米 CT 样品进行了 MICP 模拟（图 5-81）。

5）不同模拟结果对比

对 Maps、NMR 和 MICP 的模拟结果进行对比（图 5-82）。Maps 由于精度高，反映的是整个样品的孔隙分布范围；NMR 反映的是微三维空间中孔隙特征，孔隙分布范围由于分辨率差异，略小于 NMR；MICP 主要反映样品中的喉道特征，分布范围最窄。

## 8. 样品矿物成分分析与分布特征

对样品的柱塞进行了矿物成分分析（图 5-83），从中可以看出，样品主要以白云石为主，含量达到了 99.62%。

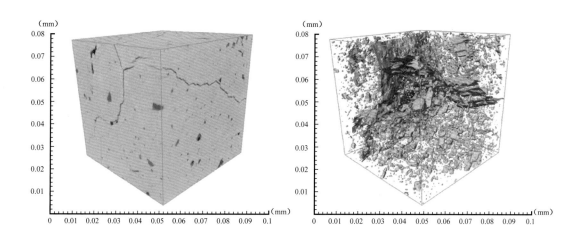

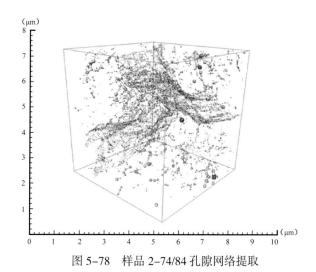

图 5-78　样品 2-74/84 孔隙网络提取

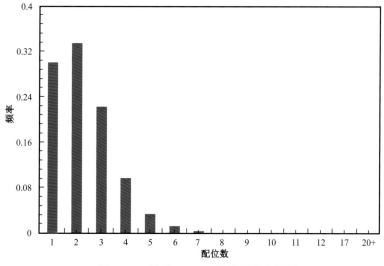

图 5-79　样品 2-74/84 配位数分布特征

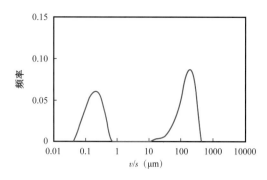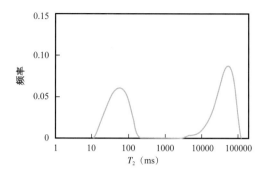

图 5-80  样品 2-74/84NMR 模拟结果

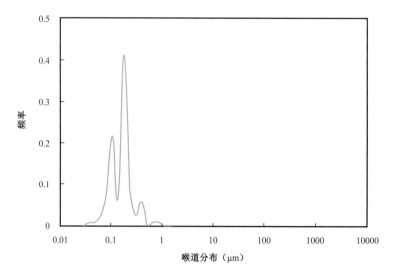

图 5-81  样品 2-74/84MICP 模拟结果

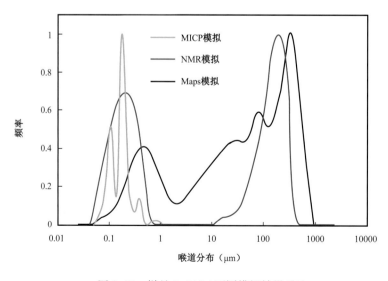

图 5-82  样品 2-74/84 不同模拟结果对比

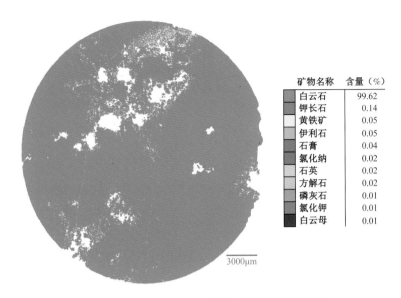

| 矿物名称 | 含量（%） |
|---|---|
| 白云石 | 99.62 |
| 钾长石 | 0.14 |
| 黄铁矿 | 0.05 |
| 伊利石 | 0.05 |
| 石膏 | 0.04 |
| 氯化钠 | 0.02 |
| 石英 | 0.02 |
| 方解石 | 0.02 |
| 磷灰石 | 0.01 |
| 氯化钾 | 0.01 |
| 白云母 | 0.01 |

3000μm

图 5-83　样品 3-74/84 样品矿物成分分析结果

## 五、测试结论

表 5-23 为样品 2-31/84 和样品 2-74/84 的分析结果和对比。

表 5-23　样品 2-31/84 和样品 2-74/84 的分析结果和对比

| 碳酸盐岩样品 | 2-31/84 | 2-74/84 |
|---|---|---|
| 孔隙度（%） | 8.91 | 4.75 |
| 渗透率（mD） | 3.81 | 0.71 |
| 平均配位数 | 3.44 | 2.40 |
| 孔隙分布特征 Maps | 孔隙主要分布在微米级别，以 1～500μm 的孔隙为主 | 孔隙主要呈双峰分布特征，其中包括微米级（1～500μm）甚至毫米级（0.5～2mm）的大孔 |
| NMR 模拟结果 | 三维空间与二维平面孔隙分布特征类型，以微米孔为主 | 双峰分布特征（大孔隙 + 微米孔） |
| MICP 模拟结果 | 反映样品的渗流能力，主要以微米级（1～40μm）喉道连通微米级孔隙 | 主要以纳米级喉道连通大孔隙和微米级孔隙 |
| 矿物成分分析 | 都以白云石为主，白云石含量都达到了 98% 以上 | |
| 孔喉组合 | 微米孔型储层（1～500μm） | 微米孔（＜0.5mm）+ 大孔隙型储层（0.5～2mm） |
| 结论 | 样品孔隙度较高，其中以微米孔为主，且连通孔隙的也为微米孔，样品渗流特性较好，此样品储层相对较好 | 样品孔隙度中等，孔隙分布以大孔隙和微米孔为主，其中主要通过粒间纳米孔来进行沟通，样品物性相对较差 |

## 六、储层孔喉结构与产能关系的建立

在孔喉结构详细表征的基础上,依据已有生产井的资料,建立储集空间类型、孔喉结构及组合与产能的关系,建立高产井模式,为高效开发井部署提供依据。

### 1. 储层孔喉结构类型

前已述及,本节选取的龙王庙组两个样品分别代表微米孔型(2–31/84)和微米孔—大孔隙型(2–74/84)两种微观孔喉结构类型储层(图5–84)。在岩心中还能见到通过肉眼就能对其进行表征的孔洞(孔径>2mm)富集层,孔洞间自身的连通性虽然不好,但这些孔洞往往融合在微米孔型、微米孔—大孔隙型储层中,大大提高了储层的孔隙度,而且极大地提高压裂改造效果。据此,可以将四川盆地龙王庙组白云岩储层划分为5种微观孔喉结构类型(表5–24)。

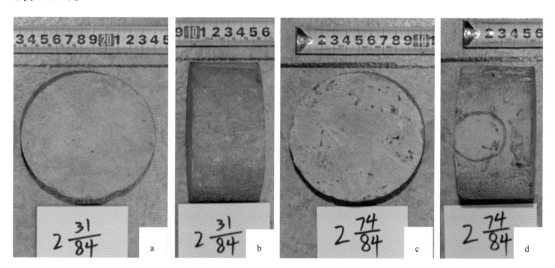

图 5-84　龙王庙组全岩性样品特征

(a)、(b):浅灰色白云岩,白云石晶粒较粗,孔隙大小和分布不均,局部区域较致密,孔隙内充填有沥青,微米孔型(2–31/84)储层;(c)、(d):灰色微晶白云岩,可见毫米级大孔隙(<2mm),大部分孔被固体充填,沥青为球形或不规则形状,沥青中可见裂纹,微米孔—大孔隙型(2–74/84)储层

表 5-24　龙王庙组白云岩储层微观孔喉结构类型

| 序号 | 类型 | 物性特征 | 孔隙特征 | 喉道特征 | 产能 | 概率 |
|---|---|---|---|---|---|---|
| 1 | 微米孔 + 孔洞型 | 孔隙度>8.91%<br>渗透率≥3.81mD | 微孔隙(0～500μm);<br>孔洞(>2mm) | 微喉道(0～40μm);<br>微米孔隙<br>(0～500μm) | 高产<br>稳产 | 常见 |
| 2 | 微米孔型 | 孔隙度8.91%<br>渗透率3.81mD | 微孔隙(0～500μm) | 微喉道(0～40μm) | 中产<br>稳产 | 次常见 |

续表

| 序号 | 类型 | 物性特征 | 孔隙特征 | 喉道特征 | 产能 | 概率 |
|---|---|---|---|---|---|---|
| 3 | 微米孔+大孔隙型 | 孔隙度 4.75%渗透率 0.71mD | 微孔隙（0～500μm）；大孔隙（0.5～2mm） | 微喉道（0～40μm）；微米孔隙（0～500μm） | 低产稳产 | 次常见 |
| 4 | 微米孔+大孔隙+孔洞型 | 孔隙度＞4.75%渗透率≥0.71mD | 微孔隙（0～500μm）；大孔隙（0.5～2mm）；孔洞（＞2mm） | 微喉道（0～40μm）；微米孔隙（0～500μm） | 高产稳产 | 常见 |
| 5 | 大孔隙+孔洞型 | 孔隙度视孔洞富集程度，渗透率极低或不连通 | 大孔隙（0.5～2mm）；孔洞（＞2mm） | 相对孤立，或被少量微米孔连通 | 极低产 | 少见或罕见 |

注：高产（＞$50 \times 10^4 m^3/d$）；中产[（$10～50$）×$10^4 m^3/d$)]；低产（几万立方米/日）；极低产（几千立方米/日）

## 2. 产能主控因素分析

在含气饱和度、地层压力等条件一定的情况下，就储层而言，对产能的控制主要表现在两个方面。一是储层自身的孔隙度、渗透率和孔喉结构类型，尤其是孔洞的发育情况；二是储层改造措施（酸化、压裂、酸化压裂）。

（1）大孔隙+孔洞型储层：这类储层不常见，一般来说孔洞发育的层段，孔洞或大孔隙大多被微孔隙、各种成因的缝所连通，没有微孔隙和缝，也不可能形成孔洞或大孔隙。这类储层可以有很高的孔隙度，但渗透率很低，不经储层改造措施几乎难以求产，但储层改造措施（压裂）的效果又会非常明显，可以达到高产的级别，是否稳产受控于储层规模。

（2）微米孔型储层：这类储层在颗粒白云岩、细中晶白云岩中常见，孔隙度和渗透率均较高，储层具有一定的规模，均质性较强，自然产能就可达到中产和稳产的级别，经压裂改造后，可以达到高产稳产的级别。

（3）微米孔+孔洞型储层：在微米孔型储层的基础上，叠加了孔洞，孔隙度和渗透率均较高，储层具有一定的规模，均质性较强，自然产能就可达到高产和稳产的级别，经压裂改造后，产量可以达到几百万立方米/日。

（4）微米孔+大孔隙型储层：这类储层的微米孔并不是很发育，叠加了部分大孔隙（0.5～2mm），连通性也不佳，所以孔隙度和渗透率远不如微米孔型储层好，自然产能只能达到低产的级别，而且压裂改造措施的效果也不会太明显，虽可以达到低产—中产的级别，稳产系数也不会高。

（5）微米孔+大孔隙+孔洞型储层：在微米孔+大孔隙型储层的基础上，叠加了孔洞，虽然渗透率不会有明显的提高，但孔隙度可大幅增加，自然产能虽然只能达到低产的级别，但压裂改造效果会非常明显，可以达到中产—高产的级别，而且稳产系数也显著提高。

综合上述分析,从自然产能和稳产系数两个参数,对上述 5 种孔喉结构类型储层由好到差的评价顺序如下:微米孔 + 孔洞型储层 > 微米孔型储层 > 微米孔 + 大孔隙 + 孔洞型储层 > 微米孔 + 大孔隙型储层 > 大孔隙 + 孔洞型储层。从压裂改造效果参数分析,叠加的孤立大孔隙及孔洞含量越高,压裂改造效果越好。

### 3. 高产井模式的建立

事实上,产层段储层的孔喉结构类型并非是单一的,可以是几种类型的组合,而且不同类型在组合中的厚度比也会不一样,这都会影响单井日产量。所以,单井日产量除受控于储层孔喉结构类型(表 5-24 中的 5 种类型)外,还受控于不同孔喉结构类型的组合关系及各自的厚度比。据此,统计了高石梯—磨溪地区重点井不同孔喉结构类型储层组合、厚度比及与单井日产量的关系(图 5-85),从中总结高产井的主控因素,建立高产井模式。

从图 5-85 中可知,微米孔 + 孔洞型储层、微米孔型储层及储层厚度是决定单井高产稳产的主控因素。综合常规测井和电成像测井资料,建立了微米孔 + 孔洞型储层、微米孔型储层的测井识别图版(图 5-86、图 5-87)和高产井测井定性识别标准,为单井储层孔喉结构类型、组合关系和厚度判识提供依据。

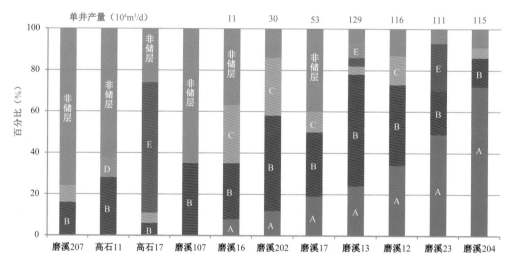

图 5-85 单井日产量与不同孔喉结构类型储层组合、厚度比的关系
A—微米孔型储层;B—微米孔 + 孔洞型储层;C—微米孔 + 大孔隙型储层;
D—微米孔 + 大孔隙 + 孔洞型储层;E—大孔隙 + 孔洞型储层

常规曲线形态上:低自然伽马、高声波、低密度、高中子,三条曲线具有均表现出高孔隙特征,且具有同步变化的特点,电阻率为高阻背景下低电阻率特征,深浅电阻率具有幅度差。

常规测井数值上:自然伽马 < 20API,高声波( > 46μs/ft),深电阻率 $200 \sim 20000\,\Omega \cdot m$。

电成像测井上:裂缝、溶孔洞发育,或者溶孔洞比较发育。

| 储层<br>类型 | 常规测井特征 | | 成像测井特征 | |
| --- | --- | --- | --- | --- |
| | 定性测井特征 | 定量测井特征 | 图像特征 | 图像模式 |
| 微米孔＋<br>孔洞型储<br>层(A类) | 低自然伽马,高声波,低密度,高中子,三条曲线均表现出高孔隙特征,孔洞越发育,密度降低幅度越大,电阻率为高阻背景下低电阻率特征,深浅电阻率具有幅度差 | 自然伽马<20API,声波>46us/ft,深电阻率200～2000Ω·m | 静态图像为暗色,动态图像溶蚀孔洞发育,少量裂缝 | |

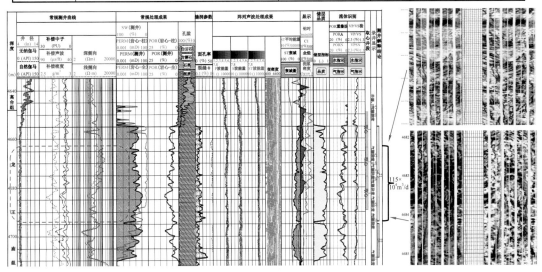

图 5-86　微米孔＋孔洞型储层常规和成像测井识别图版(磨溪 204 井)

### 4. 高效开发区块评价

基于龙王庙组储层孔喉结构解剖、高产井模式的建立及对四川盆地灯影组、龙王庙组的储层地质认识,对高效开发区块评价形成以下几点认识。

（1）灯影组二段储层:以溶蚀孔洞为主,发育少量的基质孔,相当于表 5-24 中的微米孔＋大孔隙＋孔洞型储层,但孔洞的丰度总体偏低,储层厚度不大,以低产稳产为主,压裂效果会较显著,可达到中产水平。这类储层在四川盆地广布。

（2）灯影组四段储层:德阳—安岳台内裂陷周缘以基质孔为主,伴生大量的大孔隙及孔洞,相当于表 5-24 中的微米孔型、微米孔＋孔洞型储层,而且储层厚度大,虽然有一定的非均质性,大多数井无论是自然产能还是经压裂改造,均能获得日产百万立方米以上的高产,而且稳产效果好。而在台内,这套储层以基质孔为主,伴生的孔洞明显减少,厚度明显变薄,以低产稳产为特征,在局部厚度变大、物性变好的区块,经压裂改造后可以求得日产几十万立方米的中产水平,而且由于储层的分布面积广,稳产效果好。

（3）龙王庙组储层:这套储层与灯影组四段储层在特征上具有相似性,均以基质孔为主,伴生大量的大孔隙及孔洞,只是岩性和厚度上略有差异,灯四段以微生物丘相的白云岩为主,厚度大,而龙王庙组以颗粒滩相白云岩为主,厚度相对较小,但均相当于表5-24中的微米孔型、微米孔＋孔洞型储层,大多数井无论是自然产能还是经压裂改造,均能获得日产百万立方米以上的高产,而且稳产效果好。这套储层由于形成于缓坡台地背景,在台内可大面积广布,不像灯影组四段储层,优质储层主要分布在德阳—安岳台内裂陷周缘。

龙王庙组气藏的高产受储层厚度、断裂或裂缝、孔洞所控制。高产井往往具有较厚的储层厚度(10～30m),断裂或裂缝发育,孔洞发育;中产井往往具有较厚的储层厚度(10～30m),但断裂或裂缝、孔洞不发育,以孔隙型储层为主;低产井储层厚度不大(0～10m),断裂或裂缝、孔洞不发育,以孔隙型储层为主。据此,建立了龙王庙组安岳气田高产井模式(图5-88),龙王庙组滩相白云岩储层识别主要依靠滩相储层地震反射特征,部署高产井主要通过断裂精细解释。

同时,形成以CT为核心的孔喉结构微观表征技术(见图2-38),建立了孔喉结构组合类型、厚度与产能关系,建立了测井解释图标和基于井震标定的高产井模式。

| 储层类型 | 常规测井特征 | | 成像测井特征 | |
|---|---|---|---|---|
| | 定性测井特征 | 定量测井特征 | 图像特征 | 图像模式 |
| 微米孔型储层(B类) | 低自然伽马,高声波,低密度,高中子,三条曲线均表现出高孔隙特征,电阻率为高阻背景下低电阻率特征,深浅电阻率具有小幅度差,与A类比,密度和电阻率降低幅度小,声波时差增大幅度小 | 自然伽马<20API,声波>45us/ft,深电阻率200～2000Ω·m | 静态图像为略暗色,动态图像有点状溶孔发育,特征不明显,未见孔洞,裂缝发育 | |

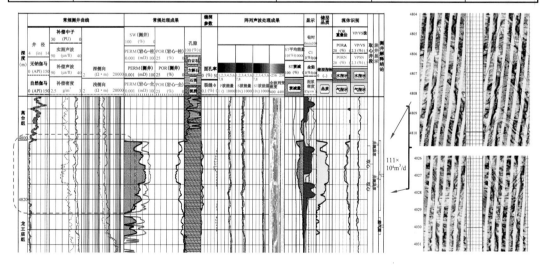

图5-87　微米孔型储层常规和成像测井识别图版(磨溪23井)

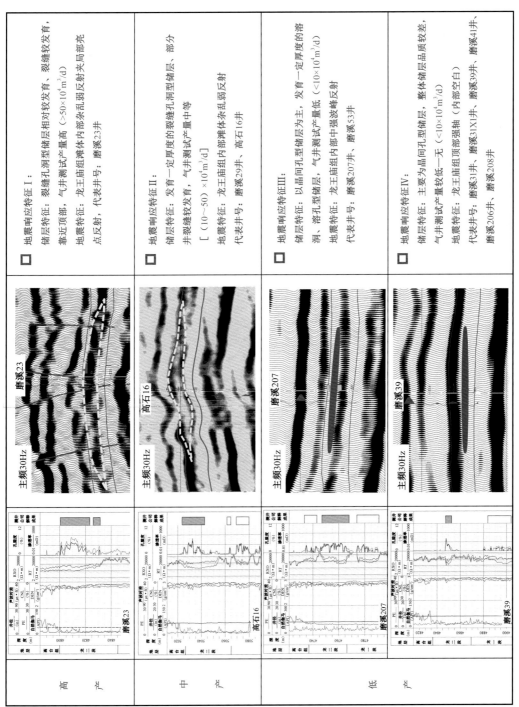

图 5-88　四川龙王庙组安岳气田高产井模式

地震响应特征 I：

储层特征：裂缝孔洞型储层相对较发育，裂缝较发育，气井测试产量高（>50×10⁴ m³/d）

地震特征：靠近顶部，龙王庙组滩体内部杂乱弱反射夹局部亮点反射，代表井号：磨溪23井

地震响应特征 II：

储层特征：发育一定厚度的裂缝孔洞型储层，部分井裂缝较发育，气井测试产量中等 [（10～50）×10⁴ m³/d]

地震特征：龙王庙组内部滩体内部杂乱弱反射，代表井号：磨溪29井、高石16井

地震响应特征 III：

储层特征：以晶间孔型储层为主，发育一定厚度的溶洞、溶孔型储层，气井测试产量低（<10×10⁴ m³/d）

地震特征：龙王庙组内部中强波峰波谷反射，代表井号：磨溪207井、磨溪53井

地震响应特征 IV：

储层特征：主要为晶间孔型储层，整体储层品质较差，气井测试产量较低—无（内部空白）

地震特征：龙王庙组顶部强中轴，代表井号：磨溪31井、磨溪31X井、磨溪39井、磨溪41井、磨溪206井、磨溪208井

高产

中产

低产

磨溪23

高石16

磨溪207

磨溪39

主频30Hz

# 参 考 文 献

常少英,沈安江,李昌,等 . 2016. 岩石结构组分测井识别技术在白云岩地震岩相识别中的应用[J]. 中国石油勘探,21(5):90-95.

何海清,李建忠 . 2014. 中国石油"十一五"以来油气勘探成果、地质新认识与技术进展[J]. 中国石油勘探,19(6):1-13.

贾承造,赵文智,邹才能,等 . 2004. 岩性地层油气藏勘探研究的两项核心技术[J]. 石油勘探与开发,31(3):3-9.

刘百红,李建华 . 2004. 测井和地震资料宽带约束反演的应用[J]. 石油物探,43(1):76-79.

刘企英 . 1994. 利用地震信息进行油气预测[M]. 北京:石油工业出版社 .

苗青,常少英,裴广平,等 . 2014. 塔里木轮古西奥陶系碳酸盐岩岩溶孔洞充填特征识别方法[J]. 中国石油勘探,19(1):31-34.

孙建孟,王永刚 . 2001. 地球物理资料综合应用[M]. 东营:中国石油大学出版社 .

王招明,谢会文,陈永权,等 . 2014. 塔里木盆地中深 1 井寒武系盐下白云岩原生油气藏的发现与勘探意义[J]. 中国石油勘探,19(2):1-13.

姚根顺,沈安江,潘文庆,等 . 2008. 碳酸盐岩储层—层序地层格架中的成岩作用和孔隙演化[M]. 北京:石油工业出版社 .

张满郎,谢增业,李熙喆,等 . 2010. 四川盆地寒武纪岩相古地理特征[J]. 沉积学报,28(1):128-139.

赵政璋,赵贤正,王英民 . 2005. 储层地震预测理论与实践[M]. 北京:科学出版社 .

# 第六章  海相碳酸盐岩储层实例解剖

前已述及,塔里木、四川和鄂尔多斯盆地大多数的礁滩储层均发生了白云石化,导致礁滩白云岩储层的归属存在分歧。本书将仍保留或残留大部分原岩礁滩结构的白云岩储层归入礁滩储层,残留少部分原岩礁滩结构或晶粒结构白云岩储层归入白云岩储层。塔里木盆地鹰山组上段、一间房组和良里塔格组发育未白云石化的礁滩储层,鹰山组下段、下寒武统肖尔布拉克组发育白云石化的礁滩储层,上寒武统—蓬莱坝组发育白云岩储层。四川盆地震旦系灯影组、龙王庙组、长兴组、飞仙关组发育白云石化的礁滩储层,栖霞组和茅口组发育白云岩储层。鄂尔多斯盆地马家沟组中组合发育白云岩储层。即使是白云岩储层,原岩主要为礁滩沉积,由于强烈的重结晶,只残留少部分原岩礁滩结构或完全成为晶粒结构白云岩。塔里木盆地岩溶储层主要发育于塔北隆起一间房组和鹰山组、塔中北斜坡鹰山组、牙哈—英买力地区上寒武统—蓬莱坝组,既有石灰岩潜山岩溶储层,也有白云岩风化壳储层;四川盆地岩溶储层主要发育于茅口组顶部和雷口坡组顶部,前者为石灰岩潜山岩溶储层,后者为白云岩风化壳储层;鄂尔多斯盆地岩溶储层主要发育于马家沟组上组合,为白云岩风化壳储层。

## 第一节  礁滩储层

重点解剖高石梯—磨溪地区灯影组四段微生物白云岩储层和龙王庙组礁滩白云岩储层、塔中北斜坡良里塔格组未白云石化礁滩储层、古城鹰山组三段和肖尔布拉克组礁滩白云岩储层,揭示礁滩储层的特征、成因和分布规律。这里所解剖的白云岩储层均与干旱气候背景有关,大多保留了原岩礁滩结构,而且后期未叠加明显的重结晶作用,故归入礁滩储层。

### 一、四川盆地灯影组礁滩白云岩储层

#### 1. 勘探和研究现状

震旦系灯影组白云岩是四川盆地天然气勘探的重要领域。1964 年在乐山—龙女寺古隆起上发现了以灯影组为产层的威远气田,探明储量 $400 \times 10^8 m^3$。乐山—龙女寺古隆起为加里东期的大型古隆起,面积约 $6 \times 10^4 km^2$。威远气田发现后,20 世纪 70—90 年代,围绕乐山—龙女寺古隆起核部及斜坡区,以灯影组为目的层进行了一系列勘探,钻探了龙女寺、安平店、资阳等 11 个构造 16 口井。1971 年钻探的女基井在灯影组 5206~5248m 井段测试获日产 $1.85 \times 10^4 m^3$ 的工业气流,1993—1997 年在资阳构造上钻探的资 1 井、资 3 井、资 7 井在灯影组获日产 $(5.33~11.54) \times 10^4 m^3$ 的工业气流。勘探工作者对乐山—龙女寺古隆起震旦系寄予厚望,但截至 2010 年底尚未获重大突破。2010 年以后向深层勘探( $>4500m$ )进军,

在威远构造东北侧高石梯—磨溪潜伏构造的灯影组勘探取得重大突破,揭开了高石梯—磨溪潜伏构造万亿立方米储量规模大气田勘探的序幕。

高石梯—磨溪构造灯影组工业气流井主要见于灯四段,少量见于灯二段,而且日产百万立方米以上的高产井主要位于构造西侧陡坎带,构造东侧平台区的井普遍低产,故本章重点讨论灯四段储层的特征、成因和分布,并对灯二段和灯四段储层的差异作比较。灯四段勘探的拓展面临以下两个瓶颈技术难题。一是储层强烈的非均质性,如高石梯—磨溪构造西侧陡坎带近 1500km$^2$ 的磨溪 22 井和高石 1 井、高石 2 井、高石 3 井、高石 6 井、高石 10 井储层物性好,单井日产量都在几十万立方米至百万立方米以上(磨溪 9 和高石 9 井灯四段也具有很好的储层物性),而东侧平台区近 6000km$^2$ 的磨溪 8 井、磨溪 10 井、磨溪 11 井、磨溪 12 井、磨溪 13 井、磨溪 17 井、磨溪 19 井储层物性差,单井日产量大多在几万至十几万立方米,东侧是否有几十万立方米至百万立方米以上的高产区块,储层非均质性的主控因素是关注的焦点;二是储层特征、成因和分布规律,导致四川盆地除高石梯—磨溪地区之外灯影组四段的有利勘探领域不明朗,有效储层发育和分布的主控因素是关注的焦点。

上述两个瓶颈技术难题的解决归根结底是基于对灯影组四段白云岩储层发育主控因素的认识。前人虽然针对四川盆地灯影组白云岩储层的成因做过不少研究工作,但分歧很大,归纳起来有三种不同的观点。一是以向芳等(向芳等,1998;陈宗清,2010;施泽进等,2011)为代表的岩溶储层观,认为震旦系顶与桐湾运动相关的表生岩溶作用是储层发育的主控因素,视剥蚀强度的不同,不整合面之下出露灯四段、灯三段和灯二段。二是以王兴志(王兴志等,1997;侯方浩等,1999;王士峰等,1999)为代表的颗粒滩储层观,认为滩沉积的白云石化作用是储层发育的主控因素,储层的载体为具或不具残留颗粒结构的晶粒白云岩。三是以冯明友(冯明友等,2016)为代表的热液白云岩储层观,认为埋藏—热液作用是灯影组白云岩储层发育的主控因素。上述认识均没有回答四川盆地灯影组四段勘探面临的储层非均质性和储层分布规律两个瓶颈技术难题。

## 2. 储层发育地质背景

四川盆地震旦系灯影组自下而上可划分为灯一段、灯二段、灯三段和灯四段(邓胜徽等,2015)(图 6-1)。灯一段岩性主要为浅灰—深灰色层状泥粉晶白云岩,夹砂屑和藻屑白云岩,局部夹硅质条带和燧石团块,厚 300~450m。灯二段岩性主要为浅灰—灰白色藻泥晶白云岩,少量凝块石、藻纹层白云岩、砂屑和藻屑白云岩,夹膏盐岩及膏质泥晶白云岩,重结晶后呈粉细晶白云岩,厚 400~800m,中部发育厚十余米的葡萄花边白云岩,见残留溶蚀孔洞。灯三段岩性主要为深灰—灰色泥粉晶白云岩,夹少量砂屑和藻屑白云岩、粉细晶白云岩,川中地区底部为灰黑色泥岩,向西南方向泥岩逐渐减薄消失,厚 200~350m。灯四段岩性主要为浅灰—深灰色藻纹层或藻叠层白云岩,少量凝块石、藻泥晶、砂屑和藻屑白云岩,藻纹层和藻叠层构造发育,雪花状及葡萄花边状构造少见,基质孔和溶蚀孔洞发育,残留厚度30~400m。

四川盆地震旦系灯影组以台地沉积为主(李英强等,2013)。灯一段是晚震旦世早期海侵的产物,与下震旦统陡山陀组呈整合或假整合接触,与灯二段为连续沉积;灯二段是台内藻泥晶白云岩、藻屑和砂屑白云岩的主要发育期,沉积期末气候转为干旱,海水盐度增加,有利于微生物的繁殖,桐湾运动Ⅰ幕(汪泽成等,2014)使川中灯二段抬升遭受风化剥蚀,与灯三段呈假整合接触;灯三段早期发育海侵相的泥岩,晚期发育台缘和台内颗粒滩,与灯四段为连续沉积;灯四段是台缘和台内微生物丘滩复合体的主要发育期,受灯四末期桐湾运动Ⅱ幕的影响,使灯四段遭受不同程度的淋滤和剥蚀,造成地层厚度差异较大,局部地区(如威远、资阳地区)灯三段也被部分或完全剥蚀,灯二段直接为下寒武统筇竹寺组覆盖呈不整合接触。灯影组沉积特征和构造运动史对储层的类型、特征、成因和分布具重要的控制作用。

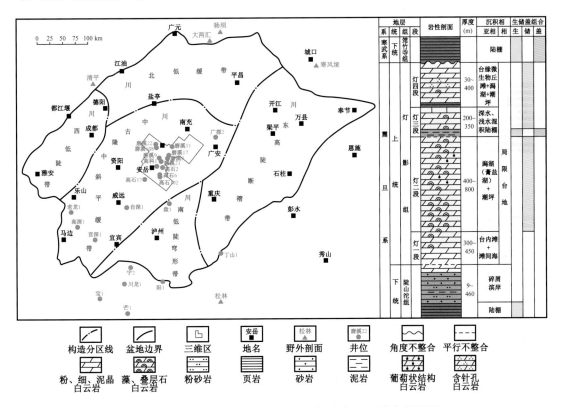

图6-1　四川盆地震旦系灯影组地层序列、沉积相综合柱状图

　　四川盆地德阳—安岳地区晚震旦世—早寒武世发育一近南北向展布的特殊构造—沉积单元,以汪泽成等(2014)和李忠权等(2015)为代表,认为其是侵蚀谷或拉张侵蚀槽,以钟勇等(2014)、魏国齐等(2015)、刘树根等(2016)和杜金虎等(2016)为代表,认为其是拉张槽或克拉通内裂陷。侵蚀谷或拉张侵蚀槽的观点认为灯影组沉积期末的桐湾运动Ⅱ幕导致侵蚀谷的形成和灯三段—灯四段被剥蚀,其重要的证据是高石17井下寒武统麦地坪组(相当于梅树村组沉积期沉积)与灯二段直接接触,麦地坪组烃源岩主要分布在侵蚀谷内,筇竹寺组沉积期台地被淹没,烃源岩广布,侵蚀谷内烃源岩厚度大于台地上烃源岩厚度,沧浪铺组和龙王庙组沉积期是填平补齐的过程。拉张槽或克拉通内裂陷的观点认为台内裂陷发育于晚震旦世—早寒武世,受北西向为主的张性断裂控制,经历了裂陷形成期(灯影组沉积

期)、裂陷发展期(麦地坪组—筇竹寺组沉积期)和裂陷消亡期(沧浪铺组)三个阶段,其重要的证据是认为裂陷内发育50～100m灯三段—灯四段和100～300m灯一段—灯二段,而且地层厚度小于裂陷两侧灯影组(650～920m),而裂陷内麦地坪组和筇竹寺组厚度大于裂陷两侧地区。高石17井岩屑薄片见大量具葡萄花边结构的白云岩,是灯二段典型的沉积特征,同时还见有大量碳质泥岩、硅质泥岩、含化石泥质泥晶白云岩,夹瘤状泥晶白云岩和中细砂岩,代表斜坡和盆地相深水沉积,但由于缺乏定年化石,汪泽成等(2014)和杜金虎等(2016)将其归入麦地坪组和筇竹寺组欠妥。总体而言,斜坡和盆地相深水沉积确立了台内裂陷的存在,尤其是裂陷两侧灯四段微生物丘滩复合体的发育进一步揭示了灯四段沉积期盆地—斜坡—台缘—台内沉积体系的存在(图6-2),而盆地—斜坡相深水沉积直接覆盖在灯二段葡萄花边状白云岩之上又揭示了两者间存在侵蚀作用,最为合理的解释是晚震旦世灯影组沉积期至早寒武世是一个由侵蚀谷向台内裂陷演化的过程,而不是单一的侵蚀谷或台内裂陷,可划分为以下6个阶段。

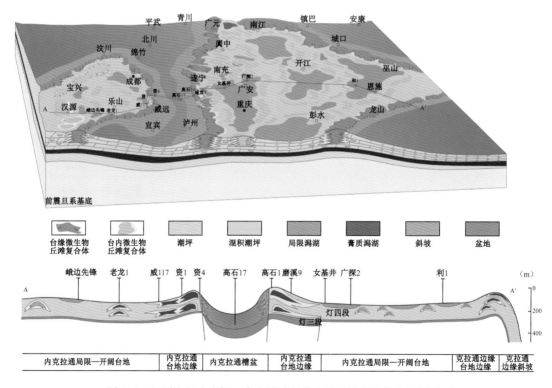

图6-2　四川海相小克拉通台内裂陷与微生物丘滩复合体分布模式图

(1)灯二段沉积期为小克拉通浅水台地藻泥晶、藻屑和砂屑白云岩形成阶段。

(2)灯二段沉积末期受桐湾运动Ⅰ幕影响,灯二段抬升遭受风化剥蚀,形成扬子台地广布的葡萄花边状白云岩,葡萄花边结构并不是沉积成因的,而是岩溶孔洞从表生至埋藏期由洞壁向中央逐渐胶结充填的产物(沈安江等,2015),残留孔洞构成灯二段储集空间的主体。这期侵蚀作用在德阳—安岳地区比较强烈,形成近南北向展布的侵蚀谷。

(3)灯三段沉积期发生海侵,早期以沉积黑色泥岩、砂质泥岩、含砾砂岩为主,晚期相变为碳酸盐岩,主要为泥晶白云岩和颗粒白云岩。

（4）灯四段沉积期为台内裂陷发育阶段,而且沿先期的侵蚀谷发育,向南可以延伸至宝1井附近,证据有三。一是岩心揭示沿裂陷两侧台缘礁滩发育,二是地震剖面的前积反射特征是台缘礁滩的响应(杨志如等,2014),三是地震剖面揭示台内裂陷的存在并受北西向断裂控制(杜金虎等,2016b)。前已述及,由于缺乏定年化石,汪泽成等(2014)和杜金虎等(2016)将裂陷内的深水沉积归入麦地坪组和筇竹寺组欠妥,底部应该存在相当于灯四段的深水沉积,裂陷内的地层厚度小于裂陷周缘的地层厚度。

（5）梅树村组沉积期至筇竹寺组沉积期,碳酸盐台地被淹没,并发生填平补齐沉积作用,裂陷内的地层厚度大于裂陷周缘的地层厚度。

（6）沧浪铺组沉积期,台内裂陷消亡,龙王庙组沉积期进入缓坡台地演化阶段。

德阳—安岳地区晚震旦世—早寒武世由侵蚀谷向台内裂陷的演化控制了储层的发育和分布。

## 3.灯影组四段储层发育主控因素

基于露头地质调查、岩心和薄片观察、单井资料及地球化学分析,对四川盆地灯影组四段礁滩白云岩储层成因取得以下三点认识。

### 1）微生物丘滩复合体是储层发育的物质基础

微生物泛指一切微观生物,包括细菌、真菌和微生物藻类,其中细菌(尤为蓝细菌)常为微生物碳酸盐岩的主要研究对象,重点强调其对碳酸盐沉积物的形成与固定能力(Riding R.,2000)。蓝细菌是一种似藻类细菌并具有营光合作用和固氮作用(Braga J C等,1995;Herrero A等,2008),在镜下呈球状、丝状体及螺旋状。在微生物碳酸盐岩这一术语出现之前,蓝细菌常被看着一种藻类,曾被称为蓝绿藻或蓝藻,并将微生物碳酸盐岩称为隐藻碳酸盐岩(Aitken J D,1967),以区别于主要由钙藻骨骼大量堆积而成的钙藻碳酸盐岩,但因其为原核生物,完全区别于真核藻类,故将其归为细菌类(戴永定等,1994)。

微生物碳酸盐岩是指由底栖微生物群落(主要为蓝细菌)通过捕获与粘结碎屑沉积物,或经与微生物活动相关的无机或有机诱导矿化作用在原地形成的沉积岩(Burne R V等,1987;Riding R,1991),微生物活动主要导致早期低温白云石化作用,其理论基础是地质微生物与地质温压具等效性(谢树成等,2016)。Aitken（1967）最早将藻碳酸盐岩划分为由骨骼钙藻组成的碳酸盐岩和隐藻碳酸盐岩,又将隐藻碳酸盐岩进一步划分为隐藻生物碳酸盐岩和隐藻颗粒碳酸盐岩。前者包括核形石、叠层石、凝块石和藻纹层石,后者包括藻屑和砂屑碳酸盐岩,两者构成微生物碳酸盐岩。该分类中的隐藻即为现在的蓝细菌。

四川盆地震旦系灯影组普遍发育微生物碳酸盐岩,以灯四段为主,主要岩石类型有藻纹层/藻叠层/藻格架白云岩(图6-3a、b),少量藻泥晶白云岩(图6-3c),凝块石(图6-3d)、树枝石、均一石、与微生物相关的颗粒白云岩(藻屑和砂屑白云岩)(图6-3e、f),保留原岩结构,为与微生物作用相关的早期低温沉淀白云石,尤其是球状白云石的发现

（图 6-3g、h，表 6-1），进一步证实微生物对灯影组早期低温白云石形成的贡献（Sanchez-Roman 等，2008）。化学组分揭示灯影组球状白云石为有序度低（Mg/Ca＜1）的原白云石。据 Vasconcelos 等（1995），在咸化环境，通过中度嗜盐好氧细菌 Halomonasmeridiana、Virgibacillusmarismortui 的作用可以在 25～35℃的温度条件下沉淀球形原白云石。叠加埋藏白云石化成岩改造后，可形成粉细晶白云岩（图 6-3i），但大多残留藻纹层和藻颗粒等原岩结构。藻纹层/藻叠层/藻格架/藻泥晶白云岩、凝块石构成微生物丘的丘核，代表潮坪或缓坡边缘潮下低能沉积，藻屑和砂屑白云岩构成微生物丘的丘基、丘盖及丘翼，代表受波浪作用影响的中高能沉积，两者共同构成微生物丘滩复合体，均一石代表丘间沉积。

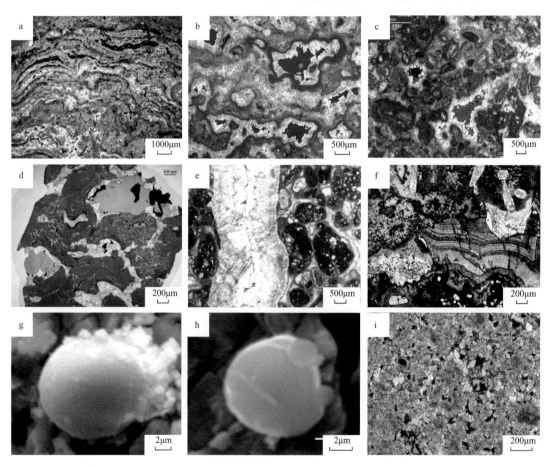

图 6-3　四川盆地震旦系灯影组微生物丘滩复合体岩性和储集空间特征

（a）藻纹层或藻叠层白云岩，藻架孔发育，亮晶白云石胶结物，磨溪 17,5067.35m，灯影组四段，铸体薄片，单偏光；（b）藻纹层或藻叠层白云岩，藻架孔发育，亮晶白云石胶结物，磨溪 22,5418.70m，灯影组二段，铸体薄片，单偏光；（c）藻泥晶白云岩，溶孔发育，残留隐藻结构，磨溪 22,5417.97m，灯影组二段，铸体薄片，单偏光；（d）凝块石，溶孔发育，亮晶白云石胶结物，磨溪 21,5082.75m，灯影组四段，铸体薄片，单偏光；（e）藻屑白云岩，白云石胶结物，高石 6,5370.50m，灯影组二段，普通片，单偏光；（f）葡萄花边白云岩，围岩为藻粘结或藻砂屑白云岩，白云石胶结物，磨溪 9,5420.92m，灯影组二段，普通片，单偏光；（g）藻纹层及藻叠层白云岩中的球形白云石，重庆寒风垭剖面，灯四段；（h）藻纹层及藻叠层白云岩中的球形白云石，遵义松林剖面，灯二段；（i）粉细晶白云岩，溶孔发育，残留隐藻结构，磨溪 22,5418.70m，灯影组二段，铸体薄片，单偏光

表 6-1 灯影组球状白云石的化学组分

| 样品分析号 | C 含量（%） | O 含量（%） | Mg（%） | Ca（%） | 总含量（%） |
|---|---|---|---|---|---|
| 球状白云石 -1 | 29.71 | 47.90 | 9.36 | 13.04 | 100.00 |
| 球状白云石 -2 | 26.03 | 54.47 | 10.27 | 9.23 | 100.00 |
| 球状白云石 -3 | 14.58 | 61.40 | 9.79 | 14.23 | 100.00 |
| 球状白云石 -4 | 37.41 | 39.46 | 9.12 | 14.00 | 100.00 |
| 平均 | 26.96 | 50.66 | 9.69 | 12.69 | 100.00 |

微生物丘滩复合体具"大丘小滩"的特点，而不像高能格架礁的礁滩复合体，具"小礁大滩"的特征（赵文智等，2014a），这可能与其长期的低能生长环境有关，即使是滩相的藻屑和砂屑白云岩，也往往具有藻包覆结构，显然，藻屑和砂屑来自微生物丘自身受波浪作用的破碎。孔隙主要见于丘核相的藻纹层或藻叠层白云岩（图 6-3a、b）、凝块石（图 6-3d）、藻泥晶白云岩（图 6-3c）及由之叠加埋藏白云石化改造的粉细晶白云岩中（图 6-3i），藻屑和砂屑白云岩孔隙不发育（图 6-3e、f），这就决定了微生物丘滩复合体主体具有较好储集性能的同时，也存在较强的储层非均质性。孔隙类型有藻架孔和溶蚀孔洞。

磨溪 108 井灯四段沉积期位于裂陷周缘的台缘带，取心段厚 47m，岩心观察可划分为 2个短期丘滩复合体旋回和 9 个高频旋回（图 6-4a），一个完整沉积旋回的岩性由下至上依次为：（1）泥晶白云岩 / 藻泥晶白云岩，致密无孔；（2）树枝石和均一石，致密无孔；（3）凝块石（角砾化白云岩）与微生物相关的颗粒白云岩，无孔或少量基质孔；（4）藻纹层 / 藻叠层 / 藻格架白云岩，孔隙型，面孔率 5%～8%；（5）藻纹层 / 藻叠层 / 藻格架白云岩，孔隙—孔洞型，面孔率 8%～12%。但受海平面变化的影响，并不是所有沉积旋回均完整发育上述 5 套岩性组合，孔隙主要见于向上变浅旋回顶部的藻纹层 / 藻叠层 / 藻格架白云岩中。

磨溪 51 井灯四段沉积期位于台内，取心段厚 82m，岩心观察可划分为 2 个短期丘滩复合体旋回和 7 个高频旋回（图 6-4b），一个完整沉积旋回的岩性由下至上依次为：（1）泥晶白云岩 / 藻泥晶白云岩，致密无孔；（2）树枝石和均一石，致密无孔；（3）凝块石（角砾化白云岩）与微生物相关的颗粒白云岩，无孔或少量基质孔；（4）藻纹层白云岩（藻席），无孔或少量基质孔；（5）藻纹层白云岩 / 藻格架白云岩，孔隙型，面孔率 2.5%～5%。但受海平面变化的影响，并不是所有沉积旋回均完整发育上述 5 套岩性组合，孔隙主要发育于 2 个短期丘滩复合体旋回顶部的藻纹层 / 藻叠层 / 藻格架白云岩中。显然，台内微生物丘滩复合体储层无论是层数、有效储层厚度及品质远不如台缘带，而且以孔隙为主，孔洞少见，这可能与台缘带地貌较高，微生物丘滩复合体更易于频繁暴露接受准同生期大气淡水溶蚀有关。

2）孔隙主要形成于沉积期和准同生溶蚀作用

微生物丘滩复合体储层主要发育于灯四段，少量见于灯二段。孔隙主要形成于两个阶段：一是沉积期形成的原生基质孔隙，如藻格架孔（图 6-3a、b），同时海水胶结作用也可充填部分原生基质孔隙(图6-3e);二是准同生溶蚀作用使原生基质孔隙被进一步溶蚀形成孔洞(图6-3i,图6-5a、b、c、d、g、i),这时的溶蚀孔洞是在原生孔隙基础上的进一步溶蚀扩大,以组构选择性溶蚀形成的溶蚀孔洞为主,被溶蚀的对象是未完全固结和白云石化的沉积物,或有序度低的白云石,这很好地解释了磨溪108井、磨溪51井岩心所见到的溶蚀孔洞主要发育于向上变浅旋回的上部、与同沉积暴露面相关、由暴露面向下溶蚀孔洞逐渐减少的现象(图6-4)。反映同沉积暴露的另一证据是干裂缝和窗格构造等暴露蒸发作用标志的出现(图6-5f)。原生基质孔和准同生期溶蚀孔洞构成储集空间的主体。

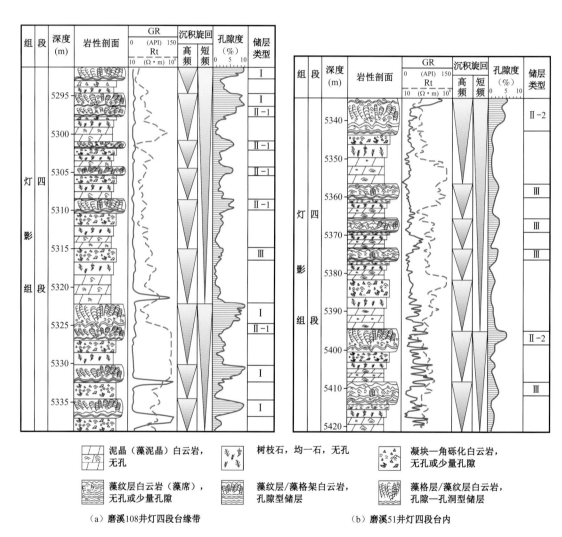

图6-4  磨溪108井、磨溪51井灯四段岩心微生物丘滩复合体沉积旋回特征

事实上,溶蚀孔洞可以形成于三种地质背景(沈安江,2015),一是早期同沉积暴露和溶蚀,二是晚期表生溶蚀,三是埋藏溶蚀。之所以认为德阳—安岳地区灯影组四段发育的溶蚀孔洞主要是早期同沉积暴露和溶蚀的产物,基于以下三个方面的证据。

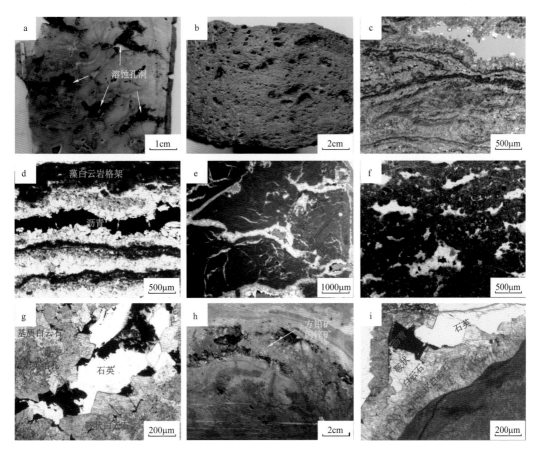

图 6-5　四川盆地震旦系灯影组微生物白云岩成岩现象

（a）藻纹层／藻叠层／藻格架白云岩,溶蚀孔洞,磨溪 108 井,灯四段,5306.54m,岩心;（b）藻纹层／藻叠层／藻格架白云岩,溶蚀孔洞,磨溪 51 井,灯四段,5335.72m,岩心;（c）藻纹层／藻叠层／藻格架白云岩,藻架孔及溶蚀孔洞,磨溪 108 井,灯四段,5302.20m,铸体薄片,单偏光;（d）藻纹层／藻叠层／藻格架白云岩,藻架孔及溶蚀孔洞为石英胶结物和沥青充填,磨溪 51 井,灯四段 5351.99m,薄片,单偏光;（e）藻泥晶白云岩,溶蚀孔洞为葡萄花边状白云石胶结物完全充填,峨边先锋露头剖面,灯二段;（f）凝块石,溶孔发育,亮晶白云石胶结物,磨溪 108 井,灯四段,5306.50m,铸体薄片,单偏光;（g）粉细晶白云岩,残留隐藻结构,溶蚀孔洞发育,并为叶片状白云石→鞍状白云石→石英→萤石→沥青→方解石依次充填,磨溪 108 井,灯四段,5302.26m,薄片,单偏光;（h）藻纹层／藻叠层／藻格架白云岩,溶蚀孔洞及裂缝为方铅矿、闪锌矿、石英、萤石、长石、方解石压力双晶等充填,高石 102 井灯四段,5039.31m,岩心;（i）藻泥晶白云岩,溶蚀孔洞依次为叶片状白云石→鞍状白云石→石英→沥青充填,磨溪 22 井,灯四段,5408.69m,薄片,单偏光

（1）孔洞的分布样式。大多数溶蚀孔洞具成层性和顺层分布的特征,位于向上变浅旋回的顶部,多套叠置,具明显的组构选择性,大型的岩溶缝洞少见,与灯四段沉积末期桐湾运动Ⅱ幕的抬升剥蚀和断裂没有明显的关系,显然不是晚期表生岩溶作用的产物。

（2）孔洞的发育潜力。微生物碳酸盐岩在同沉积期由与微生物作用相关的早期低温白云石、残留未云化的灰质、文石和高镁方解石等易溶矿物构成,即使是早期低温白云石也因有序度低而易于溶蚀（Brian J,2002）,且有很好的组构选择性溶孔发育的物质基础。而晚期被抬升到地表的白云岩地层,其矿物成分都已发生高度的稳定化,白云石即使受弱酸性流体的作用也不易被溶蚀,更不用说是大气淡水的作用,溶蚀孔洞发育的物质基础要比石灰岩地层及同沉积期沉积物差很多,野外可根据5%浓度盐酸溶液与碳酸盐岩反应的起泡情况,鉴别白云岩与石灰岩。塔里木盆地牙哈—英买力地区上寒武统—蓬莱坝组潜山白云岩储层以晶间孔和晶间溶孔为主,岩溶缝洞不发育,储集空间也不受潜山面及断裂系统控制,这均说明储层形成于抬升剥蚀之前,并非晚期表生岩溶作用的产物(沈安江,2007)。

(3)孔洞的充填特征。根据岩石薄片观察,溶蚀孔洞中充填有不同期次的成岩产物,由洞壁向中央(由早到晚)依次为叶片状白云石→鞍状白云石→石英→萤石→沥青→方解石(图6-5g、i)。叶片状白云石最早一期胶结物,广泛充填于格架孔、水成岩墙、粒间孔、溶蚀孔洞中,碳—氧稳同位素和围岩相似,均为低正值和低负值,与蒸发海水有关,锶—氧同位素与围岩类似,并与灯影期海水锶—氧同位素参考值一致,代表海水成岩环境的产物,并与Sanchez-Roman等(2008)和Vasconcelos等(1995)关于现代微生物白云岩的地球化学特征进行了对比,具有相似性。阴极发光昏暗—不发光(图6-6a、b、g)。这些说明这期胶结物形成于同沉积期,随后的热液矿物鞍状白云石、石英、萤石等进一步充填孔洞(图6-6a、b、c、d、e、f)。孔洞的形成时间早于叶片状白云石,不可能是热液作用的产物。

桐湾运动Ⅱ幕的抬升剥蚀对灯影组四段岩溶缝洞的发育有一定影响,但平面上具有明显的差异性,德阳—安岳台内裂陷周缘的灯四段与寒武系麦地坪组—筇竹寺组几乎呈整合接触,灯四段厚150～300m,晚表生岩溶作用弱,这也是导致该地区灯四段储集空间主要形成于沉积期和准同生溶蚀作用的原因。台内抬升剥蚀强烈,残留地层厚度小于100m,晚表生岩溶作用强烈,形成的岩溶缝洞对灯四段储集空间有重要贡献。

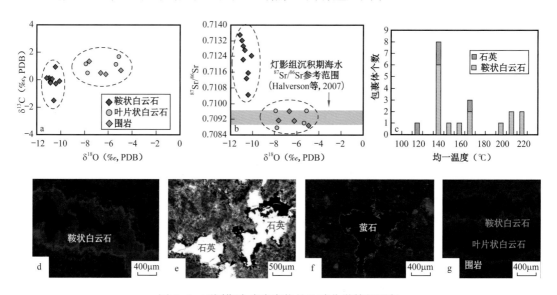

图6-6 不同期次成岩产物的地球化学特征图版

(a)叶片状白云石、鞍状白云石和围岩的碳—氧同位素,磨溪108井,灯四段;(b)叶片状白云石、鞍状白云石和围岩的锶—氧同位素,灯影组沉积期海水锶同位素参考范围据Halverson G P(2007),磨溪108井,灯四段;(c)石英和鞍状白云石的流体包裹体均一温度,磨溪108井,灯四段;(d)孔洞中充填的鞍状白云石发亮橙色光,磨溪108井,灯四段,5306.54m;(e)孔洞中充填的石英,磨溪51井,灯四段,5335.72m;(f)孔洞中充填的萤石,磨溪108井,灯四段,5291.56m;(g)孔洞中充填的鞍状白云石发亮橙色光,叶片状白云石不发光,磨溪108井,灯四段,5306.54m

### 3）有机酸和热液活动具双重性，以破坏孔洞为主

埋藏环境通过有机酸、TSR（硫酸盐还原反应）的溶蚀作用可以形成孔隙，这已为绝大多数学者认可（蔡春芳等，2005；刘文汇等，2006；张水昌等，2011），但本书认为埋藏环境主要是先存孔隙保存和调整的场所，通过有机酸、TSR 的溶蚀作用可以形成孔隙，但溶解的产物必然要在邻近的地质体中沉淀封堵孔隙，导致孔隙的富集和贫化，从质量守恒的角度分析，孔隙的净增（或减）量近于零。埋藏溶蚀与表生溶蚀不一样，表生环境溶蚀的产物可以通过河流搬运至大海，质量是亏损的，可以新增大量的孔隙。

大多数学者认为热液作用对孔隙有重要的贡献（Davis GR 等，2006；金之钧等，2006），形成各种各样与热液相关的储层。自然界热液与储层共生的现象也确实常见，这会让人产生储层发育与热液活动相关的判断。但本书认为这是因果关系的颠倒，虽然热液与储层共生，但并不是因为热液作用导致储层的发育，而是因为先有储层，才为热液提供了流动的通道，并沉淀各种各样的热液矿物，也正是通过这些热液矿物使判断热液活动的存在。

灯影组四段微生物丘滩复合体储层确实也发现了很多埋藏溶蚀和热液活动现象，也被认为是一套与埋藏—热液活动相关的白云岩储层（朱东亚等，2014）。前已述及，这套储层具有明显的相控性和成层性，格架孔及组构选择性溶蚀孔洞形成于沉积作用和准同生期的溶蚀作用，有机酸、TSR 的溶蚀作用可以形成少量溶孔，如石英胶结物被溶蚀成港湾状（图6-5g），并为沥青充填，但更多的是通过黄铁矿、方铅矿、闪锌矿（图6-5h）、萤石、黄铁矿、鞍状白云石等热液矿物的充填而封堵孔隙（图6-5g、h、i）。所以，对灯影组四段微生物丘滩复合体储层，埋藏—热液作用与其说是孔隙的建造者，不如说是储层的指示者，储层中的先存孔洞为后期的热液活动提供了通道，并导致热液矿物充填部分孔洞。

综上所述，灯影组四段白云岩储层的发育受控于两个因素：一是微生物丘滩复合体是储层发育的基础；二是频繁和持续的准同生溶蚀作用形成毫米—厘米级的溶蚀孔洞。埋藏—热液活动对储层的改造主要是通过热液矿物的充填封堵孔隙。这一认识带来了储层预测理念的改变，由原来的找颗粒滩储层、沿不整合面及断裂找岩溶储层或与热液相关储层，转变为找与海平面下降相关的暴露面及暴露面之下的微生物丘滩复合体储层。

### 4. 灯二段与灯四段储层差异比较

高石梯—磨溪构造灯影组工业气流井主要见于灯四段，少量见于灯二段，而且日产百万立方米以上的高产井主要位于构造西侧陡坎带，构造东侧平台区的井普遍低产（表6-2）。在构造西侧陡坎带，高石1井、高石9井及磨溪9井灯二段也见到了高产工业气流，但探井成功率和产量总体不如灯四段，但灯二段储层的品质不如灯四段，储层非均质性大于灯四段。从测试数据分析构造东侧平台区，灯二段和灯四段储层的品质相当，但灯二段非均质程度大于灯四段，总体上也不如灯四段裂陷周缘微生物丘滩白云岩储层好。

表 6-2　高石梯—磨溪构造灯影组工业气流井一览表

| 构造西侧陡坎带（$10^4 m^3/d$） | 磨溪9（灯二段/灯四段） | 磨溪22（灯二段/灯四段） | 高石1（灯二段/灯四段） | 高石2（灯二段/灯四段） | 高石3（灯二段/灯四段） | 高石6（灯二段/灯四段） | 高石9（灯二段/灯四段） | 高石10（灯二段/灯四段） |
|---|---|---|---|---|---|---|---|---|
| | 41.35/0.05 | —/105.6 | 102.14/36.01 | 0.03/91.19 | 10.56/95.76 | 1.76/209.64 | 104.37/— | 11.2/45.46 |
| 构造东侧平台区（$10^4 m^3/d$） | 磨溪8（灯二段/灯四段） | 磨溪10（灯二段/灯四段） | 磨溪11（灯二段/灯四段） | 磨溪12（灯二段/灯四段） | 磨溪13（灯二段/灯四段） | 磨溪17（灯二段/灯四段） | 磨溪19（灯二段/灯四段） | |
| | 11.67/6.69 | 4.48/0.2 | 3.76/8.28 | —/3.21 | —/6.45 | 5.37/2.13 | 2.14/12.82 | |

无论是露头、岩心和薄片观察均揭示灯二段为一套葡萄花边状白云岩储层，储集空间以非组构选择性残留溶蚀孔洞为主，围岩以藻泥晶白云岩为主，既有成层性，也有沿断裂（主要为断穿灯二段的层内小断裂）分布的现象，基质孔不发育，而灯四段储层岩性为藻纹层/藻叠层/藻格架白云岩，基质孔发育，成层性强，溶蚀孔洞具有组构选择性。

造成储层特征差异的原因有两个方面。一是岩相古地理背景的不同造成储层发育物质基础的不同，前已述及，灯影组二段沉积期整个扬子地区是个泛碳酸盐台地，浅水低能环境，台内沉积分异不明显，以潮坪相带的藻泥晶白云岩和泥晶白云岩为主，少量藻纹层白云岩，原生基质孔隙不发育，而灯影组四段沉积期台内沉积分异明显，在上扬子地区出现了德阳—安岳台内裂陷、台洼（潟湖）和台坪的分异，在裂陷周缘出现了类似于台缘带的礁滩沉积（微生物丘滩复合体），台坪区发育藻纹层/藻叠层/藻格架白云岩，原生基质孔隙发育。二是构造背景的不同造成储集空间成因的不同，灯影组二段沉积期的泛碳酸盐台地和灯影组四段沉积期的台坪区一样，同沉积期暴露形成组构选择性溶孔的潜力远不如灯四段沉积期裂陷周缘礁滩沉积大，这是溶蚀孔洞主要见于灯四段裂陷周缘礁滩沉积的原因，但桐湾运动Ⅰ幕（灯二段沉积期末）比桐湾运动Ⅱ幕（灯四段沉积期末）要强烈得多，影响范围也更大，导致灯二段在整个扬子地区被剥蚀夷平，在局部地区甚至形成侵蚀谷，与此同时发生层间岩溶作用，形成的溶蚀孔洞或洞穴为不同期次的成岩产物充填，构成扬子地区广布的葡萄花边状构造，残留孔洞构成灯二段储集空间的主体。这是灯二段储层以残留孔洞为主，非均质性强的重要原因。

灯二段储层孔洞大小为厘米—米级，大多为断裂相连，断裂为葡萄花边状胶结物提供了介质运移的通道，小的孔洞大多被完全充填，大的孔洞往往充填不完全，形成残留孔洞。磨溪9井发育两套葡萄花边状白云岩储层，高石1井、高石9井发育5套葡萄花边状白云岩储层，不同的井，地层序列、葡萄花边状白云岩储层发育的套数和厚度等均有较大的差异，区域上难以对比。岩性、构造升降导致的潜水面变化和断裂共同控制层间岩溶作用和储集空间的发育。

灯影组二段葡萄花边状白云石胶结物的成因，存在两种观点。一种观点认为是沉积成因的（张荫本，1980），依此观点，孔洞也应该形成于同沉积期的溶蚀作用，而非与桐湾运动Ⅰ

幕相关的层间岩溶作用,事实上,露头能见到的葡萄花边状白云石胶结物既有顺层也有穿层,甚至沿着断裂分布的现象,而且区域上溶蚀孔洞及葡萄花边充填物与桐湾运动Ⅰ幕的不整合面密切相关,整个中上扬子区广布(陈明等,2002),这些现象不支持沉积成因观。另一种观点认为与古岩溶暴露有关(向芳等,1998;施泽进等,2011;王东等,2012),孔洞形成于与桐湾运动Ⅰ幕相关的层间岩溶作用,胶结物形成于表生期。在灯二段溶蚀孔洞的成因上,本书赞同层间岩溶观,但通过地球化学分析,对灯二段葡萄花边状白云石胶结物的成因做了重新解释。通过岩石学特征研究,由围岩向孔洞中央的结构组分依次为:围岩→暗色花边白云石→浅色花边白云石→细粗晶白云石→鞍状白云石,各结构组分的形态特征、阴极发光特征、包裹体和同位素温度、微量和稀土元素等地球化学特征及成因解释见表4-8。

综合分析认为,围岩的白云石化发生在同沉积期,与当时的极浅水潮坪干旱气候背景和微生物活动相关,保留了藻纹层、藻凝块等原岩结构,埋藏期发生部分重结晶呈粉细晶白云岩,但仍残留藻纹层、藻凝块等原岩结构。孔洞胶结物则主要形成于中浅埋藏期,最后一期鞍状白云石与热液活动有关,大的孔洞被胶结物充填后往往有残留,小的孔洞则大多被填满,孔洞具有非组构选择性特征(图4-5e)。这也进一步证实了溶蚀孔洞形成于层间岩溶作用,围岩的白云石化早于层间岩溶作用,白云石化不彻底的灰质部分被溶蚀形成孔洞,而不易溶的白云岩构成坚固的格架使孔洞得以保存(沈安江等,2015)。

## 5. 储层评价与分布预测

基于储层成因认识,四川盆地震旦系灯影组发育三类储层(表6-3)。灯四段台内裂陷周缘发育优质微生物丘滩复合体储层,其次为台内洼地(潟湖)周缘台坪区的微生物丘滩复合体储层,灯二段以葡萄花边状白云岩储层为主,少量台内微生物丘滩复合体储层。灯二段和灯四段沉积期台缘带也发育优质微生物丘滩复合体储层,但往往俯冲至造山带之下,埋藏深度大,远不如台内裂陷周缘微生物丘滩复合体储层勘探领域现实。

**表6-3 四川盆地灯影组微生物丘滩复合体储层类型与评价**

| 储层特征 | 台内裂陷周缘微生物丘滩复合体储层 | | 台内洼地或潟湖周缘微生物丘滩复合体储层 | |
|---|---|---|---|---|
| | 孔隙—孔洞型 | 孔隙型 | 孔隙—孔洞型 | 孔洞型 |
| 储层岩性 | 向上变浅旋回顶部的藻纹层/藻叠层/藻格架白云岩 | 向上变浅旋回上部的藻纹层/藻叠层/藻格架白云岩 | 藻纹层/藻格架白云岩(有规模但零星分布) | 藻泥晶白云岩、泥晶白云岩 |
| 分布相带 | 台内裂陷周缘靠裂陷一侧 | 台内裂陷周缘靠台地一侧 | 台内洼地或潟湖周缘古地貌高 | |
| 地层(残留)厚度 | >250m | 150~250m | 100~150m | <100m |
| 储集空间类型 | 基质孔(格架孔、溶扩孔)+溶蚀孔洞 | 基质孔(格架孔、溶扩孔) | 基质孔(格架孔、溶扩孔)+溶蚀孔洞 | 溶蚀孔洞(相对孤立) |

| 储层特征 | 台内裂陷周缘<br>微生物丘滩复合体储层 | | 台内洼地或潟湖周缘<br>微生物丘滩复合体储层 | |
| --- | --- | --- | --- | --- |
| | 孔隙—孔洞型 | 孔隙型 | 孔隙—孔洞型 | 孔洞型 |
| 储集空间成因 | 持续暴露,原生孔(含溶扩孔)+溶蚀孔洞 | 短暂暴露,原生孔为主,少量溶扩孔 | 短暂暴露,原生孔为主,少量溶扩孔及晚表生溶蚀孔洞 | 早期难以暴露,原生孔欠发育,少量晚表生溶蚀孔洞 |
| 储层厚度与垂向分布 | 累计厚度大,多次旋回叠加 | 累计厚度中—大,多次旋回叠加 | 累计厚度小—中,多次旋回叠加 | 累计厚度小,位于剥蚀面之下 |
| 与产能关系 | 支撑几十至百万立方米日产能 | 支撑十万至几十万立方米日产能 | 支撑几万至十几万立方米日产能 | 支撑几千至万立方米日产能 |
| 储层评价 | Ⅰ类储层(8%~12%) | Ⅱ₁类储层(5%~8%) | Ⅱ₂类储层(2.5%~5%) | Ⅲ类储层(<2.5%) |
| 实例井 | 高石6、磨溪22 | 高石1、高石10 | 磨溪8、磨溪11、磨溪12、磨溪13、磨溪17、磨溪19 | 磨溪10 |

注:碳酸盐岩储层评价没有统一的标准,本章基于孔隙度与渗透率、产能的关系,给出以下的评价标准。Ⅰ类储层孔隙度≥8%,Ⅱ类储层孔隙度2.5%~8%,Ⅲ类储层孔隙度≤2.5%

储层成因研究已经揭示,灯四段主要为微生物丘滩复合体储层,主要受沉积相和层序界面共同控制,沉积相图反映了储层的分布,据此,开展了高石梯—磨溪三维区井—震结合的灯影组四段地震相和地震储层预测(图6-7)。台内裂陷周缘可分为靠裂陷一侧和靠台地一侧两个亚带,地层厚度和储层物性都有差别。台内可分为洼地(或潟湖)及古地貌高两个亚带,地层厚度和储层物性与台缘带有明显的差别。

台内裂陷周缘灯四段厚度大于250m的地区,Ⅰ类和Ⅱ₁类储层垂向上叠置发育(图6-4a),岩性主要为藻纹层/藻叠层/藻格架白云岩,位于向上变浅旋回的上部,发育大量的原生孔(沉积成因)、早表生溶扩孔(海平面下降暴露和淋溶),位于旋回顶部的微生物白云岩因持续暴露,还可发育大量的溶蚀孔洞,构成Ⅰ类和Ⅱ₁类储层垂向叠置。储层分布于台内裂陷周缘靠裂陷一侧,面积720km²(图6-7),累计储层厚度50~100m,孔隙度5%~12%,渗透率1~10mD。四川盆地具类似沉积相带的面积还有3250km²(图6-8),是潜在的有利储层发育区。

台内裂陷周缘灯四段厚度介于150~250m的地区主要发育Ⅱ₁类储层,由于沉积速率相对较慢,地层厚度相对较薄,地貌相对较低,以短暂暴露为主,溶蚀孔洞不发育,以沉积原生孔和溶扩孔为主,缺旋回顶部的Ⅰ类储层。储层分布于台内裂陷周缘靠台地一侧,面积760km²(图6-7),累计储层厚度约50m,孔隙度2.5%~5%,渗透率0.1~1mD。四川盆地具类似沉积相带的面积还有11000km²(图6-8),是潜在的有利储层发育区。

台内灯四段厚度小于150m的地区,发育Ⅱ₂类和Ⅲ类储层。受桐湾运动Ⅱ幕的影响,台内灯四段遭受强烈剥蚀,形成少量的溶蚀孔洞(与白云岩地层在表生大气淡水环境难以溶蚀有关),这些溶蚀孔洞如果叠加在台内有一定原生沉积孔的藻纹层/藻格架白云岩中(地层厚度一般介于 100~150m),则形成Ⅱ$_2$类储层,储层分布于台内洼地或潟湖周缘的古地貌高部位,面积 740km$^2$(图 6-7),累计储层厚度几米至十几米,孔隙度 2.5%~5%,渗透率 0.01~0.1mD,四川盆地具类似沉积相带的面积还有 24850km$^2$(图 6-8)。如果叠加在致密的藻泥晶白云岩、泥晶白云岩中(地层厚度一般小于 100m),则形成Ⅲ类储层,储层分布于台内洼地或潟湖周缘的古地貌高部位,面积 960km$^2$(图 6-7),累计储层厚度几米至十几米,孔隙度小于 2.5%,渗透率小于 0.01mD。四川盆地台内,四川盆地具类似沉积相带的面积还有 67800km$^2$(图 6-8)。

灯二段沉积期,由于德阳—安岳台内裂陷还未形成,在四川盆地范围内只发育台内微生物丘滩复合体,厚 80~120m,夹泥晶白云岩,厚 20~30m。微生物丘滩复合体的原生基质孔欠发育(孔隙度 2.5%~5%),但与桐湾运动Ⅰ幕相关的层间岩溶作用导致溶蚀孔洞发育,孔径以厘米—米级为主,孔径明显大于灯四段孔洞的孔径(毫米—厘米级)。孔洞为后期白云石胶结物充填构成葡萄花边状构造,残留孔洞发育,构成灯二段葡萄花边状白云岩储层非常重要的储集空间,层间岩溶作用主控灯二段储层的发育和分布。

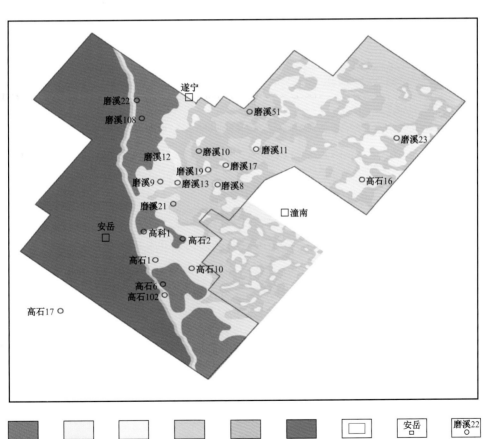

图 6-7　高石梯—磨溪三维区灯影组四段储层分布与评价图

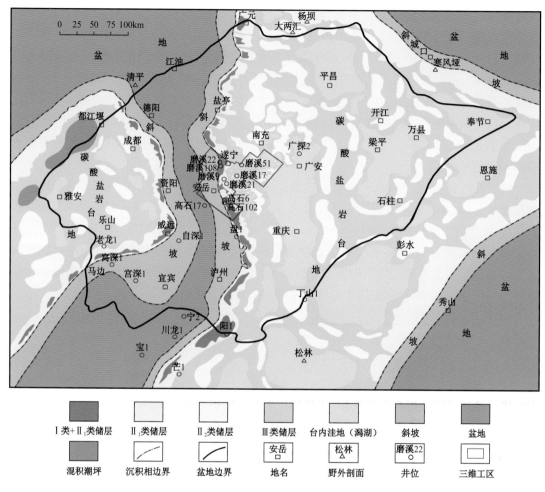

图 6-8　四川盆地灯影组四段储层分布预测与评价图

　　总之,四川盆地灯影组主力储层主要发育于灯四段,为一套微生物丘滩复合体储层,球形白云石的发现揭示这套微生物丘滩复合体储层的白云石化与微生物作用有关,属早期低温沉淀的原白云石,原生基质孔和准同生溶蚀孔洞构成储集空间的主体,并不是前人所认为的与桐湾运动相关的层间岩溶作用及热液作用(宋金民等,2013)。埋藏—热液溶蚀作用沿灯四段先存孔隙带发育,可形成少量溶蚀孔洞,但以热液矿物的充填破坏孔隙为主。微生物丘滩复合体和准同生溶蚀作用主控灯四段规模储层的发育和分布。微生物丘滩复合体储层既可分布于台缘及台内裂陷周缘,也可分布于台内,但台缘及台内裂陷周缘比台内厚度大,连续性好,品质更优,尤其是台内裂陷周缘的微生物丘滩复合体储层,是最为重要的勘探对象。同时,对灯二段和灯四段储层特征和成因的差异作了比较,指出桐湾运动Ⅰ幕的层间岩溶作用对灯二段孔洞型储层发育的贡献较大。上述认识不但解释了日产百万立方米以上的高产井集中分布在灯四段德阳—安岳裂陷周缘的原因,同时指出台注或潟湖周缘的台坪区是灯二段、灯四段台内微生物丘滩复合体储层发育的有利区,微生物丘滩复合体与层间岩溶作用叠合区是灯二段孔洞型葡萄花边状白云岩储层发育的有利区。

## 二、四川盆地龙王庙组礁滩白云岩储层

### 1. 勘探和研究现状

寒武系是四川盆地天然气勘探的重要领域,但近50年来,寒武系长期处在主探层系为震旦系灯影组气藏过程中的兼探地位。遵循加里东期古隆起有利于油气聚集的观点指导油气勘探(冉隆辉等,2008),威远构造(<2500m)从1966年威12井在中—上寒武统洗象池群中途测试获气$2.28 \times 10^4 m^3/d$,历经40余年的兼探,于2004—2006年发现了威42井、威26井等14个裂缝系统含气,共获测试产能$35.2 \times 10^4 m^3/d$,从中采出气量为$1.73 \times 10^8 m^3$,估算天然气动态储量为$14.79 \times 10^8 m^3$。由于专门勘探寒武系的钻井少,勘探程度低,勘探成效差。2005年,在威远构造钻探了以寒武系为勘探目的层的威寒1井,并于龙王庙组首次发现了孔隙型白云岩气藏,测试天然气产量为$11 \times 10^4 m^3/d$,从而揭开了龙王庙组勘探的序幕,并大胆向深层(>4500m)探索。2011—2013年,在威远构造东侧的高石梯—磨溪地区发现了万亿立方米储量规模的大气田(魏国齐等,2015;汪泽成等,2016;张建勇等,2015)。

随着勘探的深入,这套孔隙型白云岩储层的成因和分布规律认识不清成为制约龙王庙组勘探的瓶颈,表现在以下两个方面。一是龙王庙组沉积相研究精度不够,尤其是颗粒滩的发育规模和分布规律不清,制约了储层分布预测,有利相带评价成为关注的焦点;二是储层强烈非均质性主控因素不清,导致高石梯—磨溪地区储量丰度和产量高低的差异极大,直接影响优质储层成因分析和预测进程,优质储层发育主控因素成为关注的焦点。

基于露头地质调查、岩心和薄片观察、储层地球化学特征分析及模拟实验,并结合钻井和地震资料,对四川盆地龙王庙组沉积相和储层成因开展了深入研究,取得两项认识。一是四川盆地寒武系龙王庙组可划分为上、下两段,编制了两张以段为单元的岩相古地理图,建立了碳酸盐缓坡沉积模式,颗粒滩主要分布于上段的内缓坡;二是颗粒滩是龙王庙组白云岩储层发育的基础,准同生溶蚀作用是龙王庙组颗粒滩储层孔隙发育的关键,受暴露面控制,埋藏期溶蚀孔洞不但有规模,且主要沿准同生期形成的孔隙带发育,具继承性,分布有规律可预测。上述认识对四川盆地龙王庙组有利储层预测具重要指导意义。

### 2. 储层发育地质背景

四川盆地寒武系发育齐全(刘满仓等,2008;李磊等,2012),其底部与震旦系灯影组呈假整合接触,顶与下奥陶统多为连续沉积。寒武系自下而上划分为下统筇竹寺组、沧浪铺组和龙王庙组,中—上统高台组和洗象池群。筇竹寺组底部为黑色碳质页岩、页岩,向上渐变为砂质页岩、砂粉岩与砂岩,顶部偶夹碳酸盐岩,是寒武系的主力烃源岩,厚91~400m;沧浪铺组为一套碎屑岩,下部夹紫红色页岩(下红层),顶部常为碳酸盐岩夹页岩,厚50~200m;龙王庙组以大套白云岩为主,下部石灰岩增多,中部常夹膏盐岩,上部夹少许砂泥岩,厚39.5~797m;高台组以碎屑岩为主,岩性为紫红色杂色砂(上红层)、泥岩夹白云岩,厚50~100m;洗象池群为大套白云岩,厚100~500m。

刘宝珺等(1994)关于早寒武世龙王庙组沉积期岩相古地理的论述中指出龙王庙组沉

积期发育较典型碳酸盐缓坡,在上扬子浅水缓坡内发育三个局部洼地,位于乐山以西及重庆以南地区,面积 $3 \times 10^4 \sim 5 \times 10^4 km^2$,构成三个浅水蒸发盐盆。临 7 井龙王庙组钻井揭示,钻遇的 690.50m 地层全为膏盐岩,向西北侧膏盐岩厚度呈半环带状减薄,至川中龙女寺、高石梯、安平店,川西南自流井、老龙坝和威远一带厚度为零,变化趋势明显,证实了川南临峰场膏盐盆的存在,并展现了膏盐盆西北边缘的分布格局。膏盐盆周缘的地貌高地由于水体能量较强,鲕粒、砂屑和生屑滩体发育,并受海平面升降和波浪作用的影响,滩体发生侧向迁移,导致滩体在龙王庙期碳酸盐缓坡内广布。膏盐盆的存在为颗粒滩在同生期的白云石化提供了地质背景。

汪泽成等(2013)指出四川盆地构造演化经历了 7 个阶段:(1)南华纪裂谷盆地演化阶段;(2)澄江运动(650Ma)威远—龙女寺古隆起形成,控制震旦纪早期沉积;(3)桐湾运动(Ⅲ幕)以隆升剥蚀为主,控制灯影组二段和四段岩溶储层的发育;(4)兴凯运动以拉张为主,控制早寒武世早期的沉积;(5)加里东运动(多幕运动),志留纪末乐山—龙女寺古隆起定型,北东东向展布,在古隆起核部的威远—高石梯—磨溪地区龙王庙组暴露和被剥蚀(图 6-9);(6)海西—早印支运动(多幕运动),整体表现为均衡沉降与隆升;(7)晚印支—喜马拉雅运动,两期前陆不均衡沉降及喜马拉雅期强烈隆升形成现今构造格局,威远构造是喜马拉雅期强烈隆升的产物。构造演化对龙王庙组储层发育具重要控制作用。

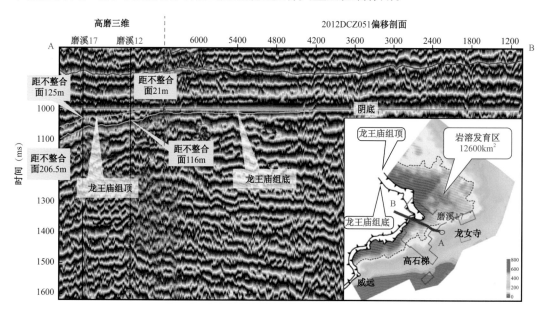

图 6-9　威远—龙女寺古隆起过磨溪 17 井—磨溪 12 井地震剖面

## 3. 储层特征和成因

### 1)龙王庙组白云岩成因

白云岩成因一直是多年来的研究热点,并提出了多种白云石化模式(Hardie L A,1987;Montanez I P,1994;Vahrenkamp V C 等,1994;Mattes B W 等,1980)。但不管有多少种白云石化模式,白云石化作用不外乎发生于两大阶段,一是准同生阶段,二是埋藏阶段。岩石学特征和地球化学特征揭示龙王庙组白云岩的白云石化作用主要发生于准同生阶段,少量的白云石胶结物及鞍状白云石形成于埋藏阶段。

（1）龙王庙组白云岩岩石学特征。

基于威远—高石梯—磨溪—龙女寺构造 10 口井的岩心和薄片观察,龙王庙组白云岩以砂屑白云岩及泥晶白云岩为主,少量鲕粒白云岩。

砂屑白云岩(图 6-10)的原岩推测为砂屑灰岩,白云石化之后残留的砂屑结构由粉细晶白云石构成,见少量自形白云石胶结物及鞍状白云石。鲕粒白云岩的鲕粒由泥粉晶白云石构成,见少量自形晶白云石胶结物(图 6-10e)。泥晶白云岩残留纹理构造,几乎不发育白云石胶结物(图 6-10f)。

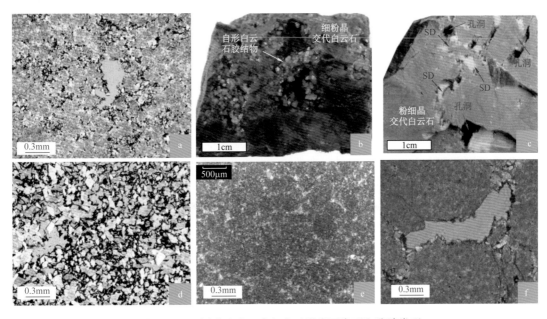

图 6-10 四川盆地龙王庙组白云岩岩石类型和孔隙类型

（a）粉细晶白云岩,残留砂屑结构,晶间(溶)孔发育,磨溪 17 井,4612.50～4612.61m,铸体薄片,单偏光;（b）粉细晶白云岩,溶蚀孔洞为自形晶白云石胶结物充填,磨溪 23 井,4809.70m,岩心;（c）粉细晶白云岩,溶蚀孔洞为鞍状白云石部分充填,磨溪 101 井,2306.50m,岩心;（d）粉细晶白云岩,几乎不保留残留砂屑结构,推测初始颗粒组分为生屑,晶间(溶)孔发育,磨溪 12 井,4644.50～4644.60m,铸体薄片,单偏光;（e）鲕粒白云岩,鲕粒由泥晶白云石构成,粒间孔发育,几乎不见白云石胶结物,磨溪 17 井,4663.97m,铸体薄片,单偏光;（f）泥晶白云岩,致密无孔,但沿裂缝可发育溶蚀孔洞,磨溪 13 井,4614.75m,铸体薄片,单偏光

根据岩石学特征分析,砂屑白云岩、鲕粒白云岩及泥晶白云岩形成于准同生期的交代作用,残留的原岩结构说明准同生期交代作用形成的白云岩在埋藏期几乎未受重结晶作用的叠加改造。自形白云石和鞍状白云石两类胶结物主要充填于溶蚀孔洞及裂缝中,二者形成于埋藏期。总体来说,准同生期与蒸发环境相关的交代白云岩保留原岩的泥粉晶结构,埋藏白云岩往往呈晶粒结构,晶粒大小与原岩粒度和结晶作用时间呈正相关,原岩结构的残留程度与原岩粒度呈正相关,与白云石晶体粒度呈负相关(赵文智等,2012；赵文智等,2014b；郑剑锋等,2013)。龙王庙组沉积期膏盐湖的发育为准同生期与蒸发环境相关的交代白云石

化提供了古气候和古地理背景,这与塔里木盆地中—下寒武统白云岩(沈安江等,2009;郑剑锋等,2010)、鄂尔多斯盆地马家沟组白云岩(Saller等,2011)、四川盆地雷口坡组白云岩类似(沈安江等,2008),可通过渗透回流白云石化(Adams J E等,1961)或蒸发泵白云石化(Mckenzie J A等,1980)模式对白云岩的成因进行解释。

（2）龙王庙组白云岩(石)地球化学特征。

选取龙王庙组泥晶白云石、鲕粒白云石、粉细晶白云石、砂屑白云岩中自形晶白云石及鞍状白云石胶结物,开展碳氧稳定同位素、锶同位素、稀土元素、微量元素、包裹体均一温度和成分等测试,不同白云石特征存在明显差异。

碳氧同位素和锶同位素具明显的三分性(图6-11)。交代成因白云石(包括泥晶白云石、粉细晶白云石)氧同位素介于 –6‰~–8‰(PDB),碳同位素介于 0~–2‰(PDB),自形白云石胶结物氧同位素介于 –8‰~–10‰(PDB),碳同位素介于 –1‰~–3‰(PDB),鞍状白云石胶结物氧同位素介于 –10‰~–12‰(PDB),碳同位素介于 –2‰~–5‰(PDB)。碳氧同位素逐渐偏轻的现象实际上是随埋深加大的温度效应的体现(Arthur M A等,1983;Budd D.A等,2000)。交代成因白云石形成于温度较低的近地表环境,自形晶白云石胶结物形成于温度较高的浅—中埋藏成岩环境,鞍状白云石的形成温度最高,与深层热液活动有关。锶同位素具有逐渐偏轻并趋于与寒武纪海水 $^{87}Sr/^{86}Sr$ 值一致的现象,交代成因白云石 $^{87}Sr/^{86}Sr$ 值明显高于同期海水 $^{87}Sr/^{86}Sr$ 值的异常现象可能与蒸发海水有关。

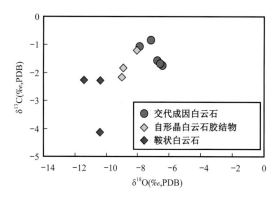
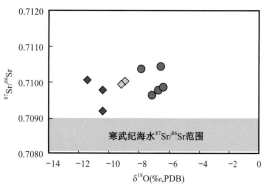

图6-11　交代成因白云石、自形白云石胶结物和鞍状白云石胶结物的碳氧锶同位素特征

龙王庙组交代成因白云石具微弱的 Ce 和 Eu 负异常,而自形晶白云石胶结物及鞍状白云石具明显的 Eu 正异常(图6-12a)。Ce 和 Eu 出现负异常,被认为是同生期 $Ce^{3+}$ 被氧化成易溶的 $Ce^{4+}$ 及 $Eu^{3+}$ 被还原为易溶的 $Eu^{2+}$ 而迁移贫化的结果,Ce 和 Eu 出现正异常,被认为是埋藏期 $Ce^{3+}$ 被还原为难溶的 $Ce^{2+}$ 及 $Eu^{3+}$ 被氧化为难溶的 $Eu^{4+}$ 的结果(Olivarez A. M等,1991;胡忠贵等,2009)。鞍状白云石成岩流体 δ$^{18}$O 值落在碳酸岩浆范围(图6-12b),包裹体均一温度为 200~220℃(图6-12c)并富含 $CH_4$ 和 $N_2$(图6-12d),进一步说明鞍状白云石为热液成因。

龙王庙组 5 种结构组分的阴极发光特征也有明显的差异,鞍状白云石和自形晶白云石胶结物往往明亮发光,细晶白云石呈弱发光或不发光,粉晶白云石和泥晶白云石一般不发光(图6-13)。

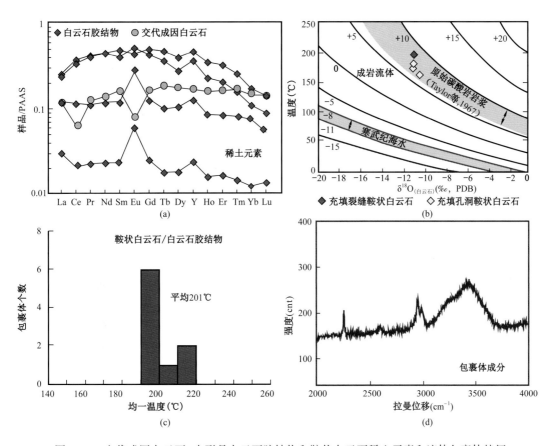

图6-12　交代成因白云石、自形晶白云石胶结物和鞍状白云石稀土元素和流体包裹体特征

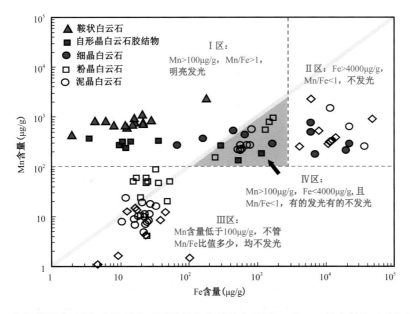

图6-13　交代成因白云石、自形晶白云石胶结物和鞍状白云石 Fe 和 Mn 的含量及对矿物发光的控制
有颜色填充的数据点代表发光的样品，无颜色填充的数据点代表不发光的样品

上述地球化学特征揭示,砂屑白云岩、鲕粒白云岩及泥晶白云岩形成于同生期的交代作用,充填于孔洞及裂缝中的自形晶白云石及鞍状白云石形成于埋藏期。

（3）龙王庙组白云石晶体结构特征。

岩石特征和地球化学特征是研究白云石成因常用的方法（Scholle P A 等,2003）,很少有人通过白云石晶体结构分析来探讨白云石的成因。白云石的晶体结构特征包括有序度、晶胞参数、晶格缺陷、晶面条纹和晶面间距等,晶体生长速度与晶体结构特征密切相关（Miser D E,1987）,因此能够为白云石成因解释提供有用的信息。

选取龙王庙组泥晶白云石、鲕粒白云石、粉细晶白云石、砂屑白云岩中自形晶白云石胶结物及鞍状白云石样品,开展晶体结构特征研究,为白云石成因分析提供了新的证据（表6-4）。

表6-4　龙王庙组不同类型白云石晶体结构特征参数表

| 白云石类型 | 有序度 | 晶胞参数 | 晶格缺陷 | 晶面条纹 | 晶面间距 | 成因解释 |
|---|---|---|---|---|---|---|
| 泥晶白云石 | 0.40~0.54 | C 偏低 | 少 | 紧密镶嵌 | | 同生期交代白云石化 |
| 鲕粒白云石 | 0.50~0.65 | C 偏低 | 少 | 紧密镶嵌 | | |
| 粉细晶白云石（砂屑白云岩） | 0.60~0.80 | C 略低 | 少 | 紧密镶嵌 | 0.356nm | 同生期交代白云石化叠加埋藏改造 |
| 砂屑白云岩中自形晶白云石胶结物 | 0.86~0.97 | C 偏高 | 少 | 规则整齐 | 0.3746nm | 埋藏期白云石化 |
| 鞍状白云石 | 0.42~0.68 | C 过高 | 枝状、带状缺陷众多 | 明显弯曲 | 0.3887nm | 热白云石化 |

龙王庙组同生期交代成因的白云石是快速交代作用的产物,埋藏期鞍状白云石是快速生长的产物,导致白云石有序度低,而白云石胶结物具缓慢生长的特征,故白云石有序度高。沿 C 轴方向生长快,晶胞参数则大,同生期交代成因白云石晶体生长速度极慢,晶胞参数偏低,埋藏期自形晶白云石胶结物生长速度较交代成因白云石快,晶胞参数偏高,鞍状白云石的晶体生长速度最快,晶胞参数最大。鞍状白云石的快速生长还会导致晶格缺陷概率和晶面间距明显高于自形晶白云石胶结物,而且由于晶格缺陷过多导致晶面弯曲,自形晶白云石胶结物的晶面要比鞍状白云石规则整齐得多。

总之,白云石晶体结构特征揭示砂屑白云岩、鲕粒白云岩及泥晶白云岩形成于同生期的交代作用,而充填于孔洞及裂缝中的自形晶白云石胶结物及鞍状白云石形成于埋藏期。

2）龙王庙组白云岩储层特征和成因

白云石化在孔隙建造中的作用长期以来都是争论的焦点（Fairbridge R W.,1957；Moore C H,2001；Lucia F.J.,1999）。本章根据储层特征、储层非均质性和有效储层分布研究,结合溶蚀模拟实验,认为龙王庙组白云岩储层发育的主控因素为溶蚀作用,而非白云石化作用,这对有效储层预测具重要的指导意义。

（1）颗粒滩为龙王庙组白云岩储层发育的物质基础。

龙王庙组白云岩岩石类型以砂屑白云岩及泥晶白云岩为主，少量鲕粒白云岩。砂屑白云岩是储层的主体，原岩推测为生屑砂屑灰岩，残留生屑砂屑由粉细晶白云石构成，粒间孔（沉积原生孔）、晶间孔、晶间溶孔、溶蚀孔洞及裂缝发育，部分为沥青充填，溶蚀孔洞及裂缝中见少量自形晶白云石胶结物及鞍状白云石（图6-10a-d）。鲕粒白云岩的原岩推测为鲕粒灰岩，保留原岩结构，粒间孔发育，粒间几乎没有胶结物或少量自形晶白云石胶结物，鲕粒由泥粉晶白云石构成（图6-10e）。泥晶白云岩残留纹理构造，推测原岩为泥晶灰岩，几乎见不到显孔，但沿裂缝可以发育少量的溶蚀孔洞（图6-10f）。

勘探实践证实磨溪构造龙王庙组白云岩储层钻遇率和厚度比高石梯构造高，这与磨溪构造龙王庙组颗粒滩沉积比高石梯构造发育有关。高石梯—磨溪地区龙王庙组厚100～120m，磨溪构造磨溪8井、磨溪9井、磨溪11井、磨溪12井、磨溪13井、磨溪17井钻遇龙王庙组颗粒滩沉积的地层厚度分别为80m、58m、92m、68m、90m、60m、64m，平均厚度73.14m，高石梯构造高石1井、高石2井、高石3井、高石6井钻遇龙王庙组颗粒滩沉积的地层厚度分别为47m、27m、36m、47m，平均厚度39.25m。

据磨溪8井、磨溪9井、磨溪10井、磨溪11井、磨溪12井、磨溪13井、磨溪17井、磨溪21井和高石6井496个样品的物性数据（图6-14），孔隙度小于2%的样品占46.57%，对应的渗透率小于0.01mD，主要见于泥晶白云岩中，孔隙度2%～6%的样品占45.37%，对应的渗透率介于0.01～1mD，孔隙度大于6%的样品占8.06%，对应的渗透率大于1mD，主要见于砂屑白云岩和少量鲕粒白云岩中。泥晶白云岩无显孔非储层，砂屑白云岩是有效储层的载体，但孔隙度和渗透率变化范围大，具强烈的非均质性。最大孔隙度11.28%，最小孔隙度0.32%，最大渗透率108.10mD，最小渗透率0.0001mD，孔隙度与渗透率相关性欠佳，裂缝—孔洞型储层。

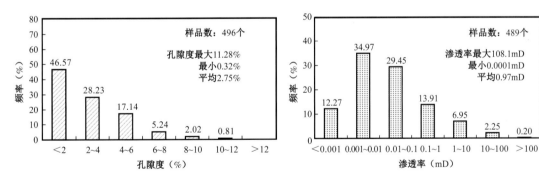

图6-14　高石梯—磨溪地区龙王庙组白云岩储层孔隙度和渗透率直方图
磨溪8、磨溪9、磨溪10、磨溪11、磨溪12、磨溪13、磨溪17、磨溪21井和高石6井496个样品的物性数据

上述事实表明，颗粒滩沉积为龙王庙组白云岩储层发育的物质基础。

（2）同生期海平面下降导致龙王庙组颗粒滩暴露和大气淡水溶蚀，形成组构选择性溶孔或沉积原生孔的溶扩孔。

虽然颗粒滩相白云岩构成龙王庙组白云岩储层的主体，但磨溪8井、磨溪9井、磨溪11

井、磨溪 12 井、磨溪 13 井、磨溪 17 井、磨溪 21 井、高石 1 井、高石 2 井、高石 3 井、高石 6 井及安平 1 井、宝龙 1 井岩心、薄片及测井资料揭示,并不是所有的颗粒滩相白云岩都是储层,很多砂屑白云岩和鲕粒白云岩都是很致密的,多孔颗粒滩相白云岩、致密颗粒滩相白云岩与致密泥晶白云岩在垂向上呈多期次旋回和相互叠置。

以磨溪 21 井为例,4580～4700m 井段为龙王庙组。基于取心段岩性及物性的标定,应用碳酸盐岩测井岩性识别技术,建立了磨溪 21 井岩性、岩相和储层分布综合柱状图(图 4-10)。龙王庙组由泥晶白云岩、致密粉晶砂屑白云岩、致密细晶砂屑白云岩和孔隙型细晶砂屑白云岩(孔隙度＞2%)构成,厚 120m,其中砂屑白云岩厚 70m。垂向上由泥晶白云岩→致密型粉晶砂屑白云岩→孔隙型细晶砂屑白云岩构成三期向上变浅的旋回,有效储层(孔隙度＞2%)位于旋回的上部,厚度分别为 2m、6m 和 5m,占砂屑白云岩总厚度的 18.60%。

应用碳酸盐岩结构组分测井定量识别技术,计算各井岩性,可识别出泥晶白云岩、致密型粉晶砂屑白云岩和孔隙型细晶砂屑白云岩三种岩性,在垂向上构成 1～3 期向上变浅旋回,有效储层普遍位于旋回的顶部(表 6-5),这显然与滩体在沉积期的暴露和溶蚀有关。

表 6-5  高石梯—磨溪地区龙王庙组测井岩性、旋回、滩体及储层厚度统计

| 井号 | 特征 | 第一期 | 第二期 | 第三期 | 备注 |
|---|---|---|---|---|---|
| 磨溪 8 | 旋回深度(m) | 4645～4735 | — | — | 一期向上变浅旋回 |
| | 滩体厚度(m) | 80 | — | — | |
| | 储层厚度(m) | 60 | — | — | |
| 磨溪 9 | 旋回深度(m) | 4620～未见底 | 4582～4620 | 4550～4582 | 三期向上变浅旋回 |
| | 滩体厚度(m) | 8 | 32 | 18 | |
| | 储层厚度(m) | 8 | 25 | 12 | |
| 磨溪 11 | 旋回深度(m) | 4722～4770 | 4689～4722 | 4675～4689 | 三期向上变浅旋回 |
| | 滩体厚度(m) | 22 | 60 | 10 | |
| | 储层厚度(m) | 15 | 50 | 5 | |

续表

| 井号 | 特征 | 第一期 | 第二期 | 第三期 | 备注 |
|---|---|---|---|---|---|
| 磨溪12 | 旋回深度（m） | 4650～4696 | 4618～4650 | — | 二期向上变浅旋回 |
| | 滩体厚度（m） | 36 | 32 | — | |
| | 储层厚度（m） | 10 | 12 | — | |
| 磨溪13 | 旋回深度（m） | 4570～4700 | — | — | 一期向上变浅旋回 |
| | 滩体厚度（m） | 90 | — | — | |
| | 储层厚度（m） | 22 | — | — | |
| 磨溪17 | 旋回深度（m） | 4670～4690 | 4629～4670 | 4609～4629 | 三期向上变浅旋回 |
| | 滩体厚度（m） | 15 | 36 | 9 | |
| | 储层厚度（m） | 1 | 20 | 9 | |
| 磨溪21 | 旋回深度（m） | 4642～4700 | 4616～4642 | 4598～4616 | 三期向上变浅旋回 |
| | 滩体厚度（m） | 22 | 26 | 18 | |
| | 储层厚度（m） | 5 | 6 | 2 | |
| 高石1 | 旋回深度（m） | 4560～4590 | 4530～4560 | 4500～4530 | 三期向上变浅旋回 |
| | 滩体厚度（m） | 20 | 15 | 12 | |
| | 储层厚度（m） | 5 | 4 | 2 | |
| 高石2 | 旋回深度（m） | 4620～4645 | 4590～4620 | 4565～4590 | 三期向上变浅旋回 |
| | 滩体厚度（m） | 12 | 5 | 10 | |
| | 储层厚度（m） | 2 | 1 | 2 | |

续表

| 井号 | 特征 | 第一期 | 第二期 | 第三期 | 备注 |
|---|---|---|---|---|---|
| 高石3 | 旋回深度（m） | 4605~4630 | 4585~4605 | 4555~4585 | 三期向上变浅旋回 |
| | 滩体厚度（m） | 17 | 1 | 18 | |
| | 储层厚度（m） | 15 | 1 | 16 | |
| 高石6 | 旋回深度（m） | 4580~4610 | 4555~4580 | 4515~4555 | 三期向上变浅旋回 |
| | 滩体厚度（m） | 12 | 5 | 32 | |
| | 储层厚度（m） | 5 | 2 | 20 | |
| 安平1 | 旋回深度（m） | 4698~未见底 | 4660~4698 | — | 二期向上变浅旋回 |
| | 滩体厚度（m） | 10 | 20 | — | |
| | 储层厚度（m） | 1 | 12 | — | |
| 宝龙1 | 旋回深度（m） | 4895~4920 | 4873~4895 | 4845~4873 | 三期向上变浅旋回 |
| | 滩体厚度（m） | 10 | 12 | 18 | |
| | 储层厚度（m） | 2 | 2 | 2 | |

储层模拟实验进一步证实同生期继白云石化之后的大气淡水溶蚀作用对孔隙的重要贡献。选取孔隙度和渗透率相近的含生屑泥晶灰岩、泥晶灰岩、泥灰岩和粉细晶白云岩，开展不同温压条件下矿物成分对溶蚀强度影响的溶蚀实验。使用的流体是 2mL/L 乙酸溶液，而不是含 $CO_2$ 的大气淡水，主要是为了提高流体的侵蚀性和缩短模拟实验的时间，达到再现漫长地质历史时期岩石—流体溶蚀效应的目的，开放—流动体系，表面溶蚀，流速 3mL/min，共开展了 13 个温压点的模拟实验，每个温压点的模拟实验时间为 30min，模拟实验结果揭示在近地表条件下石灰岩的溶蚀速率远大于白云岩，随着埋藏深度增加，石灰岩和粉细晶云岩在乙酸溶液中的溶解速率逐渐增加，并最终趋于一致（图 4-14）。这说明：① 同生期大气淡水溶蚀作用发生在白云石化之后；② 未白云石化的灰质、石膏等残留易溶组分在大气淡水溶蚀作用下形成组构选择性溶孔，而不易溶的白云石构成坚固的格架，有利于溶孔的保存，

当残留易溶组分达到一定的含量时,可形成蜂窝状白云岩;③ 白云岩和石灰岩一样,在埋藏环境下通过溶蚀作用是可以形成孔隙的。

(3)埋藏溶蚀作用形成非组构选择性溶蚀孔洞对龙王庙组储集空间的发育有重要贡献,沿断裂带分布,是高产的主控因素之一。

龙王庙组颗粒滩相白云岩的储集空间既可以是原生孔隙(原生孔隙的进一步溶蚀扩大)也可以是结构组分被选择性溶蚀形成的溶孔,位于向上变浅旋回的上部呈层状分布,与同生期大气淡水溶蚀作用有关。但岩心和薄片观察揭示溶蚀孔洞也是龙王庙组白云岩非常重要的储集空间,而且主要见于颗粒滩相白云岩中,是对同生期形成的组构选择性溶孔的重要补充(图6-15a、b),少量见于泥晶白云岩中,沿裂缝发育(图6-15c、d)。储层模拟实验证实这些非组构选择性溶蚀孔洞是埋藏溶蚀作用的产物,对储集空间的贡献率达50%以上(图6-15e、f),而且主要沿同生期形成孔隙发育带及裂缝分布,具继承性。

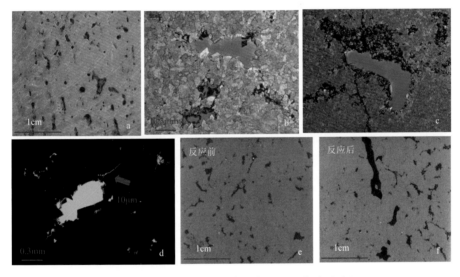

图6-15　四川盆地龙王庙组白云岩埋藏溶蚀孔洞

(a)砂屑白云岩,溶蚀孔洞发育,沥青充填,磨溪12井,4942.52m,岩心;(b)砂屑白云岩,砂屑由粉细晶白云石构成,几乎无残留砂屑结构,溶蚀孔洞发育,沥青充填,磨溪13井,4615.35m,铸体薄片,单偏光;(c)泥晶白云岩,致密无孔,但沿裂缝可发育溶蚀孔洞,磨溪12井,4620.76m,铸体薄片,单偏光;(d)泥晶白云岩,致密无孔,但沿微裂缝可发育溶蚀孔洞,磨溪13井,4614.75m,普通片,荧光;(e)砂屑白云岩,晶间孔、晶间溶孔及裂缝,孔隙度9.85%,渗透率2.17mD,磨溪13井,4614.75m,岩心,溶蚀作用前;(f)与 e 同一视域,沿裂缝及晶间孔、晶间溶孔的溶蚀扩大形成溶蚀孔洞,孔隙度21.35%,渗透率6.18mD,溶蚀作用后

埋藏环境在有机酸、TSR、热液等的作用下发生埋藏溶蚀作用可以形成溶蚀孔洞(Moore C H,2001)。为了从定量的角度进一步证实埋藏溶蚀作用对储层物性的贡献,选取具一定初始孔隙度和渗透率的鲕粒云岩、粉细晶白云岩、砂屑白云岩样品,开展溶蚀量定量模拟实验(图4-13)。使用的流体是2mL/L乙酸溶液,开放—流动体系,内部溶蚀,流速1mL/min,共开展了11个温压点的模拟实验,每个温压点的模拟实验时间为30min。模拟实验结果揭示,不同孔喉结构的白云岩达到化学热力学平衡的温压点是不同的,达到平衡之前,随温压的升高,溶液中 $Ca^{2+}+Mg^{2+}$ 的浓度增加,达到平衡之后,随温压的升高,溶液中 $Ca^{2+}+Mg^{2+}$

的浓度虽然有下降的趋势(溶解度降低),但达到160℃和50MPa以上的温压时,溶解度趋于一致,$Ca^{2+}+Mg^{2+}$的浓度达到12～18mmol/L。从160℃和50MPa的初始溶解至190℃和60MPa的化学平衡,溶蚀后样品质量平均减少1.29%,渗透率增加4.75～7.48mD,孔隙度增加2%～3%,孔喉结构明显变好(表4-7)。这说明在漫长开放埋藏体系下通过埋藏溶蚀作用是可以形成优质规模储层的。

埋藏溶蚀孔洞的分布规律是深层优质规模储层预测的关键。选取砂屑灰岩和砂屑云岩样品,开展不同温压条件下储层物性对溶蚀强度影响的溶蚀实验。砂屑灰岩的孔隙度为4.44%,渗透率为3.6mD;砂屑云岩的孔隙度为19.76%;渗透率为1.71mD;使用的流体是1mL/L乙酸溶液,开放—流动体系,流速1mL/min,共开展了11个温压点的模拟实验,每个温压点的模拟实验时间为30min,模拟实验结果揭示埋藏环境下岩石的孔隙大小和连通性控制溶蚀强度,甚至比矿物成分的控制作用更强(图4-14、图4-16)。这很好地解释了龙王庙组白云岩埋藏及热液溶蚀作用形成的溶蚀孔洞也主要受层序界面控制的原因,先存的粒间孔、晶间孔和裂缝为有机酸、TSR和热液等埋藏溶蚀介质提供了通道,好的孔隙度和连通性增大了白云岩的溶蚀强度,导致大量溶蚀孔洞沿先存的孔隙发育带、裂缝带发育。

金民东等(2014)基于高石梯—磨溪地区的研究,认为龙王庙组白云岩储层形成于表生岩溶作用,主要有两个方面的证据。一是威远—高石梯—磨溪地区为一西高东低的鼻状构造,龙王庙组全部或部分被剥蚀,存在一个白云岩风化壳岩溶发育区,上覆二叠系阳新统,东侧围斜区的龙王庙组虽然未被剥蚀,但存在一个顺层岩溶发育区,岩溶发育区的累计面积达到12600km²(图6-9);二是磨溪17井龙王庙组4621.40～4621.53m井段发现含泥角砾岩,被认为是溶洞充填物。本章认为龙王庙组颗粒滩相白云岩储层受表生岩溶作用叠加改造对储集空间可能有一定的贡献,但不是主控因素,更不是必要条件。理由如下:① 龙王庙组储集空间以基质孔为主,大型的岩溶缝洞不发育,偶尔见到的角砾岩不一定是洞穴充填物,也有可能是断层角砾岩;② 矿物成分对溶蚀强度影响溶蚀实验揭示龙王庙组白云岩在表生环境下不大可能发生大规模溶蚀形成岩溶缝洞。塔里木盆地牙哈—英买力地区寒武系白云岩风化壳上覆侏罗系砂泥岩,经历表生岩溶作用的时间要比龙王庙组漫长得多,但储集空间以白云岩晶间孔为主,岩溶缝洞及洞穴充填物并不发育,仅在英买321井见到了2m厚的角砾岩。储层成因如前文所述,颗粒滩沉积是储层发育的物质基础,同生期与海平面下降相关的大气淡水溶蚀和埋藏期与有机酸、TSR及热液相关的埋藏溶蚀是孔隙发育的关键。这为理解龙王庙组白云岩储层孔隙成因提供了很好的案例。

### 4. 储层分布预测

储层发育主控因素决定龙王庙组白云岩储层无论是侧向上还是垂向上均具有强烈的非均质性,但也有规律可循并且是可以预测的。颗粒滩(主要为砂屑白云岩)是孔隙的载体,滩间的泥晶白云岩较为致密,导致侧向上储层与致密层相互交替,滩体的规模和侧向迁移叠置方式决定有效储层的分布范围。颗粒滩沉积并不都是储层,垂向上有效储层位于向上变浅旋回上部的颗粒滩沉积中,受层序界面控制,多套发育,并与致密层相互叠置。储层分布范围不仅仅限于高石梯—磨溪构造龙王庙组表生岩溶作用区。

1）储层非均质性

如图 4-10 所示,磨溪 21 井龙王庙组白云岩包括旋回上部的多孔颗粒滩相白云岩(以砂屑白云岩为主)、旋回中部的致密颗粒滩相白云岩及旋回下部的滩间致密泥晶白云岩,垂向上由 1～3 三个旋回构成,各旋回厚度、滩体厚度、多孔颗粒滩相白云岩厚度各异。应用碳酸盐岩测井岩性识别技术,对高石梯—磨溪地区重要探井开展岩性识别,并根据测井孔隙度区分多孔颗粒滩相白云岩及致密颗粒滩相白云岩,建立连井储层对比剖面(图 6-16),不但很好地揭示了储层侧向上和垂向上的非均质性,而且还揭示了储层发育的主控因素,磨溪地区颗粒滩沉积比高石梯及龙女寺地区发育得多,垂向上发育 1～3 套颗粒滩储层不等,与沉积时的古地貌对沉积旋回的控制有关。

2）储层分布预测

基于上述储层成因认识,通过有利颗粒滩相带、暴露面识别、埋藏史—温压史—流体史的恢复,预测和评价四川盆地龙王庙组有利储层分布。

首先,基于储层的相控性和早表生溶蚀对孔隙贡献的地质认识,可以认为颗粒滩相带和沉积古地貌高是埋藏前先存孔隙最有利的发育区,据此,编制了四川盆地龙王庙组埋藏前先存孔隙发育区评价图(图 6-17)。Ⅰ类区颗粒滩最发育,而且处于沉积古地貌最高部位;Ⅱ类区颗粒滩发育,处于沉积古地貌较高部位;Ⅲ类区颗粒滩不发育,沉积古地貌较低。

由于四川盆地龙王庙组埋藏溶蚀孔洞对储集空间的贡献达到 50%,而且主要沿同生期形成孔隙发育带及裂缝分布,埋藏溶孔的分布预测和评价成为储层分布预测和评价非常重要的因素。第二章已经述及,埋藏过程中孔隙的生成不是一个连续的过程,呈事件式发生,在特定的深度段和岩性、温压、流体等条件的匹配下可以形成大量的孔隙,是孔隙发育的主要时期,明确了"成孔高峰期"的地质条件为 1740～3590m(对应于 70～120℃),此时恰好是烃源岩成熟和释放大量有机酸的窗口。综合考虑埋藏前先存孔隙发育带(图 6-17)及断裂分布、埋藏史(龙王庙组经历 1740～3590m 埋深过程的时间越长,埋藏溶孔越发育)、与烃源岩的距离(与烃源岩越近,有机酸丰度越高)、所处的构造位置(构造高部位是油气和有机酸的运移指向区,有利于孔隙的生成和保存),编制了四川盆地龙王庙组埋藏溶蚀孔洞发育区评价图(图 6-18)。同时,叠合图 6-17 和图 6-18,编制了四川盆地龙王庙组颗粒滩白云岩储层分布和评价图(图 6-19)。Ⅰ类区埋藏前先存孔隙和埋藏溶蚀孔洞均发育,Ⅱ类区埋藏前先存孔隙和埋藏溶蚀孔洞较发育,Ⅲ类区埋藏前先存孔隙和埋藏溶蚀孔洞不发育。

总之,碳酸盐缓坡为颗粒滩广泛发育提供了沉积背景,膏盐湖的发育为颗粒滩发生同生期与蒸发环境相关的白云石化提供了场所。储层发育于颗粒滩白云岩地层序列中,但并不是所有的颗粒滩白云岩都是储层。表生环境是龙王庙组颗粒滩白云岩储层孔隙发育的重要场所,储层的发育受颗粒滩的分布和层序界面(暴露面)控制,埋藏—热液溶蚀孔洞对储集空间有重要的贡献。

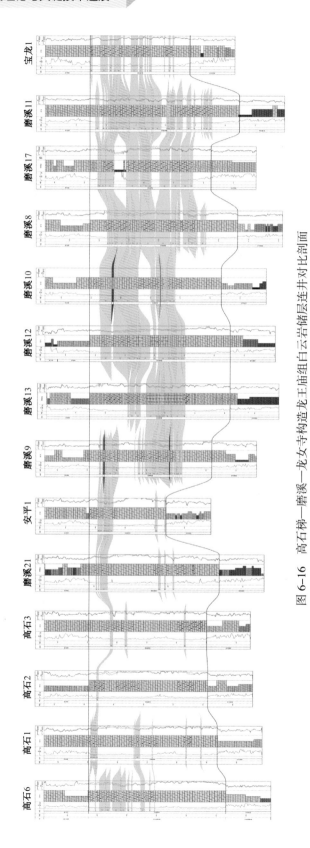

图 6-16 高石梯—磨溪—龙女寺构造龙王庙组白云岩储层连井对比剖面

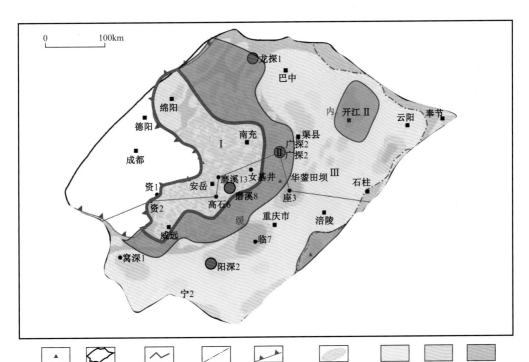

图 6-17 四川盆地龙王庙组埋藏前先存孔隙发育区评价图

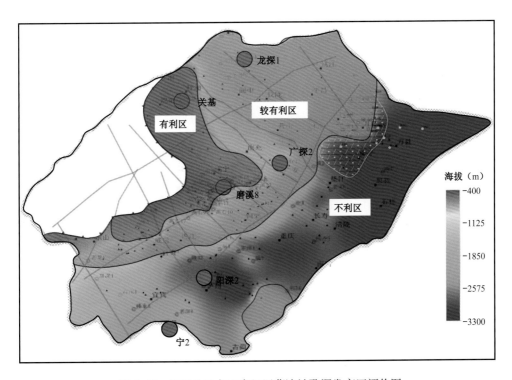

图 6-18 四川盆地龙王庙组埋藏溶蚀孔洞发育区评价图

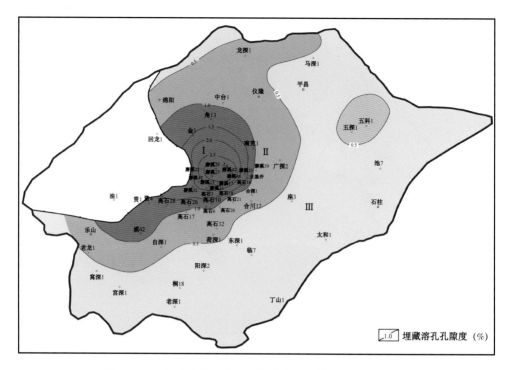

图 6-19　四川盆地龙王庙组颗粒滩白云岩储层分布和评价图

## 三、塔里木盆地良里塔格组礁滩储层

塔中地区上奥陶统良里塔格组台缘带礁滩灰岩储层主要分布在巴楚—塔中台地北缘东段的塔中Ⅰ号断裂带,南北宽 1~20km,东西长 260km,展布面积 1298km²。在塔中隆起下奥陶统鹰山组长期暴露的岩溶斜坡背景上,海平面上升沉积了上奥陶统良里塔格组,自下而上从良五段到良一段可识别出五期呈进积序列的礁滩体,累计厚 300~500m,储层厚 30~100m,二段(颗粒灰岩段)最为发育。

### 1. 礁滩储层特征

储层岩石类型主要为颗粒灰岩和礁灰岩。颗粒灰岩的颗粒含量大于 70%,颗粒成分有各种生屑和砂/砾屑,尤以棘屑最为富集,颗粒支撑。礁灰岩主要由障积岩构成,骨架岩并不发育,而且规模不大,具小礁大滩的特征。有效储层主要发育于滩相的颗粒灰岩中,尤其是棘屑灰岩。

宏观储集空间以岩心级别的溶蚀孔洞为主,少量大型溶洞及裂缝。塔中 62、82 井区溶蚀孔洞发育,半充填—未充填,孔径 1~5mm,面孔率 1%~2%,最高可达 10%,溶蚀孔洞大多顺层或沿斜缝分布。大型溶洞主要表现为钻井过程中钻井液漏失、放空等,取心可见洞穴充填物,地震剖面上有明显的杂乱反射与"串珠"响应(图 6-20)。这类储集空间主要分布在塔中台缘带的东段,如塔中 82 井第 3 筒心发育半充填大型溶洞,表现为井径显著扩大、自然伽马升高、电阻率降低。塔中 44 井在 4920.85~4923.84m 井段发育了近 3m 的大型溶洞,内充填富含黄铁矿的钙质泥岩。塔中 62-2 井进入石灰岩段后边漏边打了 53m,共漏失钻井液 636.5m³,取心中见充填泥岩、块状方解石。塔中 62-1 井在 4959.1～4959.3m 和 4973.21～4973.76m 井段分别放空 0.2m、0.55m,漏失钻井液 467.36m³。

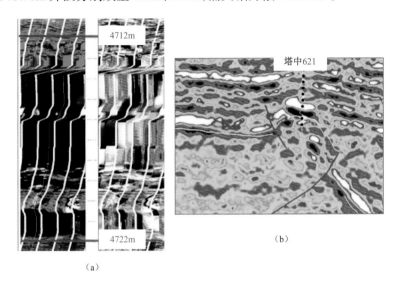

图 6-20　塔中良里塔格组礁滩储层溶洞特征
(a)半充填洞穴的成像测井呈暗色斑块(塔中 58 井,放空 1.17m,累计漏失钻井液 1650m³);
(b)塔中 621 井南北向地震剖面,洞穴具明显的杂乱反射与"串珠"响应特征

微观储集空间以薄片级别的溶孔为主,包括粒间溶孔、粒内溶孔、晶间溶孔和微裂缝(图 4-4f、g,图 4-8c)。粒间溶孔和粒内溶孔是最主要的储集空间,孔径 0.1～1.5mm,主要出现在亮晶颗粒灰岩中。晶间溶孔出现在重结晶的方解石晶体之间,孔径大小 0.1～0.5mm,出现频率较低。微裂缝出现的频率也较高,镜下观察的微裂缝主要是构造缝和缝合线,裂缝率一般为 0.1%～0.5%。

礁基—礁翼和台缘粒屑滩储层物性最好,平均基质孔隙度在 2% 以上。灰泥丘物性差,平均孔隙度 1.3%;滩间海孔隙度最低,小于 0.8%。根据储集空间组合特征,良里塔格组礁滩储层可划分为孔洞型、裂缝型、裂缝—孔洞型、洞穴型,主要发育孔洞型、裂缝—孔洞型储层。属中低孔—中低渗储层,局部夹中高孔—中高渗相对优质储层,储层孔隙度与渗透率之间的相关性差。

### 2.礁滩储层成因

塔中良里塔格组台缘带礁滩体具"小礁大滩"的特点,生屑灰岩滩构成储层发育的物质基础,与沉积期形成的原生孔共同控制了随后的孔隙演化,各种建设性成岩作用的叠加改造导致了礁滩储层储集空间的多样性。

(1)准同生期礁滩体暴露和大气淡水溶蚀导致组构选择性基质溶孔的发育,构成了礁滩储层储集空间的主体,也是礁滩储层重要的发育期。

塔中 62 井测试井段为 4703.50～4770.00m，厚 66.50m，中测酸压，日产油 38m³，气 29762m³。测试段的相应取心段为 4706.00～4759.00m，经铸体薄片鉴定，有效储层共 3 层 10m，岩性为泥亮晶棘屑灰岩，与非储层泥晶棘屑灰岩呈不等厚互层（图 4-9）。高分辨率层序地层研究揭示，高位体系域向上变浅准层序组上部的台缘礁滩体最易暴露和受大气淡水淋溶形成优质储层，而且越紧邻三级层序界面的准层序组，溶蚀作用越强烈，储层厚度越大，垂向上多套储层相互叠置（图 4-9）。紧邻储层之下的泥晶棘屑灰岩粒间往往见大量的渗流沉积物，再往深处才变为正常的泥晶棘屑灰岩，构成完整的大气淡水渗流带→潜流带淋溶剖面，孔隙类型以组构选择性基质溶孔为特征。塔中 62～82 井区良里塔格组礁滩储层的垂向分布特征揭示其准同生期的大气淡水溶蚀成因。

（2）表生期沿断裂和裂缝发育的岩溶作用形成的溶蚀孔洞和洞穴是礁滩储层储集空间的重要补充。

塔中 I 号坡折带台缘外带 24 井区、62 井区和 82 井区上奥陶统良里塔格组顶部，皆存在不同程度的表生期岩溶作用，形成大型溶洞及角砾、泥质、层纹状方解石充填物。良一段（泥质条带灰岩段）在塔中 I 号带中段部分剥蚀，在东段全部剥蚀，说明良里塔格组沉积末期海平面下降百米以上，表生岩溶作用强度大大强于同生期受海平升降控制的大气淡水溶蚀作用。这些中等尺度孔洞现今仍然得到部分保存，对储集空间有积极的贡献。

（3）埋藏—热液溶蚀作用形成的溶蚀孔洞是礁滩储层储集空间的重要补充。

埋藏—热液溶蚀作用可以形成非组构选择性溶蚀孔洞，还可形成大的洞穴，前者与有机酸、盆地热卤水及 TSR 有关，后者与热液活动有关，其分布受断层、不整合面及渗透性岩石的控制。塔中 45 井区良里塔格组热液作用活跃，而塔中 62～82 井区及塔中 24～26 井区以有机酸、盆地热卤水作用为主。塔中 45 井 6073～6105m 钻遇萤石发育段，累计厚度 12m，缝洞发育，是热液活动的产物，也是油气的主要赋存段；6078～6106m 测井解释 I 类、II 类储层有效孔隙度达 3.8%～13.3%，完井酸化试油 9mm 油嘴日产油 300m³，日产气 111548m³，萤石包裹体均一温度 70～110℃，缝洞充填方解石包裹体均一温度 80～110℃，裂缝充填方解石包裹体均一温度 80～120℃，Rb-Sr 和 Sm-Nd 法测试的萤石年龄介于 263～241Ma 之间，说明热液活动主要发生于二叠纪晚期。

塔中 62 井良里塔格组礁滩储层主要由棘屑、生物壳、灰泥、共轴增生胶结物及孔洞充填方解石等构成。阴极发光揭示棘屑共轴增生胶结物分为明显的两期，一期为不发光、晶体边缘棱角状的方解石，二期为明亮发光的粒状方解石胶结物，代表其不同的成岩环境（图 6-21a、b）。

亮晶棘屑灰岩的电子探针分析表明，早期的棘屑和灰泥保留了海水成岩作用的特征，方解石胶结物 Fe、Mn、Sr 含量低，说明受到了晚期埋藏作用的影响，多数孔洞充填物具有极低的 Fe、Mn、Sr、Na、K 含量，为晚期埋藏充填。

棘屑灰岩中方解石胶结物的包裹体均一温度、盐度分析揭示，方解石晶体中发育有水质包裹体（$W_{L+V}$，$W_L$）和烃质包裹体（$O_{L+V}$，$O_L$，$O_V$）。与烃类包裹体伴生的水溶液属于 $MgCl_2$—NaCl—$H_2O$ 体系，对应的盐度范围为 17.3%～19.0%（wt%NaCl），均一温度范围 85～95℃；

与烃类包裹体伴生的水溶液属于 NaCl—$H_2O$ 体系,对应的盐度范围 4.8%~6.6%( wt%NaCl ),均一温度具有较宽的范围,主峰有两个,分别为 110~130℃、140~160℃,反映了中、深埋藏环境两次流体活动。

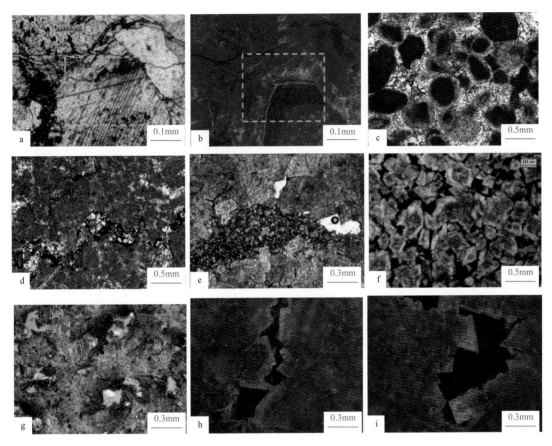

图 6-21 礁滩储层特征

（a）亮晶棘屑灰岩,与棘屑共轴增生的方解石胶结物分为明显的两期,一期不发光,二期明亮发光,塔中 62 井,15-11/61,阴极发光;（b）与 a 同视域,单偏光;（c）亮晶颗粒灰岩,古城 12 井,6502.69m,鹰四段,单偏光;（d）泥晶 / 粘结颗粒灰岩,低能滩,古城 8 井,6059.20 m,鹰三段,单偏光;（e）细中晶白云岩,他形晶镶嵌状接触,溶孔及渗流粉砂充填,古城 12 井,6162.30m,鹰三段,单偏光;（f）细中晶白云岩,残留砂屑结构,晶间(溶)孔为沥青充填,古城 12 井,6209.00m,鹰三段,单偏光;（g）结晶白云岩,残留颗粒幻影,晶间溶孔发育,可能与热液改造有关,古城 8 井,6077.80m,鹰三段,单偏光;（h）晶粒白云岩,溶蚀孔洞中充填的埋藏—热液白云石自形晶,发亮橙色光,古城 8 井,6073m,鹰三段,阴极发光;（i）晶粒白云岩,溶蚀孔洞中充填的埋藏—热液白云石自形晶,发亮橙色光,古城 8 井,6072.80m,鹰三段,阴极发光

微区组分碳氧稳定同位素分析表明棘屑、生物壳、灰泥等代表原始沉积的组分,多数已遭受过不同程度的成岩改造,少数还保留有原始海水的信息;共轴增生胶结物从同位素、阴极发光可以看出是淡水—浅埋藏的连续胶结过程;孔洞充填方解石是不断持续埋藏增温作用的结果,碳元素主要源于围岩,因此,碳同位素基本位于晚奥陶世海水的范围,而氧同位素偏差较大（图 6-22）。Sr 同位素分析发现 2/3 数据高于当时晚奥陶世海水的正常 Sr 同位素值,反映了淡水对储层成岩的重要影响。

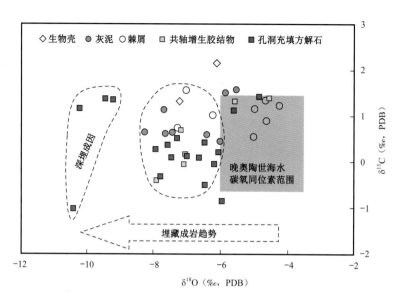

图 6-22　塔中上奥陶统良里塔格组碳酸盐岩不同结构组分碳氧稳定同位素特征

　　通过以上微区组构地球化学分析(表 6-6),认为塔中 62 井的亮晶棘屑灰岩高产储层段主要经历了海底成岩作用、准同生期大气淡水溶蚀作用和埋藏成岩作用,基质孔隙主要是沉积期原生孔、准同生期大气淡水溶孔与晚期埋藏溶孔的叠加,孔洞及溶洞主要与表生期岩溶作用有关。

表 6-6　塔中上奥陶统良里塔格组碳酸盐岩不同结构组分地化特征

| 序号 | 微区组份 | 阴极发光 | 碳氧同位素（‰,PDB） | 包裹体均一温度(℃) | 电子探针 | 成因解释 |
|---|---|---|---|---|---|---|
| 1 | 灰泥 | 暗红色夹亮斑点 | $-8 \sim -5$ | | | 沉积,受成岩改造 |
| 2 | 棘屑 | 暗红色夹亮斑点 | $-7 \sim -4$ | | K、Na、Mg、Sr 含量较高,Fe/Mn 约小于 1 | 沉积,受成岩改造 |
| 3 | 共轴增生胶结物 | 不发光 | $-6 \sim -4$ | | 中等 Sr、Mg、Ba 含量,Fe/Mn>1 | 大气淡水 |
| 4 | 共轴增生胶结物 | 暗红色 | $-8 \sim -7$ | $85 \sim 95$ | Mg、Sr 含量较高,Fe/Mn<1 | 浅埋藏 |
| 5 | 孔洞充填方解石 | 明亮发光 | $-8 \sim -5$ | $110 \sim 130$ | 中等 Ba,少量 Mg,Fe/Mn>1 | 中埋藏 |
| 6 | 孔洞充填方解石 | 暗淡发光 | $< -9$ | $140 \sim 160$ | 不含 K、Na,少量 Mg,Fe/Mn 远大于 1 | 深埋藏 |

## 四、塔里木盆地鹰山组三段礁滩储层

塔东地区鹰山组下段普遍发生白云石化,而且具有由下向上白云石化程度逐渐减弱的趋势。白云岩呈准层状、透镜状,与石灰岩大面积间互分布,白云石化率30%~70%,由东向西白云石化率具逐渐增大的趋势,并一直延伸到塔中地区。储层主要见于白云岩中,未云化的石灰岩往往较致密,导致储层强烈的非均质性,故一般认为白云石化是储层发育的主控因素。古城地区古城6井、古城7井、古城8井、古城9井、古城12井在这套礁滩储层中发现了高产工业气流或很好的气测显示,产层为鹰山组三段。研究揭示这套礁滩储层的发育受以下三个因素控制。

### 1. 礁滩沉积是储层发育的基础,相控特征明显

古城6井、古城7井、古城8井、古城9井、古城12井白云岩储层有大量残留颗粒结构或幻影,反映原岩为颗粒滩相的石灰岩,颗粒滩是古城地区的优势相(图6-21c、d)。鹰三段颗粒灰岩/泥粒灰岩的比例高达55%、泥晶灰岩的比例为15%,这可能与紧邻古城台缘带、颗粒滩发育地质背景优越有关,这为规模白云岩储层的发育奠定了基础。

基于岩心、薄片的标定,建立了亮晶颗粒灰岩(高能滩)(图6-21c)、泥晶/粘结颗粒灰岩(中低能滩)(图6-21d)、颗粒泥晶灰岩(滩间洼地)、残余颗粒白云岩、泥粉晶白云岩(潮坪)的成像测井和常规测井的岩电识别标准(表6-7),对古城地区9口井进行了岩性识别,并对地震属性进行标定,预测了古城地区鹰山组三段颗粒滩的分布(图6-23),鹰三段早期发育2个颗粒滩条带,晚期西部颗粒滩连片分布,为古城地区规模储层发育奠定了物质基础。

**表6-7 岩心和薄片标定的不同岩性的岩电识别标准**

| 序号 | 岩性 | 相 | 成像测井特征 | 常规测井特征 |
|---|---|---|---|---|
| 1 | 亮晶颗粒灰岩 | 高能滩相 | 厚层块状,高阻背景,有空隙呈麻斑状暗点 | 低去铀伽马,伽马、电阻可高可低 |
| 2 | 泥晶/粘结颗粒灰岩 | 中低能滩 | 中厚层,可夹暗色泥质纹层,中阻背景 | 铀伽马、伽马比基线略偏高 |
| 3 | 颗粒泥晶灰岩 | 滩间洼地 | 薄层、暗色低阻纹层密集 | 去铀伽马略偏高、伽马偏高 |
| 4 | 残余颗粒白云岩 | 高能滩或中低能滩 | 厚层块状,高阻背景,有空隙呈麻斑状暗点 | 低去铀伽马,伽马、电阻可高可低 |
| 5 | 泥粉晶白云岩 | 潮坪 | 薄层、暗色低阻纹层密集 | 去铀伽马略偏高、伽马偏高 |

### 2. 颗粒滩暴露和淡水溶蚀是储集空间发育的关键

储层发育于白云岩中,而且白云岩的原岩为颗粒灰岩,但并不是所用的颗粒灰岩都发生了白云石化,这与原岩的孔隙特征有关,只有具有较好孔渗性的原岩,才能在埋藏环境为白云石化介质提供通道并导致白云石化,未云化颗粒灰岩大多较致密的现象从另一个侧面说明了此问题。原岩的孔隙特征受沉积环境和准同生暴露控制,沉积环境控制原生孔隙的发

育或破坏,准同生暴露的大气淡水淋溶控制组构选择性溶孔的发育,并使原生孔隙进一步溶蚀扩大(沈安江等,2015b)。

古城地区鹰山组三段的内幕发育多期与海平面下降相关的暴露,岩心和薄片可以见到较多渗流粉砂、示底构造和渗流沉积现象(图6-21e),这些均反映准同生期大气淡水淋滤作用非常普遍,并导致白云石化呈层状分布的特征(图6-24),位于向上变浅旋回的上部,似乎是受海平面变化控制,实质上是海平面变化控制了碳酸盐沉积物的暴露和组构选择性溶孔发育,而溶孔的发育又为白云石化介质提供了通道的缘故。这也为白云岩储层预测提供了依据,即海平面旋回顶部的颗粒滩往往容易发生白云石化而成为有效储层。

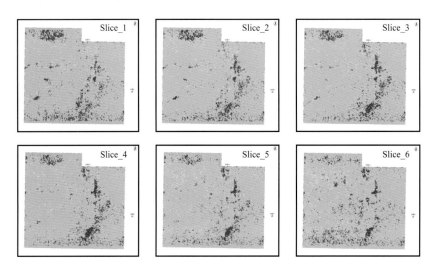

图6-23　基于地震属性分析的鹰三段颗粒滩分布预测图(Slice1—6代表由早至晚的时间切片)

### 3. 白云石化和热液作用对储层有双重改造作用

前已述及,储层发育于白云岩中,但并不是所用的白云岩都是储层,这使得传统观点所认为的白云石化对孔隙发育的贡献面临挑战(赵文智等,2012)。古城地区古城6井、古城7井、古城8井、古城9井、古城12井白云岩储层的储集空间以晶间孔和晶间溶孔为主,从晶间孔和残留颗粒结构分析(图6-21f),晶间孔实际上是对原岩粒间孔的继承和调整,云化前原岩的孔隙度不但影响白云石化作用,而且还影响白云岩储层的物性,晶间溶孔与埋藏—热液溶蚀作用有关(图6-21g)。事实上,前人已经对白云岩的原岩和孔隙成因做过深入的研究,认为晶粒白云岩的原岩大多为颗粒灰岩,孔隙是对原岩孔隙的继承和调整(沈安江等,2015b),塔东鹰山组白云岩储层也不例外。

白云石化作用发生在埋藏期,埋藏—热液成岩介质沿着先存孔隙发育的颗粒滩带活动导致颗粒滩白云石化,形成晶粒白云岩,往往残留颗粒结构。白云岩具有较高的CaO/MgO比、氧同位素明显偏负、阴极发光呈亮橙色的特点(图6-25、图6-21h、图6-21i),充填的硅质具较高的Fe含量,热液矿物钠长石中包裹体均一温度达到350～450℃。

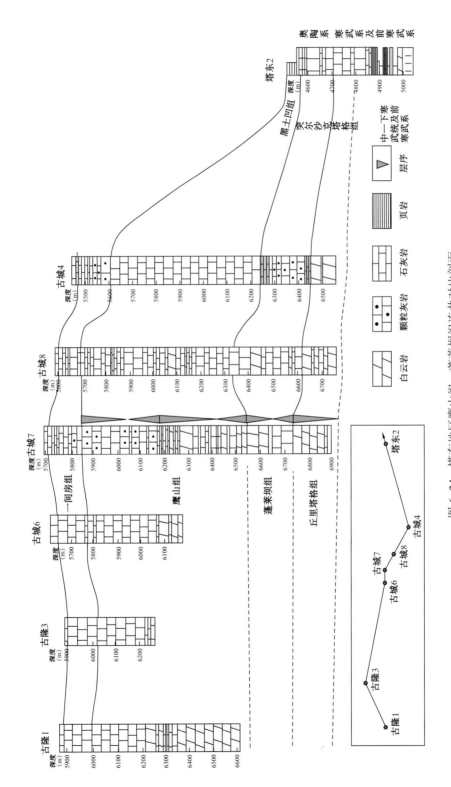

图 6–24　塔东地区鹰山组—蓬莱坝组连井对比剖面
揭示白云石化和白云岩储层的发育与颗粒滩、海平面升降的关系

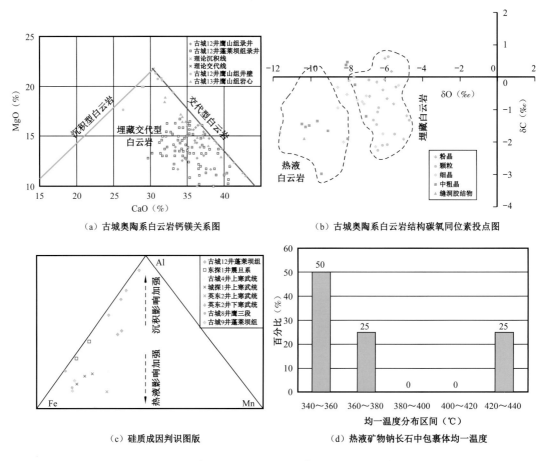

（a）古城奥陶系白云岩钙镁关系图

（b）古城奥陶系白云岩结构碳氧同位素投点图

（c）硅质成因判识图版

（d）热液矿物钠长石中包裹体均一温度

图 6-25　塔东地区鹰山组—蓬莱坝组埋藏热液白云岩地球化学特征

　　热液对储层的改造具有双重作用，一方面，通过埋藏—热液溶蚀作用形成晶间溶孔，另一方面，通过热液矿物的充填破坏孔隙（Davis G R 和 Smith Jr L B.，2006）。塔东地区发育三期断层：一是断穿寒武系底，规模一般小于 3km，总体呈北西走向，不能作为鹰三段热液通道；二是断穿寒武系底—奥陶系石灰岩顶 / 断穿寒武系底，并进入奥陶系鹰山组，规模大，一般大于 10km，总体呈北东走向，可作为鹰三段的热液通道，其中，不断穿奥陶系顶的断层最有利于热液白云岩储层发育；三是断穿中—下奥陶统，规模中等，一般为 3～103km，总体呈北西、北东、北北东，不能作为鹰三段的热液通道。热液作用导致白云岩储层侧向上的分带性和非均质性（图 6-26），可分为颗粒滩白云岩储层发育带（Ⅱ类储层，基质孔）、埋藏—热液溶扩孔洞带（Ⅰ类储层，基质孔 + 孔洞）、硅质充填带和白云石—方解石充填带。

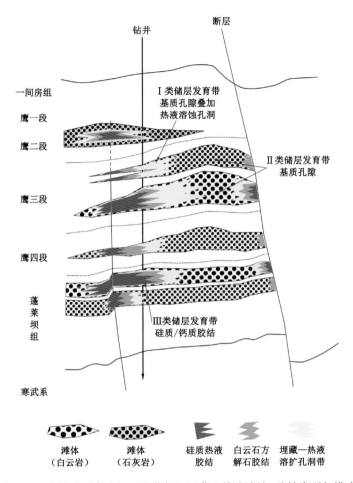

图 6-26 古城地区鹰山组—蓬莱坝组埋藏—热液溶蚀、胶结序列与模式

## 五、塔里木盆地肖尔布拉克组礁滩储层

塔里木盆地寒武系盐下礁滩储层主要发育于塔中—巴楚地区肖尔布拉克组,以灰白色藻格架白云岩、藻砂屑白云岩为主,少量泥晶白云岩,上部夹薄层灰岩,厚约200m,见于方1井、中深5井、中深1井、牙哈7X-1井、康2井、和4井、英买36井及苏盖特布拉克剖面,储层发育的古地理背景为缓坡或弱镶边碳酸盐台地,以苏盖特布拉克剖面肖尔布拉克组(图6-27)礁滩储层为例阐述其特征和成因。

### 1. 礁滩储层特征

苏盖特布拉克剖面肖尔布拉克组可划分为上下两段。肖下段主要发育灰黑色薄层状泥粉晶白云岩,地层厚度相对稳定,无储层。肖上段又可划分为肖上1段、肖上2段和肖上3段(图6-28)。肖上1段主要发育灰—深灰色薄层状含颗粒泥粉晶白云岩、灰色纹层状藻白云岩夹砂屑白云岩透镜体,地层厚度较稳定,透镜状滩体中发育少量孔隙。肖上2段主要发育中厚层状砂屑白云岩和藻白云岩,地层厚度变化相对较大,孔隙具有总体向上逐渐增多趋势,储层主要发育于该套地层中。肖上3段主要发育中薄层状含砂屑泥粉晶白云岩、中层状粉晶白云岩,顶部孔隙发育。

孔隙类型有藻格架残余孔、溶蚀孔洞、晶间(溶)孔(图6-29a、b)。藻格架残余孔主要分布于礁核亚相藻格架白云岩中,是典型的原生孔隙,部分为白云石胶结物充填。溶蚀孔洞、晶间(溶)孔主要分布于礁基、礁盖及礁翼亚相的砂屑白云岩中,孔隙具非组构选择性特征,砂屑结构或完全白云石化呈粉细晶白云岩。具"小礁大滩"的特征,礁基、礁盖及礁翼亚相的砂屑白云岩孔隙度为1.9%～9.39%,平均为5.5%,礁核亚相藻格架白云岩孔隙度为0.7%～5.37%,平均为2.4%。储层受相控作用明显,砂屑滩比藻格架白云岩的物性更好,围岩致密。

图6-27 苏盖特布拉克剖面肖尔布拉克组中段礁滩体分布特征

3.5mm砂屑白云岩样品CT扫描显示孔隙数2824个,最大孔隙半径268.50μm,最小孔隙半径8.49μm,平均孔隙半径68.91μm。喉道数4303个,最大喉道半径213.39μm,最小喉道半径8.49μm,平均喉道半径65.17μm。孔隙与喉道的分异不明显,连通体积占总体积的56.20%,孔喉连通性好(图6-29e、g)。

另外方1井在下寒武统4600～4640m井段发育数层藻格架白云岩储层,累计厚度5～8m,层位相当于肖尔布拉克组,岩性为藻格架或藻纹层白云岩。孔隙类型以藻格架残余孔为主(图6-29c),少量石膏溶蚀孔洞。据27个样品的物性分析,最大孔隙度为3.57%,最小孔隙度为0.76%,其中,孔隙度在2.5%～3.57%的样品数占15.38%,孔隙度在1.5%～2.5%的样品数占23.38%,孔隙度小于1.5%的样品数占61.24%。基于苏盖特布拉克露头剖面肖尔布拉克组礁滩储层的地质认识,推测方1井打在了礁核部位,周缘应该发育砂屑滩白云岩储层。

牙哈7X-1井中寒武统5815～5840m井段发育两层砂屑滩白云岩储层,累计厚度5m,层位相当于阿瓦塔格组。孔隙类型以粒间孔和粒内溶为主,少量溶蚀孔洞(图6-29d),孔隙度介于0.85%～6.97%,平均为4.6%。3.5mm砂屑白云岩样品CT扫描显示孔隙数10734个,最大孔隙半径71.10μm,最小孔隙半径1.79μm,平均孔隙半径36.56μm。喉道数8272个,最大喉道半径56.47μm,最小喉道半径1.43μm,平均喉道半径22.45μm。孔隙与喉道的分异较

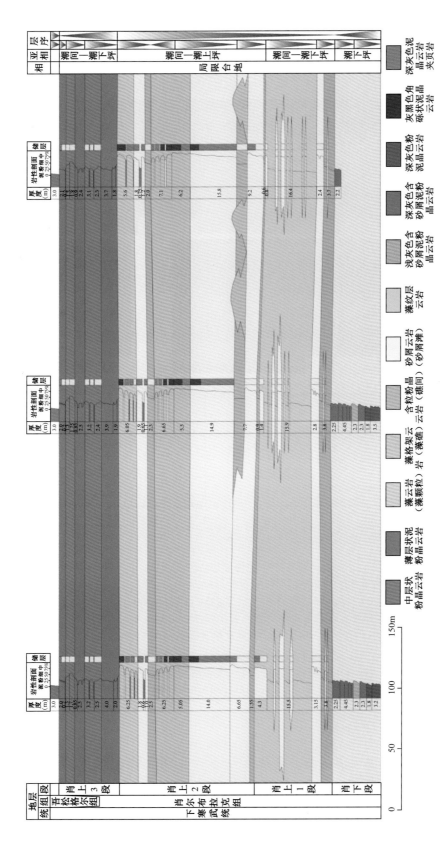

图 6-28 苏盖特布拉克剖面肖尔布拉克组沉积相旋回、储层对比剖面

好,连通体积占总体积的51.18%,孔喉连通性好(图6-29f、h)。基于苏盖特布拉克露头剖面肖尔布拉克组礁滩储层的地质认识,推测牙哈7X-1井打在了礁翼的部位,滩体厚度小,但储层品质好。

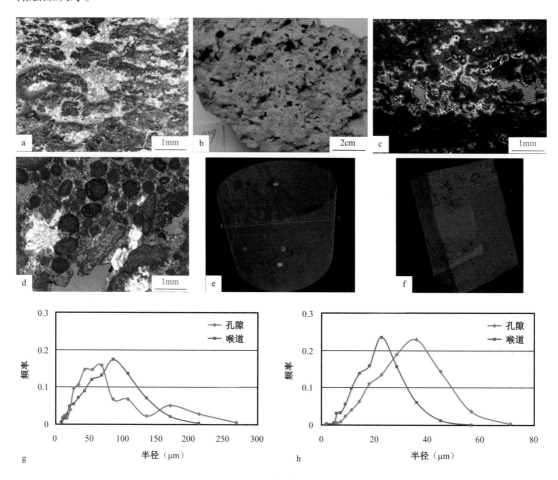

图6-29 礁滩储层特征

(a)藻礁(丘)白云岩,藻格架孔发育,周缘为早期的白云石胶结物充填,苏盖特布拉克露头剖面,肖尔布拉克组,铸体薄片;单偏光;(b)砂屑白云岩,溶蚀孔洞发育,顺层分布,苏盖特布拉克露头剖面,肖尔布拉克组,露头实体样品;(c)藻礁(丘)白云岩,藻格架孔发育,周缘为少量早期的白云石或石膏充填,方1井,肖尔布拉克组,4599m,铸体薄片,单偏光;(d)砂屑白云岩,粒间孔、粒间溶孔和粒内溶孔发育,牙哈7X-1井,阿瓦塔格组,5832m,铸体薄片,单偏光;(e)CT三维成像照片,红色代表藻格架孔,苏盖特布拉克露头剖面,肖尔布拉克组;(f)CT三维成像照片,红色代表砂屑白云岩粒间孔、粒间溶孔和粒内溶孔,牙哈7X-1井,肖尔布拉克组,5832m;(g)同e,与储层孔喉结构参数相对应的孔、喉半径分布曲线;(h)同f,与储层孔喉结构参数相对应的孔、喉半径分布曲线

## 2. 礁滩储层成因

### 1)礁滩沉积是储层发育的物质基础

以苏盖特布拉克露头剖面下寒武统肖尔布拉克组为代表的台缘礁滩储层,礁核亚相由藻格架白云岩组成,藻礁格架孔发育,礁基、礁翼及礁盖亚相由砂屑滩白云岩组成,粒间、粒

内及溶蚀孔洞发育,礁滩体具"小礁大滩"的特征。

以方 1 井下寒武统肖尔布拉克组为代表的台内礁滩储层是礁滩储层由台缘向台内的延伸结果。由于井打在礁核的部位,只揭示了藻丘白云岩储层和发育的藻礁格架孔,推测周缘应该发育砂屑滩白云岩储层。以牙哈 7X-1 井、中深 5 井中寒武统为代表的台内礁滩储层由砂屑滩白云岩或细中晶白云岩组成,后者残留砂屑结构,粒间孔、粒内溶孔和溶蚀孔洞发育。

2)准同生期白云石化和溶蚀作用是孔隙发育和保存的关键

(1)白云岩类型及成因。

无论露头和井下,塔里木盆地中—下寒武统白云岩绝大多数为保留原岩结构的(膏)泥粉晶白云岩、藻格架白云岩和颗粒白云岩,颗粒组分由泥晶白云石构成;少量为细中晶白云岩。前者形成于准同生—早埋藏阶段,与塔里木盆地早—中寒武世干旱的古气候背景有关,相控明显,规模分布;后者形成于中晚埋藏阶段,沿断裂发育,分布局限。地球化学特征进一步揭示塔里木盆地中下寒武统白云岩形成于准同生—早埋藏期,主要为萨布哈和渗透回流白云石化作用的产物,只有中细晶白云岩具中晚期埋藏白云石化的特征。

根据 CaO 和 MgO 交会图(图 6-30a),泥晶白云岩和部分粉晶白云岩的 CaO 和 MgO 呈线性负相关说明其岩性不纯,含有泥质,为典型的准同生萨布哈白云石化特征;部分粉晶白云岩的 CaO 和 MgO 呈线性正相关,说明白云石化作用时间段,方解石被白云石交代不彻底,表现为浅埋藏渗透回流白云石化的特征。根据白云石有序度频率统计(图 6-30b),含膏地层藻白云岩的有序度最低,说明在高盐度海水中快速白云石化的过程,为典型台内渗透回流白云石化的特征;泥晶白云岩的有序相对较低也反映了同生期—浅埋藏期快速白云石化的特征;而粉晶白云岩、砂屑白云岩和中细晶白云岩的有序度相对较高则说明白云石化作用时间长,既具有浅埋藏也具有中深埋藏的特征。根据 $\delta^{18}O$ 和 $\delta^{13}C$ 交会图(图 6-30c),多数白云岩的 $\delta^{18}O$ 值小于早—中寒武世全球海水 $\delta^{18}O$ 值,说明这些白云岩主要形成于低温环境并受到了大气水的影响,因此可以推断早—中寒武统的白云岩主要形成于准同生—浅埋藏环境。根据 $^{87}Sr/^{86}Sr$ 特征(图 6-30d)可以看出,泥晶白云岩的 $^{87}Sr/^{86}Sr$ 值明显高于寒武系海水的 $^{87}Sr/^{86}Sr$ 平均值(约 0.7090),说明有壳源 Sr 的混入,为典型的萨布哈白云石化特征;而含膏地层中藻白云岩的 $^{87}Sr/^{86}Sr$ 值也相对较高,反映了蒸发海水的特征;其他岩相白云岩的 $^{87}Sr/^{86}Sr$ 值略高于 0.7090,说明其成岩过程中可能受到了大气水的影响。根据微量元素 Na、Sr 交会图(图 6-30e)和 Fe、Mn 交会图(图 6-30f)可以看出,中细晶白云岩具有低 Na、Sr、高 Mn 含量的特征,反映为较明显的中晚期埋藏特征;其他类型的白云岩总体具有中—高 Na、Sr 和中—低 Fe、Mn 的特征,反映白云石作用发生于准同生—浅埋藏期,白云石化流体主要为海水,并在成岩过程中受到了大气水的影响;少数白云岩具有低 Sr、Na 和高 Fe、Mn 的特征则说明了部分白云岩受到晚期埋藏流体改造。根据 Th、U 交会图(图 6-30f)和 $Al_2O_3$、$Fe_2O_3$ 交会图(图 6-30g),泥晶白云岩具有较高的 Th/U 和 $Al_2O_3$、$Fe_2O_3$ 含量,反映其形成于氧化环境;中细晶白云岩具有较低的 Th/U 和 $Al_2O_3$、$Fe_2O_3$ 含量,反映其形成于还原埋藏环境;其他类型白云岩的形成环境总体介于氧化环境和还原环境之间,表现为浅埋藏的特征。

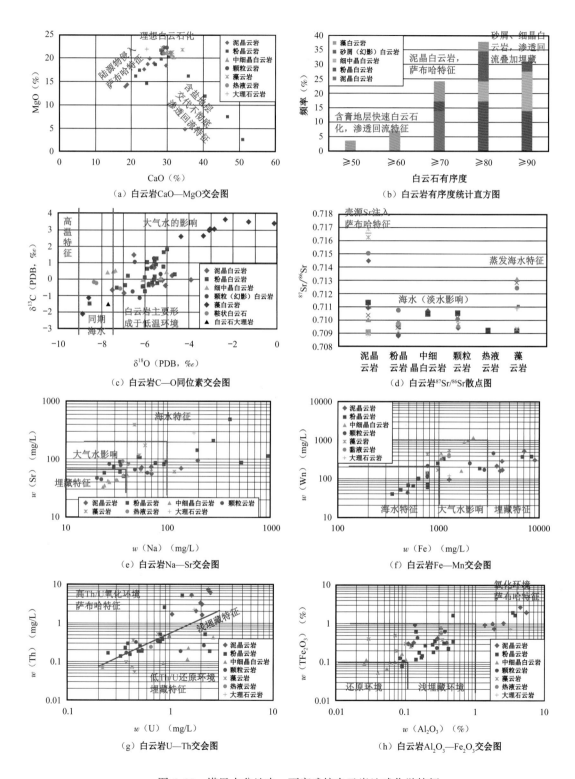

图 6-30　塔里木盆地中—下寒武统白云岩地球化学特征

（2）孔隙类型及成因。

塔里木盆地中—下寒武统白云岩储层的孔隙以沉积原生孔和准同生期组构选择性溶孔为主。苏盖特布拉克剖面肖尔布拉克组台缘礁滩储层的藻格架残留孔是典型的沉积原生孔，周缘为白云石胶结物充填；溶蚀孔洞具有明显的组构选择性，形成于准同生期沉积物暴露和大气淡水的溶蚀。以方 1 井为代表的台内礁滩储层以藻格架残余孔为主，部分为石膏及白云石胶结物充填，属沉积原生孔。以牙哈 7X-1 井中寒武统为代表的台内礁滩储层以粒间孔和粒内溶孔（孔洞）为主，前者为沉积原生孔，后者形成于准同生期不稳定矿物的组构选择性溶蚀。中—下寒武统少量粉细晶白云岩、细中晶白云岩中发育的晶间孔和晶间溶孔也主要是对埋藏前先存孔隙的继承和调整，或来自于埋藏溶蚀作用。

（3）白云石化对孔隙保存的贡献。

矿物成分对溶蚀强度影响模拟实验已经证实了白云石化对孔隙保存的贡献（图 4-14）。模拟实验结果给我们三点启示：① 准同生期大气淡水溶蚀作用发生在白云石化之后；② 未白云石化的灰质、石膏等残留易溶组分在大气淡水溶蚀作用下形成组构选择性溶孔，而不易溶的白云石构成坚固的格架，有利于溶孔的保存，当残留易溶组分达到一定含量时，可形成蜂窝状白云岩；③ 白云岩和石灰岩一样，在埋藏环境下通过溶蚀作用是可以形成孔隙的。

白云岩成因、孔隙成因和模拟实验结果揭示塔里木盆地中—下寒武统白云岩储层形成的两个关键过程（图 6-31）。① 礁滩沉积中的沉积原生孔是储层发育的关键，而且由于气候干旱，胶结物不发育，只在藻格架孔周缘见到少量的白云石胶结物，使沉积原生孔得到很好的保存；② 准同生期末白云石化的灰质、膏质为组构选择性溶孔的发育奠定了物质基础，准同生白云石化作用形成的白云岩构成坚固的岩石格架对孔隙起到保护作用。由此可见，白云石化作用本身不一定形成孔隙，但对溶蚀孔洞的发育及保存具重要的控制作用。

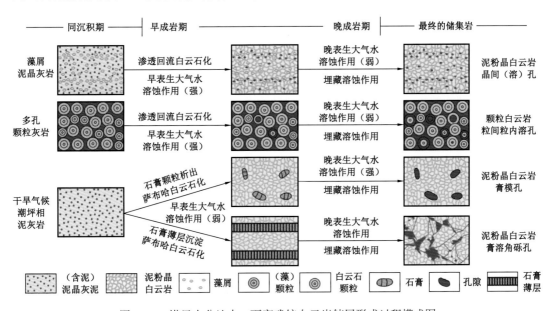

图 6-31　塔里木盆地中—下寒武统白云岩储层形成过程模式图

# 第二节　白云岩储层

前已述及，塔里木、四川和鄂尔多斯盆地大多数白云岩储层均保留或残留大部分原岩礁滩结构，被归入礁滩储层，但四川盆地栖霞组—茅口组白云岩、塔里木盆地蓬莱坝组白云岩、鄂尔多斯盆地马家沟组中组合白云岩往往发生较强烈的重结晶，以细晶和中晶白云岩为主，残留少部分原岩礁滩结构或原岩礁滩结构完全被破坏，被归入白云岩储层。本节重点解剖塔里木盆地蓬莱坝组和四川盆地栖霞组—茅口组白云岩储层，揭示白云岩储层的特征、成因和分布规律。

## 一、四川盆地栖霞—茅口组晶粒白云岩储层

### 1. 勘探和研究现状

四川盆地栖霞组—茅口组地层厚度 300～400m，栖霞组一段、茅口组一段是四川盆地最好的海相碳酸盐岩烃源岩（梁狄刚等，2008；张长江等，2012；黄士鹏等，2016），TOC 为 0.22%～1.76%，第三轮资评资源量气 $13700 \times 10^8 m^3$，第四轮资评资源量气 $14700 \times 10^8 m^3$，历经 60 年的勘探，探明 $852.03 \times 10^8 m^3$，探明率仅为 5.80%（王会强等，2013），仍然具有很大的勘探潜力。

20 世纪 50—70 年代，栖霞组、茅口组曾经是西南油气田分公司的主力产层，主要在蜀南地区，发现了圣灯山、自流井、纳溪气田，70 年代末期产量达到 $60 \times 10^8 m^3/a$，但长期以来一直被认为是一套裂缝型石灰岩储层（程光瑛等，1988；陈宗清，1995），这一认识制约了整装大气田的发现。进入 80—90 年代，川东高陡构造带石炭系勘探获得突破，兼探下二叠统，沿用蜀南勘探思路，以寻找裂缝型气藏为主发现了卧龙河气田。进入 21 世纪，勘探重心转移至灯影组、龙王庙组、长兴组、飞仙关组、雷口坡组等层系，但多口井钻遇栖霞组、茅口组白云岩储层。如川西北矿山梁构造矿 2 井在栖霞组发现厚层状孔隙型白云岩储层 44m，矿 1 井茅口组日产气 $2.79 \times 10^4 m^3$，大兴场构造大深 001–X1 井揭示茅口组白云岩厚 71.3m，孔隙度 1.0%～9.5%，栖霞组白云岩厚 25.1m，孔隙度 2.02%～5.23%，实钻获气 $32.86 \times 10^4 m^3/d$，双鱼石构造双探 1 井栖霞组日产气 $87.6 \times 10^4 m^3$，双鱼 001–1 井栖霞组日产气 $83.72 \times 10^4 m^3$，拉开了寻找孔隙型规模气藏的序幕。截至 2013 年底，川西在双鱼石、九龙山、大兴场等 15 个构造共 30 口井钻达下二叠统，栖霞组气井 4 口，茅口组气井 11 口，展示了良好的勘探潜力，但存在裂缝型石灰岩储层和基质孔型白云岩储层、白云岩储层发育普遍性等问题的分歧。

### 2. 孔隙型白云岩储层发育的普遍性

川东高陡构造卧龙河气藏，目的层为茅口组二段，气田面积为 $9211 km^2$，储量 $60.81 \times 10^8 m^3/d$，被认为是贯穿栖霞组—茅口组的特大裂缝系统（贾长青等，2003），但产量基本稳定，井间干扰明显（如卧 67、83、93 三口井井间干扰），压降储量 $48 \times 10^8 m^3$，迄今已采出 $44.13 \times 10^8 m^3$，与裂缝型储层不吻合，表明卧 67 井区钻遇了裂缝沟通的孔隙型储层，基质孔

隙的存在支撑了该井区的持续高产,近年研究发现是以茅二段白云岩为主要储层的层状裂缝—溶洞—孔隙型储集单元(里玉等,2016)。

川中、川西北及蜀南地区已钻井孔隙度与渗透率相关图(图6-32)揭示,栖霞组、茅口组应该发育两种类型的储层。一是孔隙度和渗透率没有相关性,主要见于蜀南地区,是典型缝洞型储层的物性特征,常见于岩溶储层中;二是孔隙度和渗透率具有较好的相关性,是典型基质孔型储层的物性特征,主要见于礁滩和白云岩储层中。据此,开展了大量的露头地质调查、老井复查和新井资料分析,均发现栖霞组、茅口组普遍发育基质孔型白云岩储层(表6-8)。

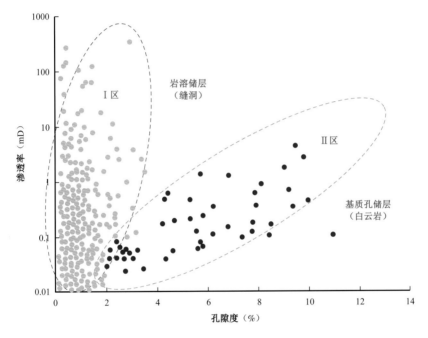

图 6-32　四川盆地栖霞组、茅口组孔隙度与渗透率相关图
数据来自蜀南地区 40 口井的茅口组及板桥、宋家场、矿山梁、双鱼石、九龙山、卧龙河、磨溪等构造 60 口井的栖霞组—茅口组

**表 6-8　四川盆地栖霞组—茅口组白云岩分布井及出气情况**

| 构造与井号 | | 分布层位 | 白云岩厚度(m) | 出气/水量 |
|---|---|---|---|---|
| 宋家场构造 | 宋 15 等 17 口井 | 茅口组 | 连片白云岩 | 整装气藏(储量 38×10⁸m³) |
| 卧龙河构造 | 卧 67、卧 83、卧 93 等 42 口井 | 栖霞组—茅口组 | 白云岩均厚 4.25 | 整装气藏(储量 60.81×10⁸m³) |
| 双龙构造 | 双 11 等 8 口井 | 栖霞组—茅口组 | 白云岩均厚 10~10.5 | — |
| 明月峡构造 | 月 1 等 11 口井 | 栖霞组—茅口组 | 白云岩均厚 4.5~14.5 | — |
| 大池干构造 | 池 1 等 7 口井 | 栖霞组—茅口组 | 白云岩均厚 10~14 | — |

续表

| 构造与井号 | | 分布层位 | 白云岩厚度（m） | 出气/水量 |
|---|---|---|---|---|
| 华蓥山构造 | 华西3等3口井 | 茅口组 | 白云岩均厚4～10 | |
| 板桥构造 | 板4等5口井 | 茅口组 | 白云岩均厚40 | |
| 矿山梁构造 | 矿2井 | 栖霞组 | 44 | 地表水300余立方米 |
| 双鱼石构造 | 双探1/双探3 | 栖霞组—茅口组 | 12-8/30 | 气（87.6～126.77）×$10^4$m³/ 41.86×$10^4$m³ |
| 九龙山构造 | 龙17 | 栖霞组—茅口组 | 5 | 气30×$10^4$m³ |
| 汉王场构造 | 汉深1/汉1 | 栖霞组—茅口组 | 61/68 | 气0.26×$10^4$m³/水136m³ |
| 周公山构造 | 周公1 | 栖霞组—茅口组 | 50.50 | 水132m³ |
| 龙女寺构造 | 女基井/女深1 | 栖霞组 | 15/6 | 气4.68×$10^4$m³/4.63×$10^4$m³ |
| 广安构造 | 广参2/广探2 | 茅口组 | 25/18-42 | 气2.97×$10^4$m³/— |
| 磨溪构造 | 南充1/磨31/ 华涞1 | 茅口组 | 44/20/13 | 气31.64×$10^4$m³ |
| 矿山梁、新开寺露头剖面 | | 栖霞组—茅口组 | 40 | |
| 龙门山五花洞露头剖面 | | 茅口组二段 | 23 | |
| 华蓥山二崖露头剖面 | | 茅口组二段 | 28 | |

孔隙型白云岩储层的发现拉开了寻找栖霞组、茅口组孔隙型规模气藏的序幕。近年来，以"跳出蜀南寻找新区带，突破裂缝探索储层新类型"为指导思路，并在外围获得突破。在川西北双鱼石构造相继布署了双探1井、双探2井、双探3井、双探6井、双探7井、双探8井、双探9井、双探10井、双探11井、双探12井共10口井，完钻3口井，双探1井分别在栖霞组、茅口组颗粒滩白云岩储层中获得87.6×$10^4$m³/d和126.77×$10^4$m³/d的高产，双探3井在栖霞组颗粒滩白云岩储层中获得41.86×$10^4$m³/d的高产，双探2井失利，失利原因是未见到白云岩储层。在川中地区兼探下二叠统的多口钻井中也相继发现了优质白云岩储层，如南充1井茅二段白云岩储层日产气44.74×$10^4$m³，磨溪31X1井栖二段白云岩储层日产气36.67×$10^4$m³，磨溪39井茅二段白云岩储层厚20m，高石16井栖二段未见白云岩储层。由此可见，栖霞组、茅口组白云岩储层的发育虽然具有普遍性，但横向连续性差、厚度变化大、储层非均质性强，储层发育主控因素和分布规律成为制约四川盆地栖霞组、茅口组油气勘探的关键问题。

### 3. 白云岩储层类型和特征

基于6个露头剖面和10口井200m岩心的观察、500个岩石薄片鉴定，指出四川盆地栖霞组—茅口组发育两类白云岩，分别为块状白云岩（图6-33a、b）和斑状白云岩（图6-33c、d），前者完全白云石化呈细晶、中晶和粗晶白云岩，后者部分白云石化呈豹斑灰岩或豹斑云岩。储层主要发育在块状白云岩中,并可划分为孔洞型白云岩储层、孔隙型白云岩储层和复合型白云岩储层三种类型。

### 1)孔洞型白云岩储层

以中晶和粗晶白云岩为主,少量细晶白云岩(图 6-33e、f、g),几乎不保留原岩结构,储集空间以溶蚀孔洞为主,少量晶间孔、晶间溶孔(图 6-33a、b、e、f、g),溶蚀孔洞直径以 1～10cm 居多,据栖霞组 236 个柱塞样品分析,储层平均孔隙度 3.87%。广元车家坝剖面栖霞组发育三层孔洞型粗晶白云岩储层,累计厚度约 30m,溶蚀孔洞部分被自形晶白云石胶结物、鞍状白云石、块晶方解石和沥青充填(图 6-33h、i)。矿 2 井、矿 3 井、广参 2 井、潼 4 井、女基井、广探 2 井、双探 1 井、池 67 井和磨溪 42 井均发育有这套储层。储层的分布有层位性,但横向上厚度变化大,连续性不好,具有透镜状、斑块状顺层分布或沿断裂呈栅状分布的特征。这种白云石化显然受原岩特征、断裂/裂缝和构造—热液流体共同控制。

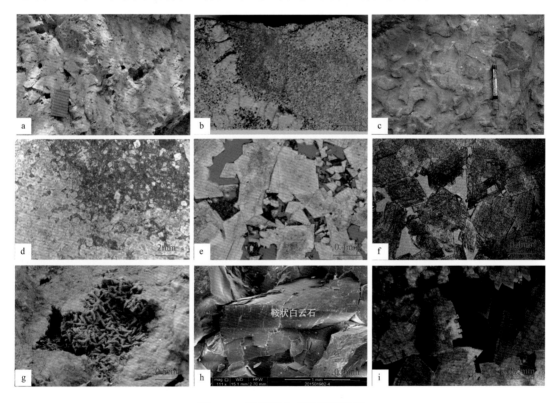

图 6-33　孔洞型白云岩储层特征

(a)块状白云岩,溶蚀孔洞为鞍状白云石充填,广元车家坝剖面,栖霞组;(b)砂糖状细中晶白云岩,针孔状晶间孔发育,矿 2 井,栖霞组,2423m,岩心;(c)栖霞组上部豹斑灰岩,凸出部分为白云石化的豹斑,凹进部分为未白云石化的灰质,金真村露头剖面;(d)栖霞组上部豹斑灰岩,石灰岩与白云石豹斑之间呈过渡接触,白云石为他形晶,矿 2 井,2406.46m,普通片,单偏光;(e)块状粗晶白云岩,白云石被溶蚀成港湾状,晶间溶孔和溶蚀孔洞发育,池 67井,茅口组二段,3311.69m,铸体薄片,单偏光;(f)中粗晶白云岩,半自形—自形晶,晶间孔和晶间溶孔发育,广参 2井,茅口组三段,4614.08m,铸体薄片,单偏光;(g)同 a;(h)孔洞中充填的鞍状白云石和沥青,磨溪 42 井,栖霞组,4652.99m,扫描电镜照片;(i)孔洞中充填的鞍状白云石和沥青,磨溪 42 井,栖霞组,4652.99m,普通片,单偏光

### 2）孔隙型白云岩储层

川西北车家坝剖面栖霞组孔隙型白云岩储层呈透镜状、斑块状分布于致密白云岩中（图 6-34a、b、c），约占岩石体积的 30%～50%，累计厚度 10～15m。孔隙型白云岩储层以细中晶白云岩为主，原岩为生屑灰岩（图 6-34d、e、f、g），白云石自形程度高，储集空间以晶间孔和晶间溶孔为主（图 6-34h、i），溶蚀孔洞不发育，几乎未见白云石胶结物、鞍状白云石、块晶方解石和沥青充填，孔隙度 8%～10%，与致密白云岩呈截然状接触。致密白云岩为中粗晶白云岩，他形晶镶嵌状接触。矿 2 井、周 1 井、汉深 1 井均发育有这套储层，单层厚 3～4m，累计厚度 20～50m。

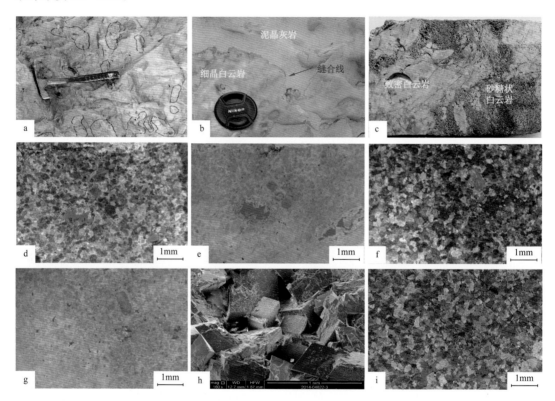

图 6-34　孔隙型白云岩储层特征

（a）块状白云岩，多孔砂糖状白云岩分布于致密白云岩中，川西北车家坝剖面，栖霞组；（b）块状白云岩，云化不彻底时可见细晶白云岩与石灰岩呈微缝合线接触，川西北车家坝剖面，栖霞组；（c）砂糖状细中晶白云岩，针孔状晶间孔发育，矿 2 井，栖霞组，2447m，岩心；（d）细晶白云岩，晶间孔和晶间溶孔，栖霞组，川西北矿 2 井，2423.55m，铸体薄片，单偏光；（e）与 d 为同一视域，原岩为砂屑生屑灰岩，体腔孔和溶孔；（f）细晶白云岩，晶间孔和晶间溶孔，栖霞组，川西南汉深 1 井，4982.45m，铸体薄片，单偏光；（g）与 f 为同一视域，原岩为砂屑生屑灰岩，粒间孔和粒间溶孔；（h）砂糖状细晶白云岩，针孔状晶间孔发育，矿 2 井，栖霞组，2426.97m，扫描电镜照片，自形晶白云石，晶间孔；（i）细晶白云岩，晶间孔和晶间溶孔，汉深 1 井，栖霞组，4971.10m，铸体薄片，单偏光

### 3）复合型白云岩储层

为孔洞型白云岩储层和孔隙型白云岩储层的复合类型，在川西北车家坝剖面栖霞组表现为孔洞型白云岩储层和孔隙型白云岩储层的间互发育，在川中南部磨溪 39 井、南充 1 井

则表现为呈透镜状、斑块状、栅状分布于孔隙型白云岩储层中,显然是孔隙型白云岩储层叠加热液改造的产物。岩石类型有细晶、中晶和粗晶白云岩,孔隙类型有晶间孔、晶间溶孔和溶蚀孔洞。

以取心最全的矿2井栖霞组取心段(2405～2462.55m)为例(图6-35a)。栖一段顶部(2452.50～2462.55m)为亮晶生屑灰岩及泥晶生屑灰岩;栖二段主体为白云岩段(2452.50～2409.50m),已无残留原岩组构,以砂糖状细晶白云岩为主,少量中晶白云岩,自形晶,基质孔隙发育,构成孔隙型白云岩储层,原岩为颗粒灰岩(图6-34d、e),热液改造现象不明显;栖二段顶部(2405.00～2409.50m)为"豹斑"灰岩段,实质上为云化不彻底的泥晶生屑砂屑灰岩,孔隙不发育,白云石化被认为主要发生在早期表生或浅埋藏环境(郝毅等,2012;兰叶芳等,2015)。川西北车家坝露头剖面栖霞组和川中南部广探2井、广参2井(图6-35b)也发育有白云岩储层,以孔洞型中粗晶白云岩为主,伴生鞍状白云石等热液矿物,明显受到热液作用的叠加改造,原岩结构难以恢复。川中南部磨溪39井、南充1井和磨溪42井则发育复合型白云岩储层(图6-35c),孔隙型和孔洞型白云岩储层间互发育或孔洞型白云岩储层呈透镜状、斑块状、栅状分布于孔隙型白云岩储层中,显然是孔隙型白云岩储层叠加热液改造的产物。

在岩石薄片鉴定、岩心和实测孔隙度、渗透率标定的基础上,可以计算测井孔隙度和渗透率,测井解释的孔隙型储层对应孔隙型白云岩储层,孔洞型储层对应孔洞型白云岩储层,孔隙—孔洞型储层对应复合型白云岩储层。

### 4. 白云岩储层发育主控因素

基于6个露头剖面和10口井200m岩心的观察、500个岩石薄片观察和80个样品的同位素、微量元素、稀土元素、包裹体、同位素定年等地球化学分析,认为栖霞组—茅口组白云岩储层发育主要受以下三个要素控制。

(1)滩沉积是储层发育的物质基础,是原生孔隙的载体,是易溶矿物的载体,并影响沉积之后的所有成岩改造。

虽然孔洞型白云岩储层和孔隙型白云岩储层的原岩结构大多被破坏,但细晶白云岩在偏光显微镜下通过对透射光的特殊处理,仍可发现原岩为生屑灰岩和砂屑灰岩,晶间孔和晶间溶孔实际上是对原岩粒间孔、粒间溶孔和粒内孔(如体腔孔)的继承和调整(图6-34d、e、f、g),原岩孔隙主要来自沉积原生孔和准同生暴露导致不稳定矿物溶解形成的溶孔(沈安江等,2015)。中晶白云岩和粗晶白云岩的原岩几乎不能恢复,这可能与白云岩晶粒大小、原岩颗粒大小及热液叠加改造有关,随着埋藏深度加大、温度升高和白云石化作用时间的加长,白云石晶体逐渐增大(赵文智等,2014),白云石晶体粒径大于原岩颗粒粒径时,原岩结构难以保留,白云石晶体粒径小于原岩颗粒粒径时,原岩结构易于保留,受热液叠加改造强烈的白云岩,原岩结构难以保留(赵文智等,2012)。孔洞型白云岩储层以中粗晶白云岩为主,叠加强烈的热液改造,故原岩结构难以恢复,孔隙型白云岩储层以细晶白云岩为主,几乎未受热液作用的叠加改造,故原岩结构易于恢复。栖霞组和茅口组原岩以细结构的生屑、砂屑灰岩为主,中晶白云石颗粒的粒径大于原岩颗粒的粒径,故原岩结构也不易恢复,但这不影

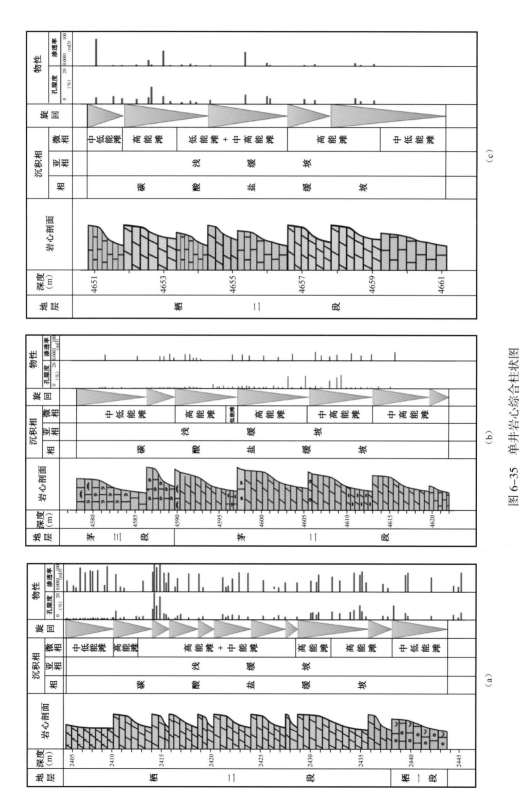

图 6-35 单井岩心综合柱状图

（a）孔隙型白云岩储层，栖霞组二段，矿 2 井；栖霞组二段，茅口组三段，广参 2 井；（c）复合型（孔隙—孔洞型）白云岩储层，栖霞组二段，磨溪 42 井

响中晶白云岩和粗晶白云岩的原岩也是颗粒滩沉积的推断,只是埋藏期受重结晶作用和热液作用的叠加改造,形成的白云石晶体粒径大于原岩颗粒的粒径,导致原岩结构被破坏并难以恢复。

（2）滩体主要发育于向上变浅旋回的上部,而且容易暴露,在原生孔隙的基础上进一步溶蚀扩大,为埋藏期白云石化介质及热液提供通道。

栖霞组—茅口组滩沉积发育,滩相地层厚度占地层总厚度的 50% 以上,而且由多个向上变浅的旋回构成(吴联钱等,2010;赵宗举等,2012),滩体主要发育于向上变浅旋回的上部(图 6-36)。但是露头和钻井资料均揭示,白云岩储层发育于白云石化的滩体中,并不是所有的滩体均发生了白云石化,未白云石化滩体是很致密的。这提出了两个非常重要的问题,一是导致这种选择性白云石化的原因是什么,二是白云石化对储层发育的作用是什么,也是回答白云岩储层成因和分布规律的关键。

关于白云石化的成因问题,川西北、川西南细晶白云石显示稀土元素铈(Ce)的正异常(图 6-37a)、细晶白云石的稀土元素配分模式与海水相似(图 6-37b)、细晶白云石的碳同位素与中二叠世海水相似(图 6-37c)、细晶白云石的锶同位素与中二叠世海水相似(图 6-37d),这些均说明第一期白云石化发生在浅埋藏成岩环境(Allan,J. R 等,1993),白云石化流体为源于二叠纪的海水。白云石化的产物为细晶白云岩,并已证实细晶白云岩中的晶间孔和晶间溶孔是对原岩粒间孔、粒间溶孔、粒内孔的继承和调整。显微特征揭示,细晶白云岩和泥晶灰岩通过微缝合线接触(图 6-34b),这说明白云石化发生在微缝合线形成之后,缝合线为白云石化介质提供了通道,而缝合线两侧的差异白云石化与原岩特征有关,白云石化斑块的原岩为多孔的滩沉积,白云石化介质可以进入,而泥晶灰岩致密,白云石化介质难以进入,导致缝合线两侧白云石化程度的差异,Moore C H（2001）认为碳酸盐岩地层埋深达到 500m 即可形成缝合线,尤其是微缝合线的形成深度可以更浅。这一方面说明第一期白云石化发生在浅埋藏成岩环境,同时,从微观到宏观更容易理解同样是滩沉积,有的发生了白云石化,有的没有发生白云石化的原因,显然原岩的物性决定白云石化的程度,向上变浅旋回上部物性好的滩沉积更容易发生白云石化。向上变浅旋回上部滩沉积物性好是因为除沉积原生孔外,准同生期沉积物暴露和不稳定矿物溶解可形成数量不等的组构选择性溶孔(沈安江等,2015)。不易暴露的滩沉积往往因海水胶结而变得致密,埋藏期白云石化介质难以进入,就不易发生白云石化。龙岗地区长兴组礁滩储层具有类似的白云石化特征,礁核胶结致密的格架岩未发生白云石化,而礁顶多孔的生屑灰岩发生了白云石化成为优质储层(沈安江等,2016)。这进一步揭示了白云石化与孔隙发育的关系,虽然孔隙发育在白云岩中,但这并不是因为白云石化形成了孔隙,而是因为有先存孔隙导致更易发生白云石化(沈安江等,2015)。

（3）暴露面和断裂系统是构造—热液流体的通道,导致周缘多孔细晶白云岩重结晶呈中粗晶白云岩,同时形成热液溶蚀孔洞,是对储集空间的重要补充。

川西南栖霞组—茅口组白云岩遭受过后期(可能与峨眉山玄武岩喷发事件相关)构造—热液流体改造,形成非组构选择溶蚀孔洞和热液矿物(6-33a、e、f、g、h、i),即所谓的孔洞型白云岩储层,以中晶白云岩和粗晶白云岩为主,是在第一期白云石化的基础上,由细晶白云

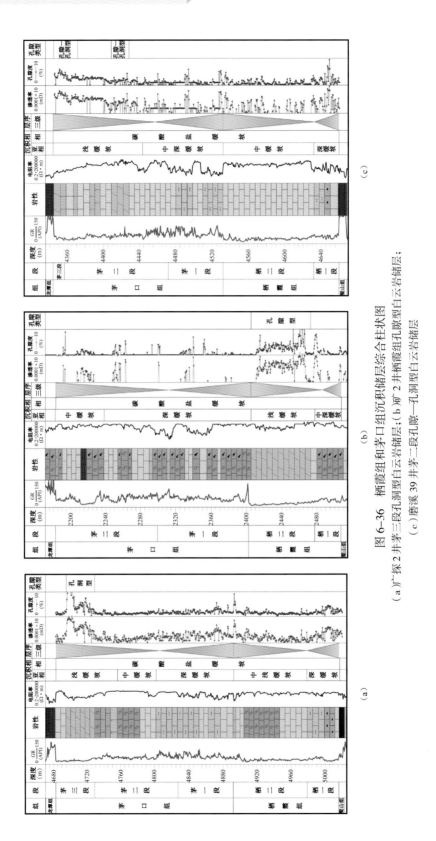

图 6-36　栖霞组和茅口组沉积储层综合柱状图

(a) 广探 2 井茅三段孔洞型白云岩储层;(b) 矿 2 井栖霞组孔隙型白云岩储层;
(c) 磨溪 39 井茅二段孔隙—孔洞型白云岩储层

岩进一步重结晶的产物,两者有明显的差异。前者以细晶白云岩、晶间孔和晶间溶孔为主,缺溶蚀孔洞和热液矿物,后者以中粗晶白云岩为主,除继承的晶间孔和晶间溶孔外,还发育热液溶蚀孔洞,热液矿物充填部分孔洞和裂缝(图 6-33g、h、i),以鞍状白云石为主。

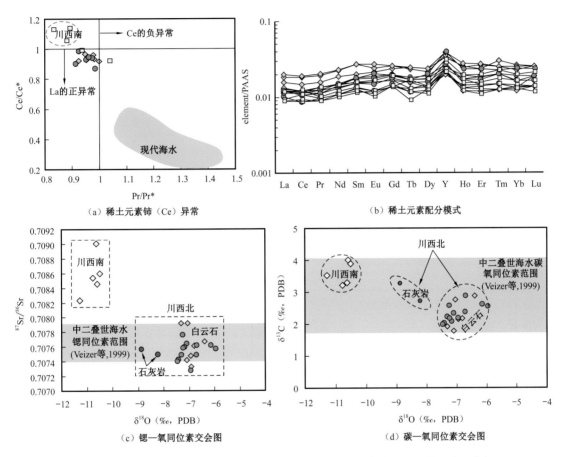

图 6-37　栖霞组—茅口组细晶白云岩地球化学特征(样品来自汉深 1 井和矿 2 井)

与峨眉山玄武岩喷发事件相关的构造—热液事件主要发生在川西南地区(张若祥等,2006)(图 6-38a),这与露头和井资料揭示的栖霞组—茅口组孔洞型白云岩储层主要发育于川西南地区是一致的,而且川西南栖霞组—茅口组中粗晶白云岩中明显富集放射性 Sr 同位素(图 6-38b),基质白云石 D47 测温高于 150℃,鞍状白云石胶结物 D47 测温为 200℃左右,明显高于川西北及川中地区(图 6-38c),这进一步证实了构造—热液事件的存在,为外来热液流体改造的结果,同位素定年揭示川西南栖霞组—茅口组白云岩可能还遭受中生代与龙门山造山运动有关的构造—热液流体改造(图 6-38d),栖霞组白云石胶结物 U—Pb 等时线定年结果为(188±25)Ma。栖霞组—茅口组砂糖状白云岩储层的分布范围要广得多,川西及川中地区均广泛分布。

构造—热液事件对储层的改造体现在三个方面(Davis G R 等,2006)。一是使颗粒灰岩发生交代作用和细晶白云岩发生重结晶作用,形成中粗晶白云岩,先存孔隙得以继承和调整的同时(图 6-33d、e、f、g),可以形成部分非组构选择性晶间溶孔(图 6-33e、f);二是沿暴露面、断裂或裂缝系统形成溶蚀孔洞,尤其是使多孔的白云岩发生溶蚀(图 6-33g);三是热液矿物充填溶蚀孔洞及断裂或裂缝系统(图 6-33h、i),但仍残留未被充填的孔洞及断裂或裂缝系统,三者共同构成孔洞型白云岩储层的储集空间。

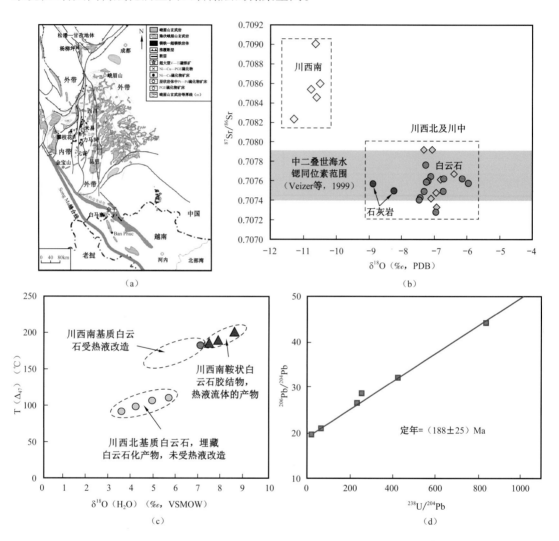

图 6-38　栖霞组—茅口组多期次构造—热液事件

(a)构造—热液事件主要分布在川西南地区;(b)川西南中粗晶白云岩中放射性 Sr 同位素含量比川西北、川中地区明显富集;(c)基质白云石和鞍状白云石的 $D_{47}$ 测温分别为 150℃和 200℃;(d)栖霞组白云石胶结物 U—Pb 等时线定年结果为(188±25)Ma

## 5. 白云岩储层评价与分布预测

### 1)白云岩储层评价

从储层特征和成因分析可知,四川盆地栖霞组—茅口组发育三种孔喉结构类型的白云岩储层(表 6-9)。一是孔隙型白云岩储层,以细晶白云岩为主,少量中晶白云岩,基质孔(晶间孔和晶间溶孔）；二是孔洞型白云岩储层，以中粗晶白云岩为主，溶蚀孔洞是主要的储集空间类型；三是孔隙型白云岩储层和孔洞型白云岩储层的复合型，是在孔隙型白云岩储层基础上叠加热液溶蚀改造形成的，具有基质孔和溶蚀孔洞双重孔喉介质。

表 6-9　四川盆地栖霞组—茅口组白云岩储层类型和评价

| 特征 | 孔隙型白云岩储层 | 孔洞型白云岩储层 | 复合型白云岩储层 |
|---|---|---|---|
| 岩性特征 | 细晶白云岩为主，少量中晶白云岩，原岩结构可恢复 | 中粗晶白云岩，伴生鞍状白云石等热液矿物，原岩结构难以恢复 | 细晶、中粗晶白云岩间互，或中粗晶白云岩呈透镜状/斑块状准层状分布 |
| 孔隙类型 | 晶间孔为主，少量晶间溶孔 | 溶蚀孔洞为主，少量晶间孔和晶间溶孔 | 溶蚀孔洞、晶间（溶）孔呈不同比例间互或混合 |
| 孔喉结构 | 孔隙型储层 | 孔洞型储层 | 孔隙—孔洞型储层 |
| 物性特征 | 基质孔隙度>8%，渗透率>1mD | 基质孔大多<2%，孔洞孔隙度3%～5%，渗透率0.1～1mD | 基质孔隙度2%～8%，孔洞孔隙度3%～5%，渗透率>1mD |
| 储层分布 | 主要分布在栖霞组二段，川西和川中地区广布，横向连续性差，准层状或透镜状，受礁滩相带控制 | 主要分布在茅口组二段+三段，其次为栖二段，主要分布于川西南地区，横向连续性差，栅状沿断裂分布 | 栖霞组二段和茅口组二段+三段均有分布，主要分布于川西北和川中地区，横向连续性差，准层状，受礁滩相带和断裂共同控制 |
| 储层厚度 | 厚度变化大（0～50m），矿2井栖霞组见46m白云岩储层 | 厚度变化大（0～30m），广探2井和广参2井茅三段分别见25m和18m白云岩储层 | 厚度变化大（0～50m），磨溪39井和南充1井茅二段分别见20m和10m白云岩储层 |
| 储层评价 | Ⅱ类储层，中等产能，储层有规模 | Ⅱ类储层，中高产能，储层非均质性大，规模存在不确定性 | Ⅰ类储层，高产稳产，储层有规模 |

## 2）白云岩储层分布预测

在露头剖面、近百口井的老井复查和单井岩性识别的基础上，发现四川盆地栖霞组和茅口组白云岩储层的发育具有普遍性和规模性，栖霞组白云岩储层主要发育于栖二段（图6-39a），茅口组白云岩储层主要发育于茅二段+茅三段（图6-39b）。栖一段和茅一段是四川盆地最好的海相碳酸盐岩烃源岩，茅四段为生屑灰岩，且发生不同程度的剥蚀（江青春等，2012），是茅口组顶部岩溶储层发育的重要层位。

储层成因研究揭示，有利的礁滩相带、暴露面及断裂系统主控四川盆地栖霞组和茅口组白云岩储层的平面分布。其中，中浅缓坡的礁滩相带是控制储层平面分布的一级控制因素，叠合暴露面（层序界面）及断裂系统等控制因素，可以预测优质储层的分布。据此，编制了四川盆地栖二段（图6-40a）、茅二段+茅三段（图6-40b）白云岩储层厚度预测图，从区域的角度揭示颗粒滩和白云岩储层的分布。川西是栖二段白云岩储层的主要分布区，其次是川中古隆起。川西、川中和蜀南是茅二段+茅三段白云岩储层的主要分布区。这些地区都是四川盆地寻找栖霞组、茅口组基质孔型整装碳酸盐岩大气藏的重要勘探领域。

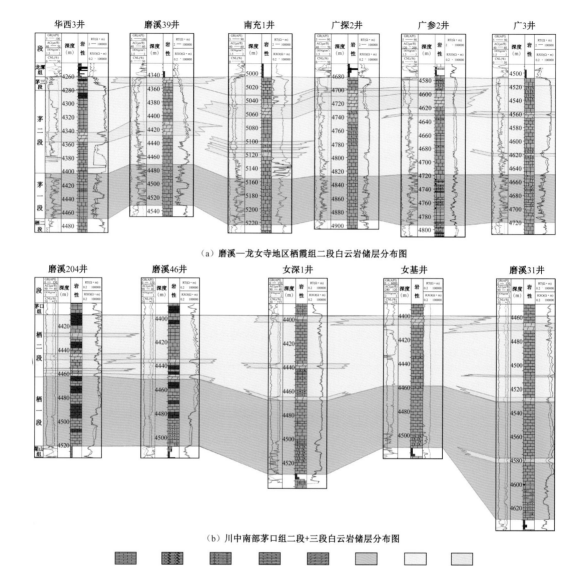

（a）磨溪—龙女寺地区栖霞组二段白云岩储层分布图

（b）川中南部茅口组二段+三段白云岩储层分布图

| 石灰岩 | 生屑灰岩 | 泥质石灰岩 | 白云质灰岩 | 白云岩 | 深水缓坡 | 中浅水缓坡 | 颗粒滩 |

图6-39　四川盆地栖霞组、茅口组白云岩储层垂向分布特征

　　总之，栖霞组、茅口组白云岩储层的发育具有普遍性和规模性，可识别出孔隙型、孔洞型和复合型三类白云岩储层，晶间孔、晶间溶孔和溶蚀孔洞是主要的储集空间类型。滩沉积、早表生期暴露溶蚀和埋藏期构造—热液事件是栖霞组、茅口组基质孔型白云岩储层发育的三个主控因素。栖霞组、茅口组白云岩储层分布有规律可预测，垂向上，白云岩储层主要分布于栖霞组二段和茅口组二段+三段，平面上，栖霞组二段白云岩储层主要分布于川西及川中地区，茅口组二段+三段白云岩储层主要分布于川西、川中和蜀南地区。这些认识为四川盆地栖霞组和茅口组基质孔型整装气藏的勘探指明了方向。

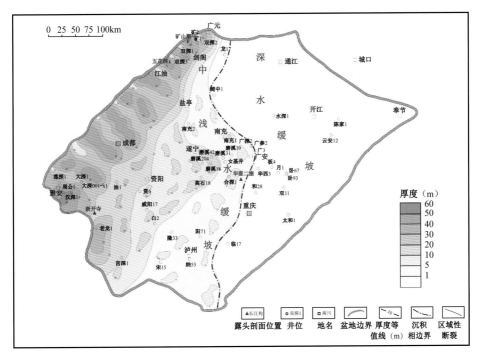

（a）四川盆地栖霞组二段白云岩等厚图

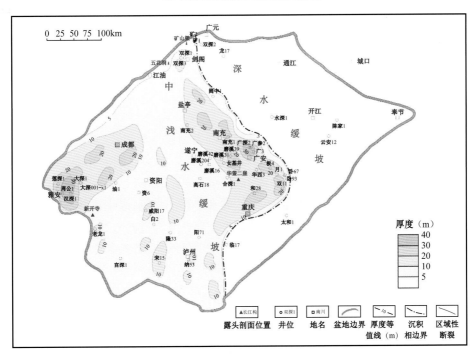

（b）四川盆地茅口组二段+三段白云岩等厚图

图6-40 四川盆地栖霞组和茅口组白云岩储层分布图

## 二、塔里木盆地蓬莱坝组白云岩储层

塔里木盆地蓬莱坝组白云岩储层发育,但由于取心少,以巴楚大阪塔格露头蓬莱坝组剖面为例阐述储层特征和成因。

### 1. 白云岩岩石类型和成因

#### 1）白云岩岩石类型及特征

大阪塔格剖面下奥陶统蓬莱坝组宏观上呈"两白夹一黑"的特征。下部主要发育浅灰色内碎屑、藻屑灰岩,中部主要发育深灰色结晶白云岩,上部主要发育浅灰色砂屑灰岩和泥晶灰岩。蓬莱坝组白云岩按晶粒大小可划分为粗晶、中晶、细晶和粉晶白云岩4种类型。粗晶白云岩呈透镜状分布,具明显的交错层理,反映形成于高能环境,晶粒直径大于500μm,半自形—他形晶紧密镶嵌,多具残留颗粒结构,局部层段晶间孔极为发育(图6-41a);中晶白云岩呈中厚层状或透镜状分布,局部见交错层理,晶粒直径300～400μm,以自形—半自形晶为主紧密镶嵌,多具雾心亮边结构及残留颗粒结构,局部层段晶间(溶)孔极为发育(图6-41b、c);细晶白云岩主要呈中薄层状分布,波状或水平纹层发育,晶粒直径150～250μm,以自形—半自形晶为主,具雾心亮边结构及残留颗粒结构,局部层段晶间(溶)孔极为发育(图6-41d);粉晶白云岩呈薄层状发育,晶粒直径50～100μm,局部发育少量晶间孔(图6-41e)。阴极发光下,不同晶粒大小的白云岩整体都以发暗红色、暗紫色光为主,少量细、中晶白云石晶体具有相对较亮的环边,少量充填于孔隙、裂缝中的白云石发较亮的红色、橙色光(图6-41f),阴极发光特征揭示不同晶粒大小的白云岩主要形成于早—中埋藏期,局部受到晚期热液作用的改造(郑剑锋等,2012)。

#### 2）白云岩储集空间特征及分布

大阪塔格剖面蓬莱坝组白云岩储层的储集空间类型包括晶间孔、晶间溶孔、裂缝、溶蚀孔洞4种。晶间孔(图6-41a、b、c)是结晶较好的白云石晶体之间的孔隙,呈多边形,大小在0.05～0.5mm之间,一般小于白云石晶体;晶间溶孔(图6-41d)是埋藏溶蚀流体进入白云石晶间孔后,溶蚀了部分白云石晶体所形成的,通常形态不规则,呈港湾状,白云石边缘具有明显的溶蚀痕迹,是晶间孔的溶蚀扩大,孔隙大小主要在0.3～1mm;裂缝(图6-41e)既可以作为储集空间,又可以作为流体运移的通道,研究区的有效裂缝主要为构造成因的,缝宽从微米级到毫米级不等,部分裂缝被亮晶方解石或硅质半充填;溶蚀孔洞由多个白云石晶体部分或全部溶蚀形成,与沿裂缝的后期热液溶蚀有关,形态不规则,大小一般在2mm以上,不常见。

对80个白云岩柱塞样进行物性测试:细晶白云岩的孔隙度为2.09%～8.30%,平均为3.92%;中晶白云岩的孔隙度为2.51%～9.44%,平均为4.40%;粗晶白云岩的孔隙度为2.84%～10.42%,平均为4.24%;粉晶白云岩的孔隙度为1.58%～3.19%,平均为2.11%。从物性资料统计图(图6-42)可以看出,中晶白云岩的物性略高于细晶和粗晶白云岩,但

图 6-41　白云岩岩石类型及特征

（a）粗晶白云岩,发育晶间孔,蓝色铸体薄片,单偏光;（b）中晶白云岩,发育晶间孔,蓝色铸体薄片,单偏光;
（c）中晶白云岩,自形结构,发育晶间孔,蓝色铸体薄片,单偏光;（d）细晶白云岩,发育晶间孔、晶间溶孔,蓝
色铸体薄片,单偏光;（e）粉晶白云岩,发育裂缝,少量孔隙空间被亮晶方解石充填,蓝色铸体薄片,单偏光;
（f）细晶白云岩,阴极射线下总体发暗褐色光、暗紫色光,部分晶体具有红色环边;（g）中晶白云岩,颗粒幻影
结构,蓝色铸体薄片,单偏光;（h）细晶白云岩,原岩结构不清,单偏光;（i）视域同 h,同一视域的单偏光和荧
光对比图像,在荧光下清晰地显现了原岩颗粒结构

总体差别不大,孔隙度优势分布区都在 3%～5%,明显高于粉晶白云岩,且孔、渗相关性
较好,说明储层以基质孔(晶间孔和晶间溶孔)为主,相对均质,主要发育于细粗晶白云
岩中,且具有成层性的特点,而粉晶白云岩和石灰岩的基质孔隙不发育,仅见少量裂缝。
但并不是所有的细粗晶白云岩都发育晶间孔和晶间溶孔,多数细粗晶白云岩也是很致
密的。

3）白云岩地球化学特征

测试样品通过激光和微钻取样技术,实现单一结构组分的检测,选样前都经过对应样品
的显微薄片校正。

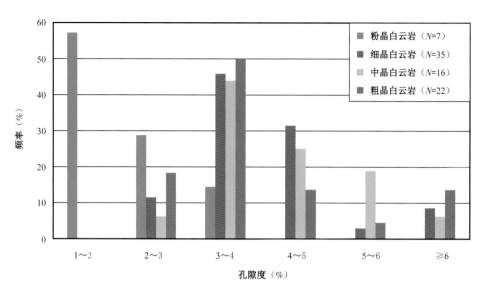

图 6-42 蓬莱坝组白云岩储层孔隙度直方图

（1）有序度。

白云石有序度是衡量白云石结晶速度、结晶温度与演化程度的一个重要指标，结晶速度越慢、温度越高，则白云岩的有序度越高（杨威等，2000），反之，有序度越低。通过130个样品的有序度分析，从频率直方图（图6-43）中可以看出，优势分布区为0.60～0.89，粗晶、中晶、细晶和粉晶4种白云石的平均有序度分别为0.77、0.78、0.74和0.69，总体上都不高，但中晶、粗晶白云石有序度略大于细晶白云石，而细晶白云石的有序度又大于粉晶白云石。研究区有序度特征反映4种白云岩形成时的温度都不高，晶体生长速度比较快，为早—中埋藏期白云石化作用的产物。

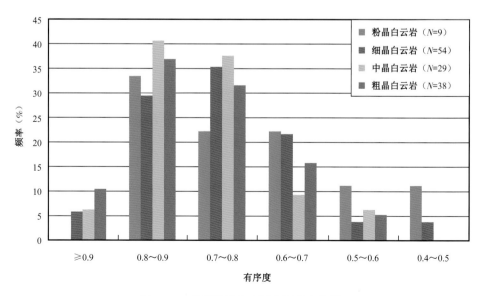

图 6-43 蓬莱坝组白云石有序度直方图

（2）微量元素。

微量元素 Sr、Na、Fe 和 Mn 在碳酸盐岩成岩作用和流体性质判别方面具有独特效用,能很好地判断白云石化流体的性质和成岩环境(Tucker 等,1990)。研究区蓬莱坝组白云岩的微量元素的分析结果见表 6-10。古生代白云岩 Sr 含量的变化范围在(几十~几百)微克/克,但总的来说,早期从超盐度海水中沉淀出来的白云岩(Sr 含量高于 550μg/g)要高于晚期埋藏成因的白云岩(Sr 含量平均值为 72.1μg/g),并且从理论上讲,白云石中 Sr 的分配系数应当约为地面方解石中 Sr 的一半(Tucker 等,1990；张静等,2010)。研究区粗晶、中晶、细晶和粉晶白云岩的 Sr 含量分别为 47.9~190.8μg/g、45.5~216.4μg/g、37.0~236.6μg/g 和 86.4~226.6μg/g,颗粒灰岩的 Sr 含量为 136~227.5μg/g。从中可以看出,白云岩和石灰岩的 Sr 含量都相对较低,但又大于晚埋藏成因的白云岩,并且随着晶体大小的增大,Sr 含量具有略有减小的趋势。

表 6-10　蓬莱坝组白云岩微量元素分析数据表

| 岩石类别 | Sr（μg/g） | Na（μg/g） | Fe（μg/g） | Mn（μg/g） |
|---|---|---|---|---|
| 粗晶白云岩（$N$=10） | 47.9~190.8 / 94.95 | 178.1~222.6 / 178.07 | 406~1071 / 566.3 | 35.2~101 / 60.9 |
| 中晶白云岩（$N$=11） | 45.5~216.4 / 89.1 | 141~222.6 / 161.9 | 322~2310 / 822.2 | 34~196.8 / 76.1 |
| 细晶白云岩（$N$=18） | 37.0~232.6 / 108.5 | 155.8~252.3 / 218.5 | 280~1176 / 641.9 | 35.6~146.7 / 58.9 |
| 粉晶白云岩（$N$=4） | 86.4~226.6 / 133.7 | 185.5~2215.2 / 196.6 | 623~1806 / 1193.5 | 29.0~112.8 / 74.1 |
| 颗粒灰岩（$N$=10） | 119.3~482.2 / 186.4 | 111.3~207.7 / 156.5 | 189~1309 / 506.5 | 13.8~118.3 / 40.8 |

由于海水具有较高的 Na/Ca 比,故一般认为从海相流体中沉淀出来的白云石 Na 含量较高,而埋藏成因白云石的 Na 含量很低,只有 20~60μg/g,可能与白云石重结晶导致 Na 的丢失有关。一般白云石化超盐度相的 Na 含量大于 230μg/g,而开阔海中形成的白云岩的 Na 含量则较少(Tucker 等,1990)。从测试结果看,不同晶粒的白云岩与石灰岩的 Na 含量相对较低,并且分布非常集中,白云石的 Na 含量平均值为 198.7μg/g,最大值为 252.3μg/g,石灰岩的 Na 含量平均值为 157.7μg/g。Fe 和 Mn 这两种元素在成岩过程中倾向于被碳酸盐吸收,而不是像 Sr 和 Na 通常会被损失。海水中 Fe、Mn 含量很低,而在深埋成岩孔隙流体中的含量有时可能相当高,因为只有在还原环境中,Fe、Mn 才能以 $Fe^{2+}$ 和 $Mn^{2+}$ 的形式存在于流体中,从而进入白云石晶格。因此近地表或者早埋藏期形成的白云石的 Fe、Mn 含量相对较低,而晚埋藏期形成的白云石的 Fe、Mn 含量相对较高。研究区不同晶粒大小白云岩的平均 Fe、Mn 含量相近,分别为 629.2~1194μg/g、58.7~83.8μg/g,同时与颗粒灰岩的 Fe、Mn 含量接近,但与深埋藏白云岩相差一个数量级(Vandeginste 等,2013),如 Azmy 等(2001)等报道的巴西 SaoFrancisco 盆地前寒武系晚埋藏白云岩的 Fe、Mn 含量分别为 22009μg/g、2094μg/g(Azmy 等,2011),塔里木盆地奥陶系晚埋藏白云岩的 Fe、Mn 含量分别为 7518μg/g、1790μg/g(李鹏春等,2011)。

综上所述,微量元素 Sr、Na、Fe 和 Mn 含量特征都指示了研究区蓬莱坝组白云岩的白云石化流体主要为海源流体,但局部可能受到了大气淡水的稀释或热液的影响,白云石化作用发生于早—中埋藏期。

（3）稀土元素（REE）。

碳酸盐岩矿物中稀土元素相对丰度主要取决于流体中稀土元素的含量和地球化学性质（Lottermoser,1992）,受成岩作用的影响非常弱（强子同,1998）,故利用稀土元素分析可以判断白云石化流体的来源。对20个白云岩样品进行稀土元素分析,结果显示粗晶、中晶、细晶和粉晶白云岩的REE总量分别为9.8μg/g、11.1μg/g、9.6μg/g和15.5μg/g。由于海水来源白云岩的REE总量值一般小于20μg/g（胡文瑄等,2010）,因此可以判断,4种白云岩的白云石化流体都为海源流体。对经球粒陨石标准化的稀土元素分析结果做配分图（图6-44）可看出,所有样品都表现为轻稀土元素含量大于重稀土元素含量的配分模式,反映了白云岩为埋藏成因的特征（李鹏春等,2011）。同时白云岩的稀土元素配分模式与颗粒灰岩相似,反映了白云岩的原岩为颗粒灰岩,并继承了原岩的稀土元素配分模式（郑剑锋等,2012）。

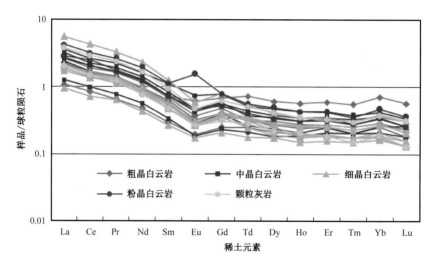

图6-44  蓬莱坝组白云岩储层稀土元素配分图

（4）C、O、Sr同位素。

白云石的碳氧稳定同位素组成与引起白云石化的流体介质有关,并主要受到介质盐度和温度的影响,相对于碳同位素,氧同位素在某种程度上对温度更具敏感性。海水蒸发作用使海水的碳氧同位素向偏正方向迁移,相反,埋藏条件下地下卤水会因高温作用使氧同位素向偏负的方向迁移（彭苏萍等,2002）。研究区粗晶白云岩的 $\delta^{18}O$ 值为 -11.917‰~-6.402‰, 平均为 -8.34‰, $\delta^{13}C$ 值为 -2.909‰~0.66‰, 平均为 -1.28‰;中晶白云岩的 $\delta^{18}O$ 值为 -10.301‰~-5.988‰, 平均为 -7.67‰, $\delta^{13}C$ 值为 -1.902‰~-0.471‰, 平均为 -1.25‰;细晶白云岩的 $\delta^{18}O$ 值为 -10.0‰~-5.248‰, 平均为 -7.68‰, $\delta^{13}C$ 值为 -2.721‰~0.61‰, 平均为 -1.53‰;粉晶白云岩的 $\delta^{18}O$ 值为 -9.154‰~-5.998‰,平均为 -7.57‰, $\delta^{13}C$ 值为 -2.875‰~1.168‰,平均为 -1.95‰。碳氧同位素交会图（图6-45）揭示:粉晶、细晶、中晶和粗晶白云岩的的 $\delta^{13}C$、$\delta^{18}O$ 值差别不大,反映了4种白云岩的成因相同；白云岩 δ$^{13}$C 分布范围与石灰岩 δ$^{13}$C 分布范围相近，说明白云石化流体为与海水有关的海源流体，而相对偏负的 δ$^{18}$O 值则反映了埋藏成因的特征（Saller 等，2011）；白云石次生加大边的 δ$^{18}$O 值明显高于基质白云石，说明部分白云石在晚埋藏期受到深部流体的改造（Lavoie 等，2010）；白云岩孔缝中的亮晶方解石胶结物也是埋藏期的产物。

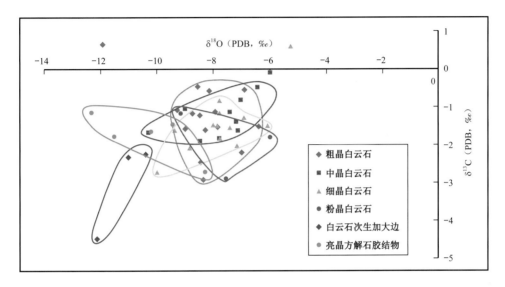

图 6-45　蓬莱坝组白云岩储层 δ$^{18}$O—δ$^{13}$C 交会图

白云岩锶同位素分析结果见表 6-11，粗晶、中晶、细晶和粉晶白云岩的 $^{87}$Sr/$^{86}$Sr 平均值分别为 0.709260、0.709258、0.709247 和 0.709255，与氧碳同位素特征相似，4 种白云岩的锶同位素值非常相近，且变化范围都不大，在 0.70900~0.90965，略高于塔里木盆地早奥陶世 $^{87}$Sr/$^{86}$Sr 值 0.7091（黄文辉等，2006），说明白云石化流体主要为海源流体，局部高值说明可能受到了热液的影响（Slater 等，2012），并且形成于相对较早的埋藏阶段。

表 6-11　白云岩储层锶同位素分析结果

| 样品号 | 岩性 | $^{87}$Sr/$^{86}$Sr | 2δ | 样品号 | 岩性 | $^{87}$Sr/$^{86}$Sr | 2δ |
|---|---|---|---|---|---|---|---|
| 1 | 粗晶白云岩 | 0.709289 | 6 | 11 | 细晶白云岩 | 0.709369 | 16 |
| 2 | 粗晶白云岩 | 0.709552 | 28 | 12 | 细晶白云岩 | 0.709168 | 6 |
| 3 | 粗晶白云岩 | 0.709108 | 6 | 13 | 细晶白云岩 | 0.709155 | 12 |
| 4 | 粗晶白云岩 | 0.709091 | 23 | 14 | 细晶白云岩 | 0.709165 | 19 |
| 5 | 中晶白云岩 | 0.709186 | 4 | 15 | 细晶白云岩 | 0.709000 | 12 |
| 6 | 中晶白云岩 | 0.709148 | 24 | 16 | 细晶白云岩 | 0.709210 | 15 |
| 7 | 中晶白云岩 | 0.709396 | 12 | 17 | 细晶白云岩 | 0.709650 | 32 |
| 8 | 中晶白云岩 | 0.709565 | 7 | 18 | 粉晶白云岩 | 0.709123 | 13 |
| 9 | 中晶白云岩 | 0.708997 | 32 | 19 | 粉晶白云岩 | 0.709333 | 25 |
| 10 | 细晶白云岩 | 0.709262 | 37 | 20 | 粉晶白云岩 | 0.709308 | 48 |

总之,从大阪塔格剖面蓬莱坝组白云岩的解剖研究可知,塔里木盆地蓬莱组主要发育粉晶、细晶、中晶和粗晶4类白云岩,形成于浅—中埋藏环境,白云石化成岩介质与海源流体有关,局部受到热液的改造。

### 2. 白云岩储层发育主控因素

前已述及,很多学者都认为白云岩储层是白云石化作用的产物,并提出了各种白云石化模式。但事实是塔里木盆地寒武系—下奥陶统发育了近千米厚的白云岩,经历了复杂的白云石化作用,但并不是所有的白云岩都是储层,绝大多数的白云岩都是很致密的。我们之前更多关注的是白云岩的成因,并建立了很多的白云石化模式来解释白云岩的成因,而事实上,如何从近千米厚的白云岩中寻找白云岩储层才是石油地质家更需要关注的,这就需要研究白云岩储层中的孔隙成因,建立孔隙分布模型,为白云岩储层预测提供依据。

同样以大阪塔格剖面蓬莱坝组白云岩为例,虽然4类白云岩都是埋藏成因的,但孔隙的成因与埋藏白云石化作用似乎没有必然的联系,储层发育主要受控于以下三个方面的因素。

#### 1)高能滩相沉积是白云岩储层发育的物质基础

白云岩原岩结构的恢复依据于三个方面的证据。一是白云岩的残留原岩结构,二是互层的未云化石灰岩的主体岩石结构类型,三是特殊的检测手段,如阴极发关技术、荧光技术等。

如前文所述,研究区蓬莱坝组有效储层主要发育于细粗晶白云岩中,石灰岩和泥粉晶白云岩不发育孔隙。细粗晶白云岩有的原岩结构难以判别,有的仍保留部分颗粒结构(图6-41g),原岩为颗粒灰岩。白云石晶粒的大小可能与原岩结构的粗细及孔隙空间的大小有关,原岩结构粗,形成的白云石晶粒就粗,原岩孔隙空间大,白云石晶粒就大。中粗晶白云岩的原岩大多为多孔的粗粒结构的生屑、砂屑或鲕粒灰岩。粉晶白云岩的原岩可能为泥晶灰岩或粒泥灰岩。

根据薄片观察,与细粗晶白云岩互层的石灰岩的岩性以泥粒灰岩和颗粒(生屑和砂屑)灰岩为主,致密无孔,整体反映了中—低能台内滩沉积。

有人提出应用阴极发光技术可以恢复白云岩的原岩结构(强子同,1998),但从国内外公开发表的资料来看,阴极发光技术恢复白云岩原岩结构的效果不够理想。本书首次利用荧光技术恢复白云岩的原岩结构,取得了较好的效果:结晶白云岩(图6-41h)的原岩为砂屑灰岩(图6-41i),其颗粒形态及接触关系均得到了清楚的显现,据此可以判断这些白云岩的原岩为滩沉积。

综上所述,研究区多孔的细粗晶白云岩储层的原岩为颗粒灰岩,具有明显的相控特征,高能滩沉积为白云岩储层的发育提供了物质基础。但并不是所有的高能滩沉积均发生了埋藏白云石化形成细—粗晶白云岩,即使发生了埋藏白云石化的细—粗晶白云岩也不全是储层。

#### 2)高频层序控制下形成的初始孔隙是白云岩储层发育的关键

前已述及,研究区蓬莱坝组白云岩储层的分布具有明显的成层性。根据9条解剖剖面岩性、物性和沉积旋回的耦合关系分析(图6-46),发现孔隙发育段不但具有成层性,而且具有旋回性,总体位于向上变浅旋回的顶部。

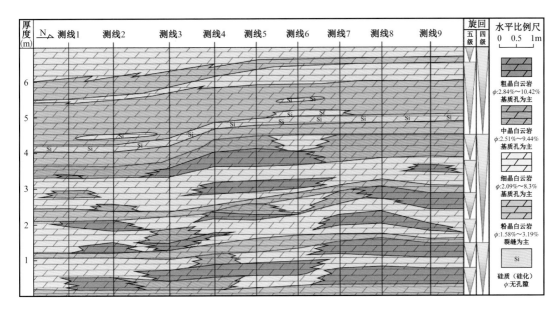

图 6-46 蓬莱坝组白云岩储层空间分布特征

通过高频旋回分析发现,该段地层整体处于三级层序的高位体系域,可以划分为 3 个向上变浅的四级旋回、8 个五级高频旋回。每个高频层序的下部为粉晶、细晶白云岩,呈薄层状,无层理发育;上部为中晶、粗晶白云岩,呈中厚层状,发育平行层理、交错层理。白云岩孔隙发育段集中分布在三级层序界面之下不同级次向上变浅的高频旋回中。这主要是由于高频海平面下降导致浅水碳酸盐岩台地的周期性暴露,高能滩沉积物由于处于水浅和地貌高部位的有利位置,最易受到富含 $CO_2$ 的大气淡水淋滤作用(Moore C H,2001),从而形成与高频层序相对应的多孔颗粒灰岩发育段。

原生孔隙可能因海水胶结作用消失殆尽,暴露面之下颗粒灰岩中的孔隙主要是准同生期大气淡水淋溶形成的次生孔隙,尽管被溶蚀的对象可能是充填于原生孔隙中的海水胶结物。这就造成了多孔的颗粒灰岩段主要位于暴露面之下,成层分布,而远离暴露面的颗粒灰岩往往比较致密,而且具有旋回性。这些孔隙既为埋藏期成岩流体提供了通道,有利于白云石化作用和埋藏溶蚀作用的发生,又为白云岩储层的孔隙提供了原材料(邢凤存等,2011;赵文智等,2012;Garcia-Fresca 等,2012)。事实上白云岩储层的晶间孔和晶间溶孔大部分是对原岩初始孔隙的继承和调整,或白云石化之后的选择性溶蚀(赵文智等,2012),原岩孔隙的发育程度对白云岩是否能发育成有效储层至关重要。原岩是比较致密的颗粒灰岩或泥晶灰岩,即使埋藏期发生了白云石化,形成白云岩也是致密的。据此,建立了白云石晶体、晶间孔、晶间溶孔与原岩颗粒关系模式图(图 6-47)。

研究区蓬莱坝组白云岩储层的解剖不但很好地解释了有效白云岩储层的发育和分布规律,而且还很好地解释了近千米厚的白云岩地层并不全是有效储层的原因,并进一步证实了白云石化作用对新增孔隙的贡献很小的观点(Warren,2000;Lucia,1995)。此外,白云岩储层的孔隙与原岩孔隙的发育程度有关,才导致如解剖区所揭示的白云岩和白云岩储层的分布样式。

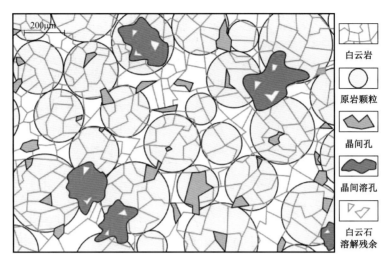

图 6-47　白云石晶体、晶间孔与原岩颗粒关系模式图

3）埋藏溶蚀作用使白云岩储层的物性得到改善

白云岩储层的主要孔隙类型为晶间孔，其很可能是对原岩初始孔隙的继承和调整。但在薄片中也确实发现一定量埋藏溶蚀成因的非组构选择性溶蚀孔洞，白云石被溶蚀成港湾状，形成晶间溶孔（图 6-41d）。根据被溶蚀的白云石体积分析，埋藏溶蚀作用对孔隙的贡献率约为 10%，尽管晶间溶孔的体积可以占到总孔隙度的 50% 以上，但大部分是晶间孔的溶蚀扩大。

综上所述，研究区蓬莱坝组白云岩储层的孔隙主要是对原岩孔隙的继承和调整，少量为埋藏溶孔，白云石化本身不新增孔隙或贡献很小，但白云石化作用形成的白云岩构成坚固的支撑格架，比石灰岩更抗压抗溶，有利于先存孔隙的保存（Glover，1968；Hugman 等，1979）。

# 第三节　岩溶储层

以塔里木盆地一间房组—鹰山组石灰岩岩溶储层为例阐述其特征、成因和分布规律，并与四川盆地茅口组顶部石灰岩岩溶储层作对比，与三大盆地白云岩风化壳储层作对比，揭示它们的异同。

## 一、岩溶储层类型概述

"喀斯特（karst）"一词源于 100 多年前斯洛文尼亚碳酸盐岩特定的地貌和水文现象的地理区域。1966 年在中国第二届"喀斯特"会议上，将"喀斯特"一词改为"岩溶"，"喀斯特作用（karstification）"则改称为"岩溶作用"。《岩溶学词典》对岩溶作用的定义为水对可溶性岩石的化学溶蚀、机械侵蚀、物质迁移和再沉积的综合地质作用及由此所产生现象的统称。

近几年，国内不少学者将岩溶作用定义作了无限的延伸，将同生期或准同生期水对碳酸盐沉积物的溶解作用及埋藏期埋藏—热液对碳酸盐岩的溶蚀作用均纳入岩溶作用的范畴（吴茂炳等，2007；张宝民等，2009；潘文庆等，2009；朱光有等，2009）。本书所指的岩溶作用严格按照《岩溶学词典》的定义。

　　岩溶储层是指与岩溶作用相关的储层。岩溶作用往往形成规模不等的溶孔、溶洞及溶缝,所以岩溶储层的储集空间以孔洞缝为特征,具有极强的非均质性。传统意义上的岩溶储层都与明显的地表剥蚀和峰丘地貌有关,或与大型的角度不整合有关,岩溶缝洞沿大型不整合面或峰丘地貌呈准层状分布,集中分布在不整合面之下 0～100m,最大分布深度可以达到200～300m（Lohmann,1988；Kerans,1988；James 和 Choquette,1988；郑兴平等,2009）。塔里木盆地塔北地区轮南低凸起奥陶系鹰山组岩溶储层就属于这类储层,奥陶系鹰山组石灰岩为石炭系砂泥岩覆盖,之间代表长达 120Ma 的地层剥蚀和缺失,峰丘地貌特征明显,潜山高度可以达到数百米,潜山面之下的岩溶缝洞是非常重要的油气储集空间（顾家裕等,1999；张抗等,2004；陈景山等,2007）。

　　近几年塔里木盆地、四川盆地和鄂尔多斯盆地的勘探实践表明,碳酸盐岩岩溶缝洞的分布不仅限于潜山区,内幕区同样发育有岩溶缝洞,而且是重要的油气储层,如塔北南斜坡和塔中北斜坡碳酸盐岩内幕区,这就使传统意义上的岩溶储层概念面临挑战（赵文智等,2012）。事实上,不整合面类型、斜坡背景和断裂均控制岩溶作用和岩溶缝洞的发育,并可以根据主控因素的不同将岩溶储层细分为以下 4 个亚类（表 6-12）,其中,潜山（风化壳）岩溶储层又可根据围岩岩性的不同细分为石灰岩潜山岩溶储层和白云岩风化壳储层两个次亚类。

表 6-12　塔里木、四川和鄂尔多斯盆地岩溶储层分类

| 序号 | 岩溶储层亚类 | | | 定义 | 实例 |
|---|---|---|---|---|---|
| 1 | 潜山区 | 潜山(风化壳)岩溶储层 | 石灰岩潜山岩溶储层 | 分布于碳酸盐岩潜山区,与中长期的角度不整合面有关,准层状分布,围岩为石灰岩,峰丘地貌特征明显,潜山岩溶作用时间早于上覆地层晚于下伏地层的形成时间,上覆地层为碎屑岩层系 | 轮南低凸奥陶系鹰山组 |
| | | | 白云岩风化壳储层 | 分布于碳酸盐岩潜山区,与中长期的角度不整合面有关,准层状分布,围岩为白云岩,地貌平坦,峰丘特征不明显,潜山岩溶作用时间早于上覆地层晚于下伏地层的形成时间,上覆地层为碎屑岩层系 | ①靖边奥陶系马家沟组五段；②牙哈—英买力寒武系白云岩；③龙岗三叠系雷口坡组 |
| 2 | 内幕区 | 层间岩溶储层 | | 分布于碳酸盐岩内幕区,与碳酸盐岩层系内部中短期的平行(微角度)不整合面有关,准层状分布,垂向上可多套叠置,层间岩溶作用时间介于上覆地层和下伏地层形成时间之间 | 塔中北斜坡奥陶系鹰山组 |
| 3 | | 顺层岩溶储层 | | 分布于碳酸盐岩潜山周缘具斜坡背景的内幕区,环潜山周缘呈环带状分布,与不整合面无关,顺层岩溶作用时间与上倾方向潜山区的潜山岩溶作用时间一致,岩溶强度向下倾方向逐渐减弱 | 塔北南斜坡奥陶系鹰山组 |
| 4 | | 受断裂控制岩溶储层 | | 分布于断裂发育区,尤其是背斜的核部,与不整合面及峰丘地貌无关,没有地层的剥蚀和缺失,受断裂控制导致缝洞发育跨度大,沿断裂呈栅状分布,断裂诱导岩溶作用时间发生于断裂形成之后 | 英买 1-2 井区奥陶系一间房组—鹰山组 |

## 二、塔中北斜坡鹰山组层间岩溶储层

加里东中期构造运动第Ⅰ幕发生于中、晚奥陶世之间,与$T_{g5}'$不整合面相当。受控于昆仑岛弧与塔里木板块的弧—陆碰撞作用,区域构造应力场开始由张扭转变为压扭,塔中乃至巴楚台地整体强烈隆升,缺失了中奥陶统一间房组和上奥陶统吐木休克组。鹰山组裸露区为灰云岩山地,其接触关系为上奥陶统良里塔格组与鹰山组主体呈微角度不整合接触(图6-48),代表10~16Ma的地层缺失和层间岩溶作用,形成了塔中北斜坡鹰山组上部的层间岩溶储层。地层剥蚀程度由北东Ⅰ号构造带向南西中央高垒带增强,残存厚度200~700m不等。

在地震剖面上,与$T_{g5}'$不整合面相当的反射界面具明显的削截反射终止关系,不整合面之上奥陶系良里塔格组灰岩可见明显的上超充填特征。

不整合面之下鹰山组为较纯的石灰岩或石灰岩与白云岩互层,之上为良里塔格组含泥灰岩段泥质灰岩,测井响应特征截然不同。古岩溶面在部分井段上也有明显的测井响应特征,如塔中162井鹰山组古岩溶面(4900m)以下具自然伽马、声波时差增大、深浅侧向电阻率差增大、钍/钾比值向上增大的测井响应特征。取心见厚约20m的洞穴充填泥沙、方解石胶结物及灰岩角砾,还可见垂直发育的扩溶缝和溶沟,缝中充填灰绿色泥岩和角砾。

储集空间有基质孔、溶蚀孔洞、洞穴和裂缝(图6-49a)。基质孔不发育,但个别井却异常发育,如中古203井颗粒灰岩粒间孔、中古9井白云岩晶间孔,前者平均面孔率1.98%,后者平均面孔率2.43%。

大型洞穴较常见,主要表现为钻井过程中钻井液漏失、放空、岩心收获率低、岩心破碎、岩心中可见洞穴充填物等。塔中169井钻时由井深4449m的13min/m降至4450m的4min/m,岩心观察发现溶洞。塔中77井鹰山组最大洞穴高度33m,被灰质角砾和泥砂充填。中古5井鹰山组1.4m高洞穴被灰岩角砾和泥质半充填,溢流1.0m³。中古103井在鹰山组6233.00~6233.46m井段漏失钻井液1621.10m³。塔中北斜坡鹰山组钻录井和测井资料表明,超过1/3的井大型缝洞系统发育,是主要的储集空间,钻井放空尺度为0.33~4.3m,平均为2.31m。岩溶缝洞发育的主体深度为0~50m,准层状分布。

塔中16-12井区发现岩溶作用形成的溶蚀孔洞,部分被灰绿色泥质充填,溶蚀孔洞呈圆形、椭圆形及不规则状,溶蚀孔洞发育段岩石呈蜂窝状,面孔率最高可达10%,溶蚀孔洞发育段与不发育段呈层状间互分布。

塔中鹰山组裂缝主要有构造缝、溶蚀缝和成岩缝三类,分别与断裂活动、古岩溶作用和压溶作用相关。从产状看多为垂直缝、网状缝和斜交缝,少量水平缝,明显的扩溶现象,缝率1.5%,缝宽0.2~20mm,半充填—全充填。

根据孔洞缝组合特征,塔中北斜坡鹰山组层间岩溶储层可划分为孔洞型、裂缝型、裂缝—孔洞型和洞穴型,以洞穴型为主,次为裂缝—孔洞型和孔洞型。

储层成因可归纳为以下3个方面。

(1)鹰山组与良里塔格组之间长达10~16Ma的地层剥蚀为表生期层间岩溶储层的发育提供了地质背景,形成的储集空间有非组构选择性溶蚀孔洞、洞穴及裂缝,构成储集空间

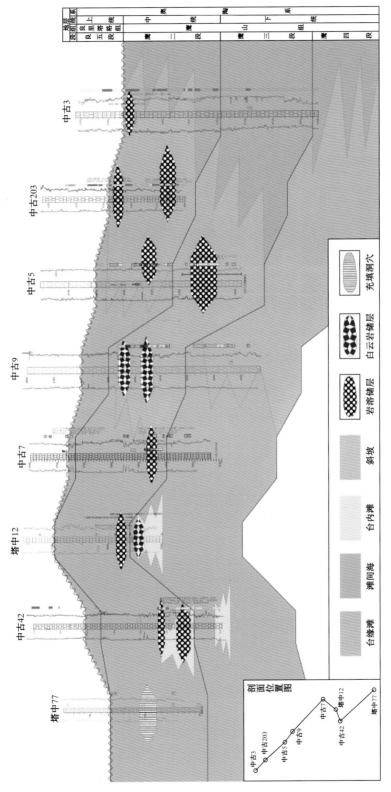

图 6-48　塔中北斜坡奥陶系鹰山组地层剥蚀关系及沉积储层对比剖面图

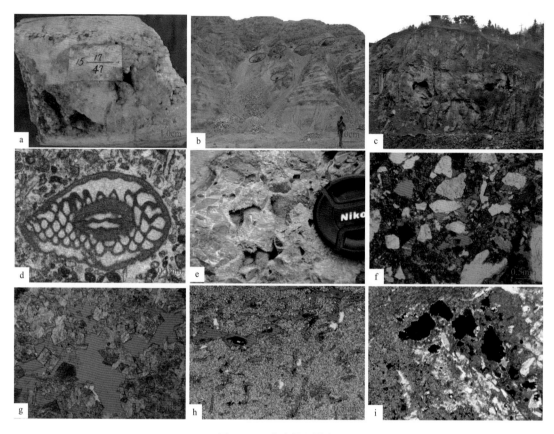

图 6-49　岩溶储层特征

（a）亮晶砂屑灰岩，岩溶作用强烈，裂缝及沿裂缝发育的溶蚀孔洞，为中粗晶方解石部分充填，塔里木盆地塔中地
区，塔中 3 井，鹰山组，15-17/47，岩心；（b）顺断裂及层面发育的洞穴，洞穴中充填热液矿物萤石，塔里木盆地巴
楚地区硫磺沟剖面；（c）茅口组三段石灰岩中发育的溶洞，直径＜1m，四川盆地珙县周家沟剖面；（d）生屑灰岩，
希瓦格蜓毛坪剖面茅口组；（e）不整合面之下的岩溶角砾岩，发育砾间孔，厚 10 余米，延伸 1～2km，茅三段顶部，
六井沟剖面；（f）洞穴充填物，成分有陆源硅质岩屑、白云岩岩屑及砂泥质填隙物，热液改造作用使洞穴充填物多
孔，塔里木盆地牙哈英买力地区，英买 321 井，上寒武统，5337.55m，铸体薄片，单偏光；（g）中晶白云岩，埋藏白云
石化叠加埋藏岩溶作用的产物，晶间孔及晶间溶孔发育，塔里木盆地英买力地区，英买 32 井，寒武系，5409.10m，
铸体薄片，单偏光；（h）泥粉晶白云岩，发育板状石膏铸模孔，部分充填自生石英，鄂尔多斯盆地，陕 30 井，马家沟
组五段，3629.00m，铸体薄片，单偏光；（i）含硬石膏泥晶白云岩，硬石膏呈结核或细晶状分布，部分结核被溶解形
成膏模孔，四川盆地磨溪地区，磨 34 井，雷口坡组一段，2738.80m，普通薄片，正交。

的主体，准层状分布，距不整合面深度一般小于 50m，非均质性强，缝洞充填程度不一。

　　（2）埋藏溶蚀作用形成的非组构选择性基质溶孔是对岩溶缝洞的重要补充，大大增加
了围岩的基质孔隙度，但分布局限，发育于邻近断裂及裂缝的颗粒灰岩中，成层性差，与有机
酸、盆地热卤水及 TSR 有关，中古 203 井鹰山组颗粒灰岩中发育的非组构选择性粒间溶孔
是最为典型的实例。

　　（3）埋藏白云石化可形成很好的晶间孔及晶间溶孔，是对岩溶缝洞的重要补充，大大增
加了围岩的基质孔隙度，白云岩呈斑块状或透镜状分布，中古 1 井、中古 9 井、中古 432 井、
中古 461 井、中古 451 井和塔中 201C 井鹰山组中粗晶白云岩是最为典型的实例。

另外,西克尔、一间房及硫磺沟露头剖面鹰山组顶部发育大量顺层或沿断层分布的大洞穴(图6-49b),大多为闪锌矿、萤石充填或半充填,可能与热液溶蚀作用有关,断裂是岩溶作用及热液溶蚀作用重要的流体通道。

四川盆地茅口组顶部也发育有层间岩溶储层,钻探证实四川盆地茅口组顶部也发育有层间岩溶储层,溶蚀孔洞发育(放空101井次),由于作用的时间短(7~8Ma),形成的溶洞以直径小于1m的孔洞为主(图6-49c),少量大洞沿大断裂分布,这是与塔里木盆地鹰山组大缝大洞型岩溶储层的最大差别。茅二段+茅三段粒泥/泥粒灰岩为岩溶储层发育奠定了物质基础(图6-49d);东吴运动导致的地层抬升和剥蚀是岩溶角砾岩(图6-49e)和岩溶缝洞发育的关键;喜马拉雅期裂缝使小的孔洞得以连通,大大提升了孔洞的连通性;埋藏—热液作用惯穿整个埋藏史,既可新增孔隙,也可因鞍状白云石等热液矿物的充填破坏孔隙。

## 三、塔北南缘斜坡区鹰山组顺层岩溶储层

以桑塔木组剥蚀线为界,塔北隆起被划分为潜山区和内幕区(图6-50),内幕区位于塔北隆起的围斜部位,是轮南低凸起向外延伸的大型构造斜坡,向东进入草湖凹陷,向南进入满加尔凹陷,向西南进入哈拉哈塘凹陷。受中加里东期—早海西期潜山区岩溶作用的影响,内幕区中下奥陶统一间房组—鹰山组Ⅰ段虽上覆吐木休克组区域性泥岩盖层,但大气淡水从潜山顶部的补给区由北至南向泄水区流动的过程中,在围斜部位发生大面积顺层岩溶作用,形成顺层岩溶储层。也有可能是在早期层间岩溶作用的基础上叠加顺层岩溶作用的改造。

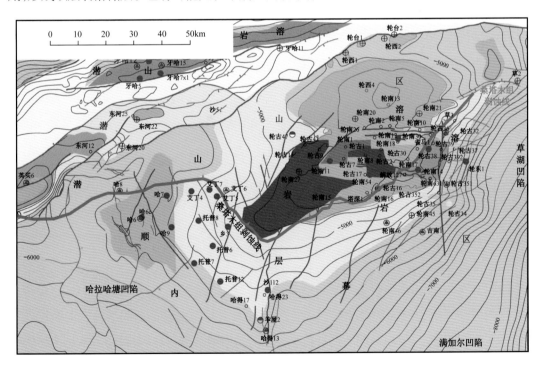

图6-50　塔北南缘奥陶系潜山区与内幕区分布图,底图为奥陶系碳酸盐岩顶面构造图
(据塔里木油田分公司,2010)

储集空间有基质孔、溶蚀孔洞、洞穴和裂缝,以溶蚀孔洞、洞穴和裂缝为主。

溶蚀孔洞孔径大于2mm,为塔北南缘中下奥陶统一间房组—鹰山组Ⅰ段重要的储集空间类型,大多顺层状或沿裂缝发育,常见方解石充填或半充填,偶见泥质充填。成像测井揭示溶蚀孔洞清晰,哈6C井、哈9井和轮古391井最为典型。大型洞穴较常见,尤其发育于断裂的交会处,受断裂控制明显。常规测井和成像测井、洞穴角砾岩、地下暗河沉积物、巨晶方解石充填、钻井放空、钻井液漏失、钻时明显降低等标志能有效识别大型洞穴(表6-13)。如哈9井在6693~6701m井段顶部发生1m放空,成像测井表现为大段暗色低阻层,显示为大型洞穴。

表6-13 塔北南缘中—下奥陶统一间房组—鹰山组一段钻录井显示洞穴的发育

| 井号 | 钻、录井显示 | | | 距吐木休克组顶(m) | 距一间房组顶(m) |
|---|---|---|---|---|---|
| | 井段(m) | 层位 | 显示 | | |
| 哈7 | 6626.40~6645.24 | $O_2y$ | 漏失1223.72m³ | 43.40 | 21.40 |
| 哈8 | 6652.50~6657.38 | $O_3t$ | 漏失钻井液56.3m³ | 4.50 | 15.50 |
| | 6675.00~6677.00 | $O_2y$ | 放空2m | 27.00 | 6.50 |
| 哈9 | 6693.00~6701.00 | $O_{1-2}y$ | 顶部放空1m,溢流0.7m³ | 99.50 | 71.00 |
| 哈11 | 6725.00~6736.00 | $O_3t$ | 漏失225m³ | 18.00 | 16.50 |
| 哈601 | 6598.23~6677.00 | $O_2y$ | 试油期间漏失823.45m³ | 86.77 | 67.77 |
| 哈701 | 6617.68~6618.00 | $O_2y$ | 漏失98.2m³ | 27.68 | 3.68 |
| 哈803 | 6654.66~6666.00 | $O_2y$ | 放空11.34m,漏失1129.5m³ | 71.66 | 44.50 |
| 轮古34 | 6698.00~6707.00 | $O_{1-2}y$ | 漏失1475.5m³,岩屑未返出 | 63.00 | 44.00 |
| 轮古35 | 6149.00~6212.59 | $O_3t—O_{1-2}y$ | 累计漏失2809.5m³ | 3.00 | 7.00 |
| 轮南633 | 5845.50~5846.50 | $O_2y$ | 漏失714.9m³ | 48.00 | 15.00 |

根据孔洞缝组合特征,塔北南缘斜坡区鹰山组顺层岩溶储层可划分为孔洞型、裂缝型、裂缝—孔洞型和(裂缝—)洞穴型4种储层类型,以(裂缝—)洞穴型为主,次为裂缝—孔洞型。储层成因可归纳为以下三个方面。

(1)古隆起及斜坡背景为顺层岩溶储层的发育提供了地质背景。

中加里东晚期—早海西期,随着塔北隆起的大幅度抬升,轮南潜山区遭受强烈的潜山岩溶作用改造,围斜区中—下奥陶统一间房组及鹰山组遭受强烈的顺层岩溶作用改造,均可形成大型的缝洞系统,在平面上分为两个带(图6-50),一是潜山高部位的潜山岩溶储层发育区,二是围斜部位的顺层岩溶储层发育区。与早期潜山油气勘探理念相比,顺层岩溶储层的提出拓展了岩溶储层的勘探范围。

(2)断裂及渗透性好的颗粒灰岩为顺层岩溶作用提供了成岩介质通道。

塔北南缘各井奥陶系一间房组及鹰山组高能滩沉积发育,层状大面积分布,围岩研究揭示溶蚀孔洞及洞穴主要发育于渗透性好的颗粒灰岩中,大型洞穴的发育还与断裂有关,尤其是两组断裂的交割部位。勘探实践证实,地震剖面上的"串珠"为岩溶缝洞的响应,其平面分布具有明显的规律性,90%以上的溶蚀孔洞及洞穴均与断裂有关,并通过断裂及裂缝相联通。

（3）顺层岩溶作用是各类储集空间形成的关键。

轮东 1 井奥陶系一间房组—鹰山组溶洞( 6791～6797m )中见石炭纪腹足类、腕足类化石,地层水显示古大气水特征,岩溶强度平面上具分带性,向斜坡倾角方向岩溶强度逐渐减弱,这充分说明与潜山岩溶作用同期的顺层岩溶作用是潜山周缘内幕区岩溶缝洞发育的关键(张宝民等,2009 )。

## 四、轮南低凸起潜山岩溶储层

传统意义上的石灰岩潜山岩溶储层,碳酸盐岩地层主体被剥至鹰山组,地形起伏大,与上覆石炭系碎屑岩呈大型角度不整合接触,潜山岩溶作用的产物。潜山岩溶储层特征和成因与顺层岩溶储层相似,岩溶缝洞是主要的储集空间,发育少量的溶蚀孔洞,准层状分布,断裂及裂缝对潜山岩溶作用和顺层岩溶作用均起重要的控制作用,而且岩溶作用发生的时间一致。两者的区别主要有以下三个方面。

（1）潜山岩溶储层位于潜山区,顺层岩溶储层位于潜山周缘的内幕区。

（2）潜山岩溶储层与高地貌起伏的隆起背景及角度不整合面相关,顺层岩溶储层则与斜坡背景相关,没有地层的剥蚀和缺失,与不整合无关。

（3）潜山岩溶作用强度呈垂向分带(岩溶高地、岩溶斜坡和岩溶盆地),而顺层岩溶作用强度呈侧向分带,向斜坡倾角方向岩溶强度逐渐减弱。

需要指出的是潜山面或不整合面之下除石灰岩外还有白云岩,如塔里木盆地牙哈—英买力上寒武统—蓬莱坝组潜山区、鄂尔多斯盆地马家沟组上组合白云岩风化壳、四川盆地雷口坡组顶部白云岩风化壳等,也是非常重要的岩溶储层,两者的区别主要有以下三个方面。

（1）古地貌:石灰岩潜山的地貌起伏比白云岩风化壳的地貌起伏大,峰丘地貌特征明显,这也是为什么前者称为潜山,后者称为风化壳的原因。

鄂尔多斯盆地马家沟组及四川盆地雷口坡组白云岩风化壳地貌起伏均不大或平坦,无明显的峰丘地貌特征。塔里木盆地牙哈—英买力地区寒武系白云岩风化壳之所以地貌起伏较大,有时称为白云岩潜山,准确地说应该称为断块型潜山,这与白云岩风化壳形成之后的断块活动有关,形成一系列的断垒和断凹,并不代表当时的岩溶地貌。

（2）洞穴发育程度:石灰岩潜山比白云岩风化壳的缝洞体系要发育得多。

石灰岩潜山岩溶储层的岩溶缝洞发育,并构成主要的储集空间,地震剖面上表现为"串珠状",据轮古西 200km$^2$ 岩溶储层的解剖,缝洞率可以达到 6%～10%。

白云岩风化壳储层的缝洞体系欠发育,这可能与表生环境白云岩比石灰岩难以被大气淡水溶解有关。牙哈—英买力地区寒武系白云岩风化壳的缝洞体系极不发育,地震剖面上的"串珠状"特征不明显,只在英买 321 井见到一个 2m 高的洞穴,被陆源碎屑充填,洞穴充填物孔隙较发育(图6-49f)(沈安江等,2007)。鄂尔多斯盆地马家沟组白云岩风化壳储层的岩溶洞穴也不发育,在米11井、米21井、统11井、双2井、神7井、榆138井见到的岩溶角砾岩不一定是洞穴充填物,而是膏溶角砾岩或风化壳上的残留角砾岩,因角砾成分为白云岩角砾,与围岩成分一致,缺陆源物质,地震剖面上的"串珠状"特征不明显。四川盆地雷口坡组白云岩风化壳视剥蚀程度的不同,出露的地层可从雷一段至雷四段,洞穴不发育,地震剖面上的"串珠状"特征不明显,龙岗19井雷四3取心段的岩溶角砾岩和鄂尔多斯盆地马家沟组的岩溶角砾岩特征一样,不是洞穴充填物。

(3)围岩特征:石灰岩潜山的围岩致密,白云岩风化壳的围岩往往为多孔白云岩。

轮南低凸起潜山油气藏勘探实践证实,石灰岩潜山岩溶储层的岩溶缝洞很发育,构成主要的储集空间,而围岩很致密或发育裂缝,导致储层非均质性强。而白云岩风化壳储层恰恰相反,虽然岩溶缝洞不发育,但围岩往往是多孔的白云岩储层,构成主要的油气储层。牙哈—英买力地区寒武系白云岩风化壳的围岩为细中晶白云岩,以英买32井为代表,晶间孔和晶间溶孔发育(图6-49g),平均孔隙度达到8%~10%。鄂尔多斯盆地靖边气田马家沟组白云岩风化壳储层的围岩为膏云岩,石膏斑块、结核或针状、板状石膏零星散布于泥粉晶白云岩中,石膏溶解形成的膏模孔构成主要的储集空间(图6-49h)。四川盆地雷口坡组白云岩风化壳储层的围岩可分为两类,一类为礁滩白云岩,主要见于雷三段出露区,粒间孔及藻架孔发育(图4-8g、h、i);另一类为膏云岩,主要见于雷一段出露区,膏模孔发育(图6-49h、i),粒间孔、藻架孔和膏模孔构成主要的储集空间(沈安江等,2008)。

综上所述,白云岩风化壳储层的储集空间并不是传统意义上的岩溶缝洞,而是不整合面之下的白云岩基质孔,孔隙的形成可能与不整合面有关,如石膏的溶解和膏模孔的形成,也有可能在抬升剥蚀前孔隙已经形成,如细中晶白云岩和礁滩白云岩中的孔隙。前者有效储层的分布受不整合面控制,后者有效储层可以分布于内幕区,比不整合面分布范围大,应属白云岩储层或礁滩储层。

## 五、塔北英买1-2井区受断裂控制岩溶储层

英买1-2区块奥陶系沉积序列完整,鹰山组和一间房组被吐木休克组、良里塔格组和桑塔木组覆盖,之间没有明显的地层缺失和不整合,于中奥陶统发育受断裂控制的规模缝洞型储层。

英买2号构造具穹隆状构造特征,构造面积7km²,构造幅度560m。发育三组断裂,一组为北北东向大型走滑断裂,延伸较远,切割中上寒武统—志留系;另两组为北北西向和北西西向小型断裂,切割奥陶系,集中发育在穹隆高部位。

储集空间有溶蚀孔洞、洞穴、断裂和裂缝,围岩基质孔不发育。

断裂和裂缝:英买1-2井区的断裂和裂缝可分为构造缝、溶蚀缝和成岩缝,以高角度构造缝为主,占70%以上,并被溶蚀扩大成溶蚀缝。英买2号构造经历了多期构造运动,发育

大量高角度构造缝,多被亮晶方解石充填,偶见白云石充填。大的洞穴往往与断裂有关,而溶蚀孔洞往往与次级的裂缝有关。

溶蚀孔洞:溶蚀孔洞多与裂缝相伴生,是裂缝溶蚀扩大的产物,沿裂缝网发育,为英买1-2区块重要的储集空间类型。

洞穴:英买1-2区块的洞穴远不如轮南低凸起灰岩潜山的洞穴发育,而且主要沿大的断裂分布,大多被亮晶方解石充填—半充填,几乎见不到陆源碎屑充填物,垮塌角砾也不多见,渗流沉积物以灰质砂屑和生屑为主。这些都说明洞穴是在深埋条件下原地溶蚀形成的。英买203井6131.50～6139.10m钻遇一间房组和鹰山组的洞穴,放空7.6m,漏失钻井液222.64m$^3$,只收获0.57m的亮晶方解石,6084.81m漏失钻井液25.78m$^3$,为两个大型溶洞;英买11井钻至5733.00m、5798.00m、5800.00m分别漏失钻井液30m$^3$、35m$^3$及5.70m$^3$,反映三层缝洞的存在;英买1井5368.00～5371.00m、英买10井5274.00m、英买101井5452.00～5466.00m见大量的渗流沉积物。

根据孔洞缝组合特征,英买1-2区块奥陶系一间房组和鹰山组受断裂控制岩溶储层可划分为裂缝型、裂缝—孔洞型、断裂—洞穴型三种类型,英买1井区以裂缝型为主,英买2井区以裂缝—孔洞型为主,少量断裂—洞穴型。

储层成因可归纳为以下两个方面。

### 1. 断裂和裂缝控制了岩溶缝洞的发育

英买1-2区块一间房组和鹰山组溶蚀孔洞和洞穴的发育受断裂和裂缝控制,溶蚀孔洞及洞穴发育的深度跨度大,最大可以达到250m,导致单井油柱高度大,英买201井、英买202井、英买203井、英买204井、英买206井一间房组和鹰山组溶蚀孔洞和洞穴发育的深度跨度和油柱高度都在200～250m(乔占峰等,2011)。而石灰岩潜山岩溶储层溶蚀孔洞及洞穴的发育受不整合面控制,主要分布在不整合面之下0～100m,准层状分布。英买2井构造的断裂和裂缝比英买1井构造发育,导致英买2井构造的溶蚀孔洞和洞穴也更发育,单井试油产能高,而且比英买1井区稳产。

### 2. 沿断裂及裂缝的大气淡水溶蚀作用导致溶蚀孔洞和洞穴的发育

溶蚀作用形成的溶蚀孔洞及洞穴是对储集空间重要的补充。英买1-2井区构造演化有两个关键事件:一是早海西期构造抬升和伴生张性断裂的强烈活动,这为沿断裂及裂缝的大气淡水溶蚀作用提供了条件;二是晚海西期大规模火山喷发而导致的热液活动,钻井过程中发现辉绿岩较为发育,岩心和薄片中鞍状白云石、天青石、重晶石等热液矿物常见。溶蚀孔洞充填两种产状的亮晶方解石:一是位于裂缝及溶蚀孔洞周缘的巨亮晶方解石,当裂缝或溶蚀孔洞比较小时,可以完全为这期亮晶方解石充填,δ$^{18}$O值偏负,约-10‰(PDB),可能代表与早海西期构造抬升伴生张性断裂有关的大气淡水成因亮晶方解石;二是位于裂缝及溶蚀孔洞中央的巨亮晶方解石,往往与鞍状白云石、天青石、重晶石等热液矿物伴生,与早期的巨亮晶方解石呈溶蚀不整合接触,由于受高温效应的控制,δ<sup>18</sup>O 值明显偏负,小于 –15‰(PDB),可能代表与晚海西期大规模火山喷发而导致的热液活动有关的热液成因亮晶方解石。

总之,这类储层缝洞的发育与断裂相关,与不整合面无关,没有地层的剥蚀和缺失。断裂和裂缝是岩溶作用及热液溶蚀作用重要的成岩流体通道,孔洞及洞穴可以是大气淡水沿断裂下渗和溶蚀的产物,也可以是热液沿断裂上涌和溶蚀的产物,溶蚀孔洞及洞穴沿断裂呈栅状分布。

内幕岩溶储层的发现大大拓展了岩溶储层的分布范围和勘探领域。

# 参 考 文 献

蔡春芳,李宏涛.2005.沉积盆地热化学硫酸盐还原作用评述[J].地球科学进展,20(10):1100–1105.

陈景山,李忠,王振宇,等.2007.塔里木盆地奥陶系碳酸盐岩古岩溶作用与储层分布[J].沉积学报,25(6):858–868.

陈明,许效松,万方,等.2002.上扬子台地晚震旦世灯影组中葡萄状—雪花状白云岩的成因意义[J].矿物岩石,22(4):33–37.

陈宗清.1995.川西南地区二、三叠系碳酸盐岩断裂带裂缝气藏[J].石油学报,16(3):37–43.

陈宗清.2010.四川盆地震旦系灯影组天然气勘探[J].中国石油勘探,15(4):1–14,18.

程光瑛,庞加研,张长盛.1988.川南地区茅口组储层裂缝系统预测方法探讨[J].石油与天然气地质,9(1):32–39.

戴永定,刘铁兵,沈继英.1994.生物成矿作用和生物矿化作用[J].古生物学报,33(5):575–594.

邓胜徽,樊茹,李鑫,等.2015.四川盆地及周缘地区震旦(埃迪卡拉)系划分与对比[J].地层学杂志,39(3):239–254.

杜金虎,潘文庆.2016a.塔里木盆地寒武系盐下白云岩油气成藏条件与勘探方向[J].石油勘探与开发,43(3):327–339.

杜金虎,汪泽成,邹才能,等.2016b.上扬子克拉通内裂陷的发现及对安岳特大型气田形成的控制作用[J].石油学报,37(1):1–16.

冯明友,强子同,沈平,等.2016.四川盆地高石梯—磨溪地区震旦系灯影组热液白云岩证据[J].石油学报,37(5):587–598.

顾家裕,周兴熙,李明,等.1999.塔里木盆地轮南地区奥陶系碳酸盐岩潜山油气勘探[J].勘探家,4(2):23–27.

郝毅,林良彪,周进高,等.2012.川西北中二叠统栖霞组豹斑灰岩特征与成因[J].成都理工大学学报(自然科学版),39(6):651–656.

侯方浩,方少仙,王兴志,等.1999.四川震旦系灯影组天然气藏储渗体的再认识[J].石油学报,20(6):16–21,1–2.

胡文瑄,陈琪,王小林,等.2010.白云岩储层形成演化过程中不同流体作用的稀土元素判别模式[J].石油与天然气地质,31(6):810–818.

胡忠贵,郑荣才,周刚,等.2009.川东邻水—渝北地区石炭系古岩溶储层稀土元素地球化学特征[J].岩石矿物学杂志,28(1):37–44.

黄士鹏,江青春,汪泽成,等 . 2016. 四川盆地中二叠统栖霞组与茅口组烃源岩的差异性[J]. 天然气工业,
　36(12):26-34.

黄文辉,杨敏,于炳松,等 . 2006. 塔中地区寒武系—奥陶系碳酸盐岩 Sr 元素和 Sr 同位素特征[J]. 地球科学,
　31(6):839-845.

贾长青,陈耀礼,朱占美,等 . 2003. 卧龙河气田茅口气藏卧 67-83 井裂缝系统实施强化开采措施的效果评
　价[J]. 钻采工艺,26(5):43-45,6.

江青春,胡素云,汪泽成,等 . 2012. 四川盆地茅口组风化壳岩溶古地貌及勘探选区[J]. 石油学报,33(6):
　949-960.

金民东,曾伟,谭秀成,等 . 2014. 四川磨溪—高石梯地区龙王庙组滩控岩溶型储集层特征及控制因素[J].
　石油勘探与开发,41(6):650-660.

金之钧,朱东亚,胡文宣,等 . 2006. 塔里木盆地热液活动地质地球化学特征及其对储层影响[J]. 地质学报,
　80(2):245-253.

兰叶芳,黄思静,袁桃,等 . 2015. 茜素红染色技术应用于川西北中二叠统栖霞组豹斑灰岩流体包裹体测温
　研究[J]. 岩矿测试,34(1):67-74.

李磊,谢劲松,邓鸿斌,等 . 2012. 四川盆地寒武系划分对比及特征[J]. 华南地质与矿产,28(3):197-202.

李鹏春,陈广浩,曾乔松,等 . 2011. 塔里木盆地塔中地区下奥陶统白云岩成因[J]. 沉积学报,29(5):842-
　856.

李英强,何登发,文竹 . 2013. 四川盆地及邻区晚震旦世古地理与构造—沉积环境演化[J]. 古地理学报,15
　(2):231-245.

李忠权,刘记,李应,等 . 2015. 四川盆地震旦系威远—安岳拉张侵蚀槽特征及形成演化[J]. 石油勘探与开
　发,42(1):26-33.

里玉,刘文峰 . 2016. 主成分分析法识别白云岩——在卧龙河地区茅口组的应用[J]. 科技创新与应用,(28):68.

梁狄刚,郭彤楼,陈建平,等 . 2008. 中国南方海相生烃成藏研究的若干新进展(一):南方四套区域性海相烃
　源岩的分布[J]. 海相油气地质,13(2):1-16.

刘宝珺,许效松 . 1994. 中国南方岩相古地理图集:震旦纪—三叠纪[M]. 北京:科学出版社,1-239.

刘满仓,杨威,李其荣,等 . 2008. 四川盆地蜀南地区寒武系地层划分及对比研究[J]. 天然气地球科学,
　19(1):100-103,105-106.

刘树根,宋金民,罗平,等 . 2016. 四川盆地深层微生物碳酸盐岩储层特征及其油气勘探前景[J]. 成都理工
　大学学报(自然科学版),43(2):129-152.

刘文汇,张殿伟,王晓锋 . 2006. 加氢和 TSR 反应对天然气同位素组成的影响[J]. 岩石学报,22(8):2237-
　2242.

潘文庆,刘永福,Dickson J A D,等 . 2009. 塔里木盆地下古生界碳酸盐岩热液岩溶的特征及地质模型[J].
　沉积学报,29(5):983-994.

彭苏萍,何宏,邵龙义,等 . 2002. 塔里木盆地 C-O 碳酸盐岩碳同位素组成特征[J]. 中国矿业大学学报,
　31(4):353-357.

强子同 . 1998. 碳酸盐岩储层地质学[M]. 东营:中国石油大学出版社 .

乔占峰,沈安江,邹伟宏,等 . 2011. 断裂控制的非暴露型大气水岩溶作用模式——以塔北英买 2 构造奥陶系
　碳酸盐岩储层为例[J]. 地质学报,85(12):2070-2083.

冉隆辉,谢姚祥,戴弹申 . 2008. 四川盆地东南部寒武系含气前景新认识[J]. 天然气工业,28(5):5-9,
　135-136

沈安江,佘敏,胡安平,等.2015b.海相碳酸盐岩埋藏溶孔规模与分布规律初探[J].天然气地球科学,26(10):1823-1830.

沈安江,王招明,郑兴平,等.2007.塔里木盆地牙哈—英买力地区寒武系—奥陶系碳酸盐岩储层成因类型、特征及油气勘探潜力[J].海相油气地质,12(2):23-32.

沈安江,赵文智,胡安平,等.2015a.海相碳酸盐岩储集层发育主控因素[J].石油勘探与开发,42(5):545-554.

沈安江,郑剑锋,陈永权,等.2016.塔里木盆地中下寒武统白云岩储集层特征、成因及分布[J].石油勘探与开发,43(3):340-349.

沈安江,郑剑锋,潘文庆,等.2009.塔里木盆地下古生界白云岩储层类型及特征[J].海相油气地质,14(4):1-9.

沈安江,周进高,辛勇光,等.2008.四川盆地雷口坡组白云岩储层类型及成因[J].海相油气地质,13(4):19-28.

施泽进,梁平,王勇,等.2011.川东南地区灯影组葡萄石地球化学特征及成因分析[J].岩石学报,27(8):2263-2271.

宋金民,刘树根,孙玮,等.2013.兴凯地裂运动对四川盆地灯影组优质储层的控制作用[J].成都理工大学学报(自然科学版),40(6):658-670.

汪泽成,姜华,王铜山,等.2014.四川盆地桐湾期古地貌特征及成藏意义[J].石油勘探与开发,41(3):305-312.

汪泽成,王铜山,文龙,等.2016.四川盆地安岳特大型气田基本地质特征与形成条件[J].中国海上油气,28(2):45-52.

汪泽成.2013.四川盆地川中古隆起构造演化及对大气区形成的控制作用研究[R].北京:中国石油勘探开发研究院.

王东,王国芝.2012.南江地区灯影组储集层次生孔洞充填矿物[J].成都理工大学学报(自然科学版),39(5):480-485.

王会强,彭先,李爽,等.2013.裂缝系统气藏动态储量计算新方法——以四川盆地蜀南地区茅口组气藏为例[J].天然气工业,33(3):43-46.

王士峰,向芳.1999.资阳地区震旦系灯影组白云岩成因研究[J].岩相古地理,19(3):21-29.

王兴志,侯方浩,黄继祥,等.1997.四川资阳地区灯影组储层的形成与演化[J].矿物岩石,17(2):55-60.

魏国齐,杨威,杜金虎,等.2015.四川盆地震旦纪—早寒武世克拉通内裂陷地质特征[J].天然气工业,35(1):24-35.

吴联钱,胡明毅,胡忠贵,等.2010.四川盆地中二叠统层序地层学研究[J].石油地质与工程,24(6):10-13,139.

吴茂炳,王毅,郑孟林,等.2007.塔中地区奥陶纪碳酸盐岩热液岩溶及其对储层的影响[J].中国科学(D辑:地球科学),37(S1):83-92.

向芳,陈洪德,张锦泉,等.1998.资阳地区震旦系古岩溶储层特征及预测[J].天然气勘探与开发,21(4):23-28.

谢树成,刘邓,邱轩,等.2016.微生物与地质温压的一些等效地质作用[J].中国科学:地球科学,46(8):1087-1094.

邢凤存,张文淮,李思田.2011.热流体对深埋白云岩储集性影响及其油气勘探意义——塔里木盆地柯坪露头区研究[J].岩石学报,27(1):266-276.

杨威,王清华,刘效曾,等.2000.塔里木盆地和田河气田下奥陶统白云岩成因[J].沉积学报,18(4):544-548.

杨志如,王学军,冯许魁,等.2014.川中地区前震旦系裂谷研究及其地质意义[J].天然气工业,34(3):80-85.

张宝民,刘静江.2009.中国岩溶储集层分类与特征及相关的理论问题[J].石油勘探与开发,36(1):12-29.

张长江,刘光祥,曾华盛,等.2012.川西地区二叠系烃源岩发育环境及控制因素[J].天然气地球科学,23(4):626-635.

张建勇,罗文军,周进高,等.2015.四川盆地安岳特大型气田下寒武统龙王庙组优质储层形成的主控因素[J].天然气地球科学,26(11):2063-2074.

张静,胡见义,罗平,等.2010.深埋优质白云岩储集层发育的主控因素与勘探意义[J].石油勘探与开发,37(2):203-210.

张抗,王大锐,Bryan G Huff,等.2004.塔里木盆地塔河油田奥陶系油气藏储集层特征(英文)[J].石油勘探与开发,31(1):123-126.

张若祥,王兴志,蓝大樵,等.2006.川西南地区峨眉山玄武岩储层评价[J].天然气勘探与开发,29(1):17-20,80.

张水昌,朱光有,何坤.2011.硫酸盐热化学还原作用对原油裂解成气和碳酸盐岩储层改造的影响及作用机制[J].岩石学报,27(3):809-826.

张荫本.1980.震旦纪白云岩中的葡萄状构造成因初探[J].石油实验地质,4:40-43.

赵文智,沈安江,胡素云,等.2012.塔里木盆地寒武—奥陶系白云岩储层类型和分布特征[J].岩石学报,28(3):758-768.

赵文智,沈安江,郑剑锋,等.2014b.塔里木、四川及鄂尔多斯盆地白云岩储层孔隙成因探讨及对储层预测的指导意义[J].中国科学:地球科学,44(9):1925-1939.

赵文智,沈安江,周进高,等.2014a.礁滩储集层类型、特征、成因及勘探意义——以塔里木和四川盆地为例[J].石油勘探与开发,41(3):257-267.

赵宗举,周慧,陈轩,等.2012.四川盆地及邻区二叠纪层序岩相古地理及有利勘探区带[J].石油学报,33(S2):35-51.

郑剑锋,沈安江,刘永福,等.2012.多参数综合识别塔里木盆地下古生界白云岩成因[J].石油学报,33(S2):145-153.

郑剑锋,沈安江,莫妮亚,等.2010.塔里木盆地寒武系—下奥陶统白云岩成因及识别特征[J].海相油气地质,15(1):6-14.

郑剑锋,沈安江,乔占峰,等.2013.塔里木盆地下奥陶统蓬莱坝组白云岩成因及储层主控因素分析—以巴楚大班塔格剖面为例[J].岩石学报,19(9):3223-3232.

郑兴平,沈安江,寿建峰,等.2009.埋藏岩溶洞穴垮塌深度定量图版及其在碳酸盐岩缝洞型储层地质评价预测中的意义[J].海相油气地质,14(4):55-59.

钟勇,李亚林,张晓斌,等.2014.川中古隆起构造演化特征及其与早寒武世绵阳—长宁拉张槽的关系[J].成都理工大学学报(自然科学版),41(6):703-712.

朱东亚,金之钧,等.2014.南方震旦系灯影组热液白云岩化及其对储层形成的影响研究—以黔中隆起为例[J].地质科学,49(1):161-175.

朱光有,张水昌.2009.中国深层油气成藏条件与勘探潜力[J].石油学报,30(6):793-802.

Adams J E,Rhodes M L.1960.Dolomitization by seepage refluxion[J].AAPG Bulletin,44:1921-1920.

Aitken J D. 1967. Classification and environmental significance of cryptalgal limestones and dolomites, with illustrations from the Cambrian and Ordovician of southwest Alberta [ J ]. Journal of Sedimentary Petrology, 37（4）: 1163–1178.

Allan J R and Wiggins W D. 1993. Dolomite reservoirs: geochemical techniques for evaluating origin and distribution [ M ].Michigan: AAPG, 1–129.

Arthur M A, Anderson T F, Kaplan I R, et al. 1983. Stable isotopes in sedimentary geology [ M ]. Tulsa: SEPM Short Course, 10.

Azmy K, Veizer J, Misi A, et al. 2001. Dolomitization and isotope stratigraphy of the Vazante Formition, Sao Francisco Basin, Brazil [ J ]. Precambrian Research, 122（3–4）: 303–329.

Braga J C, Martin J M, RidingR. 1995. Controls on microbial dome fabric development along a carbonate-siliciclastic shelf-basin transect, Miocene, SE Spain [ J ].Palaios, 10（4）: 347–361.

Brian J, Luth R W. 2002. Dolostonesfrom Grand Cayman, BritishWestIndies [ J ].Journalof Sedimentary Research, 72（4）: 559–569.

Budd DA, Hammes U, Ward W B. 2000. Cathodoluminescence in calcite cements: new insights on Pb and Zn sensitizing, Mn activation, and Fe quenching at low trace-element concentrations [ J ]. Journal of Sedimentary Research, 70（1）, 217–226.

Burne R V, Moore L S. 1987. Microbialites: organosedimentary deposits of benthic microbial communities [ J ]. Palaios, 2（3）: 241–254.

Davies G R, Smith Jr L B. 2006. Structurally controlled hydrothermal dolomite reservoir facies: an overview [ J ]. AAPG Bulletin, 90（11）: 1641–1690.

Fairbridge R W. 1957. The dolomite question [ C ].// R J LeBlanc, and J G Breeding, eds., Regional Aspects of Carbonate Deposition. Tulsa: SEPM Special Publication.（5）: 125–178.

Garcia-Fresca B, Lucia F J, Sharp J M, et al. 2012. Outcrop-constrained hydrogeological simulations of brine reflux and early dolomitization of the Permian San Andres Formation [ J ]. AAPG Bulletin, 96（9）: 1757–1781.

Glover J E. 1968. Significance of stylolites in dolomitic limestones [ J ]. Nature, 217（5131）: 835–836.

Halverson G P, Dudás F, Maloof A C, et al. 2007. Evolution of the 87Sr/86Sr composition of Neoproterozoic seawater [ J ]. Palaeongeography, Palaeoclimatology, Palaeoecology, 256（3–4）: 103–129.

Hardie L A. 1987. Dolomitization: A critical view of some current views [ J ]. Journal of Sedimentary Research, 57( 1 ): 166–183.

Herrero A, FloresE.2008. TheCyanobacteria: MolecularBiology, Genomics and Evolution [ M ].UK: Caister Academic Press, 484.

Hugman R H H, Friedman M. 1979. Effects of texture and composition on mechanical behavior of experimentally deformed carbonate rocks [ J ]. AAPG Bulletin, 63（9）: 1478–1489.

JamesN P, ChoquettePW.1988.Paleokarst [ M ].Berlin: Springer Verlag.

Kerans C. 1988. Karst-controlled reservoir heterogeneity in Ellenburger Groupcarbonates of west Texas [ J ]. AAPG Bulletin, 72（10）: 1160–1183.

Lavoie D, Chi G, Urbatsch M, et al. 2010. Massive dolomitization of a pinnacle reef in the Lower Devonian West Point Formation（Gaspé Peninsula, Quebec）: An extreme case of hydrothermal dolomitization through fault-focused circulation of magmatic fluids [ J ]. AAPG Bulletin, 94（4）: 513–531.

Lohmann K C. 1988. Geochemical patterns of meteoric diagenetic systems and their application to studies of paleokarst. In N P James and P W Choquette eds, Paleokarst［M］. New York：Springer-Verlag.

Lottermoser B G.1992. Rare earth elements and hydrothermal ore formation processes［J］. Ore Geology Reviews,7（1）：25-41.

Lucia F J. 1995. Lower Paleozoic cavern development, collapse, and dolomitization, Franklin Mountains, El Paso, Texas［C］// Budd D A, Saller A H and Harris P M（eds.）. Unconformaties and Porosity in Carbonate Strata. AAPG Memoir,63：279-300.

Lucia FJ. 1999.Carbonate Reservoir Characterization［M］.Berlin Heidelberg, Springer-Verlag：226.

Mattes B W, Mountjoy E W. 1980. Burial dolomitization of the Upper Devonian Miette buildup, Jasper National Park, Alberta. SEPM Spec Publ,28：259-297.

Mckenzie J A, Hsu K J, Schneider J E. 1980. Movement of subsurface waters under the sabkha, Abu Dhabi, UAE, and its relation to evaporative dolostone genesis［J］. SEPM Spec Publ,28：11-30.

Miser D E, Swinnea J S, Steinfink H. 1987, TEM observations and X-ray crystal-structure refinement of a twinned dolomite with a modulated microstructure［J］. American Mineralogist,72：（1-2）：188-193.

Montanez I P. 1994. Late diagenetic dolomitization of Lower Ordovician, Upper Knox Carbonates：A record of the hydrodynamic evolution of the southern Appalachian Basin［J］. AAPG Bulletin,78：1210-1239.

Moore C H. 2001. Carbonate Reservoirs：Porosity Evolution and Diagenesis in a Sequence Stratigraphic Framework［M］.New York：Elsevier.

Olivarez AM, Owen RM. 1991. The europium anomaly of seawater：implications for fluvial versus hydrothermal REE inputs to the oceans［J］. Chemical Geology,92（4）：317-328.

Riding R. 1991. Classification of microbial carbonates［M］. In：Calcareous Algae and Stromatolites. Springer-Verlag. Berlin Heidelberg.

Riding R. 2000. Microbial carbonates：the geological record of calcified bacterial-algal mats and biofilms［J］. Sedimentology,47（S1）：179-214.

Saller A H, Dickson J A D. 2011. Partial dolomitization of a Pennsylvanian limestone buildup by hydrothermal fluids and its effect on reservoir quality and performance［J］. AAPG Bulletin,95（10）：1745-1762.

Saller,陈洪德,徐粉燕,等. 2011. 鄂尔多斯盆地马家沟组白云岩地球化学特征及白云岩化机制分析［J］. 岩石学报,27（8）：2230-2238.

Scholle P A, Ulmer-Scholle D S,2003, A Color Guide to the Petrography of Carbonate Rocks：Grains, textures, porosity, diagenesis［M］. AAPG Memoir77, Tulsa, Oklahoma, U.S.A.

Sanchez-Roman M, Vasconcelos C, Schmid T, et al.2008. Aerobic microbial dolomite at the nanometer scale：Implications for the geologic record［J］.Geology,36（11）：879-882.

Tucker M E, Wright V P. 1990. Carbonate Sedimentology［M］. Oxford：Blackwell Scientific Publications.

Vahrenkamp V C, Swart P K. 1994. Late Cenozoic dolomites of the Bahamas：Metastable analogues for the genesis of ancient platform dolomites［J］.IAS Spec Publ,21：133-153.

Vandeginste V, John C M, Flierdt T V D, et al. 2013. Linking process, dimension, texture, and geochemistry in dolomite geobodies：A case study from Wadi Mistal（northern Oman）［J］. AAPG Bulletin,97（7）：1181-1207.

Vasconcelos C, Mckenzie J A, BernasconiS, et al. 1995. Microbial mediation as a possible mechanism for natural dolomite formation at low temperatures［J］.Nature,377：220-222.

Warren J. 2000. Dolomite：Occurrence, evolution and economically important associations［J］. Earth-Science Review,52（1-3）：1-81.

# 第七章 海相碳酸盐岩规模储层与勘探领域

前人对碳酸盐岩储层的研究重点在储层特征和成因上,很少关注规模储层发育的地质背景问题。随着中浅层油气资源勘探开发程度不断提高、难度不断增大,深层正成为油气战略发展的接替领域之一,这就对碳酸盐岩储层的规模提出了更高的要求。本章基于塔里木、四川和鄂尔多斯盆地碳酸盐岩规模储层实例解剖,指出了储层规模发育的地质背景,相控型碳酸盐岩规模储层主要发育于台地边缘、台内裂陷周缘、碳酸盐缓坡及蒸发台地四类沉积背景,成岩型碳酸盐岩规模储层发育的控制因素复杂,具有较大的不确定性,受先存储层规模、区域不整合和断裂规模控制。还特别讨论了台内裂陷演化对生烃中心、规模储层发育的控制和台内勘探潜力的问题。镶边台缘或台内裂陷周缘、碳酸盐缓坡、蒸发台地、大型古隆起—不整合和断裂系统控制规模储层的发育与分布。

## 第一节 规模储层类型、特征和分布

根据表 4-1 的储层成因分类,相控型储层包括礁滩储层和沉积型白云岩储层。礁滩储层又包括镶边台缘礁滩储层(镶边台缘及台内裂陷周缘礁滩储层)、台内缓坡礁滩储层和镶边台缘台内礁滩储层,沉积型白云岩储层又包括回流渗透白云岩储层和萨布哈白云岩储层。成岩型储层包括埋藏—热液改造型白云岩储层、内幕岩溶储层和潜山(风化壳)岩溶储层。按类型论述储层规模、特征和分布。

### 一、相控型储层

#### 1. 镶边台缘礁滩储层（包括台内裂陷周缘礁滩储层）

镶边台缘是台缘礁滩储层规模发育的沉积背景,也是全球油气勘探最为活跃的领域之一。镶边台缘发育台缘礁滩和台缘颗粒滩两类规模储层(图 3-1),台缘礁滩储层的特点是位于台缘带,具明显的镶边(构造型或沉积型镶边),呈"小礁大滩型",所谓小礁指礁核相规模不大,大滩指与礁伴生的滩沉积可以大面积分布,由生屑构成,礁的生长、破碎和搬运为滩沉积提供了物源,这也是礁核规模不大的主要原因,储集空间主要赋存于伴生的大面积分布的滩沉积中。台缘颗粒滩储层特点是没有明显的生物格架,颗粒成分以鲕粒和砂屑为主,生屑少见,并可向台内搬运很远。塔中奥陶系良里塔格组(邬光辉等,2010;赵宗举等,2007)及川东北二叠系长兴组是典型的台缘礁滩储层,川东北三叠系飞仙关组

（邹才能等，2011；张建勇等，2011）是典型的台缘颗粒滩储层，并均获得规模探明储量和产量。

塔中奥陶系良里塔格组台缘礁滩储层以棘屑灰岩为主，见少量苔藓、珊瑚、藻屑、介壳等生屑，无论是露头还是井下均未见到明显的礁核相生物格架，说明生物的生长还未形成坚固的格架就被打碎，为生屑滩沉积提供物源。储集空间以粒间（溶）孔、粒内（溶）孔、溶蚀孔洞为主，少量裂缝，测井揭示有大型溶洞的发育，平均孔隙度达5%～8%。礁滩体长30～40km，宽5～15km，平均厚度80～100m，面积530km²。油气储量规模4×10⁸t油当量（油1.5×10⁸t、气3000×10⁸m³），探明天然气地质储量972×10⁸m³、石油地质储量6078×10⁴t。

川东北环开江—梁平海槽二叠系长兴组台缘礁滩储层以礁核顶部的晶粒白云岩、残余生物碎屑白云岩为主，储集空间有晶间孔和晶间溶孔，大多是对原岩孔隙的继承和调整，部分来自溶蚀扩大，平均孔隙度6.46%，平均渗透率3.93mD，推测原岩为礁核顶部的生屑灰岩。礁核相由海绵格架岩构成，格架孔为放射状和块状两期亮晶方解石胶结物充填，偶见微弱的白云石化，致密无孔。垂向上发育三期礁旋回，储层累计厚度达30～50m。三叠系飞仙关组一段＋二段发育鲕粒白云岩储层，鲕粒结构可以得到完好地保留或残留鲕粒幻影，储集空间以鲕模孔、粒间孔、晶间（溶）孔为主，平均孔隙度8.21%，平均渗透率20.43mD，储层累计厚度50～70m。长兴组台缘礁滩和飞仙关组台缘鲕粒滩储层长850km，宽2～4km，面积1700～3400km²，储量规模在万亿立方米以上，并已经发现了普光、元坝和龙岗大气田。

四川盆地高石梯—磨溪地区震旦系灯影组的勘探拓展了台缘带的涵义，除传统意义上台地边缘的台缘带外，台内裂陷周缘同样发育有类似于台缘带的规模礁滩储层（图3-5、图3-7），德阳—安岳裂陷周缘灯影组四段的规模礁滩储层展布面积达到2×10⁴km²，高石梯—磨溪地区震旦系灯影组四段台缘带长100km，宽15km，面积1500km²，发育了一套优质微生物丘滩复合体储层（图6-4、图6-7），由3～5期旋回构成，累计厚度150m，有效储层厚度60～80m，孔隙度2.0%～10.0%，平均4.2%，渗透率1.0～10.0mD，平均2.26mD，有近万亿立方米的天然气储量规模。塔里木盆地震旦系、鄂尔多斯盆地长城系均可能发育有台内裂陷和裂陷周缘的规模储层。事实上中国古老小克拉台地的台缘带大多俯冲到造山带之下，埋藏深度大，地质构造复杂，台内裂陷周缘的规模礁滩体才是现实的勘探领域。

塔里木、四川和鄂尔多斯盆地重点层位台缘带和台内裂陷周缘礁滩体分布规模见表7-1，是近期深层碳酸盐岩油气勘探值得关注的领域。

表 7-1　塔里木、四川和鄂尔多斯盆地重点层系台缘带和台内裂陷周缘礁滩体分布规模

| 盆地 | 层位 | 台缘带 | 厚度（m） | 长度（km） | 宽度（km） | 面积（km²） | 油气田 |
|---|---|---|---|---|---|---|---|
| 塔里木 | 良里塔格组 | 塔中北斜坡台地边缘台缘带礁滩体 | 80～100 | 30～40 | 5～15 | 530 | 塔中 |
| | 鹰山组 | 塔西台地边缘台缘带颗粒滩 | 100～150 | 30～40 | 20～30 | 9000 | 风险领域 |
| | 中上寒武统 | 轮南—古城台地边缘台缘带礁滩体 | 50～60 | 200～300 | 20～30 | 8000 | |
| | 震旦系 | 塔东北台内裂陷周缘台缘带丘滩体 | 20～30 | 500～800 | 10～15 | 7500 | |
| | | 塔西南台内裂陷周缘台缘带丘滩体 | 20～30 | 400～500 | 10～15 | 6000 | |
| 四川 | 长兴组—飞仙关组 | 开江—梁平台内裂陷周缘台缘带礁滩体 | 30～50 | 600 | 5～10 | 2500 | 普光、龙岗 |
| | 栖霞组—茅口组 | 川西—川北台地边缘台缘带颗粒滩 | 20～30 | 300～400 | 10～15 | 4000 | 双探 1 高产 |
| | | 仪陇—梁平台内裂陷南缘颗粒滩 | 10～20 | 300～400 | 30～40 | 12000 | 风险勘探 |
| | 灯影组 | 德阳—安岳台内裂陷周缘丘滩体 | 20～30 | 300～400 | 20～40 | 15000 | 安岳气田 |
| 鄂尔多斯 | 中上奥陶统 | 秦祁海槽台地边缘台缘带礁滩体 | 40～50 | 500～600 | 30～50 | 25000 | 风险领域 |

综上所述，镶边台缘礁滩储层沿台缘带或台内裂陷周缘呈条带状分布，受相带控制，有规模可预测。

### 2. 台内缓坡礁滩储层

碳酸盐缓坡是台内颗粒滩储层规模发育的场所（图 3-2）。四川盆地寒武系龙王庙组是典型的碳酸盐缓坡台内滩储层，刘宝珺等（1994）关于早寒武世龙王庙组沉积期岩相古地理的论述中指出龙王庙期发育较典型碳酸盐缓坡，由于碳酸盐缓坡坡度缓，高能滩带宽度大，海平面轻微的升降就可导致滩体大范围迁移，形成台内大面积层状展布的颗粒滩储层，尤其是台内发育潟湖或洼地时，在潟湖或洼地周缘是最有利于颗粒滩储层规模发育的，受沉积旋回的控制，储层垂向上可多期叠置。据此，建立了龙王庙组的双滩沉积模式（图 3-11），颗粒滩规模储层主要发育于龙王庙组上段潟湖或洼地两侧的浅缓坡和中缓坡。

四川盆地龙王庙组缓坡台地垂向上发育三期滩体，平面上位于台洼或潟湖两侧的台隆

区,具双滩发育特征。滩体累计厚度 30~90m,颗粒滩储层厚度 10~70m。龙王庙组颗粒滩储层以砂屑白云岩为主,少量鲕粒白云岩,形成于同生期的交代作用,原岩为生屑砂屑灰岩和鲕粒灰岩。储集空间类型以粒间孔、晶间(溶)孔、溶蚀孔洞为主,少量裂缝,孔隙度最大11.28%,主体介于 2%~8%,渗透率最大 101.80mD,主体介于 0.01~10mD。龙王庙组颗粒滩分布面积近 $3 \times 10^4 km^2$,仅高石梯—磨溪地区的储量规模就达万亿立方米以上。塔里木盆地下寒武统肖尔布拉克组与四川盆地下寒武统龙王庙组具相似的缓坡地质背景和双滩发育模式,台内滩分布面积在 $9 \times 10^4 km^2$ 以上,沿潟湖及台内洼地周缘分布。

塔里木盆地下寒武统肖尔布拉克组为微生物丘滩占主导的碳酸盐缓坡台地相(图 3-32)。在继承玉尔吐斯组沉积期沉积格局基础上,北部隆起带出现了分异,进一步细分出柯坪—温宿低凸起和轮南牙哈低凸起,与塔西南隆起合称为三隆。肖尔布拉克组自下而上可划分为三段,肖下段、肖中段和肖上段。肖下段以灰—深灰色薄层状泥粉晶白云岩薄互层为主,局部见藻粘结云岩。肖中段以灰—浅灰色中厚状、块状细粉晶云岩、藻凝块岩为主。肖上段中下部以灰白色中层状绵层云岩、藻凝块云岩、藻砂屑云岩为主,至顶部则以中薄层泥质云岩、叠层石云岩、粒泥云岩为主。肖尔布拉克组沉积期中缓坡丘滩相规模发育,面积达 $9 \times 10^4 km^2$,主要分布在南北两高隆带的围斜部位,明显受控于古隆起地理的位置与范围。已钻井证实,古隆起围斜部位的中缓坡丘滩带是肖尔布拉克组规模有效储层发育的重要物质基础。中缓坡丘滩相储层的储集空间以藻格架溶孔—孔洞、粒内(间)孔为主,测井解释孔隙度 4.5%~12.0%,厚度约 45m,主要分布在肖上段。苏盖特野外露头建模结果也表明肖尔布拉克组有效储层主要发育于肖上段,厚 30~40m,与实钻结果存在良好的对应关系,证实了该套储层大规模稳定发育。

塔里木、四川和鄂尔多斯盆地重点层位台内缓坡礁滩储层分布规模见表 7-2,是近期深层碳酸盐岩油气勘探值得观注的领域。

表 7-2 塔里木、四川和鄂尔多斯盆地重点层系镶边和缓坡两种地质背景下台内滩分布规模

| 盆地 | 层位 | 台内滩名称 | 台内滩类型 | 厚度(m) | 面积(km²) | 油气田 |
|---|---|---|---|---|---|---|
| 塔里木 | 一间房组 | 塔中—巴楚台地生屑砂屑滩 | 碳酸盐缓坡 | 30~50 | 20000 | 塔中 |
| | | 塔北台地生屑砂屑滩 | 碳酸盐缓坡 | 30~50 | 15000 | 哈拉哈塘 |
| | 鹰山组 | 塔西台地生屑砂屑滩 | 镶边台缘背景 | 50~80 | 40000 | 塔中哈拉哈塘 |
| | 蓬莱坝组 | 塔西台地生屑砂屑滩 | 镶边台缘背景 | 80~100 | 50000 | 风险勘探 |
| | 中上寒武统 | 塔西台地生屑砂屑滩 | 镶边台缘背景 | 80~100 | 50000 | 城探1 |
| | 下寒武统 | 塔西台地丘滩白云岩 | 碳酸盐缓坡 | 30~50 | 9000 | 中深1、中深5 |

续表

| 盆地 | 层位 | 台内滩名称 | 台内滩类型 | 厚度(m) | 面积(km²) | 油气田 |
|------|------|-----------|-----------|---------|-----------|--------|
| 四川 | 栖霞组—茅口组 | 川西—川中台内生屑砂屑滩 | 镶边台缘背景 | 80~100 | 30000 | 风险勘探 |
| | 洗象池组 | 川中—川东台内生屑鲕粒滩 | 镶边台缘背景 | 50~80 | 50000 | 风险勘探 |
| | 龙王庙组 | 川中—川东台内生屑鲕粒滩 | 碳酸盐缓坡 | 60~80 | 50000 | 高石1、高石7、高中9,磨溪9 |
| | 灯影组 | 川中—川东台内藻白云岩丘 | 镶边台缘背景 | 50~70 | 30000 | |
| 鄂尔多斯 | 克里摩里组/桌子山组 | 中央隆起台内生屑砂屑滩 | 镶边台缘背景 | 60~80 | 20000 | 风险勘探 |
| | 马五中组合 | 东中央隆起台内生屑滩 | 镶边台缘背景 | 40~60 | 80000 | |
| | 马四下组合 | 东中央隆起台内生屑滩 | 镶边台缘背景 | 100~120 | 50000 | |

### 3. 镶边台缘台内礁滩储层

一般认为镶边台缘起到障壁作用,台内海水能量低,礁滩不发育或以点礁、点滩为主,难以形成规模礁滩储层(沈安江等,2008),如四川盆地长兴组沉积期台缘障壁礁发育,既有环开江—梁平海槽的台缘带礁,又有环川东—鄂西台缘带礁,导致台内礁滩不发育,磨溪1井揭示长兴组以泥晶灰岩、粒泥灰岩为主,少量泥粒灰岩,生物保存完好,储层物性欠佳,难以形成规模礁滩储层。但现代巴哈马台地却提供了一个相反的案例,无论是台缘带还是台内,鲕粒滩均广泛发育(Eberli, G.P. 等,1987)。川东北飞仙关组沉积期孤立碳酸盐岩沉积台地提供了一个地质历史时期鲕粒滩的典型案例,无论是台缘还是台内,鲕粒滩广泛发育(杨威等,2007;冯仁蔚等,2008),并已经发现了罗家寨、渡口河、铁山坡、普光等气田,探明储量 $2500 \times 10^8 m^3$ 以上。川东—鄂西飞仙关组沉积期紧邻台缘带西侧的台内,鲕粒滩也广泛发育(易积正等,2010)。

镶边台缘背景下台内礁滩储层发育规模具有较大的不确定性,障壁类型、障壁的连续性、台地类型、台内水深和地貌共同控制台内礁滩储层的规模(表7-3)。颗粒滩型障壁之后的台内比格架礁型障壁之后的台内更具礁滩规模储层发育的潜力,这可能与台缘鲕粒滩不像台缘礁滩具明显的抗浪格架有关,障壁作用不明显,台缘带形成的鲕粒很容易在未被固结时就被海浪搬运至台内沉积。格架礁型障壁的侧向连续性越好,与外海的封隔作用越强,台内的海水能量就越低,除藻丘外难以发育规模礁滩体,当外海的海水注入量小于蒸发量时则演变为蒸发台地。孤立碳酸盐台地平坦水浅,四周为台缘带环绕,台内规模礁滩储层发育的潜力远大于与陆相连的碳酸盐台地(紧邻台缘带内侧的台内除外)。台内的地貌高点或隆起有利于礁滩的发育,其规模受地貌高点或隆起的规模控制。

表 7-3　镶边台缘背景下台内礁滩储层发育规模的主控因素

| 控制因素 | 有利条件 | 不利条件 |
|---|---|---|
| 障壁类型 | 颗粒滩型障壁,障壁作用不明显 | 格架礁型障壁,障壁作用明显 |
| 障壁的连续性 | 孤岛型断续分布障壁,与外海连通性好 | 连续分布障壁,与外海的封隔作用强烈 |
| 台地类型 | 孤立碳酸盐台地或紧邻台缘带的台内 | 与陆相连的碳酸盐台地且远离台缘带 |
| 台内水深 | 水浅,沉积底床长期处于浪基面之上 | 台内潟湖,沉积底床长期处于浪基面之下 |
| 台内地貌 | 台内大面积分布的古地貌高地或隆起 | 台内地形平缓,古地貌高地或隆起不发育 |

## 4. 沉积型白云岩储层

鄂尔多斯盆地马家沟组上组合膏云岩(马五$_{1-4}$)是典型的萨布哈白云岩储层(方少仙等, 2009;黄正良等,2011),中组合(马五$_{5-10}$)粉细晶白云岩是典型的回流渗透白云岩储层(于洲等,2012)。塔里木盆地中下寒武统盐间—盐下白云岩储层(王招明等,2014;刘忠宝等, 2012)、四川盆地嘉陵江组和雷口坡组白云岩储层均与干旱气候背景的蒸发台地有关(沈安江等,2008;陈莉琼等,2010)。蒸发碳酸盐台地由陆向海主体由 4 个相带构成,分别为泥晶白云岩带、膏云岩过渡带、膏盐岩带及台缘礁滩白云岩带,膏云岩过渡带及台缘礁滩白云岩带是规模储层发育的有利相带,垂向上与膏盐岩互层,侧向上与膏盐岩呈指状接触(图 7-1)。

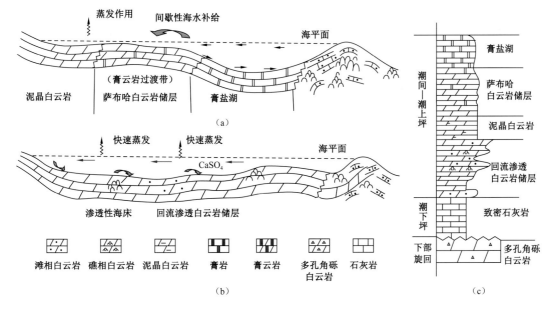

图 7-1　沉积型白云岩储层发育特征

(a)萨布哈白云石化,气候进一步干旱,形成膏盐湖,非渗透性海床,同期沉积物发生萨布哈白云石化,碳酸盐台地由泥晶白云岩带、膏云岩过渡带、膏盐岩带及台缘礁滩白云岩带构成,膏云岩过渡带及台缘礁滩白云岩带是有利储层的发育相带,泥晶白云岩往往致密无孔,膏盐岩的侧向迁移可以形成很好的区域盖层;(b)回流渗透白云石化,由于蒸发海盆层状膏盐还未形成,碳酸盐台地的海床渗透性好,蒸发重卤水的回流渗透可导致下伏沉积物发生白云石化,以粉细晶白云岩储层为主,少量礁滩相(点礁、点滩)白云岩储层,含石膏结核或斑块;(c)蒸发台地沉积型白云岩储层垂向发育模式

鄂尔多斯盆地马家沟组上组合(含)膏云岩(马五$_{1-4}$)以膏模孔为主,原岩为(含)石膏结核的泥粉晶白云岩,分布于膏云岩过渡带,面积达 $2 \times 10^4 km^2$ 以上,储量规模气达数千亿立方米;中组合(马五$_{5-10}$)粉细晶白云岩以晶间孔、晶间溶孔为主,原岩为台内藻屑滩、粒屑滩灰岩,呈群状广布,仅靖边气田西缘暴露于不整合面的粉细晶白云岩的面积就达 $2000 km^2$,储量规模气达数千亿立方米。事实上,由中组合的回流渗透白云岩至上组合的萨布哈白云岩,反映了气候逐渐变干旱的过程。中组合在台地中央或潟湖中并没有成层的膏盐岩,缺膏盐岩带,但回流渗透的重卤水可使下伏沉积物部分或完全白云石化,尤其是有较高渗透能力的藻屑滩、粒屑滩灰岩。至上组合,随着气候进一步干旱和卤水浓度的进一步升高,在台地中央或潟湖中开始出现成层的膏盐岩,在膏盐湖周缘开始出现膏云岩过渡带,石膏呈结核状或斑块状分布于泥晶白云岩中。由于膏盐岩的封隔作用,阻止了回流重卤水的向下渗透,导致膏盐岩之下未完全白云石化的中组合石灰岩不再有发生回流渗透白云石化的机会。储层主要发育于中组合的藻屑滩、粒屑滩白云岩及上组合的(含)膏云岩中(图 7-2)。

与鄂尔多斯盆地一样,塔里木盆地中下寒武统同样发育萨布哈和回流渗透两类沉积型白云岩储层。如牙哈 5 井、牙哈 10 井和中深 5 井为萨布哈白云岩储层,(含)膏云岩膏模孔发育,牙哈 7X-1 井、中深 1 井为回流渗透白云岩储层,鲕粒白云岩的粒间孔、鲕模孔发育,方 1 井为藻丘白云岩,藻格架孔发育,部分为石膏充填。虽然中深 1 井、中深 5 井在中下寒武统获得了高产工业气流,由于勘探程度低,目前仍处于风险勘探阶段,储量规模不清,但储层分布的规模是很大的,仅巴楚—塔中地区膏云岩过渡带的面积就达 $5 \times 10^4 km^2$ 以上,塔北西部藻丘、颗粒滩白云岩的分布面积就达 $2000 km^2$。四川盆地嘉陵江组和雷口坡组一段为萨布哈白云岩储层,膏云岩过渡带的展布面积达 $(2\sim3) \times 10^4 km^2$,膏模孔发育,垂向上与厚层膏盐岩互层,储量规模达气千亿立方米;雷口坡组三段为回流渗透白云岩储层,原岩为藻屑滩、粒屑滩灰岩,藻架孔、粒间孔和铸模孔发育,展布面积达 $(2\sim3) \times 10^4 km^2$,储量规模达气千亿立方米。总之,沉积型白云岩储层受相带控制,层状大面积分布,可预测性强。

综上所述,镶边台缘是台缘礁滩储层规模发育的沉积背景,碳酸盐缓坡是台内颗粒滩储层规模发育的沉积背景,蒸发台地是沉积型白云岩储层规模发育的沉积背景,镶边背景下的台内在特定的条件下可以发育规模储层,储层呈条带状或层状大面积分布,相控性明显,有规模可预测。

## 二、成岩型储层

### 1. 埋藏—热液改造型白云岩储层

埋藏—热液改造作用更多是体现在对先存储层的改造上,使先存储层品质变好或变坏,而不是形成埋藏—热液成因的白云岩储层,事实上,没有先存储层和断裂/裂缝系统的存在,埋藏—热液流体就没有运移的通道。因此,埋藏—热液改造型白云岩储层的规模受先存储层规模、不整合和断裂规模的控制。

四川盆地栖霞组—茅口组发育准层状—栅状白云岩储集体,白云岩的原岩为礁滩沉积,

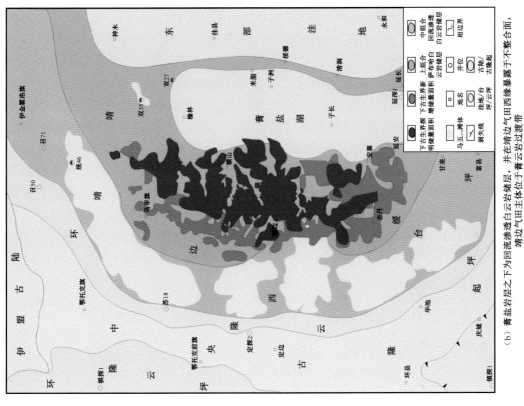

图 7-2　鄂尔多斯盆地马家沟组白云岩储层垂向发育序列

（a）蒸发台地沉积型白云岩储层垂向发育序列

（b）膏盐岩层之下为回流渗透白云岩储层，井在靖边气田西缘暴露于膏岩不整合面，靖边气田主体位于膏云岩过渡带

具层状分布的特点,但并不是所有的礁滩沉积均发生了白云石化成为有效储层,井下和露头资料均揭示未白云石化的礁滩沉积致密无孔。栖霞组二段和茅口组二段+三段的白云石化比率为20%～25%,白云石化比率与礁滩沉积的发育程度、初始孔隙度及埋藏—热液活动强度有关。

栖霞组—茅口组白云岩储层成因研究揭示,多孔的礁滩沉积(往往位于层序界面或层间暴露面之下)是白云岩储层发育的物质基础,断裂系统、层间暴露面是埋藏—热液流体的通道,导致白云石化的礁滩体沿断裂系统和层间暴露面呈准层状—栅状分布,远离断裂系统、层间暴露面的致密礁滩体不发生白云石化。以晶粒白云岩(细晶、中晶和粗晶)为主,白云石自形程度高,几乎不保留原岩结构,孔隙—孔洞型储层,储集空间以晶间孔、晶间溶孔和溶蚀孔洞为主,溶蚀孔洞直径以1～8cm居多,与埋藏—热液的侵蚀作用有关。储层单层厚3～4m,累计厚度20～30m,孔隙度5%～10%,常见热液矿物鞍状白云石充填孔洞。

塔东鹰山组下段也属于这类储层,古城6井、古城8井、古城9井获得高产工业气流。这类储层能够大面积规模分布,但横向连续性差,非均质性强。

## 2. 内幕岩溶储层

内幕岩溶储层包括层间岩溶储层、顺层岩溶储层、受断裂控制岩溶储层。

### 1)层间岩溶储层

层间岩溶储层主要是指碳酸盐岩层系内幕与区域性平行不整合、微角度不整合相关的岩溶储层。如塔中—巴楚地区大面积缺失中奥陶统一间房组和上奥陶统吐木休克组,鹰山组裸露区为灰云岩山地,其接触关系为上奥陶统良里塔格组与鹰山组主体呈微角度不整合接触,代表10～16Ma的地层缺失和层间岩溶作用,形成大面积分布的层间岩溶储层(杨海军等,2011),分布面积达(3～5)×$10^4$km$^2$,仅塔中北斜坡(面积1866km$^2$)的储量规模就达数亿吨油。鹰山组下段同时也发育斑状或透镜状白云岩储层,形成于埋藏成岩环境,是层间岩溶储层的重要补充,但与层间岩溶作用无关,分布范围远大于层间岩溶作用的范围,在塔东古城地区是非常重要的勘探目的层。

四川盆地灯影组发育两期层间岩溶作用(汤济广等,2013)(图7-3)。灯二段沉积期末,桐湾运动Ⅰ幕使川中灯二段抬升遭受风化剥蚀,形成灯二段顶部的层间岩溶储层。灯四段沉积期末,由于受桐湾运动Ⅱ幕抬升的影响,灯四段遭受不同程度的淋滤和剥蚀,造成地层厚度差异较大,局部地区(如威远、资阳地区)灯三段也被部分或完全剥蚀,灯二段直接为下寒武统覆盖呈不整合接触,形成灯影组顶部的层间岩溶储层。灯影组内幕两期层间岩溶储层的分布面积达数万平方千米,仅磨溪—高石梯地区(面积7500km$^2$)的储量规模就达气数千亿立方米。

事实上,对于石灰岩型层间岩溶储层,由于层间岩溶面或地层剥蚀面之下为石灰岩地层,易于在表生环境被溶蚀形成岩溶缝洞,层间岩溶作用的范围和持续时间控制了储层的规模,如前述的塔中—巴楚地区鹰山组层间岩溶储层。对于白云岩型层间岩溶储层,由于层间岩溶面或地层剥蚀面之下为白云岩地层,在表生环境下不易被溶蚀形成岩溶缝洞,先存储层规模、白云石化程度、层间岩溶作用的范围和持续时间共同控制储层的规模,如前述的四川盆地灯影组二段葡萄花边白云岩储层,白云石化程度、层间岩溶作用的范围和持续时间控制储层的规模,是未云化的灰质残留(沈安江等,2017)受层间岩溶作用的产物,又如灯影组四段微生物丘滩复合体储层似乎与层间岩溶作用无关,其规模受先存储层规模控制。

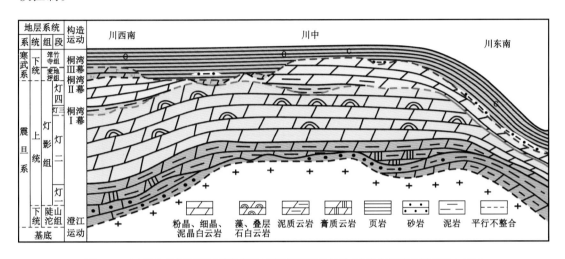

图7-3　四川盆地灯影组两期层间岩溶储层发育与分布模式(据汤济广等,2013)
第一期位于灯二段沉积期末,与桐湾运动Ⅰ幕有关,第二期位于灯四段沉积期末,与桐湾运动Ⅱ幕有关,
剥蚀强烈的地区,两期层间岩溶发生叠合

#### 2)顺层岩溶储层

顺层岩溶储层主要是指碳酸盐岩层系内幕与顺层岩溶作用相关的储层,分布于碳酸盐岩潜山周缘具斜坡背景的内幕区,环潜山周缘呈环带状分布,与不整合面无关,顺层岩溶作用时间与上倾方向潜山区的潜山岩溶作用时间一致,岩溶强度向下倾方向逐渐减弱。

塔北南缘斜坡区的一间房组—鹰山组发育典型的顺层岩溶储层(斯春松等,2012)(图4-12)。以桑塔木组剥蚀线为界,塔北隆起被划分为潜山区和内幕区,内幕区位于塔北隆起的围斜部位,是轮南低凸起向外延伸的大型构造斜坡,向东进入草湖凹陷,向南进入满加尔坳陷,向西南进入哈拉哈塘凹陷。受中加里东—早海西期潜山区岩溶作用的影响,内幕区中—下奥陶统一间房组—鹰山组Ⅰ段虽上覆吐木休克组区域性泥岩盖层,但大气淡水从潜山顶部的补给区由北至南向泄水区流动的过程中,在围斜部位发生大面积顺层岩溶作用,形成顺层岩溶储层,分布面积达7000km²,储量规模达数亿吨油。

顺层岩溶储层的规模具有很大的不确定性,大到大型古隆起周缘的斜坡区,小到背斜构造的翼部均可发生顺层岩溶作用,但它总是和潜山岩溶储层相伴生,沿潜山周缘斜坡区呈环带状分布,是潜山岩溶储层的重要补充,拓展了岩溶储层的勘探范围(图7-4)。早期的层间岩溶发育层位最容易被后期顺层岩溶作用叠加改造,塔北南缘斜坡区的一间房组—鹰山组就属于这种情况,层间岩溶储层和顺层岩溶储层的发育层位相当。

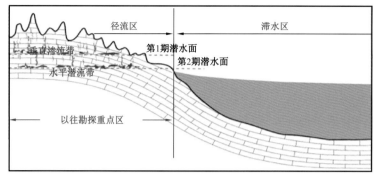

（a）潜山岩溶储层模式指导下的油气勘探

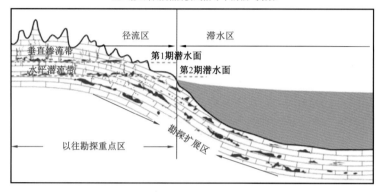

（b）层间和顺层岩溶储层模式指导下的油气勘探

图 7-4　顺层岩溶储层模式下的油气勘探

### 3）受断裂控制岩溶储层

这是非常特殊的岩溶储层类型，主要受断裂控制，而不是受潜山面或层间岩溶面控制，岩溶缝洞沿断裂带呈网状、栅状分布，而非准层状分布，发育于连续沉积的地层序列中，之间没有明显的地层缺失或不整合，导致缝洞垂向上的分布跨度也大得多。塔北哈拉哈塘地区一间房组—鹰山组（图 7-5）、英买 1-2 井区一间房组—鹰山组是这类储层的典型代表。

塔北南缘哈拉哈塘地区岩溶储层发育层位为一间房组—鹰山组，分布面积（2～3）×$10^4$km$^2$，岩溶储层深度跨度大于 200m，储集空间分布受断裂系统控制，主断裂控制洞穴的发育，裂缝系统控制孔洞的发育，越远离主断裂，孔洞越不发育。岩溶缝洞主要形成于走滑断裂及伴生的裂缝系统 + 断裂相关岩溶作用。

塔北英买 1-2 区块的一间房组和鹰山组沉积序列完整，为吐木休克组、良里塔格组和桑塔木组覆盖，之间没有明显的地层缺失和不整合。英买 2 号构造具穹隆状构造特征，构造面积 7km$^2$，构造幅度 560m。发育三组断裂，一组为北北东向大型走滑断裂，延伸较远，切割中—上寒武统—志留系，另两组为北北西向和北西西向小型断裂，切割奥陶系，集中发育在穹隆高部位，分布面积 63km$^2$。储集空间有溶蚀孔洞、洞穴，主要沿穹隆高部位的断裂或裂缝发育，围岩基质孔不发育。

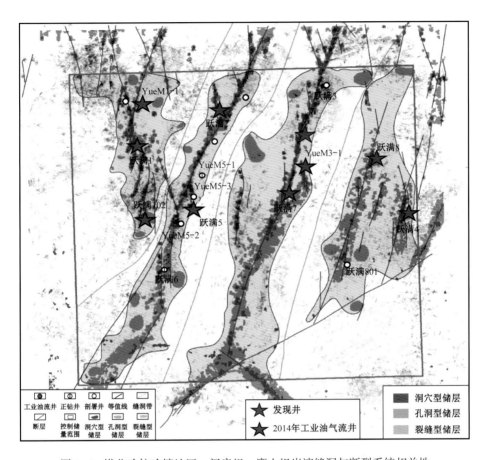

图 7-5 塔北哈拉哈塘地区一间房组—鹰山组岩溶缝洞与断裂系统相关性

## 3. 潜山（风化壳）岩溶储层

传统意义上的岩溶储层，包括石灰岩潜山与白云岩风化壳两类，都与明显的地表剥蚀和峰丘地貌有关，或与大型的角度不整合有关，岩溶缝洞沿大型不整合面、断裂或峰丘地貌呈准层状分布，集中分布在不整合面之下 0～100m 的范围内（James N.P. 等，1988）。

塔北地区轮南低凸起奥陶系鹰山组属传统意义上的石灰岩潜山岩溶储层（赵文智等，2013）（图 4-12），奥陶系鹰山组石灰岩为石炭系砂泥岩覆盖，之间代表长达 120Ma 的地层剥蚀和缺失，峰丘地貌特征明显，潜山高度可以达到数百米，是区域构造运动的产物，不整合面之下的岩溶缝洞是非常重要的油气储集空间，集中分布在不整合面之下 0～100m 的范围内，形成于表生期的岩溶作用，分布面积达 $2 \times 10^4 km^2$，储量规模达数亿吨油。

塔北牙哈—英买力地区的寒武系—蓬莱坝组、四川盆地雷口坡组、鄂尔多斯盆地马家沟组上组合（图 7-6）均属传统意义上的白云岩风化壳储层（沈安江等，2007；汪华等，

2009；何江等，2013），分别为侏罗系卡普沙良群、三叠系须家河组及石炭系本溪组碎屑岩覆盖，之间代表长期的地层剥蚀和缺失。地貌起伏不大，峰丘地貌特征不明显，缝洞体系不发育，可能与表生淡水环境白云岩比石灰岩更难溶解有关。以晶间孔、晶间溶孔、粒间孔、藻架孔及膏模孔为主，反映的是对先存白云岩储层叠加改造的产物。塔北牙哈—英买力地区白云岩风化壳储层分布面积达 $200km^2$，含油面积 $36km^2$，油的储量规模达 $2000 \times 10^4t$；鄂尔多斯盆地靖边地区白云岩风化壳储层分布面积达 $2 \times 10^4km^2$，气的储量规模达万亿立方米。

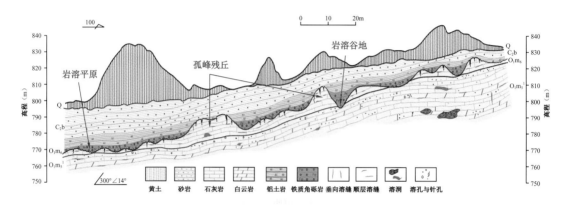

图 7-6　鄂尔多斯盆地马家沟组上组合白云岩风化壳储层剖面示意图

　　事实上，风化壳之下白云岩的储集空间有两种可能的成因。一是风化壳形成之前，也就是说白云岩地层被抬升到地表前已经是多孔的白云岩储层；二是形成于风化壳岩溶作用，但被抬升到地表的白云岩地层特征与风化壳岩溶作用的改造效果密切相关，白云岩地层含易溶的灰质越多，形成的溶孔就越多，改造效果就越好，而且灰质的产状和分布决定了溶孔的大小和分布，难溶的白云石为溶孔的保存提供了支撑格架。所以，白云岩风化壳储层储集空间的成因对储层预测具重要的意义，如储集空间主体形成于风化壳形成之前，则储层的分布与风化壳无关，如储集空间主体形成于风化壳岩溶作用，则储层主要分布于不整合面之下 $0 \sim 100m$，如储集空间是两者的叠合，则不整合面之下的白云岩储层是最优质的。

　　如果潜山（风化壳）岩溶储层与区域构造运动有关，则都能规模发育。轮南低凸起石灰岩潜山、英买 7-32 白云岩潜山、靖边马家沟组白云岩风化壳均获得了规模探明储量和产量。

　　综上所述，碳酸盐岩储层规模发育的潜力及主控因素见表 7-4。碳酸盐岩储层规模的发育受控于 5 类构造构造—沉积背景（表 7-5），分别为镶边台缘（包括台内裂陷周缘）、缓坡台地、蒸发台地、大型古隆起—不整合和断裂系统，分布有规律可预测。

表 7-4　海相碳酸盐岩储层规模发育潜力及主控因素

| 储层类型 | | | 规模储层发育潜力及主控因素 |
|---|---|---|---|
| 相控型 | 礁滩储层 | 镶边台缘礁滩储层 | 具备储层规模发育的潜力,规模发育的台缘带生物礁及颗粒滩是主控因素 |
| | | 镶边台缘台内礁滩储层 | 储层规模具不确定性,并受障壁类型、障壁的连续性、台地类型、台内水深和地貌共同控制 |
| | | 台内缓坡礁滩储层 | 具备储层规模发育的潜力,碳酸盐缓坡台地上的规模颗粒滩是主控因素 |
| | 白云岩储层 | 沉积型白云岩储层 回流渗透白云岩储层 | 具备储层规模发育的潜力,蒸发碳酸盐岩台地规模发育的膏云岩、礁丘及礁滩是沉积型白云岩储层主控因素 |
| | | 沉积型白云岩储层 萨布哈白云岩储层 | |
| 成岩型 | | 埋藏—热液改造型白云岩储层 | 储层规模受先存储层规模的控制,往往叠加改造礁滩(白云岩)储层,并以晶粒(细晶、中晶、粗晶)白云岩储层的形式出现,热液溶蚀孔洞 |
| | 岩溶储层 | 内幕岩溶储层 层间岩溶储层 | 与区域地层抬升和剥蚀有关,与区域构造运动相关,一般都能规模发育 |
| | | 内幕岩溶储层 顺层岩溶储层 | 与潜山岩溶储层相伴生,是潜山岩溶储层的重要补充,拓展了岩溶储层的勘探范围,有规模 |
| | | 内幕岩溶储层 受断裂控制岩溶储层 | 受断裂和裂缝分布的范围控制,可以区域性规模发育,也可以局部发育 |
| | | 潜山(风化壳)岩溶储层 石灰岩潜山 | 与区域构造运动有关,一般都能规模发育 |
| | | 潜山(风化壳)岩溶储层 白云岩风化壳 | |

表 7-5　深层规模储层类型及发育的构造—沉积背景

| 序号 | 规模储层类型 | 对应的储层类型 | 构造沉积背景 | 储层分布规律 |
|---|---|---|---|---|
| 1 | 大面积层状礁滩(白云岩)储层 | 镶边台缘(台内裂陷周缘)礁滩储层 | 镶边台缘、台内裂陷周缘、缓坡台地台洼或潟湖周缘台隆区 | ①寻找镶边背景的台缘带礁滩体及缓坡背景的台内礁滩体;②台内裂陷周缘的礁滩体;③高位域顶部易于暴露的礁滩体 |
| | | 缓坡台地礁滩储层 | | |
| | | 镶边台缘台内礁滩储层 | | |
| 2 | 大面积准层状沉积型膏云岩储层 | 回流渗透白云岩储层 | 干旱气候背景下的蒸发台地 | ①寻找与干旱气候相关的膏云岩,位于膏盐湖周缘的膏云岩过渡带;②暴露面之下受表生溶蚀作用的叠加改造呈准层状叠置分布 |
| | | 萨布哈白云岩储层 | | |

续表

| 序号 | 规模储层类型 | 对应的储层类型 | 构造沉积背景 | 储层分布规律 |
|---|---|---|---|---|
| 3 | 大面积准层状岩溶（风化壳）储集层 | 层间岩溶储层 | 大型古隆起—不整合（潜山不整合及内幕层间岩溶不整合） | ①潜山不整合面、层间岩溶面控制岩溶缝洞的发育，呈准层状、串珠状大面积分布；②礁滩相是缝洞体的富集岩相 |
| | | 顺层岩溶储层 | | |
| | | 石灰岩潜山岩溶储层 | | |
| | | 白云岩风化壳储层 | | |
| 4 | 厚层栅状"断溶体"储集体 | 受断裂控制岩溶储层 | 断裂系统 | 断裂系统发育的背斜核部、古隆起区 |
| 5 | 准层状—栅状白云岩储集体 | 埋藏—热液改造型白云岩储层（细晶、中晶、粗晶白云岩） | 礁滩相带、层间暴露面和断裂系统 | ①暴露面之下受表生溶蚀作用改造的多孔礁滩体；②邻近断裂系统的多孔礁滩体；③热液矿物是储层的重要指示者 |

大面积层状礁滩（白云岩）储层与镶边台缘、缓坡台地沉积背景有关，在镶边台地边缘、台内裂陷周缘、缓坡台地洼地或潟湖周缘的台隆区大面积准层状分布。大面积准层状沉积型膏云岩储层沿膏盐湖周缘呈环带状分布。大面积准层状岩溶（风化壳）储层与大型古隆起—不整合构造背景有关，既可分布于古隆起的潜山区及围斜区，也可分布于碳酸盐岩地层内幕层间岩溶区，呈大面积准层状分布。厚层栅状岩溶缝洞储集体与断裂系统有关，主断裂控制洞穴的发育，裂缝系统控制孔洞的发育，越远离断裂系统，孔洞越不发育，岩溶储层深度跨度大。准层状—栅状白云岩储集体与礁滩相带、层间暴露面和断裂系统有关，呈准层状—栅状断续分布。

# 第二节 高石梯—磨溪地区台内裂陷勘探实践与启示

前已述及，海相碳酸盐岩油气勘探主要集中在台缘带，这是由于台缘带发育规模优质礁滩储层，而且厚度大，距斜坡—盆地相烃源岩近，构成良好的生储组合。由于中国古老海相小克拉通台地的特殊性，台缘带大多被俯冲到造山带之下，埋藏深，构造复杂，勘探难度大，台内礁滩体规模和勘探潜力评价是中国海相碳酸盐岩勘探亟需解决的问题。四川盆地震旦系—下寒武统德阳—安岳台内裂陷、长兴组和飞仙关组开江—梁平台内裂陷的刻画及大气田（安岳气田、元坝气田及普光气田）的发现证实了台内勘探的潜力。

## 一、高石梯—磨溪地区台内裂陷勘探实践

前已述及，德阳—安岳台内裂陷既非单一的侵蚀谷，也非单一的台内裂陷，而是由侵蚀谷到台内裂陷的继承性发展，并可向南延伸到蜀南地区，同时，指出龙王庙组沉积期的缓坡台地背景控制了川中地区规模储层的发育，主要位于龙王庙组上段，拓展了台内勘探领域。

## 1. 台内裂陷演化对生烃中心的控制

据杜金虎等（2015），四川盆地震旦系—寒武系发育两套主力烃源岩，分别为筇竹寺组和麦地坪组黑色、灰黑色泥页岩，其次为灯三段和陡山沱组泥岩。

### 1）筇竹寺组烃源岩

筇竹寺组烃源岩主要为黑色、灰黑色泥页岩、碳质泥岩，局部夹粉质泥质和粉砂岩。烃源岩有机质丰度高，TOC 介于 0.50%～8.49%，平均 1.95%。局部层段发育黑色碳质泥岩，有机质丰度高，如磨溪 9 井钻遇近 10m 的黑色碳质泥岩，TOC 含量介于 2.49%～6.19%，平均高达 4.4%。德阳—安岳裂陷内有多口井钻遇筇竹寺组烃源岩，有机质丰度较高，如高石 17 井筇竹寺组 TOC 含量介于 0.37%～6.00%，平均 2.17%；资 4 井筇竹寺组 TOC 含量介于 0.98%～6.61%，平均 2.18%。

筇竹寺组泥质烃源岩的分布明显受裂陷的控制，沿裂陷方向烃源岩厚度最大，厚度一般在 300～350m，如裂陷内部的高石 17 井烃源岩厚度超过 400m，北部天 1 井区厚度也超过 350m，蜀南地区最大厚度超过 450m。裂陷两侧烃源岩厚度明显减薄，在西侧威远—资阳地区厚度在 200～300m，向西快速减薄至 50～100m。东侧高石梯—磨溪地区厚度一般在 120～150m。裂陷主体部位筇竹寺组烃源岩厚度是邻区的 3～5 倍（图 7-7）。

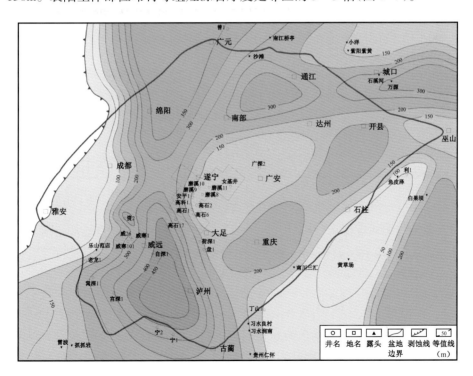

图 7-7　四川盆地下寒武统筇竹寺组烃源岩厚度等值线图（据杜金虎等，2015）

### 2）麦地坪组烃源岩

麦地坪组烃源岩主要为硅质页岩、碳质泥岩等,有机质丰度较高,TOC 含量介于 0.52%～4.00%,平均 1.68%。干酪根同位素 –36.4‰～–32.0‰,平均 –34.3‰,属典型的腐泥型烃源岩。有机质成熟度高,等效 $R_o$ 介于 2.23%～2.42%,达到高过成熟阶段。麦地坪组沉积时期裂陷规模最大,沉积水体最深,裂陷内沉积充填泥页岩厚度最大。桐湾Ⅲ幕末期的隆升剥蚀作用导致麦地坪组在四川盆地内分布局限,如裂陷内部高石 17 井厚 128m,资 4 井厚 198m;裂陷东侧高石 1 井该套地层遭受到剥蚀,筇竹寺组黑色泥岩直接与下伏灯影组白云岩接触。可见,麦地坪组烃源岩也主要分布在裂陷内,厚度在 50～100m,而周缘地区仅 1～5m,两者相差 10 倍以上(图 7-8)。

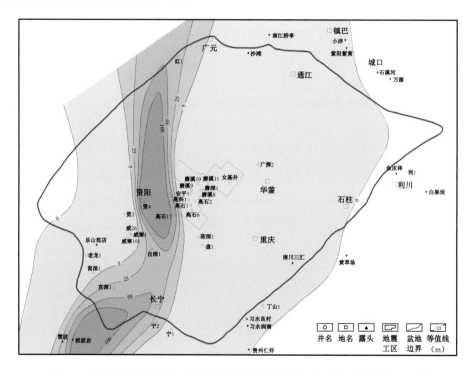

图 7-8　四川盆地下寒武统麦地坪组烃源岩厚度等值线图(据杜金虎,2015)

生烃演化和气源对比揭示(杜金虎等,2015),全盆地筇竹寺组和麦地坪组两套主力烃源岩总生油量为 $18129 \times 10^8$t,高石梯—磨溪构造天然气藏的气源主要来自筇竹寺组和麦地坪组两套主力烃源岩。

### 2. 台内裂陷演化对规模储层的控制

台内裂陷的发育及演化控制了两套规模优质储层的发育,一套是灯四段与台内裂陷发育鼎盛期相关的裂陷周缘微生物丘滩白云岩储层(图 6-8),一套是龙王庙组与台内裂陷演化末期填平补齐相关的缓坡台地颗粒滩白云岩储层(图 3-9),并为勘探所证实,揭示规模优质储层的发育不仅仅限于台缘带。

1）灯四段台内裂陷周缘微生物丘滩白云岩储层

　　构成灯四段微生物丘滩白云岩储层的岩性主要有藻纹层、藻叠层、藻格架白云岩,少量藻泥晶和颗粒白云岩(藻屑和砂屑白云岩)。储集空间类型主要有基质孔(格架孔、溶扩孔)(0.01～2mm)和溶蚀孔洞(2～100mm),少量裂缝和溶洞(100mm～50cm)。裂缝和溶蚀孔洞是高产的重要控制因素。储层平均孔隙度4.2%,渗透率集中分布于0.01～10mD,平均为1.2mD(图7-9)。据全直径和测井孔隙度、渗透率资料分析对比,测井孔隙度与实测孔隙度具有很好相关性(图7-10),说明测井孔隙度可以代表储层物性。

　　如第六章所述,灯影组四段白云岩储层的发育受控于两个因素:一是微生物丘滩复合体是储层发育的基础(沉积原生孔的载体);二是频繁和持续的准同生溶蚀作用形成毫米—厘米级溶蚀孔洞(沉积原生孔的溶蚀扩大)。埋藏—热液活动对储层的改造主要表现在通过热液矿物的充填封堵孔隙,而不是新增孔隙。优质规模储层主要分布在台内裂陷周缘,据物性好和厚度大的特点,台内微生物丘滩白云岩储层物性较差,厚度较薄(图6-8,表6-3),垂向上,优质储层分布于向上变浅旋回的上部(图6-4),与海平面下降和丘滩体暴露有关。

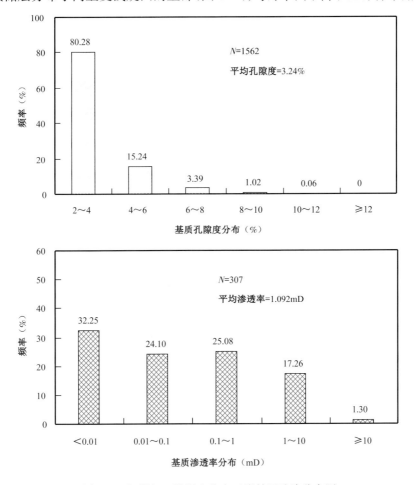

图7-9　灯影组四段微生物白云岩储层孔渗分布图

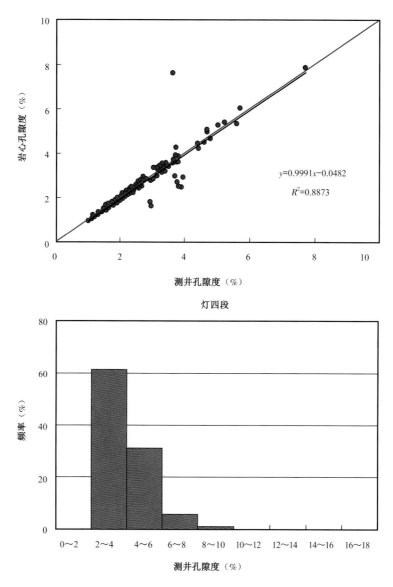

图 7-10　灯影组测井—岩心物性关系与测井物性直方图（据杜金虎，2015）

### 2）龙王庙组缓坡台地颗粒滩白云岩储层

龙王庙组储层岩性主要有砂屑白云岩和粉细晶白云岩，少量鲕粒白云岩和中粗晶白云岩，白云岩主要与准同生期干旱气候背景下的萨布哈或渗透回流白云石化作用有关，叠加埋藏白云石化（晶粒白云岩）和热液白云石（自形晶白云石充填溶蚀孔洞、鞍装白云石）沉淀作用的叠加改造。储集空间类型主要有粒间孔、晶间（溶）孔和溶蚀孔洞，晶间孔是对原岩孔隙的继承和调整，溶蚀孔洞与埋藏—热液溶蚀作用有关，而非表生溶蚀的结果。

据磨溪 8 井、磨溪 9 井、磨溪 10 井、磨溪 11 井、磨溪 12 井、磨溪 13 井、磨溪 17 井、磨溪 21 井和高石 6 井 496 个样品的物性数据(图 6–14),孔隙度小于 2% 的样品占 46.57%,对应的渗透率小于 0.01mD,主要见于泥晶白云岩中,孔隙度 2%～6% 的样品占 45.37%,对应的渗透率介于 0.01～1mD,孔隙度大于 6% 的样品占 8.06%,对应的渗透率大于 1mD,主要见于砂屑白云岩和少量鲕粒白云岩中。泥晶白云岩无显孔非储层,砂屑白云岩是有效储层的载体,但孔隙度和渗透率变化范围大,具强烈的非均质性。最大孔隙度 11.28%,最小孔隙度 0.32%,最大渗透率 108.10mD,最小渗透率 0.0001mD,孔隙度与渗透率相关性欠佳,为裂缝—孔洞型储层。裂缝和溶蚀孔洞是高产的主控因素。

如第六章所述,龙王庙组颗粒滩白云岩储层的发育受控于三个因素:颗粒滩沉积是龙王庙组白云岩储层发育的基础(沉积原生孔的载体);二是同生期海平面下降导致龙王庙组颗粒滩暴露和大气淡水溶蚀,形成组构选择性溶孔;三是埋藏溶蚀作用形成的非组构选择性溶蚀孔洞对龙王庙组储集空间的发育有重要贡献。储层呈层状广布于内缓坡和中缓坡,以内缓坡的规模和物性最优(图 3–9),垂向上由三期滩体构成,位于向上变浅旋回顶部的滩体储层物性最优(图 4–10)。

### 3. 台内裂陷背景下的成藏组合

前已述及,四川盆地震旦系—下寒武统德阳—安岳台内裂陷的演化控制两套主力烃源岩和两套规模优质储层的发育与分布,并由此构成两套主力成藏组合(图 7–11),断层是油气运移的重要通道。

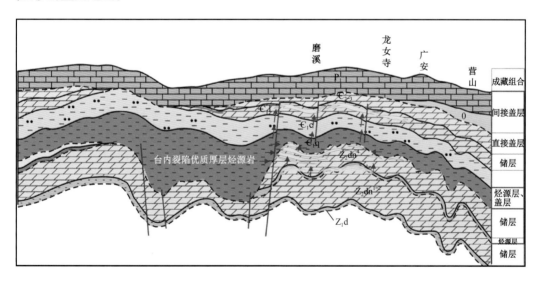

图 7–11　四川盆地灯影组—下寒武统成藏组合示意图(据杜金虎,2015)

### 1)灯四段微生物丘滩白云岩储层气藏

对于台内裂陷周缘灯四段微生物丘滩白云岩储层,主力气源来自裂陷内的筇竹寺组和麦地坪组烃源岩,构成"旁生侧储、上生下储"式生储组合,披盖在储层顶部的筇竹寺组烃源岩,既可为下伏储层提供烃源,又可兼作盖层。台内灯四段微生物丘滩白云岩储层与上覆筇竹寺组烃源岩构成"上生下储"式生储组合,筇竹寺组烃源岩同时兼作盖层,但成藏条件和规模远不如台内裂陷周缘。

如第六章所述,灯二段台内发育有一套微生物白云岩叠加表生岩溶改造的储层,储层非均质性更强,同时由于处于侵蚀谷发育阶段,缺与灯四段相类似的台内裂陷周缘微生物丘滩白云岩储层,在侵蚀谷周缘构成"旁生侧储"式生储组合,裂陷内的筇竹寺组和麦地坪组提供烃源,灯三段兼作盖层,在台地内则由灯三段黑色泥岩提供烃源兼作盖层,构成"上生下储"式成藏组合。

**2)龙王庙组颗粒滩白云岩储层气藏**

龙王庙组颗粒滩白云岩储层在缓坡台地广布,与下伏筇竹寺组和麦地坪组烃源岩构成"下生上储"式生储组合,断层构成油气运移的通道,中上寒武统构成直接盖层,剥蚀强烈的地区,奥陶系、二叠系等构成间接盖层。

高石梯—磨溪地区台内裂陷勘探实践揭示,除台缘带外,具有台内裂陷发育地质背景的台内同样具有很好的勘探潜力,同样可以发现大油气田,对中国古老海相小克拉通台地的油气勘探具有现实性和指导意义。

## 二、对塔里木盆地台内裂陷勘探的启示

南华纪初期,受罗迪尼亚超级大陆裂解影响,塔里木陆块进入强伸展构造演化阶段,台内发育近北东—南西走向裂陷,与南北两侧高隆带构成"两隆夹一凹"构造格局。这一构造格局持续控制了晚震旦世至中寒武世碳酸盐台地的沉积充填、演化及油气成藏组合。借鉴四川盆地安岳特大型气田勘探实践的启示,紧紧围绕"克拉通台内裂陷控制大气田"的认识,分析探讨塔里木盆地南华纪—早寒武世深层白云岩的油气地质条件与勘探潜力。

### 1. 南华纪—早寒武世台内裂陷特征

南华纪至早寒武世,塔里木盆地先后经历了南华纪裂陷期→震旦纪裂后坳陷期→震旦纪末抬升剥蚀→早寒武世初淹没台地(陆棚)→早寒武世缓坡台地5个演化阶段。南华纪初罗迪尼亚超大陆裂解,塔里木板块与周缘陆块背离的同时,其内部基底也开始伸展变薄,发育了近北东—南西走向台内裂陷(图7-12、图3-22、图3-25),与位于裂陷两侧的隆起带构成"两隆夹一坳"古构造格局。这一古构造格局控制了南华纪—早寒武世构造—古地理特征和生储组合。

与全球主要裂谷盆地构造演化相似,随着裂解作用减弱,塔里木板块由南华纪的裂陷期转入震旦纪的裂后坳陷演化阶段。震旦系主要分布在南华系裂陷沉降形成的北部坳陷内。震旦纪末,受柯坪运动及全球海平面下降影响,塔里木板块受南北向挤压隆升,盆地现今中央隆起带及塔北地区遭受剥蚀,造成中央隆起带、柯坪—温宿、轮台断隆等地区震旦系全部或部分缺失,寒武系直接覆盖在前震旦系变质基底之上。早寒武世初期发生全球性海泛(朱光有等,2016),塔里木台地被淹没,形成了一套黑色富有机质泥页岩,稳定分布在塔西南古

隆起以北的坳陷区内及北部隆起带。经过玉尔吐斯组沉积期填平补齐,古地貌变得更加宽缓,随着海平面逐渐下降,塔里木台地肖尔布拉克组沉积期进入微生物岩与颗粒滩占主导的碳酸盐缓坡台地发育阶段。塔里木盆地南华纪—早寒武世裂陷演化特征与四川盆地震旦纪—早寒武世台内裂陷演化特征具有相似性。

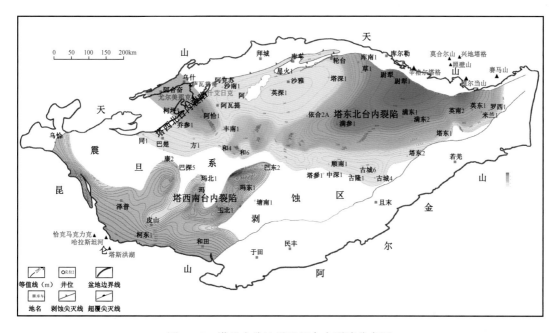

图 7-12 塔里木盆地震旦纪台内裂陷分布图

## 2. 台内裂陷对成烃成储的控制

塔里木盆地南华纪—早寒武世裂陷的发育及演化同样控制了两套烃源岩和两套储层的发育,与四川盆地德阳—安岳台内裂陷具相似的控烃和控储作用。

### 1)两套烃源岩

（1）南华系—震旦系烃源岩。

新元古代罗迪尼亚超级大陆裂解,拉张作用下形成一系列的裂陷为烃源岩沉积奠定了基础。南华系—震旦系出露地质点分布在盆地东北缘的库鲁克塔格地区、西北缘的柯坪—阿克苏地区、西南缘昆仑山区和东南缘阿尔金山区。前人对东北缘的库鲁克塔格地区、西北缘的柯坪—阿克苏地区研究较多,其中震旦系烃源岩主要出露在盆地东北缘的照壁山剖面、恰克马克铁什剖面和雅尔当山剖面,分布在阿勒通沟组、特瑞爱肯组、育肯沟组和水泉组。据崔海峰等(2016)的最新研究成果,南华系—震旦系烃源岩可能是塔里木盆地最主要的海相烃源岩,分布在裂陷—坳陷中。虽然目前没有钻井打到这套烃源岩,但露头资料揭示这套烃源岩的发育具有普遍性(表 7-6)。

表7-6　塔里木盆地周缘露头震旦系烃源岩取样成果表（据崔海峰等，2016）

| 地区 | 剖面 | 层位 | 总样品数 | TOC 范围（%） | TOC>0.4%的样品数 | TOC>0.5%的样品数 | 主体 $T_{max}$（℃） |
|---|---|---|---|---|---|---|---|
| 塔西南 | 新藏公路 | 库尔卡克组 | 31 | 0.11~0.73 | 9 | 3 | 450~490 |
| 塔西北 | 什艾日克 | 苏盖特布拉克组 | 12 | 0.01~1.61 | 4 | 3 | 435~510 |
| | 苏盖特布拉克 | 苏盖特布拉克组 | 6 | 0.01~0.20 | 0 | 0 | 436~488 |
| | 金磷矿 | 苏盖特布拉克组 | 14 | 0.01~0.05 | 0 | 0 | 400~454 |
| 库鲁克塔格 | 照壁山 | 水泉组 | 10 | 0.01~1.39 | 0 | 1 | 394~474 |
| 库鲁克塔格（钟端） | 雅尔当山、恰克马克铁什、照壁山 | 水泉组、育肯沟组 | 87 | 0.03~3.67 | 0 | 15 | 455~530 |

据杜金虎等（2015），水泉组烃源岩分布稳定、丰度高，厚度在130~170m；雅尔当山剖面的特瑞爱肯组烃源岩厚度大、丰度高（300m以上且多数烃源岩有机质达2.96%），而镜质组反射率仅为1.49%。地震剖面显示在寒武系之下发育裂陷式楔形体反射，其边界清晰，槽内高低起伏。结合区域沉积背景、现有部分地震剖面和野外露头资料，比较可靠的裂陷是满加尔裂陷；推测裂陷内部可能发育优质烃源岩。

（2）玉尔吐斯组烃源岩。

玉尔吐斯组是一套富有机质的优质烃源岩，主要分布在中下缓坡及深海盆地相带。寒武纪早期开始的生命大爆发伴生而来的菌藻类、浮游植物的繁盛为玉尔吐斯组有机质的富集提供了重要物质基础。中深1井寒武系盐下领域原生油气藏的发现，证实了塔里木盆地内寒武系具备供烃的源岩条件，前人针对野外剖面的玉尔吐斯组进行有机碳含量测定，在昆盖阔坦东、什艾日克沟等剖面，其含量可达7%~14%，局部区域可高达22.39%，同时报道了星火1井TOC含量分布1%~9.43%，均值5.5%，均证实该玉尔吐斯组具有良好的生烃潜力。研究表明，玉尔吐斯组烃源岩在塔里木盆地内主要分布在两个发育区内，其一在满加尔坳陷广泛分布，分布面积约 $12 \times 10^4 km^2$，其二位于昆仑山前的玉尔吐斯组分布区，面积约 $2.7 \times 10^4 km^2$。这套区域分布的寒武系烃源岩继承了震旦系裂陷及其古地貌对烃源岩的控制作用（杜金虎等，2016；朱光有等，2016）。

2）两套储层

（1）奇格布拉克组丘滩白云岩储层。

由于震旦系顶部不整合的存在，在古隆起和沉积区之间的过渡区被认为发育一套顺层岩溶储层，而且钻探了塔东1井和塔东2井，分别取心60.21m和54.90m，但在上震旦统并未见到岩溶储层,岩性以残留砂屑结晶白云岩和藻白云岩为特征,2014年又在塔东1井东北角钻探了东探1井,同样未见到这套岩溶储层,井壁取心显示为一套残留砂屑晶粒白云岩和藻白云岩。阿克苏、铁克里克、库鲁克塔格露头剖面研究揭示(刘伟等,2016),上震旦统主要岩石类型有蓝细菌藻白云岩、颗粒白云岩、泥晶白云岩、细中晶白云岩,以前两类为主(何金有,2010),原岩结构保存完好,与准同生期白云石化有关,藻架孔、粒间孔、铸模孔和溶蚀孔洞发育,是一套非常优质的微生物丘滩白云岩储层,是相控叠加表生溶蚀作用的产物,只是目前的研究程度较低,包括震旦纪台内裂陷的分布、演化及对裂陷周缘微生物白云岩储层分布的认识程度均较低,但可以与四川盆地高石梯—磨溪地区灯影组四段的微生物丘滩白云岩储层作类比。

（2）肖尔布拉克组丘滩白云岩储层。

据沈安江(2016),塔里木盆地肖尔布拉克组发育一套缓坡台地背景的台内丘滩白云岩储层。苏盖特布拉克剖面肖尔布拉克组可划分为上下两段,其中上段又可分为肖上1段、肖上2段和肖上3段3个亚段。肖下段主要发育灰黑色薄层状泥粉晶白云岩和球粒粉晶白云岩,地层厚度相对稳定,岩性相对致密。肖上1段主要发育灰—深灰色薄层状(含)砂屑泥—粉晶白云岩、灰色藻纹层白云岩(夹藻砂屑白云岩透镜体)和藻砂屑白云岩,地层厚度较稳定,藻砂屑白云岩中发育少量孔隙。肖上2段下部以厚层状砂屑白云岩为主,向上孔洞逐渐增多,中部以厚层状的藻格架白云岩为主,溶蚀孔洞普遍发育;上部以中厚层状砂屑白云岩和叠层石白云岩为主,向上针孔状溶孔逐渐增多。肖上3段主要发育薄中层状含砂屑泥粉晶白云岩、中层状粉晶白云岩,顶部孔隙发育。

肖上2段是肖尔布拉克组微生物丘滩白云岩储层发育段,厚约45.7m。总体具有下部"大滩点礁"发育、中部"大礁"发育和上部"大滩"发育的特征。孔隙在中上部的藻砂屑滩、藻格架礁和顶部的藻叠层石中最为发育。孔隙类型有藻格架孔、溶蚀孔洞、粒间(溶)孔。藻格架孔主要分布于藻礁白云岩中,是典型的原生孔隙,部分被白云石胶结物充填。溶蚀孔洞、粒间(溶)孔主要分布于粉细晶白云岩(颗粒幻影结构)、藻砂屑白云岩中,孔隙具组构选择性特征。藻砂屑滩孔隙度为1.90%～9.39%,平均为5.50%,礁间低能滩的孔隙度为0.85%～4.10%,平均为1.76%,藻礁的孔隙度为1.32%～10.55%,平均为4.81%。

这套储层具有明显的相控性,储层发育于三种丘滩体系中(图3-33),分别为塔中—巴东颗粒滩体系、柯坪—巴楚丘滩坪体系和轮南—牙哈丘滩体系。丘滩体和表生溶蚀作用主控储集空间的发育,其特征和成因与四川盆地龙王庙组颗粒滩白云岩储层相似,均发育于裂陷填平补齐之后的缓坡台地背景。

综上所述,塔里木盆地南华纪—早寒武世的勘探程度和地质认识程度均较低,未取得勘探突破,但在裂陷的发育、演化及对成烃和成储的控制方面与四川盆地震旦纪—早寒武世德阳—安岳台内裂陷有很多的相似之处,塔里木盆地深层勘探领域值得期待。

## 三、对鄂尔多斯盆地台内裂陷勘探的启示

鄂尔多斯盆地是发育在华北克拉通内的大型叠合盆地,经历了中—新元古代克拉通台内裂陷、古生代—中生代克拉通坳陷两大阶段,发育中元古界—下古生界海相碳酸盐岩、上

古生界近海湖盆碎屑岩、中生界河湖相碎屑岩地层。鄂尔多斯盆地天然气主要产自奥陶系、石炭系—二叠系,勘探和认识程度较高,评价深层战略接替领域已成为紧迫问题。借鉴四川盆地安岳特大型气田勘探实践的启示,紧紧围绕"克拉通台内裂陷控制大气田"的认识,分析探讨鄂尔多斯盆地中—新元古代深层白云岩的油气地质条件与勘探潜力。

### 1. 中—新元古代台内裂陷特征

研究表明,至少 17 亿年前华北克拉通已经刚性化,属于哥伦比亚(Columbia)超大陆的组成部分(沈其韩等,2016;李三忠等,2016)。到中元古代,随着超级大陆的裂解,华北克拉通内开始出现裂陷,进入克拉通台内裂陷发育阶段。前人对华北中元古代裂陷做了大量研究,20 世纪 90 年代初就提出了华北古板块发育多个三叉裂谷,分别为贺兰古裂陷、晋陕古裂陷、熊耳古裂陷和燕山—太行古裂陷等(路凤香等,1997;刘超辉等,2015)。

近年来,针对鄂尔多斯盆地深层的中—新元古界,开展了重磁力资料的处理解译、深层地震资料解释、钻井资料分析等工作,提出鄂尔多斯盆地中元古代发育北东东向"二坳三隆"的构造格局,即:伊盟古隆起、定边—榆林裂陷、庆阳—延安古隆起、铜川裂陷、渭北古隆起(图 7-13),长超过 350km、宽 80~150km,地震剖面深层反射特征显示出拉张断陷结构。

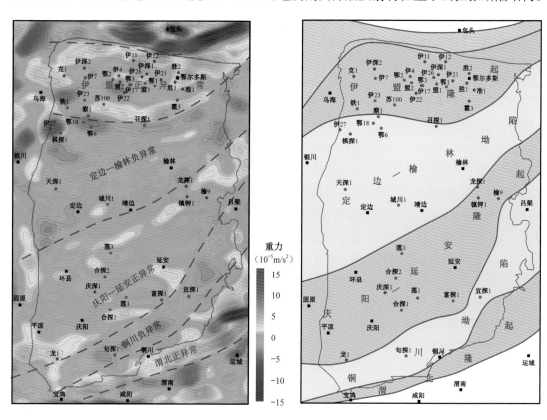

（a）长城系重力异常图　　　　　　　（b）长城系构造单元划分图

图 7-13　鄂尔多斯盆地长城系裂陷分布图

## 2. 台内裂陷对成烃成储的控制

### 1）长城系裂陷内发育多套烃源岩

对燕辽裂陷的烃源岩研究表明,中元古界发育多套优质烃源岩。对蓟县剖面长城系—蓟县系烃源岩研究(杜金虎等,2015),证实发育5套烃源岩,累计厚度可达2000~3000m。其中下马岭组、洪水庄、串岭沟组等层系发育优质泥质烃源岩,TOC为0.85%~11.33%,平均为4.28%;雾迷山组、高于庄组发育碳酸盐岩烃源岩,TOC为0.21%~1.03%,平均为0.65%。

对鄂尔多斯盆地北缘、西缘、南缘的露头剖面采样分析,证实鄂尔多斯盆地的长城系也发育良好的烃源岩。鄂尔多斯西北缘巴音西别剖面,长城系黑色碳质板岩,7个样品,TOC为1.39%~2.48%,平均为1.83%;东南缘永济剖面,长城系崔庄组发育较好烃源岩,其中黑色潟湖相碳质泥页岩20m,灰绿色与灰色含粉砂泥页岩110m。依据盆地外围露头资料,结合盆地钻井、地震资料,预测鄂尔多斯盆地及邻区长城系烃源岩北部较厚,可达1000~2000m;盆地内部沿裂陷分布,厚度大于60m;盆地西南缘厚度大于100m。

### 2）发育长城系和蓟县系两套储层

根据露头和钻井资料分析,鄂尔多斯盆地中元古界长城系和蓟县系均发育储层。蓟县系储层以白云岩为主,硅质白云岩基质胶结致密,部分层段发育残余晶间孔、溶蚀孔洞和微裂隙。镇探1井、宁探1井、旬探1井等岩心可观测到洞穴角砾岩,表明曾发育岩溶孔洞,初步预测蓟县系储层在盆地西南部较发育。长城系储层以石英砂岩、石英岩为主,储集空间以残余粒间孔和溶蚀孔为主。克1井、鄂18井等中元古界取心分析孔隙度达2%~9%,渗透率小于1mD,综合评价为特低孔、特低渗储层。包裹体分析可见烃类包裹体与盐水包裹体共生,表明曾发生过烃类运聚。

综上所述,鄂尔多斯盆地中—新元古界的勘探程度和地质认识程度更低,也未取得勘探突破,但在裂陷的发育、演化及对成烃和成储的控制方面与四川盆地震旦纪—早寒武世德阳—安岳台内裂陷有很多的相似之处,鄂尔多斯盆地深层勘探领域同样值得期待。

# 参 考 文 献

陈莉琼,沈昭国,侯方浩,等.2010.四川盆地三叠纪蒸发岩盆地形成环境及白云岩储层[J].石油实验地质,32(4):334–340,346.

崔海峰,田雷,张年春,等.2016.塔西南坳陷南华纪—震旦纪裂谷分布及其与下寒武统烃源岩的关系[J].石油学报,37(4):430–438.

杜金虎,汪泽成,等.2015.古老碳酸盐岩大气田地质理论与勘探实践[M].北京:石油工业出版社.

杜金虎,张宝民,汪泽成,等.2016.四川盆地下寒武统龙王庙组碳酸盐缓坡双颗粒滩沉积模式及储层成因[J].天然气工业,36(6):1–10.

方少仙,何江,侯方浩,等.2009.鄂尔多斯盆地中部气田区中奥陶统马家沟组马五$_5$—马五$_1$亚段储层孔隙类型和演化[J].岩石学报,25(10):2425-2441.

冯仁蔚,王兴志,张帆,等.2008.四川盆地东北部下三叠统飞一——飞三段孤立碳酸盐岩台地沉积相及相关研究[J].中国地质,35(1):54-66.

何江,方少仙,侯方浩,等.2013.风化壳古岩溶垂向分带与储集层评价预测——以鄂尔多斯盆地中部气田区马家沟组马五$_5$—马五$_1$亚段为例[J].石油勘探与开发,40(5):534-542.

何金有,邬光辉,李启明,等.2010.塔里木盆地震旦系石油地质特征及勘探方向[J].新疆石油地质,31(5):482-484.

黄正良,包洪平,任军峰,等.2011.鄂尔多斯盆地南部奥陶系马家沟组白云岩特征及成因机理分析[J].现代地质,25(5):925-930.

李三忠,赵国春,孙敏.2016.华北克拉通早元古代拼合与Columbia超大陆形成研究进展[J].科学通报,61(9):919-925.

刘宝珺,许效松.1994.中国南方岩相古地理图集:震旦纪—三叠纪[M].北京:科学出版社,1-239.

刘超辉,刘福来.2015.华北克拉通中元古代裂解事件:以渣尔泰—白云鄂博—化德裂谷带岩浆与沉积作用研究为例[J].岩石学报,31(10):3107-3128.

刘伟,沈安江,柳广弟,等.2016.塔里木盆地塔东地区下古生界碳酸盐岩储层特征与勘探领域[J].海相油气地质,21(2):1-12.

刘忠宝,杨圣彬,焦存礼,等.2012.塔里木盆地巴楚隆起中、下寒武统高精度层序地层与沉积特征[J].石油与天然气地质,33(1):70-76.

路凤香,郑建平,王方正,等.1997.华北克拉通、扬子克拉通与秦岭造山带古地幔组成及状态的对比[J].地球科学,(3):25-29.

沈安江,陈娅娜,潘立银,等.2017.四川盆地下寒武统龙王庙组沉积相与储层分布预测研究[J].天然气地球科学,28(8):1176-1190.

沈安江,王招明,郑兴平,等.2007.塔里木盆地牙哈—英买力地区寒武系—奥陶系碳酸盐岩储层成因类型、特征及油气勘探潜力[J].海相油气地质,12(2):23-32.

沈安江,郑剑锋,陈永权,等.2016.塔里木盆地中下寒武统白云岩储集层特征、成因及分布[J].石油勘探与开发,43(3):340-349.

沈安江,郑剑锋,顾乔元,等.2008.塔里木盆地巴楚地区中奥陶统一间房组露头礁滩复合体储层地质建模及其对塔中地区油气勘探的启示[J].地质通报,27(1):137-148.

沈其韩,耿元生,宋会侠.2016.华北克拉通的组成及其变质演化[J].地球学报,37(4):387-406.

斯春松,乔占峰,沈安江,等.2012.塔北南缘奥陶系层序地层对岩溶储层的控制作用[J].石油学报,33(S2):135-144.

汤济广,胡望水,李伟,等.2013.古地貌与不整合动态结合预测风化壳岩溶储集层分布——以四川盆地乐山—龙女寺古隆起灯影组为例[J].石油勘探与开发,40(6):674-681.

汪华,刘树根,王国芝,等.2009.川中南部地区中三叠统雷口坡组顶部古岩溶储层研究[J].物探化探计算技术,31(3):264-270,177.

王招明,谢会文,陈永权,等.2014.塔里木盆地中深1井寒武系盐下白云岩原生油气藏的发现与勘探意义[J].中国石油勘探,19(2):1-13.

邬光辉,孙建华,郭群英,等.2010.塔里木盆地碎屑锆石年龄分布对前寒武纪基底的指示[J].地球学报,31(1):65-72.

杨海军,韩剑发,孙崇浩,等.2011.塔中北斜坡奥陶系鹰山组岩溶型储层发育模式与油气勘探[J].石油学报,32（2）:199–205.

杨威,魏国齐,金惠,等 . 2007. 川东北飞仙关组鲕滩储层成岩作用和孔隙演化[J]. 中国地质,34（5）:822–
　　828.

易积正,张士万,梁西文,等 . 2010. 鄂西渝东区飞三段鲕滩储层及控制因素[J]. 石油天然气学报,32（6）:
　　11–16,526.

于洲,孙六一,吴兴宁,等 . 2012. 鄂尔多斯盆地靖西地区马家沟组中组合储层特征及主控因素[J]. 海相油
　　气地质,17（4）:49–56.

张建勇,周进高,郝毅,等 . 2011. 四川盆地环开江—梁平海槽长兴组—飞仙关组沉积模式[J]. 海相油气地
　　质,16（3）:45–54.

赵文智,沈安江,潘文庆,等 . 2013. 碳酸盐岩岩溶储层类型研究及对勘探的指导意义—以塔里木盆地岩溶
　　储层为例[J]. 岩石学报,29（9）:3213–3222.

赵宗举,王招明,吴兴宁,等 . 2007. 塔里木盆地塔中地区奥陶系储层成因类型及分布预测[J]. 石油实验地
　　质,29（1）:40–46.

朱光有,陈斐然,陈志勇,等 .2016. 塔里木盆地寒武系玉尔吐斯组优质烃源岩的发现及其基本特征[J]. 天
　　然气地球科学,27（1）:8–21.

邹才能,徐春春,汪泽成,等 . 2011. 四川盆地台缘带礁滩大气区地质特征与形成条件[J]. 石油勘探与开发,
　　38（6）:641–651.

Eberli G P, Ginsburg R N. 1987. Role of Cenozoic progradation in evolution of Great Bahama Bank [J]. AAPG
　　Bulletin,71（5）:552–552.

JamesN P, ChoquettePW.1988.Paleokarst [M].Berlin:Springer Verlag.

# 结束语

由于中国海相碳酸盐岩多位于叠合盆地下构造层中深层的古生界及中生界中下部,如塔里木盆地和鄂尔多斯盆地的中—新元古界、寒武系—奥陶系和四川盆地的中—新元古界、古生界及三叠系,经历了多旋回构造运动的叠加改造,具沉积类型多样、年代古老、时间跨度长、埋藏深度大、埋藏—成岩史漫长而复杂的特点,这导致了中国海相碳酸盐岩储层类型多样,成因和分布复杂。

## 一、中国海相碳酸盐岩储层的特殊性

### 1. 碳酸盐岩储层类型多样

中国海相碳酸盐岩储层可划分为 3 大类 11 个亚类(表 4-1),不同类型储层都有典型的油气藏或工业油气流井实例,但规模储层又各有各的特色。

虽然塔中北斜坡良里塔格组发育有礁滩储层(以滩为主),但塔里木盆地的规模储层主要为后生溶蚀—溶滤型岩溶储层,如轮南低凸起奥陶系石灰岩潜山岩溶储层、塔北南缘围斜区奥陶系顺层岩溶储层、牙哈—英买力地区寒武系白云岩风化壳储层、英买 1-2 井区奥陶系受断裂控制的“断溶体”储层、塔中北斜坡鹰山组层间岩溶储层(叠加热液作用和白云石化改造)等,不整合面、断裂及表生岩溶作用(包括热液作用)控制了岩溶储层的发育和分布。

四川盆地规模储层主要为白云石化的礁滩储层,如川中德阳—安岳台内裂陷周缘灯影组微生物白云岩储层和龙王庙组颗粒滩白云岩储层、川东石炭系黄龙组颗粒滩白云岩储层、环开江—梁平台内裂陷周缘的长兴组生物礁白云岩和飞仙关组鲕滩白云岩储层、川东北孤立碳酸盐台地飞仙关组鲕滩白云岩储层、川西北中坝地区雷口坡组颗粒白云岩储层等,礁滩沉积为规模储层的发育奠定了物质基础,溶解作用和白云石化作用是孔隙发育和保存的关键。白云石化作用可以发生于与蒸发气候背景相关的同生期,也可以发生于埋藏期。

鄂尔多斯盆地靖边气田的储层类型实际上是马家沟组五段与蒸发潮坪相关的萨布哈白云岩储层叠加了表生期风化壳岩溶作用的改造,形成了现今的白云岩风化壳储层(上组合),中组合则为一套与回流渗透白云石化相关的颗粒滩白云岩储层。塔里木盆地牙哈—英买力地区上寒武统—下奥陶统蓬莱坝组、四川盆地雷口坡组也发育有白云岩风化壳储层,但三者之间有明显的区别。

### 2. 碳酸盐岩储层成因复杂

中国海相碳酸盐岩储层的发育受以下 4 个方面的因素控制:(1)受沉积相控制的礁滩相沉积构成了储层发育的物质基础,尤其是沉积型礁滩储层,埋藏白云岩储层的原岩以高能滩沉积为主;(2)蒸发的古气候背景及沉积相带控制了沉积型白云岩储层的发育,含膏(或膏质)泥晶白云岩和粒屑白云岩是储层的主要载体;(3)多旋回构造运动控制下的后生溶蚀—溶滤作用导致岩溶储层沿不整合面及断裂带多层系准层状或栅状大面积发育,溶蚀作用具岩性选择性;(4)漫长而复杂的埋藏史控制了埋藏—热液改造型白云岩储层的发育和保存。

中国海相叠合盆地碳酸盐岩储层大多是多种建设性成岩作用长期叠合成因的。如塔中良里塔格组礁滩储层,礁滩沉积、同生期大气淡水淋溶及埋藏溶解作用共同控制了储层的发育;塔中鹰山组层间岩溶储层明显叠加了晚期热液作用的改造,导致沿断裂分布的热液白云岩及热液溶蚀孔洞的发育;牙哈—英买力地区寒武系白云岩风化壳储层,多期次的白云石化作用、喀斯特岩溶作用及热液作用共同控制了储层的发育;轮南低凸起的潜山岩溶储层和塔北南缘奥陶系顺层岩溶储层是受多旋回构造运动控制的多期次岩溶作用叠合的结果。川东北环开江—梁平海槽长兴组礁滩储层、环开江—梁平海槽飞仙关组鲕滩白云岩储层、川中德阳—安岳台内裂陷灯影组礁滩储层,礁滩沉积、同生期大气淡水淋溶及多期次白云石化作用,甚至埋藏溶蚀作用共同控制了储层的发育。靖边气田白云岩风化壳储层是同生期大气淡水淋溶、萨布哈白云石化叠加表生岩溶作用的产物。

需要指出的是,即使储层的成因是多种建设性成岩作用长期叠合的结果,但总有其主控因素决定储层的规模发育。如轮南低凸起潜山岩溶储层和塔北南缘奥陶系顺层岩溶储层,虽然是受多旋回构造运动控制的多期次岩溶作用叠合的结果,但主控因素分别为喀斯特岩溶作用和顺层岩溶作用。

总之,顺层和层间岩溶作用形成似层状、大面积分布的储层,拓展了勘探范围。埋藏白云石化与热液作用控制深层储层规模发育,拓展了勘探深度。台内裂陷的发现使勘探领域由台缘拓展到台内。

### 3. 碳酸盐岩规模储层分布复杂

正因为中国海相叠合盆地碳酸盐岩储层成因的特殊性,导致了碳酸盐岩储层分布的特殊性,表现为不同类型碳酸盐岩储层垂向上相互叠置,侧向上相互交替,优质储层的发育不受深度的限制。

以塔里木盆地英买力地区英买4井为例阐述不同类型碳酸盐岩储层垂向上的相互叠置。蓬莱坝组垂向上以发育多套晶粒白云岩储层为主,晶间孔和晶间溶孔发育,距侏罗系和鹰山组之间的不整合面深度超过200m;鹰山组为一套石灰岩和白云岩互层的地层,白云岩晶间孔和晶间溶孔发育,与蓬莱坝组一样是一套典型的晶粒白云岩储层,而石灰岩地层垂向上发育多套缝洞系统,分别漏失钻井液和清水439.8m³和240.0m³,距侏罗系和鹰山组之间的不整合面深度小于200m。英买4井展示了3套埋藏白云岩储层和2套后生溶蚀—溶滤型岩溶储层的垂向叠置。塔中北斜坡垂向上发育3套储层,分别为良里塔格组的礁滩储层、鹰山组的层间岩溶储层、蓬莱坝组的晶粒白云岩储层,不同类型储层呈楼房式多套叠置展布。

以四川盆地雷口坡组白云岩风化壳储层为例阐述不同类型碳酸盐岩储层侧向上的相互交替。雷口坡组视剥蚀强度的不同可出露雷一段至雷四段不同层位的地层,上覆地层为须家河组陆相碎屑岩。不整合面之下雷口坡组白云岩风化壳储层的岩溶缝洞并不发育,而且大多被充填或半充填,构不成优质储层,但缝洞的围岩可以是优质的渗透回流白云岩储层(出露雷三段时)或萨布哈白云岩储层(出露雷一段时),不同类型储层侧向上相互交替,构成不整合面之下大面积分布的优质储层。塔里木盆地牙哈—英买力地区寒武系为白云岩风化壳储层与晶粒白云岩储层侧向上相互交替;鄂尔多斯盆地马家沟组五段为白云岩风化壳储层与回流渗透白云岩储层侧向上相互交替。

勘探实践已经证实,碳酸盐岩优质储层的发育不受深度的限制,与碎屑岩储层不同,物性与深度之间没有必然的对应关系,深层存在孔隙发育与保存的机理。塔里木盆地轮东1井埋深 6800m 仍发育洞高 4.50m 的大型洞穴,塔深 1 井埋深 6000~7000m,大型溶洞仍完好保存,8000m 井深白云岩溶蚀孔洞发育。美国阿纳达科盆地志留系碳酸盐岩气藏埋藏深度 8000~9000m,可采储量 $792.87 \times 10^8 m^3$,岩性为不整合面之下的石灰岩和白云岩,孔隙类型有粒内溶孔、砾间孔和溶蚀孔洞、溶蚀扩大的裂缝。四川盆地通南巴地区元坝侧1井于二叠系长兴组 7360~7390m 测试获气,无阻流量达 $50 \times 10^4 m^3/d$。

规模储层发育条件主要有构造—沉积背景、礁滩沉积和表生溶蚀作用。古隆起及宽缓的斜坡部位为深层顺层/潜山岩溶储层规模化发育提供地质背景;蒸发气候背景的膏云岩相带为沉积型白云岩储层的规模化发育提供地质背景;礁滩沉积为礁滩和晶粒白云岩储层的规模发育奠定物质基础,镶边台地(含台内裂陷周缘)、碳酸盐缓坡是规模礁滩发育的有利相带;受多旋回构造运动控制的多期次溶蚀—溶滤作用、埋藏白云石化作用及热液作用控制了深层规模储层大面积多层系分布和保存。

## 二、中国海相碳酸盐岩储层特殊性成因

多旋回构造运动的叠加改造是导致中国海相叠合盆地碳酸盐岩储层成因和分布特殊性的重要原因,表现在以下三个方面:(1)同生期沉积—成岩环境控制早期孔隙发育,并为深层成岩流体活动提供通道;(2)多旋回构造运动控制多期次岩溶孔洞、溶洞与裂缝的发育;(3)流体—岩石相互作用控制深部溶蚀与孔洞的发育。

同生期沉积—成岩环境对早期孔隙发育的控制主要表现在沉积原生孔的发育和海平面下降导致沉积物暴露,大气淡水对不稳定矿物相(高镁方解石、文石、石膏和盐岩)的组构选择性溶解形成膏溶孔、铸模孔、粒间及粒内溶孔等,以基质孔为主,相对比较均质,如前述的沉积型礁滩储层和沉积型白云岩储层的储集空间主要形成于早期,并为深层成岩流体的活动提供了通道。

多旋回构造运动对多期次岩溶孔洞、溶洞与裂缝发育的控制主要表现在碳酸盐岩地层的风化剥蚀和岩溶缝洞的形成上,形成不同类型的后生溶蚀—溶滤型岩溶储层,岩溶缝洞是非组构选择性溶蚀形成的,极强的非均质性。

流体—岩石相互作用对深部溶蚀与孔洞发育的控制主要表现在碳酸盐岩地层受有机酸、盆地热卤水、TSR 和热液作用的影响形成非组构选择性溶蚀孔洞和洞穴上,早期的继承性孔隙和断裂是深部流体重要的通道,埋藏—热液溶蚀和白云石化作用形成的孔隙沿先存孔隙发育带分布,具继承性。表生期形成的沉积型礁滩储层、沉积型白云岩储层和后生溶

蚀—溶滤型岩溶储层进入埋藏环境同样可以受到深部流体的溶蚀改造,使储层物性得到进一步的改善。

　　总之,碳酸盐岩储层的储集空间可以形成于成岩过程的各个阶段,沉积期的原生孔、同生期不稳定矿物相溶解作用形成的溶蚀孔洞、表生期碳酸盐岩的岩溶作用形成的岩溶缝洞构成碳酸盐岩储层储集空间的主体,埋藏期深部流体的溶蚀作用对孔隙的增量有一定的贡献。不同期次形成的储集空间以不同的叠加改造方式相互叠置构成不同成因类型的储层,这是导致中国海相叠合盆地碳酸盐岩储层成因和分布特殊性的重要原因。